LES SCIENCES DE L'ÉVOLUTION ET LES RELIGIONS

LES SCIENCES DE L'ÉVOLUTION ET LES RELIGIONS

Enjeux scientifiques, politiques, philosophiques et religieux

Jean Chaline – Cédric Grimoult

Avec la participation de Boris Dintrans

Préfaces spécialisées de Christian Forster et Malek Chebel

ellipses

Des mêmes auteurs

Jean Chaline

Les Horloges du vivant. Un nouveau stade de la théorie de l'évolution ? Hachette Littératures, Paris, 1999.

Un million de générations. Aux sources de l'humanité. Seuil, Paris, 2000.

Le monde des fractales. La géométrie cachée de la nature (avec la collaboration de J. Dubois), Ellipses, Paris, 2006.

Quoi de neuf depuis Darwin. La théorie de l'évolution des espèces dans tous ses états. Ellipses, Paris, 2006.

L'énigme de l'apparition de la vie. Le défi démographique. In : *Les grands défis technologiques et scientifiques du XXI*[e] *siècle.* (P. Bourgeois et P. Grou, Eds.). Ellipses, Paris, 2007.

La relativité d'échelle et le vivant. In : Nottale, L., Chaline, J. & Grou, P. *Des fleurs pour Schrödinger. La relativité d'échelle et ses applications.* Ellipses, Paris, 2009.

Le singe, l'embryon et l'homme. Une nouvelle clé de lecture de l'histoire de l'homme (avec la collaboration de D. Marchand), Ellipses, Paris, 2010.

Cédric Grimoult

Évolutionnisme et fixisme en France : Histoire d'un combat (1800-1882). CNRS Éditions, Paris, 1998.

Histoire de l'évolutionnisme contemporain en France (1945-1995). Droz, Genève-Paris, 2000.

L'évolution biologique en France : Une révolution scientifique, politique et culturelle. Droz, Genève-Paris, 2001.

Mon père n'est pas un singe ? Histoire du créationnisme. Ellipses, Paris, 2008.

Sciences et politique en France, de Descartes à la révolte des chercheurs. Ellipses, *Paris*, 2008.

La preuve par neuf. Les révolutions de la pensée évolutionniste. Ellipses, Paris, 2009.

ISBN 978-2-7298-6219-0

32, rue Bargue 75740 Paris cedex 15

www.editions-ellipses.fr

Introduction

Pourquoi un livre sur les sciences de l'évolution et les religions ?

De nombreux livres ont paru ces dernières années au sujet des relations entre sciences et religions, tout particulièrement en rapport avec la théorie de l'évolution. Que peut donc apporter un titre de plus ?

Depuis quelques années, la communauté scientifique internationale s'est mobilisée contre les diverses formes du créationnisme, qui s'est révélé d'autant plus menaçant qu'il a changé d'aspect et de stratégie. Ces réactions ont suscité à leur tour débats et polémiques dont les médias se sont fait l'écho. Les diverses institutions politiques et religieuses ont alors semblé devoir prendre position, en se rangeant dans un camp « pour » ou « contre », même si la confusion régnait, et règne encore au sujet de ce qu'il convient de trancher.

La réalité de l'évolution biologique ? Il n'appartient ni à l'État, ni aux Églises d'en décider.

La relégation de son enseignement hors des cours de science ? « Rien, cependant, n'a de sens en biologie en dehors de l'évolution », a écrit avec raison le grand généticien Theodosius Dobzhansky[1].

1. Theodosius Dobzhansky. 1973. Nothing in Biology Makes Sense Except in the Light of Evolution. *American Biology Teacher,* 35 : 125-129. Dobzhansky était un chrétien orthodoxe russe.

Le monopole accordé au pasteur, ou au théologien, au sujet de la question du sens de la vie ? Les croyants ne sont pas les seuls à proposer des réponses, ou du moins, à pouvoir entretenir le questionnement de chacun à ce propos...

Et si la question était mal posée ? Et si l'on écoutait enfin ce qu'ont dit tant de grands penseurs comme Galilée, Darwin ou Einstein ? Non pas pour se soumettre à leur autorité, mais pour comprendre que de nombreux savants d'autrefois, et les chercheurs d'aujourd'hui, les évolutionnistes, se rencontrent à la fois chez des croyants et des non-croyants. En faisant très attention à ne pas mélanger les genres, ce qui s'avère parfois délicat, les sciences des origines et les religions représentent des domaines distincts par leurs objets et leurs méthodes, mais qui ne doivent pas obligatoirement se contredire ou s'opposer.

Le premier chapitre présente ainsi, de manière nuancée, les arguments qui justifient la nécessaire séparation entre deux types de questionnement : celui du « comment ? » et celui du « pourquoi ? ». Contrairement à ce que l'on croit souvent, ce clivage ne sépare pas sciences et religions, ou encore raison et foi, mais des réponses pertinentes dans des registres différents. Les errements de certains croyants trouvent malheureusement leur image symétrique dans l'idéologie scientiste qui se pare des valeurs de la science pour diffuser des discours partisans illégitimes.

La question méritant approfondissement, ce livre se distingue aussi de la plupart des titres équivalents par une analyse détaillée des textes religieux au sujet des origines. Sans tenter la moindre esquisse de conciliation, ce qui ne respecterait pas la séparation dont il vient d'être question, les chapitres 3 à 7 présentent, pour chacune des grandes religions monothéistes, les textes de référence, antiques et modernes, susceptibles d'influencer la position des croyants au sujet des origines.

Nous nous sommes limités aux trois religions du Livre avec leurs variantes, parce que le créationnisme militant est leur fait, celui de la lecture littérale des Écritures évoquant la *Création*.

Les religions dérivées du bouddhisme n'ont pas du tout cette approche créationniste, laissant un point d'interrogation sur la question[1] dans *l'Hymne des origines :*

> Il n'y avait alors ni le non-être ni l'être. Il n'y avait ni espace physique ni espace subtil. Qu'est-ce qui voilait Cela, qu'est-ce qui l'abritait ? Qu'était l'Eau sans fond et impénétrable ? Il n'y avait ni mort ni même immortalité, Il n'y avait alors aucune manifestation de la nuit et du jour. Ce Un respirait sans souffle, mû de soi-même. Qu'y avait-il d'autre que Cela ? Quel délice supplémentaire pouvait-il y avoir ? Au tout début, des ténèbres recouvraient les ténèbres. Cette Étendue indistincte était tout. En ce temps, ce Non-né vacant, ce Un tout-puissant, Émergeant, apparu par le pouvoir de l'Ardeur. Au début, se développa une sorte de Désir, Qui fut le tout premier germe de la pensée. Cherchant avec sagesse au plus profond d'eux-mêmes, Les visionnaires découvrirent le lien entre le manifeste et le non manifeste. Leur cordeau était tendu à l'horizontal. Quel était le dessous, quel était le dessus ? Il y eut des porteurs de semence et de puissantes forces ; En bas était l'Instinct, en haut la Grâce. Qui sait en vérité ? Qui saurait annoncer ici D'où est apparue cette création, d'où elle a été lancée ? Même les dieux sont en deçà de cette émergence. Qui peut dire d'où elle émane ? Cette création, d'où elle émane, Si elle est tenue ou si elle ne l'est pas, Celui qui l'imprègne dans l'espace le plus subtil Le sait sans doute, ou peut-être ne le sait-il pas…

Cela semble rejoindre la conception du philosophe antique Héraclite :

> Cet Univers, le même pour tous, aucun des dieux ni des hommes ne l'a fait, mais il était, il est et il sera, feu toujours vivant, s'allumant avec mesure et s'éteignant avec mesure.

Pour le Bouddha, ce sont les enfants qui s'inquiètent de savoir « si le monde est éternel ou non, s'il est limité ou infini ». Ce qui importe et cela seul qui importe serait alors l'extinction de la souffrance au travers de celle du désir[2]. Nous nous en tiendrons là au sujet du bouddhisme et de ses relations avec la science qui ne posent aucun problème.

Nous n'évoquerons pas non plus les nombreuses sectes qui n'ont rien à voir avec ce débat de fond sur le créationnisme. Rappelons cependant que beaucoup de religions sont des sectes qui ont mieux réussi que les autres.

---

1. *Rig Véda, X, 129, in* : Bouchart d'Orval, J. 1997. L'hymne des origines et la fin des temps. *3e millénaire,* 43.
2. David-Neel, A. 1977. *Le Bouddhisme du Bouddha.* Le Rocher, Paris, et Boisselier, J. 1993. *La sagesse du Bouddha.* Gallimard, Religions, Paris.

Les textes des trois religions monothéistes, qui reconnaissent le même Dieu, réservent de nombreuses surprises, à commencer par la simple lecture des Écritures considérées comme saintes par les fidèles. Les écrits de théologiens réputés permettent aussi de comprendre les stratégies successives des Églises au sein de débats qui sont souvent très mal posés, ou encore déformés dans un contexte où la religion est instrumentalisée par des leaders politiques, sans parler du monopole qu'Internet tend à imposer en matière de communication dans tous les domaines, y compris celui de la religion. Les confusions et les malentendus apparaissent particulièrement nombreux quand le contexte s'avère tendu entre les Églises et la communauté scientifique, souvent tentée aussi par le dogmatisme. Il faut y ajouter le « phénomène panurgien » qui favorise l'entraînement des foules, à plus ou moins grande échelle, par des individus enflammés ne bénéficiant d'aucune caution morale ou autre.

Or, les découvertes récentes s'avèrent fascinantes, tant en ce qui concerne l'astronomie, la biochimie, l'embryologie, la paléontologie, que les autres sciences de la vie et de la Terre. Les perspectives ouvertes actuellement devraient balayer toute tentation obscurantiste, car elles invitent à entrer dans un Univers souvent plus déroutant que la science-fiction la plus inventive. Les chapitres 8 à 12 nous plongent ainsi dans l'aventure de la connaissance, en bousculant nombre d'idées reçues, et nous posent de nouvelles questions.

Une autre originalité du livre est de ne pas s'arrêter à cette présentation académique susceptible de paraître austère, voire imperméable, à ceux qui ne sont pas familiers des disciplines évoquées. La troisième partie vise au contraire à présenter fort concrètement des arguments accessibles à tous et permettant de mieux entrer dans le débat. Connaissances précises, méthodes scientifiques, problèmes philosophiques et leurs étapes historiques sont passées successivement au crible dans le chapitre 13 qui apporte des réponses détaillées aux interrogations que peut se poser tout un chacun : étudiant comme enseignant, curieux ou spécialiste, croyant ou non croyant. Elles constituent un guide final qui offre autant de clés pour prendre position, en connaissance de cause, à la fois au sujet du « comment ? » et du « pourquoi ? ».

Remerciements

Nous remercions vivement Brieuc Bénézet pour avoir accepté le sujet de ce livre et en avoir suivi la réalisation, ainsi que Bénédicte Merlin pour la fabrication de la maquette du livre.

Nous associons à nos remerciements tous ceux qui ont contribué à la rédaction de ce livre par leurs relectures, leurs critiques et leurs suggestions, qui ont beaucoup amélioré la rigueur, la compréhension et la clarté des chapitres relatifs aux trois religions monothéistes et aux diverses approches scientifiques. Comme il s'agit d'un livre nécessitant une approche largement pluridisciplinaire, aussi bien scientifique que religieuse, il est évident que, n'étant pas des spécialistes de toutes ces thématiques, même si nous en avons une certaine idée, nous avons fait appel à des spécialistes reconnus de ces disciplines pour nous guider et nous corriger.

Nous adressons nos remerciements les plus vifs au théologien bibliste Christian Forster, directeur du département de Théologie du Centre universitaire catholique de Bourgogne à Dijon, pour ses remarques et critiques pertinentes sur le chapitre Catholicisme et créationnisme, ainsi que pour sa préface de ce chapitre.

Nous remercions tout particulièrement Malek Chebel, anthropologue des religions, spécialiste de l'islam, pour ce qui touche au Coran, qu'il connaît particulièrement bien pour en avoir rédigé une traduction très reconnue, pour avoir aimablement accepté de rédiger une préface de cette partie et pour ses conseils. Nous joignons nos remerciements à Kamel Ben Salem, professeur d'analyse des données au département des Sciences de l'informatique (Faculté des sciences de Tunis), pour sa relecture très détaillée de cette partie et ses nombreuses suggestions très argumentées.

Pour les textes sur le judaïsme, nous remercions tout spécialement Jean-François Lévy, ancien président du Mouvement Juif libéral de France, pour ses remarques pertinentes et ses suggestions de corrections concernant notre présentation des textes de la Torah et de leurs interprétations.

Nous remercions également Jean-Paul Thévenot, archéologue à l'université de Bourgogne, pour sa relecture des domaines touchant la protohistoire, dont il est un spécialiste.

Pour le domaine scientifique de l'astrophysique, nous avons une très grande reconnaissance envers Boris Dintrans, astrophysicien, chargé de recherche au CNRS au Laboratoire d'astrophysique de Toulouse-Tarbes du CNRS, de nous avoir fait l'amitié de corriger, compléter et revoir la partie consacrée à l'*Évolution de l'Univers,* et envers Sylvie Roques, la directrice de ce laboratoire, pour son amitié indéfectible et son aide efficace. Nous y associons étroitement Laurent Nottale, directeur de recherche au CNRS à l'Observatoire de Paris-Meudon, pour ses critiques constructives des textes concernant les applications biologiques de sa théorie de la relativité d'échelle, une théorie qui ouvre des perspectives nouvelles exceptionnelles pour la compréhension de l'évolution des systèmes. Un grand merci également à Christian Nitschelm, professeur associé à l'Institut d'astronomie de l'université d'Antofagasta (Chili) pour ses remarques pertinentes. Sans eux, il n'y aurait pas eu ces développements scientifiques indispensables.

Pour la partie consacrée à la théorie de l'évolution des espèces et à celle de l'homme en particulier, nous sommes reconnaissants à Didier Marchand, paléontologue à l'université de Bourgogne, et à Luc Plateaux, biologiste à l'université de Paris VI, pour en avoir fait une lecture critique et constructive.

Enfin, nous avons une reconnaissance toute particulière envers notre collègue et ami de l'université de Bourgogne, Jacques Lang, qui a relu tout l'ouvrage dans le plus grand détail, qu'il a annoté, corrigé, et retouché en faisant des suggestions très pertinentes qui ont beaucoup amélioré sa lecture et sa compréhension.

Sujet de très grande actualité et très âprement discuté, cet essai, dont le but affiché est de faire dialoguer autrement les sciences de l'évolution et les religions, est un peu, parfois beaucoup, le leur, nous ne l'oublions pas.

Jean Chaline et Cédric Grimoult

Paris le 4 janvier 2011

Première partie

Les méthodes des sciences de l'évolution et des religions

Avant d'aborder la question des relations des sciences de l'évolution avec les religions, il n'est peut-être pas inutile de réfléchir aux diverses « façons de penser » qui sont déterminantes pour les questions que l'on se pose, parce que celles-ci sont fortement contraintes par les conceptions philosophiques adoptées.

François Jullien[1] offre une clé de lecture très éclairante pour notre propos en montrant que les questions sur « les origines » — origine de l'Univers, de la vie et de l'homme en particulier — sont une particularité typique de la philosophie occidentale, alors qu'elle est inconnue, par exemple, dans la philosophie chinoise.

La pensée grecque, fondement de la philosophie occidentale, repose essentiellement sur les conceptions de Platon et d'Aristote. Celles-ci posent l'existence en termes d'Être, distinct, déterminé, mais surtout pas flou.

1. Jullien, F. 2009. *Les transformations silencieuses*. Grasset et Fasquelle, Paris.

> Ainsi, que le parti pris de l'Être appelle à la détermination se récapitulera en cette maxime qui a si longtemps guidé en sous-main le travail de la pensée en Europe, qu'elle en passe inaperçue. Je[1] la formulerai : plus cela est « déterminé », plus cela « est ».
>
> p. 41.

Il en résulte, pour

> ultime conséquence méthodique de ce parti pris de l'Être qu'ont développé les Grecs : le *principe de non-contradiction.*
>
> p. 53.

Selon Aristote, « l'idéal du logos » serait « d'éliminer l'indétermination et l'ambiguïté » (p. 56). Cette philosophie implique que « la nature aristotélicienne, la *phusis,* est conçue « à l'instar d'un sujet-agent : elle "veut", "vise", "entreprend", est "ingénieuse" et se "pose" des "buts" » (p. 17). Or dans la philosophie chinoise, « le sage ou le stratège chinois ne manifeste d'autre ambition que de "transformer" comme la nature [...] de proche en proche en silence » (p. 17-18). Aristote se refuse « à saisir le changement du changement, à penser "l'entre-formes", qu'il nous déclare impossible » (p. 88), pourtant si coutumier de la sagesse chinoise. Il résulte de cette situation que la pensée grecque serait incapable de décrire les phénomènes de *transition,* comme « grandir : nous ne nous voyons pas grandir », « vieillir : nous ne nous voyons pas vieillir. » Platon se demande effectivement comment il peut passer « du non-être à l'être ou de l'immobilité à la mobilité » (p. 27). Il en résulte que « comme elle n'est pas de l'Être, la transition échappe à notre pensée » (p. 26). Ce sont, dit Jullien, des « transformations silencieuses », parmi lesquelles il cite le passage de la neige à l'eau, le réchauffement climatique, le passage de la vie à la mort, de l'amour à la haine, de l'essor au déclin...

La pensée chinoise, le *tao,* la *voie* qui est passée à côté de l'Être, propose deux termes pour exprimer la transformation silencieuse : *modification* et *continuation.* « La modification "bifurque" et la "continuation" poursuit, l'une "innove" et l'autre "hérite" » (p. 31). Jullien donne en exemple le cycle des saisons (p. 32) :

---

1. François Jullien.

> La « modification » intervient de l'hiver au printemps, ou de l'été à l'automne, quand le froid s'inverse et tend vers le chaud, ou le chaud vers le froid ; la « continuation », quant à elle se manifeste du printemps à l'été, ou de l'automne à l'hiver quand le chaud devient plus chaud ou le froid devient plus froid.

Dans le livre intitulé *Classique du Changement*[1], aussi appelé *Livre des Mutations*, écrit voici plus de 3 000 ans, et considéré comme le plus important livre de la littérature chinoise, les états du monde et leurs évolutions possibles y sont décrits en intégrant le hasard. Jullien explique « qu'il y a déjà du yin dans le yang et du yang dans le yin », ce qu'aurait refusé « ostensiblement Platon » (p. 105). Selon cet auteur contemporain :

> Le plus intriguant, quand on passe d'Europe en Chine, est que les questions que nous nous posons, ne pouvons pas ne pas nous poser, quand on passe de l'autre côté, c'est-à-dire quand on bascule dans l'autre langue, ne se posent plus, n'ont plus à se poser : non pas qu'elles s'y résolvent, mais elles s'y dissolvent. [...] la césure que fait paraître la phrase européenne — du « non-être » à « l'être » — est résorbée, la naissance procédant elle-même d'une continuation.
>
> p. 62

Pour prendre un exemple :

> Ne faisant plus rupture, l'origine de la vie n'a plus rien d'une énigme. Elle n'est même plus une question — la question — car elle se trouve intégrée, discrètement impliquée, dans le cours de la transition.
>
> p. 63.

Dans

> sa physique, Aristote (*Physique IV*) abordant la « nature » en termes de corps en mouvement, fait intervenir le « temps » pour rendre compte du déplacement d'un mobile... Or la Chine a abordé ce que nous appelons la « nature » en termes, non de corps en mouvement, ou d'éléments, mais de facteurs en corrélation (yin et yang) de la polarité desquels découle tout engendrement.
>
> p. 128.

De ce fait, la philosophie européenne « a privilégié la "finalité" et s'est préoccupée en priorité du "vers quoi" et de la destination, elle a porté son attention sur le terme et non sur la transition » (p. 73). Il découle de sa métaphysique, qu'elle a opposé le temps à l'éternité... seul l'Être est éternel... » (p. 129). Dieu n'est plus loin dans cette conception...

1. *Classique du Changement*, *Yi Jing* (auteur et date inconnus).

> Comment, s'étonner dès lors que les Chinois ne se soient pas préoccupés du Début et de la Fin des choses ? Ni du début premier ni de la fin dernière ? Ni ils ne se sont passionnés pour l'énigme de la Création, ni ils n'ont dramatisé d'Apocalypse : le monde meurt tous les jours, le monde naît tous les jours… Il ne donne pas à songer à l'Éternel, mais plutôt à l'inépuisable de ses ressources : tel est le « Ciel » qui, parce qu'il ne dévie pas de son cours, ne discontinue pas d'engendrer.
>
> p. 90-91

Pour un Chinois, « toute fin est déjà un début, la transition est continue » (p. 92). Ces réflexions permettent de comprendre les différentes interprétations de fond des faits scientifiques selon les cultures, les philosophies et les religions. Elles montrent aussi que les questions que se posent les religions du Livre, notamment celles des origines, découlent de la pensée grecque, mais ne se posent pas du tout pour la culture chinoise. On devine pourquoi ces religions ont toutes abouti au choix de la finalité. En étant incapable d'envisager les *transformations silencieuses,* on comprend aussi pourquoi la culture européenne a eu, et a encore, tant de mal à accepter l'évolution *des espèces,* phénomène de *transformation silencieuse* par excellence, mais évidente pour la philosophie chinoise considérant la nature évolutive de tout phénomène.

Chapitre 1

Les sciences de l'évolution et les religions

Les relations entre les sciences et les religions ont toujours été ambiguës. Du fait de leur domination sociale et politique dans les pays de la révolution scientifique, les Églises chrétiennes ont contrôlé le développement du savoir, au moins jusqu'au XIXe siècle. Reconnaissant comme *bonne science*, les seules idées qui étaient en accord avec leurs interprétations de la Bible, elles ont interdit, rejeté et condamné de façon très autoritaire tous ceux qui, par leurs découvertes ou leurs réflexions, osaient mettre en doute ce livre considéré par les autorités, non seulement comme sacré, mais aussi comme un livre de science. La situation ne fut guère différente dans les autres civilisations, en particulier en terre d'islam.

En effet, la théologie a toujours eu tendance à se considérer elle-même comme la discipline reine, toujours supérieure à la science. En fait, comme le souligne Christian Forster[1] :

> Si l'Église a affirmé la supériorité de la Révélation, c'est « seulement au niveau du sens ultime du monde », de l'homme et de l'Histoire, et cela reste sa position aujourd'hui, mais pas pour coiffer la science et ses résultats.

1. Communication personnelle à J. Chaline.

Malheureusement, jusqu'au milieu du XXe siècle, la plupart des Églises ont appliqué, au premier degré, le principe de la supériorité absolue de la foi sur la science, sans aucune autre justification que celui de l'argument d'autorité.

Il en est résulté des conflits, parfois violents, pour l'émancipation de la science naissante. Dès le XVIIe siècle, les affaires Copernic, Bruno, Galilée et Vanini sont devenues exemplaires du monopole revendiqué par l'Église catholique dans le domaine du savoir ainsi que de l'autorité intransigeante et intolérante du Vatican.

Avec le développement de la science, et en raison de l'esprit critique qui prévaut dans sa méthodologie, ces divergences se sont ensuite souvent transformées en luttes devenues parfois idéologiques et politiques. Le positivisme et le scientisme illustrent des positions anticléricales, qui constituent le retour de balancier prévisible après les excès des Églises dans leur prétention à diriger l'esprit humain.

Nous verrons cependant que ces conflits reposent la plupart du temps sur une méconnaissance fondamentale des spécificités du discours scientifique par rapport aux religions et sur le refus de reconnaître la liberté de penser et de choisir, pourtant inscrite dans les droits de l'homme. L'intolérance religieuse, souvent de nature plus politique que véritablement spirituelle, mène à des combats truqués. En effet, certains théologiens dogmatiques, minoritaires au sein même de leurs religions, brandissent l'étendard de la foi par abus de langage tout en excitant, par effet de miroir, certaines réactions excessives dans le camp opposé. Pour les auteurs de ce livre, il n'est aucunement question de nier la liberté de pensée et d'expression de personne. Mais on ne saurait souscrire à des discours à la fois erronés et déplacés. Plus que jamais, le lecteur doit exercer son esprit critique pour reconnaître les éléments légitimes et éviter des amalgames dont aucun des deux camps n'a été parfaitement exempt.

Chapitre 2

Les deux composantes de la connaissance

Science et foi ne sont pas des formes de connaissances équivalentes, entre lesquelles il faudrait nécessairement choisir. Il s'agit de *deux composantes de la connaissance* qui diffèrent par leurs objets et leurs méthodologies, et peuvent donc s'avérer indépendantes, voire complémentaires. Elles ne doivent en aucun cas se superposer, au risque de graves confusions et confrontations.

Dès l'Antiquité, Aristote distinguait très judicieusement la *physique*, qui renvoie à la recherche du « comment ? » des choses, de la *métaphysique*, c'est-à-dire l'étude du « pourquoi ? ». La première, qui correspond assez bien à la science actuelle, concerne exclusivement la manière dont « les choses sont faites ». Fondée sur l'étude des faits concrets, elle présente des exigences méthodologiques très rigoureuses, que nous détaillerons ultérieurement. Elle se distingue fondamentalement de la seconde, qui est la recherche du « sens possible du comment », autrement dit de la signification que l'on peut attribuer à la raison d'être des choses. Cette approche concerne les religions, les philosophies et les idéologies, du moins dans la partie de leur activité qui spécule au sujet du « pourquoi » des choses et de l'organisation du monde. Les méthodologies de ces disciplines apparaissent diverses, mais font généralement appel à l'intuition, voire à la raison, pour évaluer la cohérence interne de leurs discours. Les religions se distinguent toutefois par le poids qu'elles accordent à l'argument d'autorité à partir de livres sacrés ou de doctrines ancestrales, posées *a priori*. Elles peuvent aussi admettre qu'une partie au moins de leur enseignement reste irrationnelle, ce à quoi ne souscrivent ni la science, ni la philosophie. Les orthodoxes évoquent ainsi les « mystères » lorsqu'ils parlent du dogme, élément central auquel il est demandé de croire sans raison, en particulier lorsqu'il heurte le sens commun (comme la naissance virginale du Christ ou sa résurrection, par exemple).

Dans un livre récent[1], l'historien des religions Michel Dousse montre que le monothéisme abrahamique a constitué une rupture par rapport aux religions communautaires et polythéistes de l'époque antique, d'autant que la Bible insiste sur l'impossibilité pour l'homme de comprendre le Dieu unique. Et il ajoute qu'il en est de même pour le Coran :

> Le Coran insiste, presque jusqu'à l'absurde, sur le déraisonnable que doit vaincre la foi du croyant dans un acte d'obéissance et d'abandon[2].

Rappelons que le terme « islam » signifie avant tout soumission (à Dieu). Selon Jacques Arnould[3], les chercheurs anglo-saxons souscrivent à cette partition de la connaissance entre les domaines du « comment ? », qu'ils nomment « *worldpicture* », par opposition à celui du « pourquoi ? », qu'ils désignent sous le terme « *worldview* ». Le premier mot désigne une représentation volontairement partielle et limitée, fondée sur des preuves vérifiables, généralement issues de l'observation et de l'expérimentation. Le second renvoie à une conception plus globale, qui intègre des éléments hautement spéculatifs, échappant à la prudence du scientifique, et visant à justifier un message spirituel ou éthique. Les biologistes, géologues ou physiciens confrontés aux sciences de la nature, sont parfois les auteurs de telles explications qui dépassent largement les bornes de validité de la connaissance scientifique. Mais ils quittent alors leur spécialité pour entrer dans un domaine où les règles du débat sont différentes.

1. Dousse M. 2002. *Dieu en guerre. La violence au cœur des trois monothéismes*. Albin Michel, Paris.
2. Pages 12 et 13.
3. Arnould, J. 2007. *Dieu* versus *Darwin. Les créationnistes vont-ils triompher de la science ?* Albin Michel, Paris.

En effet, répondre à la question du « pourquoi ? » implique de soutenir un certain nombre d'opinions en prenant parti sur le sens de la vie. Au contraire, la science se prétend « amorale », au sens où son discours ne prend pas position au sujet de ce que l'on devrait faire, mais s'intéresse uniquement à ce qu'est la *réalité*. Cette activité exige le respect rigoureux de certaines valeurs, dont notamment la liberté de pensée et d'expression, dans les limites d'un débat rationnel critique. Nous y reviendrons dans les paragraphes suivants.

L'approche scientifique du « comment ? »

À partir du XVIIe siècle, l'adoption systématique de la méthode expérimentale a permis l'apparition de la science moderne. Par une confrontation permanente avec les données concrètes, les chercheurs rejettent les arguments d'autorité au profit de la vérification des faits, par des preuves. Les scientifiques réalisent alors des progrès rapides dans la connaissance du monde, de ses origines et de ses évolutions. La méthode expérimentale n'a en effet aucun équivalent pour appréhender l'Univers concret qui nous entoure. En ce qui concerne la quête des origines, la science cherche à expliquer « comment » l'Univers, la vie et l'homme se sont formés. Les chercheurs réalisent des expériences, élaborent des modèles et font des observations quantitatives rigoureuses en établissant des faits. Ils aboutissent à l'élaboration de théories explicatives intégrant toutes les données connues au moment de leur élaboration. Ces théories peuvent être, à tout moment, contestées et complétées ou même rejetées, si de nouvelles observations prouvent qu'elles sont incomplètes ou erronées. En intégrant l'apport positif de toutes celles qui précèdent, elles deviennent ainsi plus performantes pour interpréter le monde visible et invisible de la nature.

Le degré de certitude des connaissances scientifiques varie considérablement. En science, le terme « théorie » présente une signification générale, et a donc un sens plus étendu que celui du « fait » qui serait définitivement établi. Réfuter un fait n'aura pas de grande répercussion sur l'édifice global du savoir, tandis que rejeter une théorie oblige à reconsidérer le rôle de plusieurs de ses composantes, avec des conséquences éventuelles dans différentes disciplines. Mais tout « fait » relève également d'une part de construction rationnelle, étant donné qu'il n'existe pas de « fait brut », donné pour ainsi dire par la nature, et que l'esprit n'aurait qu'à « dé-couvrir », c'est-à-dire à révéler au monde. Tout savoir est construit, présupposant d'autres connaissances, liées au vocabulaire, aux relations supposées entre les phénomènes. Mais, il est lié aussi au contexte culturel du moment, qui donne sens aux énoncés scientifiques, même les plus triviaux[1].

Une théorie représente un cadre intellectuel permettant de saisir globalement différents phénomènes[2], souvent issus d'investigations diverses.

Ainsi, la théorie de l'évolution intègre des observations biologiques réalisées sur des êtres vivants et fossiles. Elle embrasse des résultats d'expériences génétiques réalisées soit en laboratoire, soit dans la nature, au contact des populations. La théorie de l'évolution englobe également des comparaisons entre les développements ontogéniques de différentes espèces ainsi que des observations sur leurs comportements.

Les créationnistes estiment notamment que leur religion serait plus crédible que la science, parce que leurs dogmes se veulent inaltérables, tandis que les vérités scientifiques restent toujours relatives, c'est-à-dire susceptibles d'être remises en cause. Mais telle est précisément la rançon du progrès : la religion ne modifie pas les aspects concrets de l'existence matérielle, à la différence des techniques basées sur des connaissances scientifiques. Dans le paragraphe suivant, nous montrerons néanmoins que la théologie porte en elle-même une critique du dogmatisme extrême des créationnistes.

1. Pour approfondir cette question, on pourra se référer au livre de Bruno Latour : *La Science en action*, Paris, Gallimard, 1995. Nous n'adhérons pas à toutes ses conclusions, mais il constitue une critique élégante de l'empirisme.
2. Ce que signifie « comprendre ».

Prenons un autre exemple permettant de comprendre les spécificités de la démarche scientifique. Avant Aristote, les savants croyaient pour la plupart que la Terre était plate. La *rotondité de la Terre* a d'abord été soutenue en tant qu'hypothèse, car les indices en sa faveur restaient seulement indirects, comme c'est le cas pour la différence présentée par l'ombre projetée par le soleil à midi, à la même date, entre la Grèce et le sud de l'Égypte. La rotondité de la Terre fut ensuite maintes fois vérifiée, en particulier à l'époque des grandes découvertes, lorsque des navigateurs purent revenir en Europe en partant vers l'Ouest et en revenant par l'Asie et l'Afrique. Au XXe siècle, grâce aux navettes spatiales et aux satellites artificiels, la rotondité de la Terre est devenue un fait d'observation quotidien.

La démarche scientifique ne cesse de remettre en cause certaines connaissances fondées sur le sens commun. Einstein avait ainsi prédit la courbure de l'espace-temps grâce à des calculs complexes. Celle-ci fut ensuite démontrée, en 1919, lors d'une éclipse de soleil, quand les astronomes ont pu observer une étoile qui aurait dû être cachée derrière le Soleil, prouvant ainsi la courbure de l'espace-temps au voisinage d'un astre massif, comme c'est le cas pour ce dernier. En 1959, John Laverty a montré également qu'une horloge transportée par avion en altitude, de l'Angleterre jusqu'en Chine, avait acquis 60 milliardièmes de seconde d'avance sur l'horloge restée en Angleterre, confirmant les effets prédits par la théorie de la relativité générale d'Einstein.

On peut évoquer une démarche historique comparable avec *l'évolution biologique*. Tout d'abord supposée intuitivement à partir des ressemblances anatomiques et embryologiques entre les êtres vivants, elle a été confirmée par la succession des formes fossiles au sein des couches géologiques, par l'étude de la répartition géographique des espèces à la surface du globe, puis par la comparaison de leurs patrimoines génétiques. La *microévolution,* c'est-à-dire l'apparition d'espèces distinctes au sein d'un genre biologique[1] est aussi devenue un *fait* de laboratoire, tandis que la *macroévolution,* qui concerne la parenté entre des groupes éloignés au sein de la classification des organismes,

1. Voir la 2e partie.

a vu sa vraisemblance encore renforcée par la découverte des gènes architectes[1] et de leurs mutations, aux effets parfois spectaculaires. La théorie de l'évolution est devenue encore plus incontestable depuis que la génétique, en explicitant les mécanismes complexes de la biologie moléculaire et des lois de l'hérédité, a permis la « création artificielle » de nouvelles formes de vie inédites en laboratoire. Les nouvelles découvertes ne cessent de confirmer les piliers de la théorie de l'évolution. Les paléontologues ont récemment exhumé des formes fossiles intermédiaires, qui constituent des *chaînons* majeurs, par exemple pour les ancêtres des cétacés[2], ou encore ceux des hominidés[3].

On reproche parfois à la science son *matérialisme*, en confondant trop souvent sa *méthodologie*, qui ne prend en considération que des supports matériels (particules constituant les atomes, atomes et molécules, corps physiques, astres et galaxies, cellules, embryons, organismes biologiques, populations animales, fossiles, etc.), avec *l'idéologie philosophique matérialiste*. En fait cette dernière s'oppose au *spiritualisme*, au sens où elle pose comme principe que, dans l'Univers, tout serait matière, à l'exclusion de tout principe intelligent ayant créé ou guidant le monde dans sa réalisation. En 1998, le philosophe André Comte-Sponville définit ainsi cette idéologie qui dépasse toute hypothèse scientifique, par nature :

> Au sens philosophique, le matérialisme est d'abord une ontologie – une théorie de l'être — ou une conception du monde. C'est la doctrine qui affirme qu'il n'y a d'être (s) que matériel (s) : le matérialisme est un monisme physique. À ce titre, il se définit surtout par ce qu'il exclut : être matérialiste, c'est penser qu'il n'existe ni monde intelligible, ni dieu transcendant, ni âme immatérielle. Ce n'est pas pour autant, renoncer aux valeurs ou aux biens spirituels. [...] Être matérialiste, pour les modernes, c'est d'abord reconnaître que c'est le cerveau qui pense, et en tirer toutes les conséquences.

La science traite exclusivement de la structure de la nature, de son fonctionnement, de son origine et de son évolution. Elle n'a aucune prétention, ni aucune vocation à parler de Dieu. C'est la raison pour

1. Les gènes architectes sont les gènes *Hox*, responsables des changements de plans d'organisation.
2. Marchand, D. 1999. Restructuration crânienne chez les vertébrés retournés à la vie marine. *Revue Paléobiol. Genève*, 18(1) : 197-220.
3. Chaline, J. & Marchand, D. 2010. *Le singe, l'embryon et l'homme. Une nouvelle clé de lecture de l'histoire de l'homme*. Ellipses, Paris.

laquelle le biologiste et épistémologue Francisco J. Ayala[1], en 2006, utilise, pour éviter tout amalgame, le terme de « méthodologie naturaliste » plutôt que « matérialiste ». Cela correspond à la définition classique du terme naturalisme :

> Doctrine philosophique ou simple attitude d'esprit commune à de nombreuses philosophies qui n'admettent rien en dehors de la nature, dont toute la réalité réside dans les données de l'expérience, et qui n'a pas recours à un principe transcendant pour expliquer les choses, et, en conséquence, refuse l'existence du surnaturel.

L'activité scientifique présente une autre caractéristique essentielle, trop souvent mal comprise par les commentateurs : à savoir son aspect collectif. La communauté des chercheurs, qu'on appelle les « pairs », reconnus comme crédibles par les professionnels, valident les nouvelles connaissances. Le statut scientifique d'une hypothèse ne se déduit pas seulement de la méthodologie avec laquelle elle est fondée, mais nécessite aussi une intégration en quelque sorte officielle au sein du *corpus* admis par les spécialistes. Les connaissances doivent en effet être validées à l'échelle internationale par d'autres chercheurs, corroborées dans d'autres laboratoires ou reprises par des collègues qui confirment, et souvent retouchent les apports précédents. Une découverte doit d'abord être publiée dans les revues de la spécialité, où elle se trouve évaluée par des chercheurs indépendants, qui lui accordent du crédit ou la rejettent. Par le jeu de la critique professionnelle, qui reconnaît tout ou partie des assertions ainsi proposées, il appartient à tout chercheur proposant une innovation de la prouver et de convaincre ses pairs. C'est la raison pour laquelle la *science est universelle.*

Ces procédures de validation sont à la fois complexes, voire variées, et indispensables pour éviter différents types d'abus. On trouve ainsi fréquemment dans une certaine presse l'annonce de résultats sensationnels, mais prématurés, parce qu'ils ont porté sur de petits échantillons et qu'ils n'ont pas été confirmés ultérieurement. Il arrive aussi que des réticences apparaissent au sein de la communauté scientifique pour admettre certaines innovations, en particulier quand elles bousculent de grandes portions du savoir établi. En effet, les grands chercheurs

1. Ayala, J.F. 2007. *Darwin's gift to Science and Religion.* Joseph Henry Press, Washington, D.C.

sont récompensés par leurs découvertes innovantes et « l'establishment », souvent décrié par ceux qui se présentent comme des Galilée du monde moderne, garantit généralement une pluralité de moyens d'expression permettant à la vérité de se faire entendre. Il existe des revues dans différents pays, utilisant divers moyens pour éviter les biais des jugements subjectifs, que l'on ne peut cependant jamais éliminer complètement, d'autant plus que la thématique impliquée concerne une communauté restreinte, ou encore lorsqu'elle fait l'objet d'importants effets médiatiques, voire du pouvoir de certains mandarins.

Certains créationnistes se plaignent d'être exclus des instances « officielles », même si cette appellation peut s'avérer contestable, du fait du caractère décentralisé de la science. Mais ce rejet s'explique par le fait qu'ils ne respectent pas les règles de base de l'activité scientifique, et que leurs assertions sont réfutées à de multiples reprises par des chercheurs internationalement reconnus.

Les auteurs créationnistes n'hésitent pas à créer leurs propres moyens de communications pour faire croire à la validation de leurs thèses : revues, organismes de « recherches » et musées. Une telle démarche ne peut cependant que les discréditer, dans la mesure où leur marginalisation volontaire démontre qu'ils copient le discours scientifique de manière superficielle, sans se conformer à ses règles élémentaires. La critique rationnelle exige en effet de tenir compte des arguments opposés et de leur répondre à l'aide de preuves validées par le plus grand nombre. L'histoire des sciences révèle que la communauté s'est parfois trompée, mais les promoteurs d'idées nouvelles qui ont longtemps échoué à convaincre leurs collègues sont toujours parvenus à valider leur point de vue, en reprenant les démonstrations contestées par d'autres voies. Les problématiques sont reprises par les générations successives et, certaines idées peu étayées dans le passé peuvent éventuellement trouver de nouvelles preuves dans les décennies suivantes. Les créationnistes trompent au contraire le grand public en présentant des faits truqués et en refusant de répondre aux multiples objections qui leur ont été adressées depuis plus d'un siècle.

Certains commentateurs des débats actuels considèrent que les créationnistes sont salutaires, dans la mesure où ils seraient « le prix à payer pour que l'esprit critique ne disparaisse pas[1] ». Mais une telle présentation ignore le caractère intrinsèquement pluraliste et agonistique[2] de la démarche scientifique, impliquant que les théories se combattent en permanence. On peut l'observer de nos jours à partir de l'exemple offert par le débat au sujet de l'évolution du climat. Seules les vieilles questions résolues ne font plus débat ; les sujets d'actualité constituent au contraire des arènes pour des joutes de haut niveau. De plus, il n'appartient qu'aux sociétés libres de se battre pour la liberté d'expression de leurs ennemies, à savoir, en l'occurrence, les groupes fanatiques qui instrumentalisent la science au service de leurs intérêts tout politiques[3]. En réalité, les créationnistes s'intéressent à l'origine des espèces uniquement parce que cette question offre un moyen de contester les valeurs des sociétés occidentales, dont la séparation entre les Églises et les États.

La liberté de pensée et d'expression, inscrite dans les droits de l'homme, garantit pour chacun la possibilité de se tromper, et même de persister dans l'erreur. Mais ces droits ne doivent pas permettre à des minorités fanatiques de dicter leur conception particulière du monde dans une société ouverte et libre.

En résumé, la démonstration par l'expérimentation, la quantification, la modélisation et la critique sans complaisance des théories constituent le socle du travail scientifique. Celui-ci se trouve complété par la validation progressive des idées nouvelles, dans le cadre d'un débat argumenté, rationnel et public, où les conceptions les plus conformes à la réalité finissent par s'imposer.

La science présente cependant des limites, car elle ne permet pas de répondre à toutes les questions, et tout particulièrement à celles qui ne sont pas d'ordre scientifique. « Pourquoi existe-t-il quelque chose plutôt que rien ? Car le rien est plus simple et plus facile que quelque

1. Lepeltier T. 2009. *Vive le créationnisme ! Point de vue d'un évolutionniste*, Éd. de l'Aube, Paris, p. 49.
2. *Agonistique* signifie « qui à rapport aux combats, aux conflits », autrement dit « qui se déroule par la lutte » : Le Dantec a écrit : « Être, c'est lutter, vivre, c'est vaincre ».
3. Voir 2e partie.

chose[1] » ? « Existe-t-il des causes initiales ou finales ? Quel sens a la vie humaine ? » *:* telles sont quelques-unes des préoccupations des conceptions philosophiques, idéologiques et religieuses, que les philosophes matérialistes regroupent sous le terme « spiritualité ».

L'approche religieuse du « pourquoi ? »

D'autres questionnements que ceux du « comment ? » conduisent les hommes à chercher, depuis qu'ils ont pris conscience d'eux-mêmes, des réponses à des questions telles que : « Pourquoi les choses sont-elles ce qu'elles sont ? », « Quelles sont nos origines ? », « Y a-t-il un créateur de l'Univers, de la vie et de l'homme ? », « Ces choses existent-elles de toute éternité ? », « Notre histoire, notre vie ont-elles un sens ? » et « Où allons-nous ? »

Ces questions en impliquent une nouvelle : *qu'est-ce qu'une croyance ?* Une croyance correspond à un concept philosophique de la théorie de la connaissance consistant *à tenir pour vraie une idée ou un phénomène paranormal[2], sans aucune preuve de sa réalité possible.* Cela peut être un *mythe,* ce que dit un texte considéré comme sacré ou un *dogme,* révélé ou pas. Une croyance peut être rationnelle, ou totalement irrationnelle. Le croyant est celui qui accepte d'emblée l'objet de sa foi, et refuse généralement les arguments ou faits qui pourraient la remettre en cause. Dans la « croyance en Dieu », il faut bien distinguer les « *croyants* » qui y adhèrent, des « athées » qui la refusent, sachant que cette dernière option est elle-même une croyance, puisque aucune preuve ne peut être apportée ni de son existence, ni de sa non-existence. Il faut également considérer l'« agnosticisme », de celui qui ne veut pas trancher, parce que c'est indémontrable, mais qu'il ne faut pas confondre avec le *scepticisme philosophique,* qui veut rester dans l'incertitude de toute chose.

1. Leibniz, G.W. 1714. *Principes de la Nature et de la Grâce fondés en raison : « pourquoi il y a plutôt quelque chose que rien ? »*. Voir aussi : Nottale, L. 2002. *Relativité, être et ne pas être. Penser les limites, Écrits en l'honneur d'André Green, Delachaux et Niestlé,* Paris : 157-165.
2. Citons par exemple la croyance dans la venue d'extraterrestres sur Terre (Ufologie) ou à l'existence de certaines formes vivantes jamais observées, comme l'exprime la cryptozoologie.

Les questions posées plus haut induisent immanquablement l'idée de *Création*, c'est-à-dire, selon le cardinal Christophe Schönborn, « d'un but assigné, d'une finalité, d'un plan, d'un dessein[1] » ? Le mot *création* implique naturellement l'idée d'un *créateur*, au sens anthropocentrique de celui qui *fabrique* un objet, en l'occurrence la totalité de ce qui existe. Les trois religions du Livre sont par nature essentiellement « créationnistes », dans le sens où elles considèrent l'Univers, la vie et l'homme comme ayant été « créés » par Dieu. Mais cette conception religieuse ne s'oppose pas nécessairement à la science qui en explique la formation, sauf à considérer cette création d'une manière littérale.

Cette *quête du sens* n'est plus du tout le domaine de la science, mais celui de la religion, de la philosophie ou de l'idéologie. Cela vient du fait que la méthode expérimentale ne peut pas répondre à ce type de questions grâce à la vérification par les faits. Il est en effet impossible de soumettre l'idée de Dieu à une expérimentation quelle qu'elle soit. Échappant à toute réfutation factuelle, directe ou indirecte, celle-ci ne relève pas, par définition, de la science.

Même si l'Univers était éternel, sans commencement, son infinité échapperait aux possibilités expérimentales. Cette conception n'a donc rien à voir avec la science, qu'elle relève d'une philosophie athée ou d'une religion comme le bouddhisme. En effet, aux Indes, les textes les plus anciens relatant les mythes de fondateurs sont les *Védas*, écrits entre le XVe et le Xe siècle av. J.-C., dans une époque d'invasions. Dans le brahmanisme, héritier direct de la pensée védique, ou dans le bouddhisme et le jaïnisme, il n'existe pas de création unique, mais un « *principe éternel* », et *périodiquement*, de façon cyclique, ce principe crée le monde, et ultérieurement le résorbe. Pendant la résorption du monde, la création est comme endormie, mais s'éveille à nouveau quelques milliers, ou millions d'années plus tard.

La distinction qu'il convient d'établir ici entre les domaines du « comment ? » et du « pourquoi ? » ne correspond pas à la différence qui sépare les méthodes expérimentales de celles des sciences historiques. Les créationnistes répètent inlassablement qu'en l'absence

1. Voir Schönborn, C. 2007. *Hasard ou plan de Dieu* ? Cerf, Paris.

de machine à remonter le temps, il serait impossible d'éprouver les hypothèses évolutionnistes et de vérifier les reconstitutions des lignées biologiques. Une telle assertion est cependant erronée. En effet, il est généralement possible de tester indirectement les hypothèses de type historique, hypothèses qui doivent rendre compte de tous les faits connus sur le sujet traité. Par exemple, les connaissances sur les dinosaures progressent fortement grâce à l'intégration des reconstitutions historiques impliquant notamment la phylogénie, la chronostratigraphie, les transformations du relief et les variations climatiques, grâce aux modèles fondés sur le savoir expérimental (en particulier dans le cas de la locomotion, avec l'anatomie comparée). Les registres expérimentaux et historiques ne doivent donc pas être interprétés comme des domaines étanches l'un à l'autre.

La question du « pourquoi ? », sur laquelle nous nous penchons ici, pose le problème de l'éventuel premier principe, de l'origine ultime des choses et des êtres. Cette cause initiale potentielle reste complètement inaccessible aux moyens de vérification scientifique. Les philosophes y réfléchissent depuis plusieurs millénaires sans éviter une aporie[1]. Si Dieu a créé le monde, comment a-t-il pu s'engendrer lui-même ? Et si le monde existe de toute éternité, comment concevoir l'éternité ? Un cycle n'a ni début, ni fin, et il en va de même de l'infini, ou du temps perpétuel. Dans les deux cas, notre outil conceptuel qu'est la *raison* s'avère insuffisant pour éclairer cette énigme.

Comment la science pourrait-elle traiter de Dieu que personne n'a vu, comme le confirment saint Jean[2] et saint Paul ? Comment la science pourrait-elle évaluer des dogmes qui ne peuvent être ni remis en cause ni testés selon les règles scientifiques classiques ? Les approches religieuse et scientifique diffèrent donc complètement et fondamentalement en raison de leurs méthodologies incompatibles.

1. Chez Aristote, une difficulté à résoudre un problème ou, actuellement, tout problème insoluble, une impasse dans un raisonnement.
2. Épître de saint Jean (1er Épître, 1-(4)-18) : « Dieu, personne ne l'a jamais vu ». Dans l'Éxode (33,20) : *L'Éternel dit :* « Tu ne pourras pas voir ma face ». Lettre de saint Paul aux Colossiens (1, 15) : « Il est l'image du Dieu invisible, le premier-né de toute la création », ou dans la lettre de saint Paul à Timothée (6,16) : « Le seul qui possède l'immortalité, qui habite une lumière inaccessible, que nul homme n'a vu, ni ne peut voir ».

Dans les religions du Livre (judaïsme, christianisme, islam), les théologies s'appuient sur des « *dogmes* censés avoir été *révélés* » par Dieu, par le biais de ses émissaires angéliques ou de ses prophètes. Ces dogmes sont définis *ex cathedra,* ce qui signifie littéralement « de la chaire », symbole de l'enseignement dogmatique et de son autorité. Ils sont *par principe* inattaquables, intouchables et incontournables. Il ne saurait être question de les remettre en cause.

Ces dogmes sont parfois réinterprétés par les exégètes, en particulier lorsqu'ils paraissent ne plus être adaptés aux besoins de l'époque. Mais ces nouvelles interprétations sont, en général, fortement contestées par les autorités religieuses, car elles donnent naissance à des courants dissidents qui, s'ils s'implantent dans le paysage religieux, peuvent créer des confessions nouvelles. Les lectures religieuses des mêmes textes s'avèrent en effet plurielles, les variantes théologiques pouvant être infinies, du fait de la diversité des interprétations à différentes époques de l'histoire. Alors que les interprétations scientifiques tendent à converger parce que la science est universelle par sa méthodologie, son langage et ses résultats, les interprétations du « pourquoi ? » restent distinctes les unes des autres.

En effet, même ceux qui estiment que les textes considérés comme sacrés doivent être interprétés au pied de la lettre (littéralistes), ne sont pas tous d'accord entre eux. La diversité des créationnismes soutenus par les évangélistes américains le montre clairement[1]. Cela est dû en partie aux difficultés de traduction, liées à l'ancienneté de la Bible ou du Coran, et à leur transcription écrite à des époques diverses. Le caractère souvent obscur des textes eux-mêmes, ainsi que certaines contradictions internes, ont conduit les exégètes à proposer des interprétations parfois très divergentes de ces textes, quand elles ne sont pas complètement opposées, ce qui devrait inciter les fondamentalistes[2] à plus de prudence et de retenue. Les philosophes du langage

1. Voir 2e partie.
2. L'objectif des fondamentalistes vise généralement un retour aux sources par souci de pureté. Ils peuvent être littéralistes, s'ils croient possible une lecture directe et évidente des Écritures.

ont en effet montré depuis longtemps que tout texte peut renvoyer à une pluralité, au moins relative, de significations. Les innombrables débats théologiques de l'histoire en témoignent.

De plus, au sein de l'Ancien Testament tout particulièrement, les passages ne datent pas tous de la même époque, et peuvent présenter les mêmes événements sous des jours différents. C'est le cas du récit de la création de l'homme, au début du livre de la Genèse, qui existe en deux versions. Dans la première, qui est aussi la plus récente, puisque ce passage est attribué par les spécialistes à la tradition sacerdotale, Dieu crée Adam et Ève à partir de rien, *ex nihilo,* tandis que dans la seconde, plus ancienne, car relevant de la tradition yahviste, les premiers humains sont pétris avec de l'argile. De plus, les textes peuvent contenir certaines contradictions que les théologiens s'emploient à résoudre. Les croyants de toutes les époques ont utilisé diverses citations de leurs livres saints pour justifier de multiples pratiques que la majorité réprouve. Cela montre, s'il en était besoin, la nécessité d'interpréter les textes religieux de façon critique, et donc de les comprendre de manière symbolique. À partir de là, les croyants doivent peser, en leur âme et conscience, la portée morale des assertions soutenues plus ou moins clairement dans les Écritures.

Comme il est écrit dans les Évangiles :

> La lettre tue, c'est l'esprit qui fait vivre[1].

Or, en religion, on ne peut pas pratiquer les méthodes rigoureuses fondées sur des observations et des expérimentations que l'on remet en cause et que l'on critique. Il ne saurait y avoir de *preuves,* ni de *démonstrations,* mais seulement des *croyances* reposant sur *un acte de foi. La foi est donc le moteur des religions.*

De nombreux auteurs ont considéré le caractère relatif de toute connaissance scientifique comme une faiblesse absolue. Rien n'étant dans la science, définitif et certain, tout ne serait que spéculation, et donc moins crédible que les révélations religieuses, qui se veulent infaillibles. On retrouve ici le concept de la supériorité de la révélation au niveau du sens ultime du monde, c'est-à-dire de la supériorité de

---

1. Saint Paul, Deuxième Épître aux Corinthiens, 3, 6.

la foi sur la science, concept bien ancré dans certains esprits. Mais les religions affirment des valeurs qui dépendent uniquement de la volonté et de la réflexion humaine et qui se présentent comme universelles, alors qu'elles ne le sont pas en raison des multiples divisions des religions. Seule la science est universelle à cause de sa méthodologie. Pour expliquer les mystères suggérés par les révélations, elles font appel aux *miracles*, parfois à la *magie* et à la *foi*.

Les discours créationnistes s'appuient explicitement sur le miracle ainsi que sur des principes surnaturels. En effet, pour les théologiens littéralistes, qui admettent une Création immédiate des êtres vivants au début des temps, cet événement relève d'un moment unique, comme tout miracle, où Dieu s'affranchit des lois de la Nature. Il est en effet sous-entendu, que si Dieu crée les espèces vivantes lors d'un événement exceptionnel, c'est que les puissances naturelles ne peuvent en forger d'autres par elles-mêmes. Ce point est un peu différent pour les adeptes du *dessein intelligent (Intelligent Design)* qui défendent à la fois les dogmes chrétiens et la théorie de l'évolution. Selon eux, en effet, Dieu aurait créé les espèces par l'intermédiaire des lois de la Nature, en guidant le processus selon un principe mystérieux. C'est précisément ce caractère surnaturel, au sens strict du terme, qui disqualifie *l'Intelligent Design* d'un point de vue scientifique. Car la science se caractérise, comme nous l'avons dit, par un postulat méthodologique qui prend en considération les seuls éléments matériels. De plus si l'on admet que les dogmes doivent être interprétés, pourquoi ne pas accepter complètement les enseignements scientifiques ? En bonne cohérence, il serait logique d'admettre non seulement l'évolution biologique, mais aussi ses mécanismes découverts par les biologistes, plutôt que de faire apparaître, tel un *deus ex machina* du théâtre classique, un plan divin au sein de la nature.

Ce point mérite approfondissement. Dans un livre récent, le journaliste Thomas Lepeltier explique comment la thèse d'un « designer » ne se trouverait pas exclue d'emblée de la science. Il échafaude un scénario, qui n'est d'ailleurs pas sans rappeler certaines idées défendues par la scientologie, dans lequel un chercheur émet l'hypothèse selon laquelle les espèces auraient été produites par des êtres intelligents venant d'une autre planète. Ce dernier ne viole pas fondamentalement le principe méthodologique naturaliste, puisque l'homme, de nos jours, se trouve capable de modifier la biosphère et que rien n'interdit l'utilisation des lois naturelles pour créer, par génie génétique et sélection, de nouvelles espèces. Reconnaissons que les débats sur la « délicate notion de scientificité[1] » ne sont pas vraiment utiles pour invalider les créationnismes défendus aujourd'hui comme tels. Mais il s'agit ici d'un problème plus global, qui doit envisager tous les créationnismes possibles, y compris certaines conceptions sournoises qui se présentent comme compatibles avec la science, mais qui réintroduisent Dieu par la fenêtre quand les chercheurs l'ont mis à la porte.

Du vivant même de Darwin, différents théologiens avaient bien compris que la théorie de l'évolution n'invalide pas la foi chrétienne, dans la mesure où, au lieu d'avoir créé le monde instantanément, Dieu aurait pu décider de faire apparaître les espèces de manière successive, y compris par le mécanisme de la sélection naturelle. Cette conception n'a cependant rien de scientifique, parce qu'elle ne se situe pas dans le domaine des hypothèses vérifiables. Dieu, comme tout principe surnaturel, constitue une solution qui résout tous les problèmes, sauf lui-même. Dans son histoire, la science n'a cessé de privilégier les hypothèses naturelles et spontanées, car si l'on en était resté à la doctrine traditionnelle du miracle divin, alors les savants des générations passées n'auraient jamais dépassé les connaissances ancestrales (surtout si la foi en un dieu particulier est rendue obligatoire et jugée indépassable). En effet, le miracle, le « *deus ex machina* », permet de répondre à toutes les questions sans rien expliquer. Prenons un autre exemple. La foudre pourrait très bien correspondre à la fois à des phénomènes électriques et à des colères de Zeus-Jupiter, le dieu des nuées de la Méditerranée antique. Mais s'arrêter à cette dernière explication ne permet en aucun cas d'intervenir sur la nature, alors que chercher le « comment » des choses a permis d'immenses progrès matériels, dont la maîtrise domestique de l'électricité. Il se pourrait donc, en pure hypothèse non-scientifique, que l'évolution soit guidée par un esprit surnaturel. Mais il ne nous est aucunement

1. Est scientifique ce qui est conforme aux méthodes précises et rigoureuses de la science.

permis de connaître scientifiquement ce dernier. Alors mieux vaut se concentrer sur les procédés matériels de l'évolution, afin d'en élucider les mécanismes, sans confondre les questions du « comment ? » avec celles du « pourquoi ? ». Les scientifiques doivent faire comme si Dieu n'existait pas, ou comme s'il n'intervenait nullement dans les affaires du monde (ce qui n'en constitue pas une réfutation). Il s'agit d'un impératif heuristique[1], comme disent les philosophes, c'est-à-dire nécessaire aux progrès de la connaissance. Il suppose que la solution doit être recherchée dans une démarche qui exclut, par définition, les réponses toutes faites. De leur côté, les théologiens n'ont aucun intérêt à s'occuper de la manière dont l'Univers fonctionne. C'est la position de Galilée, catholique pratiquant, qui, face aux attaques de ses détracteurs, a écrit pour se défendre une lettre à Christine de Lorraine[2], grande-duchesse de Toscane, lettre où il affirmait en citant le cardinal Baronius :

> Que l'Esprit Saint, l'inspirateur de la Bible, n'a pas voulu enseigner « si le ciel se meut ou s'il est immobile, ni si sa configuration est en forme de sphère ou de disque ou étendue dans un plan, ni si la Terre est maintenue au centre du ciel ou d'un côté. » Pour le dire autrement, « l'intention du Saint-Esprit est de nous enseigner comment on va au ciel et non comment va le ciel ».

Autrement dit, la religion est susceptible de montrer les voies d'accès au paradis, et non pas quelle est la course des astres.

Un argument, évoqué par Thomas Lepeltier, consiste à dire que, dans son histoire, la science n'a pas toujours explicitement rejeté « l'hypothèse divine » pour reprendre l'expression du physicien Laplace. Il est vrai que le grand Newton supposait même l'intervention récurrente du Créateur pour veiller à l'équilibre du monde. Mais l'histoire des sciences montre une progressive mise à l'écart de Dieu et des principes métaphysiques pour expliquer la Nature. C'est le concept de « Nature » des « Philosophes de la Nature » des années 1780-1830. En effet, les savants ont perfectionné les méthodologies scientifiques au fil du développement de la science elle-même et l'exclusion du

1. L'art d'inventer, de faire des découvertes (Littré). Une discipline qui a une utilité dans les découvertes ou la compréhension de la recherche.
2. Galileo Galilei. 1615. *Lettres à Christine de Lorraine*. http://www.galilean-library.org/christina.html

principe divin est désormais reconnue par la très grande majorité de la communauté scientifique comme un acquis décisif ayant fait sauter un verrou majeur dans les progrès de l'esprit humain.

Certains créationnistes persistent à dire que rien n'empêche de croire à l'existence du surnaturel. Ce n'est pas parce que, jusqu'ici, la magie n'a pas pu être prouvée, qu'elle n'existera jamais. Mais les scientifiques admettent le « postulat d'objectivité » du monde, parce que si l'ordre naturel des choses pouvait se trouver interrompu par des miracles, alors c'est l'ensemble de notre façon de l'appréhender qui devrait être modifié. C'est ce que souhaitent certains croyants, mais nous ne pouvons abandonner l'ordre rationnel des événements que s'il est démontré en pratique qu'il ne fonctionne pas. Or, tout ce qui a été présenté comme tel jusqu'à nos jours s'est révélé faux, en raison d'illusions involontaires ou de tromperies savamment orchestrées. La science continue d'avancer, comme en témoignent ses retombées concrètes dans tous les domaines de la vie économique et pratique. Cela signifie que, jusqu'à nos jours, ses méthodes doivent être respectées et conservées indépendamment des démarches qui s'intéressent au « pourquoi ? »

Fort heureusement, dans les milieux religieux catholiques ouverts à l'exégèse moderne, comme l'écrit Christian Forster à propos de certains théologiens catholiques[1] :

> La compréhension du texte s'affine sans cesse : il n'est plus question de lire, dans les récits de la Genèse, une histoire de l'Univers ou de l'humanité, mais des affirmations sur le monde et sur l'humanité, dans leur relation avec Dieu, posé comme créateur. Cela permet d'éclairer la condition de l'homme dans l'Univers, mais pas le « comment » de son existence.

Catholiques et juifs se trouvent ainsi partagés entre différentes positions plus ou moins ouvertes à l'interprétation des Écritures saintes en termes symboliques. La question présente davantage de difficultés chez les protestants évangéliques, qui soutiennent la véracité de la lettre biblique, ou chez les musulmans, dans la mesure où le Coran se présente aussi comme un livre de science, considérant comme indépassables les connaissances de son temps. Pourtant, dans ce même livre,

1. Texte sur le créationnisme, du théologien Christian Forster à RCF en 2008.

il reste écrit que « c'est Dieu qui a guidé les croyants à diverger, avec Son autorisation, sur tels points de la vérité » (C 2 : 213). Car, comme l'explique Michel Dousse, seul Dieu est unique, et donc « tout hors Lui est pluriel dans une diversité essentielle[1] ». Voilà encore justifiée l'interprétation des textes considérés par les croyants comme sacrés.

Les relations entre science et foi

Si l'on admet l'existence de ces deux composantes différentes de la connaissance, celle de la science et de la foi, leur articulation peut être comprise de plusieurs manières (Tableau 1).

Primauté de la Révélation sur les sciences	Indépendance des deux domaines	Élimination des religions par les sciences
Université médiévale	Naturalisme agnostique	Scientisme, positivisme
La science y est soumise à la théologie	La science n'a rien à reprendre de la Révélation ; mais la théologie peut éventuellement s'adapter aux découvertes menées en toute indépendance	La science éclaire la spiritualité et rend caduques les enseignements religieux
Pas de conflit	Deux possibilités : – éventuel dialogue – éventuel conflit en cas de non-respect des spécificités de ces deux domaines.	Conflit

Tableau 1. Types de relations entre sciences et religions. Ce tableau présente, de manière simplifiée, les positions les plus répandues au sujet des relations entre sciences et religions. Dans la colonne de gauche, on trouve l'attitude classique de la part des Églises, qui subordonnent les découvertes scientifiques aux interprétations théologiques, d'où il ne saurait exister de conflit entre les deux domaines. À l'inverse, dans la colonne de droite, les scientistes proposent de remplacer les religions par l'étude des sciences, qui dépassent alors leur limite de validité, ce qui conduit à des affrontements avec les religions. Au contraire, ceux qui reconnaissent la franche

1. *Op. cit.*, p. 241-242.

indépendance des deux domaines, comme les agnostiques défendant une méthode purement naturaliste, peuvent éventuellement entreprendre un dialogue avec les religions, à condition que celles-ci respectent aussi les spécificités des méthodes scientifiques.

Il existe une première voie, qui consiste à hiérarchiser ces deux approches de la connaissance. C'est, jusqu'au XXe siècle, celle de l'Église catholique, qui a reconnu les deux composantes de la connaissance, bien que dans l'esprit ecclésiastique, comme le reconnaît le dominicain Jean-Michel Maldammé[1], « la science devait être soumise à la révélation ». Cette position s'avère inacceptable et inconcevable pour un scientifique, la religion n'ayant pas les méthodologies adéquates pour juger de la science. On en verra toutes les conséquences avec de violents conflits qui ont marqué les esprits et ne sont pas près d'être oubliés. L'attitude dominatrice de l'Église catholique, comme celle actuelle du Vatican, vis-à-vis de la science lui a fait perdre une très grande partie de sa crédibilité.

À l'inverse, les athées et les scientistes nient et rejettent l'approche religieuse du « pourquoi ? », en estimant que le domaine de la foi recule face aux découvertes scientifiques. Les religions devraient ainsi accepter de se laisser déposséder de questions de plus en plus nombreuses, la science devant aider à élaborer des règles de vie et une éthique rationnelle tout à fait distincte non seulement des héritages religieux, mais aussi de la métaphysique des philosophes.

On peut, en second lieu, considérer ces deux composantes de la connaissance comme complètement séparées, ne se rencontrant jamais, et ne devant pas chercher à dialoguer. C'est le principe du non-chevauchement des magistères, abrégé en « NOMA (*Non Overlapping MAgistera*) », de l'évolutionniste américain Stephen Jay Gould[2].

Mais on peut tout aussi bien se rallier à une troisième solution avec la possibilité d'un dialogue malgré la séparation complète des magistères. C'est celui que choisissent la plupart des croyants de toutes

1. Enseignant à l'Institut catholique de Toulouse, il est membre de l'Académie pontificale des sciences, auteur du livre : Maldammé, J.-M. 2003. *Science et foi en quête d'unité.* Cerf, collections théologiques, Paris.
2. Dans son livre publié en l'an 2000 : *Et Dieu dit : Que Darwin soit !* Seuil, Paris.

confessions, qui s'en remettent à la science du « comment ? » et à la religion du « pourquoi ? ». Le grand généticien américain d'origine russe, Theodosius Dobzhansky, de confession orthodoxe, admettait ainsi, comme en témoigne sa correspondance privée, que l'évolution par sélection naturelle reflète un plan divin[1]. Une telle approche reste une voie difficile, car la conciliation des deux domaines religieux et scientifique doit donner la priorité à ce dernier pour les questions matérielles et l'exclure du domaine du « pourquoi ? », afin d'éviter les incohérences entre les divers systèmes de pensées. Néanmoins, le risque de franchir la ligne reste grand, et la plus grande prudence est de rigueur pour ce dialogue inter-disciplinaire.

Ces remarques préliminaires au sujet des relations entre science et foi étant faites, voyons maintenant d'un peu plus près ce qu'est le *créationnisme*, ou plutôt, ce que sont les diverses formes de *créationnismes des trois religions du Livre*, ainsi que leurs évolutions au cours du temps.

Définition du créationnisme

Les trois religions monothéistes du Livre sont fondées sur des recueils d'Écritures sacrées, la Bible hébraïque, notamment la Torah pour le judaïsme, le Nouveau Testament (Évangiles, Actes des Apôtres, Épîtres de Paul et Apocalypse de Jean) pour le christianisme et le Coran pour l'islam. Ce sont des textes que leurs croyants respectifs attribuent à une révélation divine, directe pour Abraham et Moïse et indirectes pour Jésus et Mahomet (Muhammad). Bien que les trois religions du Livre soient par nature « créationnistes », dans le sens où elles affirment la création du monde par Dieu, il existe plusieurs façons d'envisager la Création selon la lecture que l'on fait des Écritures. Il en résulte plusieurs façons d'envisager les relations entre la science et la religion, selon qu'on en reconnaît ses résultats ou qu'on les rejette.

---

1. Lepeltier, T. 2007. *Darwin hérétique*. Seuil, Paris, p. 164.

Le *créationnisme judaïque* et *chrétien* dérive d'une *lecture de la Genèse prise au pied de la lettre* où il reste écrit que Dieu créa le monde en six jours, les végétaux, « chacun selon son espèce », de même que les animaux qui peuplent les eaux, la terre et les airs, tels que nous les avons sous les yeux. Et comme l'a précisé le théologien Christian Forster, le créationnisme cherche à se justifier en clamant que :

> Puisque la Bible dit la Vérité, au nom de Dieu, il faut s'y tenir absolument. C'est une application du « rapport foi et raison », cher au pape actuel et qui fit tant couler d'encre dans la récente controverse de Ratisbonne[1].

Selon ce créationnisme fondamentaliste et littéraliste juif ou chrétien, *les espèces auraient été créées individuellement et indépendamment les unes des autres à l'état de perfection*. Cette perfection de la Création expliquait le *fixisme* des espèces qui durait depuis leur origine et *excluait* naturellement *toute évolution*, totalement inutile*, mise à part une possibilité limitée de dégénérescence à partir du type ancestral,* comme il apparaît au XVIIIe siècle, en particulier dans l'œuvre de Buffon.

Le créationnisme des musulmans repose soit, comme les précédents, sur une *lecture littérale de quelques versets* de certaines *sourates* où ce problème est abordé, soit, le plus souvent*, sur des interprétations très variées des versets du Coran,* en raison des multiples traditions qui en sont issues comme nous le verrons plus en détail dans le chapitre consacré à l'islam.

Non seulement ce *créationnisme littéraliste,* qui croît en une Création unique, miraculeuse, ne tient pas compte et rejette les données de la science, mais il contredit l'esprit des Écritures, selon le propre témoignage de nombreux théologiens des diverses religions. Dans la **deuxième partie** de ce livre, nous analyserons les textes originaux des *Genèses biblique* et *coranique* pour voir ce qu'il en est dit précisément.

1. Exposé aux Radios Chrétiennes en France en 2008.

Le créationnisme dans les religions du Livre

Dans cette partie, nous explorerons les Écritures des trois religions du Livre pour voir comment elles parlent de la *création de la nature.* Au préalable, nous analyserons comment les antiques formes de croyance, dont l'*animisme,* ont permis de surmonter la peur, l'angoisse que ressent l'homme devant l'inconnu de la nature et de ses origines.

Chapitre 3

Le problème des origines, de l'animisme aux mythologies

Les mythes et les légendes

Cultures et religions semblent toutes avoir élaboré des mythologies, des *mythes cosmogoniques* et des *mythes d'origine*. Rappelons que les mythes (du grec *muthos*, signifiant la *parole*, la *narration*) sont :

> Des récits explicatifs relatifs à des temps, ou à des faits, que l'histoire n'éclaire pas, et contenant soit un fait réel transformé en notion religieuse, soit l'invention d'un fait à l'aide d'une idée. (Littré)

Selon Pierre Grelot, prêtre ayant enseigné à l'Institut catholique de Paris, le mythe est :

> Un récit explicatif qui s'intéresse plus à la relation de l'homme avec les grandes forces cosmiques qui l'entourent et avec la divinité dont la présence apparaît redoutable ou favorable, qu'à l'évocation d'un passé accessible à la mémoire[2].

Illustration : « *Celui qui a découvert les mystères de l'Univers, il a tout embrassé du regard* ». Épopée de Gilgamesh (traduction de J. Bottero, EPHE, sur la Médaille du CNRS).

2. Grelot, P. 1973. Homme qui es-tu ? Les onze premiers chapitres de la Genèse. *Cahiers Évangile*, 4 : 1-59.

Les mythes sont donc des textes de fiction, anonymes, d'une origine indéfinie et s'inscrivant au-delà de la chronologie historique. Ils sont très différents des *faits historiques* (*logos*) reconnus comme véridiques, apparus en Occident avec Hérodote au Ve siècle avant notre ère. Dans les textes de fondation, les mythes sont souvent associés à des *légendes*, c'est-à-dire des récits populaires traditionnels dont le héros, avec ses aventures ou ses exploits supposés historiques, vit dans le passé. Une légende s'appuie souvent sur un fait réel, un événement auquel la réflexion a donné une portée universelle. Elle emprunte aussi souvent des éléments appartenant aux mythes.

Les conceptions religieuses et philosophiques élaborées par diverses ethnies humaines géographiquement éloignées diffèrent souvent fortement d'une culture à l'autre, bien que l'on retrouve aussi certaines convergences entre les mythes aztèques et mésopotamiens, élaborés pourtant sur des continents séparés. D'autres, comme celles des religions du Livre, sont au contraire étroitement apparentées.

Ces conceptions ont marqué et marquent toujours profondément la culture occidentale et mondiale, malgré les avancées scientifiques et technologiques. Elles ont été la cause de bien des conflits, quand chaque peuple se croyant le seul détenteur de la vérité s'est cru obligé de l'imposer aux autres, au point de voir les croyants d'un même Dieu s'entretuer en son nom.

Les religions persistent à côté de la science et continuent aujourd'hui encore à animer nos réflexions. Cela prouve leur importance et montre bien qu'elles répondent à un besoin de transcendance qui se révèle toujours très fort aujourd'hui. Pourquoi ?

De l'animisme aux mythologies

La première réponse à cette question est liée au fait que l'une des acquisitions spécifiques de l'espèce humaine est la *pensée réfléchie* : à la différence de l'animal, l'homme se pose des questions. Ayant pris conscience de son existence et de sa mort dès l'époque des hommes de Néandertal, notre espèce s'interroge sur ses origines, sur ce qu'est la terre et sur la mort qui brise l'existence de façon irréversible. Les mythes et les légendes reflètent sans doute l'angoisse que l'homme éprouve face à la souffrance et à la mort présentes partout dans un monde, un environnement souvent enchanteur et grandiose, mais aussi parfois très hostile et dangereux. L'homme préhistorique a dû être terrifié par le déchaînement des phénomènes naturels (tempêtes, orages accompagnés de foudre, pluies torrentielles associées à des inondations, coulées de boue, tremblements de terre, éruptions volcaniques, étoiles filantes, épidémies dévastatrices, etc.).

La réponse à ces grandes peurs est la culture que le groupe a façonnée par la mémoire et la réflexion, sous la forme d'histoires qui sont devenues des légendes, des mythes et les premières religions. Ces mythes ont été d'abord transmis sous forme orale, parfois sous la forme de peintures et gravures rupestres et ensuite par des écrits après l'invention de l'écriture. Ces récits comblent aussi en partie la soif de connaissances qui caractérise notre espèce, douée d'une grande curiosité.

Les hommes préhistoriques ont probablement vu dans ces phénomènes le résultat d'influences de forces inconnues, mystérieuses et invisibles. Ils en auraient alors déduit l'existence d'esprits, puis d'entités particulières locales qu'il convenait surtout de ne pas offenser, mais plutôt de se concilier. Ces dernières constituent les fondements universels d'une *religion de la peur, de l'angoisse*. L'homme s'est toujours efforcé de lancer des ponts vers ce monde invisible afin d'entrer en communication avec ces forces mystérieuses qu'il a inventées, plus ou moins à son image. Il cherche à se les concilier pour survivre par la mise en œuvre de rites, dont certains sacrifices.

Une catégorie particulière d'hommes s'est alors manifestée, qui se prétendaient capables d'entrer en relation avec les forces surnaturelles, ou divines, supposées responsables de tous ces fléaux, ainsi que des bienfaits qu'elles sont censées accorder lorsque tout va bien. Les *chamanes* de l'époque sont sans doute les premiers à s'être spécialisés dans la fonction sacerdotale, dont les successeurs ont pu, selon les conditions sociales et historiques données, constituer une caste. Leurs équivalents actuels jouent encore un rôle social important chez les peuples chasseurs-cueilleurs. Le chamane est l'homme qui prétend entrer en communication avec des esprits variés, notamment des esprits animaux, par des phénomènes de transes. Aux yeux de son peuple, il possède le don exceptionnel de comprendre l'inexplicable, ce qui lui permet de pratiquer la divination et aussi la guérison par magie. Avant l'écriture, les gravures rupestres ont pu jouer un rôle très important en termes de communication avec les esprits[1].

Selon Einstein[2], les sentiments sociaux mènent naturellement vers les concepts moraux d'un Dieu-Providence. Ce dernier est censé récompenser ou punir, contrôler la destinée et organiser la « vie après la mort ». Ce passage de la *religion-angoisse* à la *religion-morale* implique une vie sociale plus élaborée que celle des populations préhistoriques. C'est celle des peuples de la Mésopotamie et de l'Égypte antiques.

Chaque peuple s'est ainsi forgé une histoire, transmise oralement de génération en génération, et une mythologie, fondée sur la mémoire collective du groupe, conservant le souvenir d'ancêtres exceptionnels devenus avec le temps des héros mythiques exemplaires. Les mythologies qui en ont découlé ont cherché à répondre aux questions des origines, du devenir et à expliquer les maux qui frappent l'humanité. L'anthropomorphisme a prêté aux esprits et aux dieux les caractères et les mentalités humaines. Ces réflexions de nature religieuse atteignent ce niveau sans doute à partir du Néolithique, au moment de la pratique régulière de l'agriculture et en relation avec elle, très vraisemblablement dans le « Croissant fertile ». Les premiers écrits portent en effet témoignage de ces mythes.

L'invention de l'écriture a permis de conserver la mémoire de la pensée des hommes sous la forme des plus anciens textes gravés. C'est l'époque du *code d'Ur-Nammu* qui daterait de 2 100 ans avant notre ère, puis du *code d'Hammourabi*. Les mythologies de la Mésopotamie akkadienne et sumérienne, dont *l'épopée de Gilgamesh* et d'autres poèmes épiques, datent probablement du début du IIe millénaire.

1. Clottes, J. & Lewis-Williams, D. 1996. *Les chamanes de la préhistoire. Transe et magie dans les grottes ornées*. Le Seuil, Paris.
2. Einstein, A. 2009. *Comment je vois le monde*. Flammarion, Paris.

Chaque ethnie a développé sa propre religion et le nombre des dieux est devenu considérable, d'autant plus qu'à l'exemple du brâhmanisme[1], les religions étaient essentiellement polythéistes. Puis est apparu le monothéisme, par l'éviction et l'interdiction du culte rendu à d'autres divinités. Le plus ancien culte monothéiste attesté par des textes est celui d'Aton[2], le dieu soleil adoré tout d'abord par le pharaon égyptien Aménophis III, puis élevé en religion d'État par Aménophis IV (entre 1353 et 1337 avant notre ère), qui s'est rebaptisé Akhénaton, ce qui signifie « serviteur d'Aton ».

C'est aussi pendant le IIe millénaire av. J.-C., qu'est apparue la première religion révélée, le *judaïsme*. Le *christianisme* s'est développé voici 2 000 ans, et l'*islam* est apparu au VIIe siècle de notre ère. Ces trois religions du Livre sont fondées sur trois Écritures : la Bible ou l'Ancien Testament (en deux versions datant respectivement du VIIe et du VIe siècle avant notre ère), les Évangiles ou le Nouveau Testament (incluant les lettres de Paul, écrites vers 50, et quatre évangiles qui auraient été rédigés entre 65 et 110 de notre ère) et le Coran (dont la révélation date d'entre 612 et 632 apr. J.-C., avec une mise en forme une vingtaine d'années après la disparition du Prophète et des modifications ultimes jusqu'au VIIIe siècle). Ces trois monothéismes reconnaissent le même Dieu, mais présentent des révélations distinctes au point de paraître en partie contradictoires et opposées sur certains points, en dépit de certains éléments communs.

Nous n'analyserons pas toutes les mythologies, travail qui a été fait de façon excellente par de nombreux auteurs[3]. Nous, nous limiterons donc à celles qui entretiennent des rapports avec les religions monothéistes et avec les sciences de la nature.

---

1. C'est la plus ancienne religion polythéiste de l'Inde, qui s'organise autour d'un système de castes. Elle se mit en place lorsque les Arya, d'origine caucasienne et indo-iranienne, atteignirent le bassin du Gange au début du Ier siècle av J.-C., quand leurs conceptions védiques (nom issu des textes sacrés, *Véda*) évoluèrent vers le brâhmanisme sous l'action de la caste des brâhmanes. Trente-trois divinités, ayant pour chef Indra, s'occupent des affaires humaines. Brahmâ prit progressivement une place centrale dans l'hindouisme.
2. Assmann, J. 2008. *Ce que la Bible doit à l'Égypte*. Bayard, Paris.
3. Willis, R. 1995. *Mythologies du monde entier*. Larousse, Paris ; Laugel, M. 2006. *Mythes et légendes du monde entier*. EDL.

Les premiers mythes religieux cosmogoniques akkadiens et sumériens

Les textes les plus anciens, qui évoquent les origines du monde et de l'homme, proviennent des peuples sumérien et akkadien, qui vécurent en Mésopotamie, entre le Tigre, l'Euphrate et le golfe Persique. Ils sont bien antérieurs à ceux de la Bible, car les Sumériens, dont l'origine est encore inconnue, se sont installés en Basse-Mésopotamie entre 3 500 et 3 000 ans avant notre ère. Ils sont les inventeurs de l'écriture dite *cunéiforme*.

Les Akkadiens, peuple sémite, apparurent en Mésopotamie vers 2 300 ans av. J.-C. Ils adoptèrent l'écriture cunéiforme pour transcrire leur langue pourtant très différente de celle des Sumériens. La langue akkadienne appartient à la famille des langues sémitiques orientales, groupe auquel se rattachent aussi l'hébreu et l'arabe. Elle remplaça progressivement le sumérien qui subsista, malgré tout, comme langue liturgique jusqu'au IIIe siècle av. J.-C. On rencontre alors souvent le sumérien associé à l'akkadien dans des textes bilingues. Les tablettes, découvertes dans les restes de la cité édifiée sur le Nil à Tell el-Amarna, par Akhénaton, montrent que l'écriture cunéiforme était encore utilisée au XIVe siècle av. J.-C. Elle est connue également dans le pays de Canaan au XIIIe siècle, avant l'implantation des tribus hébraïques.

L'œuvre la plus populaire de la Mésopotamie est incontestablement l'*Épopée de Gilgamesh*, dont les textes, conservés sur des tablettes, ont été découverts dans les bibliothèques royales des villes d'Ourouk et de Ninive. La version la plus complète provient de la bibliothèque du roi Assourbanipal, qui vécut à Ninive au VIIe siècle av. J.-C. L'*Épopée de Gilgamesh* a dû prendre sa forme akkadienne au début du deuxième millénaire av. J.-C., un peu avant que le roi de Babylone Hammourabi ne publie son célèbre *code*. En effet, certaines parties manquantes de cette histoire ont pu être complétées à partir de textes plus anciens rédigés en sumérien. Cette épopée est présentée sous la forme de poèmes qui relatent des légendes, des faits exceptionnels restés dans les mémoires, mais déformés, embellis et reformulés par la tradition populaire orale.

L'*Épopée de Gilgamesh*[1] raconte, en douze chants d'environ trois cents vers, les hauts faits d'un ancien roi d'Uruk, qui dut régner vers le XXVIIIe siècle avant notre ère. Dans la chronologie babylonienne, on divisait l'histoire en période antérieure et en période postérieure au déluge. Dans la *période antédiluvienne,* on a dénombré, selon les documents, sept, huit ou dix rois. Gilgamesh aurait été le cinquième roi de la dynastie qui régna après le déluge. L'*Épopée de Gilgamesh* évoque trois sujets essentiels du créationnisme, à savoir : l'origine du monde, celle de l'homme et le déluge, thèmes que l'on retrouve dans la Genèse, le premier livre de l'Ancien Testament. Pour comprendre les conceptions sumériennes sur ces questions, il faut faire également appel à d'autres poèmes, tels que le *poème de la création : Lorsqu'en haut* ou le *Mythe d'Atra-Hasis,* qui signifie « Le Très intelligent » ou « Le Super-Sage ». Atra-Hasis, est un personnage de la mythologie mésopotamienne censé avoir obtenu des dieux l'immortalité et avoir survécu au déluge. Il est appelé *Ziusudra* dans les anciennes versions sumériennes, qui est devenu *Noé* dans la Bible.

La création de l'Univers

Dans le poème babylonien de la création, rédigé vers 1 100 avant notre ère, et qui était récité à chaque nouvel an, l'Univers primitif était considéré comme formé d'un mélange indifférencié entre des *eaux douces,* désignées sous le nom d'*Apsou* (*l'Initial*), et des *eaux salées marines* assignées à *Tiamat* (*la Causale*). Plusieurs générations de dieux apparaissent ensuite. Parmi eux, le dieu *Ea* assassine *Apsou,* ce qui entraîne la vengeance de *Tiamat,* qui cherche appui auprès du dieu *Kingou,* son nouvel époux. Les autres dieux se rangent derrière *Mardouk,* le fils d'*Ea,* qui défie *Tiamat,* la tue et déchire son corps pour constituer l'Univers.

1. Tournay, R.J. & Shaffer, A. 1998. *L'Épopée de Gilgamesh.* École Biblique et Archéologique Française et Université Hébraïque de Jérusalem. Cerf, Paris, coll. *Littérature ancienne du Proche-Orient.*

Dans l'*Épopée de Gilgamesh*, comme le relate la douzième tablette, ce sont les dieux *An* et *Enlil* qui ont créé l'Univers. Cette création remonte à des temps lointains, indéterminés et sa réalisation reste obscure. Le monde est divisé en quatre parties : le ciel, la terre, les océans et le pays de Sumer. Puis le monde a ensuite été érigé en six niveaux superposés, nommés respectivement ciels supérieur, médian et inférieur et terres supérieure, médiane et inférieure.

Dans la *Théogonie* d'Hésiode, probablement composée vers 700 avant notre ère dans le monde grec, on retrouve une trace de l'influence mésopotamienne et d'importantes ressemblances avec la Genèse biblique. En effet, les premières étapes de la création du monde, mises en scène par le poète de Béotie, présentent la naissance de nouveaux éléments par séparation à partir du *chaos initial* qui aurait contenu, mélangés, tous les principes aujourd'hui distincts, tels que l'ombre et la lumière, ou la terre et le ciel, puis la terre et la mer, etc. Dans un second temps, les principes ainsi dissociés peuvent s'unir d'amour et enfanter des éléments combinés, plus complexes. Accouplée à Ouranos (le ciel), Gaïa (la terre) enfante les Titans, les premiers maîtres du ciel. Leurs enfants, les Olympiens, les renversent au terme d'un combat surhumain, et confient au plus jeune d'entre eux, Zeus, le soin d'imposer au cosmos, en tant que nouveau souverain, un ordre enfin définitif.

L'orphisme, qui apparaît en Grèce au VIe siècle avant notre ère, c'est-à-dire au même moment que le bouddhisme en Inde, présente certaines analogies avec lui. Pour notre propos, l'orphisme évoque le *cycle des renaissances*, en fait le *retour à la vie, la palingénésie*[1]. Platon écrit :

> Il existe une antique tradition dont nous gardons mémoire, selon laquelle les âmes arrivées d'ici existent là-bas, puis à nouveau font retour ici-même et naissent à partir des morts. S'il en va de cette façon, c'est à partir de ceux qui moururent un jour que les vivants naissent à nouveau [...] les vivants ne proviennent d'absolument rien d'autre

1. La *palingénésie* consiste dans la croyance, qu'après la mort, les éléments de la vie se recombinent et se redistribuent dans la nature dans de nouvelles vies.

que des morts. [...] Ce point, ne l'examine pas seulement à propos des hommes, mais aussi à propos de tous les animaux, de toutes les plantes et, plus généralement, de toutes les choses comportant un devenir[1].

Les âmes prendraient de nouvelles formes d'existence dans d'autres corps. Le mythe remonte à Orphée, qui revient des Enfers où il a été chercher son épouse et met aussi en scène Dionysos, mis à mort par les Titans. L'orphisme était considéré par la plupart des anciens Grecs comme une somme de superstitions et de charlatanisme, car les noms des dieux utilisés le sont sous des formes différentes de la conception classique.

On pourrait établir d'autres comparaisons entre les épopées des diverses régions du monde, de religions non chrétiennes, où l'on retrouve certaines analogies, sans doute liées à des environnements et des événements de même ordre. Mais ce n'est pas l'objet de notre livre. Revenons à la Mésopotamie.

La création de l'humanité

C'est encore le texte du poème *Lorsqu'en haut* qui nous fournit des indications sur la création de l'humanité. On y apprend comment le dieu *Mardouk* a formé l'humanité, après avoir créé l'Univers :

Mardouk, en entendant ce que disaient les dieux,
À envie de former quelque chose d'ingénieux.
Il parle à Ea en ces termes
Et lui donne comme conseil ce qu'il a médité en son cœur :
Je veux coaguler du sang et faire être de l'os ;
Je veux ériger un loullou[2] et que son nom soit homme ;
Je veux former le loullou homme ;
Qu'ils soient chargés de la tâche des dieux et que eux soient en repos.

Selon ce texte, l'humanité a clairement été créée pour remplacer les dieux qui étaient fatigués d'effectuer les grands travaux hydrauliques, dont le creusement des canaux et des grands fleuves comme le Tigre

1. Platon. *Phédon.* Texte composé vers 383 av. J.-C. qui raconte la mort de Socrate. Édition de Léon Robin, Belles Lettres (CUF), Paris, 1970.
2. Terme sumérien qui signifie *homme.*

et l'Euphrate. Cette tâche des dieux est en effet confirmée dans les tablettes du roi de Babylone Ammi-Sadûqa, qui régna entre 1646 et 1626 avant notre ère, dans un texte du *Mythe d'Atra-Hasis :*

> Lorsque les dieux étaient comme l'homme,
> Ils supportaient la tâche, portaient le panier ;
> Le panier des dieux était grand
> Et la tâche pesante ; abondante était la peine.

Les dieux chargés des destins, appelés les *Anounnakous,* avaient imposé ces travaux terrestres aux dieux *Igigous,* qui s'étaient révoltés, peut-être sous la direction du dieu *Wê. Enki* avait alors proposé à la sage-femme des dieux, la sage *Mami,* la création de l'humanité :

> Elle est là, Belet-ili (la dame des dieux), la matrice ;
> Que la matrice mette bas, qu'elle forme
> Et que l'homme porte le panier du dieu !
> Ils appelèrent la déesse, interrogèrent
> La sage-femme des dieux, la sage Mami :
> C'est toi qui sera la matrice formatrice de l'humanité ;
> Forme le loullou, qu'il supporte le joug ;
> Qu'il supporte le joug qui est l'œuvre d'Enlil ;
> Que l'homme porte le panier du dieu !
> Mami demanda à Enki d'opérer avec elle, ce qu'il fit :
> Ils abattirent dans leur assemblée
> Wê, un dieu
> Qui avait de l'esprit ;
> À sa chair et à son sang
> Nintou[1] mêla de l'argile ;
> [...] à jamais !
> De la chair du dieu, il y eut un Esprit ;
> Il donna signe de lui au vivant
> Et pour empêcher l'oubli il y eut un Esprit !
> Après qu'elle eut mêlé cette argile
> Elle appela les Anounnas, les grands dieux.
> Les Igigous, les grands dieux, crachèrent sur l'argile.
> Mami ouvrit la bouche
> Et dit aux grands dieux :
> Le premier jour du mois, le sept et le quinze
> Il organisa une purification, un bain.
> Vous m'avez ordonné une œuvre
> Et je l'ai accomplie ;
> Vous avez abattu un dieu avec son esprit ;
> J'ai enlevé votre lourde tâche,
> J'ai imposé à l'homme votre panier.

1. Surnom de Mami.

Vous avez octroyé les cris à l'humanité ;
J'ai délié le carcan, j'ai établi la liberté ! [...]
Elle sortit pour elle[1] le couteau du marais qui coupe
Le cordon ombilical ;
Elle appela les sages, les savantes,
Les sept et sept matrices.
Sept firent avec art des hommes,
Sept firent avec art des femmes.

La création de l'homme mêle donc l'art néolithique du travail de l'argile terrestre qui forme le corps, avec le sang et les fluides des êtres divins qui apportent l'esprit, comme dans l'orphisme plus récent. L'homme serait ainsi une créature mixte, mi-terrestre, mi-divine. Ces hommes et ces femmes sont ensuite groupés en couples et asservis à leur labeur de travail et au culte des dieux. Le texte décrit alors les conditions de l'humanité primitive, lorsque les humains vivaient misérablement comme des bêtes :

Les humains d'alors
Ne savaient pas manger de pain,
Ne savaient pas s'habiller de vêtements ;
Les gens allaient les membres nus,
Mangeaient de l'herbe avec leur bouche comme du petit bétail,
Buvaient de l'eau de terre irriguée.
Alors à l'endroit de la genèse des dieux,
En leur maison, la colline sainte, ils firent venir Lahar à l'existence
(la personnification de la brebis-mère) et Ashnan *(la déesse des céréales)*
[...] Alors Enki dit à Enlil :
Père Enlil, Lahar et Ashnan,
Maintenant qu'ils sont venus à l'existence dans la colline sainte,
Faisons-les descendre de la colline sainte.
À la parole sainte dite par Enki et Enlil,
Lahar et Ashnan descendirent de la colline sainte.

Loin d'être idyllique comme dans la Genèse, la condition humaine primitive telle qu'elle est décrite ici correspond peut-être à une transmission orale ancestrale. Le texte refléterait alors une évolution historique qui intègre les innovations du Néolithique : l'agriculture et l'élevage. Étant donné que ce sont les dieux qui ont modifié cette vie misérable, cela implique, en juste retour des choses, que les hommes

1. Pour la brique.

leur soient reconnaissants. Mais si les dieux sont éternels, le destin final des hommes reste la mort, comme l'exprime la dixième tablette de l'*Épopée de Gilgamesh* :

> Lorsque les dieux créèrent l'humanité,
> C'est la mort qu'ils fixèrent aux hommes
> Et la vie, ils l'ont gardée dans leurs mains.

Selon la conception mésopotamienne, les hommes sont créés dans le but de travailler comme esclaves, à la place des dieux qu'ils doivent honorer, mais sans les déranger. Selon cette conception très pessimiste de son identité, l'homme n'a donc rien à espérer de dieux égoïstes et caractériels. Il est leur esclave mortel.

Le déluge

Le mythe du déluge, l'un des plus universels, est souvent justifié par l'attitude insupportable de l'homme vis-à-vis des dieux. On le connaît dans la tradition hindoue, peut-être plus ancienne que celle de Mésopotamie. Là, le dieu Vishnu aurait pris l'apparence d'un tout petit poisson, que le premier homme, Manu, sauva et éleva avec amour. Pour le remercier, le poisson devenu géant avertit Manu du danger d'un déluge et lui conseilla de construire un énorme bateau dans lequel il serait sauvé avec « la semence de toutes choses » qu'il devait embarquer avec lui. Vishnu, lui-même, mit le bateau à l'abri.

En Grèce, malgré une grande diversité des versions plus récentes, le mythe s'avère très proche de celui de Mésopotamie, où les hommes étaient devenus si pervers que le roi des dieux, Zeus, avait décidé de les exterminer. Prométhée, le père de Deucalion et Pyrrha, les avertit et leur conseilla de se réfugier dans un coffre de bois qui surnagea sur les eaux. La nouvelle création résulta du fait qu'en jetant derrière eux des pierres, les « os de leur Mère, la terre », ils donnèrent naissance à une nouvelle humanité plus vertueuse. Des mythes d'inondation universelle sont aussi connus en Chine, dans les Andes et en Australie.

Dans certains pays, ce mythe pourrait être lié aux inondations gigantesques qui ont accompagné la fonte des glaces de la dernière glaciation, entre 18 000 et 7 000 ans avant notre ère, en Amérique du Nord et autour des grandes chaînes de montagnes englacées. Ces phénomènes gigantesques ont pu rester dans la mémoire orale des hommes ; la question est posée.

En Mésopotamie, l'*Histoire d'Atra-Hasis,* le *Très intelligent,* enseigne aussi que les dieux, paresseux, étaient en outre mécontents d'être constamment dérangés par les offrandes humaines qui étaient accompagnées de roulements de tambour beaucoup trop bruyants. Ils décidèrent alors de détruire l'humanité. Ils firent fondre sur elle de nombreux fléaux : la peste, envoyée par le dieu *Era,* puis la famine et enfin un déluge universel décidé par l'assemblée des dieux.

Mais, grâce à l'intervention providentielle d'*Atra-Hasis,* l'humanité fut sauvée à chaque fois. Dans l'*Épopée de Gilgamesh,* le héros qui raconte cet épisode s'appelle *Outa-Napishtim* (ou *Ziousoudra* ou *Noé*). Voici ce qu'il dit à Gilgamesh :

> Je vais te révéler, Gilgamesh, un secret,
> Et te dire, à toi, un mystère des dieux :
> Shourouppak — tu connais bien cette ville —
> [qui] est située [sur les bords] de l'Euphrate,
> Dans les temps anciens, alors que les dieux y habitaient,
> Les grands dieux décidèrent de susciter le déluge.
> En délibérèrent, leur père Anou,
> Son conseiller, Enlil le héros,
> Leur porte-siège, Ninourta,
> Leur fontainier, Ennougi ;
> Nin.igi.kou, qui siégeait [aussi] avec eux, répéta...
> Homme de Shourouppak [...]
> Détruis ta maison, construis un bateau,
> Renonce aux richesses, ne recherche que la Vie,
> Méprise les trésors si tu veux sauver ta vie ;
> Embarque dans le bateau toutes les espèces vivantes.
> Ce bateau qu'il te faut construire
> Que ses dimensions soient [bien] mesurées
> [En sorte que] se correspondent sa largeur et sa longueur ;
> Recouvre-le d'un toit comme l'Abîme.
> Quand je fus [ainsi] informé, je dis à Ea, mon maître :
> L'ordre, mon maître, que tu viens de me donner,
> Je le respecterai et l'exécuterai.

Les archéologues et les géologues ont cherché à savoir si le déluge sumérien avait eu lieu, au moins comme phénomène géologique régional (**Fig. 1**).

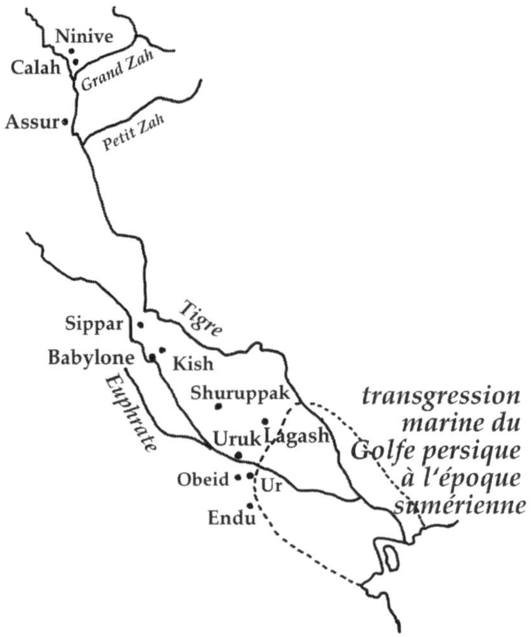

Fig. 1. Les cités de Mésopotamie impliquées dans le déluge.

Une équipe de géologie de l'Université d'Orsay[1] a montré que la Basse-Mésopotamie avait été l'objet, entre 6 000 et 5 000 ans avant notre ère, d'une invasion marine (les spécialistes disent *transgression*) locale. Dans la région du Shatt-el-Arab, en bordure du golfe Persique, la mer a remonté vers le Nord-Ouest jusqu'à plus de 300 km en amont, noyant sur son passage la ville d'Ur, la capitale des Sumériens. Cette invasion marine a laissé environ trois mètres de dépôts marins, mis en évidence par les fouilles archéologiques de C.L. Woolley dans les années 1920. Des dépôts de plusieurs couches alluviales, datées entre 3 200 et 3 000 av. J.-C., ont été découverts à Kish, au Nord d'Ur, par Stephen Langdon entre 1923 et 1932[2]. Toujours au Nord d'Ur, à Shuruppak, Éric Schmidt[3] a découvert en 1931, une succession d'argiles et de sables d'environ 60 cm, datée d'environ 2900 av. J.-C.

1. Purser, B.H., Al Aawin, M., Al Hassani, N.H., Baltzer, F., Hassan, K.M., Orszag-Sperber, F., Plaziat, J.-C., Yacoub, S.Y. & Younis, W.R. 1982. Caractères et évolution du complexe deltaïque Tigre-Euphrate. *Mém. Soc. Géologique de France*, N.S., 144 : 207-216.
2. Kramer, S.N. 1967. Reflections on the Mesopotamian Flood. The Cuneiform Data New and Old. *Expedition*, 9(4) : 12-18.
3. Bright, J. 1942. Has Archaeology found Évidence of the Flood ? *The Biblical archaeologist*, 5(4) : 55-72.

À Uruk, les fouilles de Julius Jordan[1] ont mis en évidence 1,5 m de dépôts datés de 2800 av. J.-C. Il en va de même à Ninive, où Max Mallowan a identifié plusieurs niveaux qui, mal datés, se situeraient entre 5500 et 3100 av. J.-C. Enfin à Lagash[2], André Parrot a signalé un dépôt d'argile daté d'environ 2800 av. J.-C.

En 1967, Kramer en a déduit que :

> L'histoire du déluge mésopotamien, et la version de l'Ancien Testament qui en provient, fut inspirée par un désastre réellement catastrophique, mais aucunement universel, qui eut lieu non pas immédiatement après la période d'Ubaid (c'est-à-dire vers 3500 av. J.-C.) comme Woolley l'a déclaré, mais plutôt autour de 3000, et qui laissa des traces à Kish, Shuruppak et probablement en de nombreux autres sites restant à découvrir[3].

Un phénomène d'une telle ampleur locale a pu laisser une trace inoubliable dans la mémoire orale humaine et participer au mythe du déluge et aux diverses légendes associées. En outre, les fleuves Tigre et Euphrate qui prennent naissance sur les hauts plateaux anatoliens, ont vraisemblablement débordé fréquemment à la fin de la dernière glaciation ; des inondations de grande ampleur ont dû avoir lieu à plusieurs reprises dans les plaines de la Mésopotamie à cette époque comme l'ont montré les géologues et les archéologues dans les sites fouillés. Mais de toute façon, quelle que soit la nature du cataclysme, dont on ignore s'il fut unique (transgression marine), ou multiple (inondations des fleuves), le souvenir des populations reste flou et imprécis sur le contexte. Selon Gustave Lambert[4], tous les récits du déluge correspondent à une tradition littéraire et religieuse qui les met en forme, visiblement légendaire, en amplifiant et exagérant des faits qui ont marqué l'imaginaire. Ces réflexions se sont traduites par l'invention d'une chronologie sumérienne intégrant le déluge comme élément repère.

1. http://dialogue.adventist.org/articles/09_1_shea_f.htm et http://www.livius.org/fa-fn/flood/flood5.html
2. http://www.stanford.edu/~meehan/donnellyr/3000bc.html
3. Kramer, S.N. 1967. Reflections on the Mesopotamian Flood. The Cuneiform Data New and Old. *Expedition*, 9(4) : 12-18.
4. Lambert, G. 1955. Il n'y aura plus de déluge. *Nouvelle revue théologique*, 77 : 581-724.

La chronologie sumérienne diluvienne

D'après les tablettes attribuées à Bérose (vers 290 av. J.-C.) qui était prêtre de Bel/Baal/Marduk, le dieu tutélaire de Babylone, dans la culture mésopotamienne, la royauté était considérée comme d'origine divine, au sens où elle était descendue du ciel. Pour légitimer le pouvoir en place et lui donner un sens, les anciens Mésopotamiens ont cherché à établir une succession ininterrompue des dynasties royales, depuis l'origine jusqu'au présent. Selon Lambert, pour remonter aux époques non documentées, les prêtres ont inventé des règnes antiques aux durées fantastiques, mais allant en *descrescendo,* pour arriver aux durées normales des dynasties devenues historiques. Mais, comme ils croyaient au déluge, ils ont séparé deux généalogies complémentaires : l'une avant (antédiluvienne), et l'autre après le déluge (post-diluvienne).

En 1923, Stephen Langdon, déjà cité au sujet de ses fouilles à Kish, a publié un texte au sujet de la création, trouvé sur un prisme d'argile[1]. Il fait mention de cinq villes avant le déluge : Eridu, Bad-Tibira, Larak, Sippar et Shuruppak.

Lorsque « la royauté descendit du ciel » pour la première fois, elle s'installa à Eridu, la cité du dieu Ea. La dynastie d'Eridu connut deux rois : *Alulim,* qui régna pendant 28 800 ans, et *Alalgar,* qui fut roi durant 36 000 ans. Ensuite l'hégémonie passa à la cité de Bad-Tibira, où régnèrent successivement les rois *En-Men-Lu-Anna,* pendant 43 200 ans, *En-Men-gal-Anna,* pendant 28 800 ans et le dieu pasteur *Dumu-ZI,* pendant 36 000 ans. Après la chute de Bad-Tibira, la royauté passa à Larak, où le roi *En-Zib-Zi-Anna* régna pendant 28 800 ans. La ville du soleil, la cité de Sippar, succéda à Larak. *En-Men-Dur-Anna,* fut roi de Sippar durant 21 600 ans. Enfin, la royauté passa à Shuruppak, où le roi *Ubar-Tutu* règna 18 600 ans.

1. Les prismes d'argile sont des tablettes de forme hexagonale sur lesquelles étaient inscrites des tables numériques et métrologiques (poids et mesures) étudiées dans les écoles des scribes paléo-babyloniens.

Après cela, intervint le déluge. La chronologie antédiluvienne, comporte donc cinq villes et huit rois qui régnèrent pendant un total de 241 200 ans...

Mais, il existe une autre tablette de Bérose, laquelle fait mention de trois villes et dix rois sur une durée de 432 000 ans. Une autre tablette d'argile indique six villes et dix rois, constituant une succession s'étalant sur 456 000 ans avant le déluge. Les durées de ces généalogies sont toutes des multiples de 60, chiffre de base du système sexagésimal sumérien[1]. Autrement dit, ces chronologies et généalogies, totalement inventées, n'ont vraisemblablement aucune valeur historique.

Après le déluge, commence une nouvelle période, et le texte du prisme[2] rapporte que la « royauté descendit du ciel pour la seconde fois ». La première dynastie de Kish rapporte 23 rois qui règnent pendant 24 510 ans, ce qui implique une durée moyenne de règnes, de plus de mille ans. La première dynastie d'Ereck comprend 12 rois, s'étalant sur 2 310 ans. La moyenne baisse à 200 ans.

Avec la première dynastie d'Ur, on rejoint l'histoire. Les quatre règnes de cette dynastie font un total de 177 ou 171 ans, avec une durée moyenne de 45 ans. Mais, avec la dynastie suivante d'Awan, on retombe dans des chiffres légendaires. La deuxième dynastie de Kish présente à nouveau des invraisemblances. Ces textes montrent bien que la tradition suméro-akkadienne situe le déluge aux époques légendaires, qui n'ont rien d'historique.

Ces remarques sont importantes car le récit biblique a repris cette chronologie en l'adaptant à ses besoins (chapitre suivant).

Les droits de l'homme

Le concept des droits de l'homme a été évoqué en Mésopotamie, au VIe siècle av. J.-C. En effet, après sa conquête de Babylone, Cyrus II le Grand, fondateur de l'Empire perse, a fait graver un cylindre, dit

1. Le Shushshu.
2. Dhorme, M.E. 1945. *Les religions de Babylone et d'Assyrie*. Collection Mana, Paris. & Dhorme, E. 1951. *Études bibliques et orientales*. Imprimerie Nationale, Paris.

cylindre de Cyrus, où il fit inscrire ce que beaucoup considèrent comme la première charte des droits de l'homme. Il y décrète la « tolérance religieuse, l'abolition de l'esclavage et la liberté de choix de profession et la liberté totale de culte dans son empire ». Pour l'époque, cette décision s'avère exceptionnelle et révolutionnaire, puisque de nos jours encore tous les gouvernements n'ont pas signé la Déclaration universelle des droits de l'homme. Il faudrait le graver en lettres d'or au fronton des mairies !

Ce texte reprend un thème cher à la culture de l'époque remontant au moins au roi Urukagina de Lagash (qui a vécu au XXIVe siècle av. J.-C.), et au célèbre roi de Babylone, Hammourabi qui, au XVIIIe siècle avant notre ère, a fait graver des stèles de son code prescrivant la justice et les droits de ses sujets. La tradition juive a d'ailleurs intégré dans sa culture l'un des éléments majeurs du code d'Hammourabi, la *loi du talion :* « œil pour œil, dent pour dent ». Mais il existe de nombreux passages du Talmud qui expliquent pourquoi « un œil pour un œil » ne doit pas être considéré comme une vengeance. La lecture talmudique de la loi « œil pour œil » correspond plutôt à ce qu'on appellerait aujourd'hui, une loi de « réparation et de responsabilité civile », c'est-à-dire une réparation monétaire à la hauteur du préjudice causé. Une lecture littérale du texte biblique dénature, une fois de plus, l'esprit des Écritures.

Nous allons voir maintenant comment ces textes religieux sumérien et akkadien ont été repris, en partie, dans les *genèses bibliques*.

Chapitre 4

Judaïsme : relations entre la science et la lecture de la Torah

Les mythologies akkadienne et sumérienne nous ont familiarisés avec les mythes de l'origine de l'Univers et de l'homme. La Torah est le livre entièrement consacré à cette histoire, notamment dans la Genèse.

La Bible hébraïque (le *Tanakh*) est en effet constituée de trois ensembles. Le premier est la Torah, autrement dit la Torah de Moïse, qui concerne l'histoire du peuple hébreu jusqu'au passage du Jourdain et surtout présente l'essentiel des Lois (dont les « dix commandements »). Elle est divisée en cinq livres dont *la* Genèse qui retrace l'histoire écrite des Israélites depuis les origines du monde et nous intéresse directement ici. La Torah renferme encore l'Éxode, le Lévitique, les Nombres et le Deutéronome.

La Bible hébraïque contient, avec la Torah, deux autres ensembles de livres, Les Prophètes (*Nevi'im*), et les Autres Écrits ou Hagiographes (*Ketouvim*). Ces derniers renferment les *Livres poétiques* (Psaumes,

Illustration : Calligraphie du Tétragramme du nom de Dieu « *Yahvé* » (YHWH), en hébreu carré, qui s'écrit, mais ne doit pas être prononcé.

Proverbes, Job), les Cinq rouleaux (Cantique des cantiques, Ruth, Lamentations, Ecclésiaste et Esther) et d'Autres Livres Historiques (Daniel, Esdras et Néhémie et les Chroniques).

Il existe une partie orale de la Torah, la Torah orale, qui a abouti, à travers de nombreuses interprétations, au Talmud, le droit. Une partie des discussions entre sages, décrites dans le Talmud, a pour résultat d'expliciter la façon de respecter les 613 commandements (*mitzvot*) de la Torah, dont 248 « positifs » (c'est-à-dire prescriptifs, car devant être accomplis) concernant le corps humain, et 365 « négatifs » (ce sont des interdits) relatifs aux jours de l'année solaire.

Ce que dit la Genèse de la Création

La Genèse présente successivement deux récits de la Création. Le texte le plus ancien est celui qui figure en seconde partie (Genèse 2). Elle a été écrite par un auteur appelé *le Yahviste,* parce qu'il dénomme Dieu *Yahvé (YHWH*[1]*).* La tradition juive considère que ce texte, comme tout le reste de la Torah, a été dicté à Moïse au Sinaï. Les érudits ont longtemps estimé que ce texte avait été écrit à Jérusalem au Xe siècle avant notre ère, à l'époque du roi Salomon. Mais les travaux menés par Israël Finkelstein et Neil Asher Silberman[2], qui intègrent les nouvelles données archéologiques, remettent sérieusement en cause cette datation.

À la différence de l'*archéologie biblique* qui tendait surtout à justifier la Bible en recherchant des confirmations de ses récits sur le terrain, la nouvelle approche, baptisée *Histoire de Jérusalem,* considère que l'histoire des patriarches, l'éxode, la conquête de la Terre promise, Canaan, et la saga de David ne seraient en fait que l'expression d'un

1. Le Tétragramme « *YHWH* » est un nom hébraïque composé de quatre lettres : Yod, Hé et Waw, qui, souvent présenté comme le nom propre de Dieu, ne doit jamais être prononcé par les Juifs. Il correspond au verbe « être » au passé, au présent et au futur. Ce terme a été traduit par les Chrétiens en *Yahvé* ou *Jehovah*. Les Juifs utilisent en général « l'Éternel » (qui correspond bien au verbe être aux trois temps), parfois « le Seigneur » (en anglais, the lord). Nous utiliserons ici le terme « l'Éternel ».
2. Finkelstein, I. & Silberman, N.A. 2002. *La Bible dévoilée. Les nouvelles révélations de l'archéologie*. Bayard-Centurion, Paris.

« élan créatif » survenu au VIIe siècle av. J.-C., dans le royaume de Juda au Sud, c'est-à-dire seulement sous le règne de Josias à Jérusalem. Autrement dit, ce texte aurait été écrit dans un but politique, social et religieux, afin d'affirmer l'unification des royaumes du Nord (Israël) et du Sud (Juda) (séparés depuis la conquête du royaume de Jérusalem par les Assyriens), et de donner de nouvelles bases au judaïsme.

La Genèse la plus récente (Genèse 1) est attribuée par les spécialistes aux milieux sacerdotaux de Jérusalem en déportation à Babylone (VIe siècle avant notre ère). C'est ce que l'on appelle *l'Histoire sainte sacerdotale.* Le travail de synthèse de Mario Liverani[1] sur l'écriture de la Bible et l'histoire ancienne d'Israël a confirmé celui de Finkelstein et de Silberman. Se basant sur les données bibliques et archéologiques les plus récentes, il montre que la version de la Bible élaborée à Babylone[2] a consisté en une réécriture complète de l'histoire des juifs[3] « afin de promouvoir les droits des exilés de retour sur un terroir dont la propriété foncière était sans doute tombée en de nouvelles mains ». C'est tout particulièrement le cas pour ce qui concerne l'origine des Hébreux : l'éxode qui eut lieu vers 1 100 avant notre ère, la conquête de Canaan, et aussi l'histoire des royaumes d'Israël et de Juda, présentés comme unifiés alors qu'ils étaient toujours en guerre. Toujours selon les savants, le texte a surtout servi de justification aux classes dirigeantes et aux prêtres qui reprirent en main le royaume de Jérusalem à cette époque, car leurs terres avaient été occupées par des étrangers, des Samaritains au Nord et des Édomites du Sud. D'ailleurs beaucoup d'Hébreux restèrent en Perse, ainsi qu'en Égypte et jusqu'en Inde, où ils formèrent une diaspora.

Cette nouvelle façon de voir éclaire la lecture de la Torah en donnant un sens à toutes les irrégularités du texte (anachronismes, violence de Dieu, légendes davidiques), ce qui change l'approche de la Bible. Mais, cela ne remet pas en question le message, seulement la manière de le présenter.

1. Liverani, M. 2008. *La Bible et l'invention de l'histoire. Histoire ancienne d'Israël.* Bayard, Paris.
2. Briend, J. 2007. Le récit biblique du Déluge et les mythes mésopotamiens. *In : Aux origines de la Bible.* Bayard, Paris, 57-64.
3. Bordreuil, P. & Briquel-Chatonnet, F. 2007. La rédaction de la Bible à l'époque perse. *In : Aux origines de la Bible.* Bayard, Paris, 82-88.

En effet, si la critique biblique considère que la Torah a été écrite bien après le Sinaï — et beaucoup de Juifs, y compris orthodoxes, l'acceptent — cela n'enlève pas aux yeux du judaïsme le concept de Révélation. Ce qui a été mis noir sur blanc sur les rouleaux de parchemin de l'époque représente des idées qui étaient là depuis de nombreuses générations[1]. Beaucoup de croyants juifs reconnaissent qu'une partie au moins de la Torah a été écrite sous une forme favorable à la royauté en Juda, même si les Juifs orthodoxes sont en général plutôt réticents à cette idée !

Vers 400 avant notre ère, le roi de Perse, Artaxerxès II, reconnut la religion des Judéens restés en Mésopotamie. Il chargea Esdras, un scribe de la famille sacerdotale, de transcrire l'enseignement de la Torah par écrit. Pour réaliser ce travail, Esdras s'est inspiré des documents préparés pendant l'exil, des traditions orales et des textes des prophètes. Cette synthèse fut proclamée *Loi d'État* pour tous les Judéens de l'Empire perse. C'est ainsi que la religion des Fils d'Israël est devenue le *judaïsme*[2]. Cette interprétation très étayée conduit à présenter la Bible comme un document à usage essentiellement politique et se voulant religieusement unificateur.

Nous examinerons les Écritures en commençant par la version la plus ancienne, c'est-à-dire Genèse 2, puis la version babylonienne plus récente, Genèse 1.

Genèse 2

La version la plus ancienne (selon la présentation érudite ci-dessus) du récit de la Création, qui correspond, comme nous l'avons dit, à la seconde dans l'ordre du texte, est la suivante :

> Au temps où l'Éternel Dieu fit la terre et le ciel, il n'y avait encore aucun arbuste des champs sur la terre et aucune herbe des champs n'avait encore poussé, car l'Éternel Dieu n'avait pas fait pleuvoir sur la terre et il n'y avait pas d'hommes pour cultiver le sol. Toutefois, un

1. Communication personnelle de Jean-François Lévy.
2. Riveline, C. 2009. Conférence sur « *Dieu de la nature et Dieu de l'histoire* ». Akadem.org. À noter que le terme « *juif* » n'apparaît que dans un seul livre de la Bible hébraïque, le livre d'Esther. Dans les 23 autres, on trouve, selon le contexte, « *Hébreux* » ou « *enfants d'Israël* ».

flot montait de terre et arrosait toute la surface du sol. Alors l'Éternel Dieu modela l'homme avec la glaise du sol, il insuffla dans ses narines une haleine de vie et l'homme devint un être vivant.

L'Éternel Dieu planta un jardin en Éden, à l'orient, et il y mit l'homme qu'il avait modelé. L'Éternel Dieu fit pousser du sol toutes espèces d'arbres séduisants à voir et bons à manger, et l'arbre de vie au milieu du jardin, et l'arbre de la connaissance du bien et du mal. [...]

L'Éternel Dieu prit l'homme et l'établit dans le jardin d'Éden pour le cultiver et le garder. Et l'Éternel Dieu fit à l'homme ce commandement : « Tu peux manger de tous les arbres du jardin. Mais de l'arbre de la connaissance du bien et du mal tu ne mangeras pas, car le jour où tu en mangeras, tu deviendras passible de mort ».

L'Éternel Dieu dit : « Il n'est pas bon que l'homme soit seul. Il faut que je lui fasse une aide qui lui soit assortie ». L'Éternel Dieu modela encore du sol toutes les bêtes sauvages et les oiseaux du ciel, et il les amena à l'homme pour voir comment celui-ci les appellerait : chacun devait porter le nom que l'homme lui aurait donné. L'homme donna des noms à tous les bestiaux, aux oiseaux du ciel et à toutes les bêtes sauvages, mais, pour un homme, il ne trouva pas l'aide qui lui fut assortie. Alors l'Éternel Dieu fit tomber une torpeur sur l'homme, qui s'endormit. Il prit une de ses côtes et referma la chair à sa place. Puis, de la côte qu'il avait tirée de l'homme, l'Éternel Dieu façonna une femme et l'amena à l'homme. Alors celui-ci s'écria : « Pour le coup, c'est l'os de mes os et la chair de ma chair ! Celle-ci sera appelée « femme », car elle fut tirée de l'homme, celle-ci ![1] »

L'Éternel Dieu crée les espèces végétales en les faisant pousser du sol et les espèces animales en les modelant les unes après les autres avec l'argile, autrement dit, *les espèces ont été créées indépendamment les unes des autres*. Observons que l'homme est ici créé en premier, avant les espèces végétales et animales. L'Éternel donne à l'homme tout ce qui lui est utile dans le merveilleux jardin des délices d'Éden. Pour lui venir en aide, il crée aussi toutes les espèces animales qui lui seront soumises et qu'il doit nommer. Selon cette conception, l'homme occupe donc une place centrale dans la nature, puisque les autres espèces ont été créées pour lui.

L'Éternel Dieu met une seule restriction au pouvoir de l'homme : ne pas toucher à l'arbre de la connaissance du bien et du mal qui le conduirait à la mort. On sait ce qu'il est advenu par la suite et toutes

1. En hébreu, le mot traduit par femme est le féminin d'un des mots voulant dire homme (la femme est *Isha* et l'homme *Ish*). Cela rend compréhensible la phrase « elle sera appelée femme, car elle fut tirée de l'homme ». Si on voulait imiter l'hébreu, il faudrait parler de « hommesse » !

les conséquences qui en ont résulté pour le genre humain, lorsque Ève, tentée par le serpent, a goûté et a fait partager à Adam le fruit défendu. Ce drame est l'expression d'un problème humain fondamental et de tous les temps, celui de la liberté de choix, celui du libre-arbitre. Il s'agit, comme le dit Pierre Grelot[1], d'une métaphysique et d'une théologie en *images d'Épinal.*

Le fait que l'homme soit mis dans le jardin pour le garder et le cultiver fait référence au milieu néolithique, où se sont développés l'agriculture et l'élevage, et où le potier travaillant l'argile crée de ses mains des vases et des statuettes, et non aux traditions plus anciennes des peuples chasseurs-cueilleurs de la préhistoire. Ce texte utilise aussi le mythe de l'âge d'or, très populaire parmi les peuples du bassin méditerranéen pendant l'Antiquité.

Genèse 1

La version la plus récente de la Genèse (toujours selon les chercheurs qui ne la considèrent pas comme écrite par Moïse !), bien que première dans l'ordre du texte, est aussi la plus connue. Elle est attribuée aux milieux sacerdotaux de Jérusalem en déportation à Babylone entre 580 et 538 avant notre ère ; ces milieux impriment au récit une tonalité plus abstraite et théologiquement élaborée. C'est *l'Histoire sainte sacerdotale.* Ce texte propose un récit liturgique différent de la création :

> Au commencement, Dieu créa le ciel et la terre. Or la terre était vide et vague, les ténèbres couvraient l'abîme, un vent de Dieu tournoyait sur les eaux.
> *Dieu dit :* « Que la lumière soit » et la lumière fut. Dieu vit que la lumière était bonne, et Dieu sépara la lumière et les ténèbres. Dieu appela la lumière « jour » et les ténèbres « nuit ». Il y eut un soir et il y eut un matin : premier jour.

1. Grelot, P. 1973. *La Genèse de l'humanité. Homme, qui es-tu* ? Service biblique Évangile et Vie. Cerf, Paris.

Dieu dit : « Qu'il y ait un firmament au milieu des eaux et qu'il sépare les eaux d'avec les eaux » et il en fut ainsi. Dieu fit le firmament, qui sépara les eaux qui sont sous le firmament d'avec les eaux qui sont au-dessus du firmament, et Dieu appela le firmament « ciel ». Il y eut un soir et il y eut un matin : deuxième jour.

Dieu dit : « Que les eaux qui sont sous le ciel s'amassent en une seule masse et qu'apparaisse le continent » et il en fut ainsi. Dieu appela le continent « terre » et la masse des eaux « mer », et Dieu vit que cela était bon. »

Dès le début du texte, Dieu *crée par le Verbe,* ce qui sépare, à partir du chaos, les objets l'un après l'autre. « C'est pourquoi », écrit Michel Dousse,

> l'œuvre créatrice est inaugurée par la suscitation[1] de la lumière qui permet de distinguer, de mettre chaque chose en évidence en la détachant de son environnement[2].

Comme dans la version yahviste, la Création dure une semaine. Il faut remarquer les nombreuses ressemblances avec les textes sumériens et akkadiens, tout d'abord la séparation de la lumière et des ténèbres, puis, celle des eaux d'en haut et des eaux d'en bas, qui font partie de la cosmologie mésopotamienne, parmi d'autres cosmogonies orientales.

> Dieu dit *:* « Que la terre verdisse de verdure : des herbes portant semence et des arbres fruitiers donnant sur la Terre selon leur espèce des fruits contenant leur semence », et il en fut ainsi. La terre produisit de la verdure : des herbes portant semence selon leur espèce, des arbres donnant selon leur espèce des fruits contenant leur semence, et Dieu vit que cela était bon. Il y eut un soir et il y eut un matin : troisième jour. Dieu dit : « Qu'il y ait des luminaires au firmament du ciel pour séparer le jour et la nuit ; qu'ils servent de signes, tant pour les fêtes que pour les jours et les années ; qu'ils soient des luminaires au firmament du ciel pour éclairer la Terre » et il en fut ainsi. Dieu fit les deux luminaires majeurs : le grand luminaire comme puissance du jour et le petit luminaire comme puissance de la nuit, et les étoiles. Dieu les plaça au firmament du ciel pour commander au jour et à la nuit, pour séparer la lumière et les ténèbres, et Dieu vit que cela était bon. Il y eut un soir et il y eut un matin : quatrième jour.

1. Ce mot, construit à partir du verbe susciter, qui signifie « faire naître, être cause de », évoque la création par le Verbe.
2. Dousse, M. *Dieu en guerre, op. cit.*, p. 37.

Ce passage fut largement commenté comme étant étrange, dans la mesure où la végétation apparaît avant le Soleil. Notons toutefois que la lumière était présente dès le premier jour, bien que ce ne fût pas celle de notre étoile. Pour ce qui concerne les êtres vivants, Dieu crée chaque espèce séparément, comme dans la version yahviste, mais sans les tirer de l'argile. Ce texte semble renvoyer à une Création *ex nihilo*, à partir du néant, ou par « suscitation », à la manière dont les éléments sont séparés du chaos primordial, comme dans la *Théogonie* d'Hésiode.

La Genèse du récit sacerdotal s'avère ensuite beaucoup plus détaillée au sujet du monde animal. Mais la chronologie présentée n'est pas conforme à celle indiquée par la paléontologie, comme nous le détaillerons ultérieurement.

> Dieu dit : « Que les eaux grouillent d'un grouillement d'êtres vivants et que des oiseaux volent au-dessus de la terre contre le firmament du ciel » et il en fut ainsi. Dieu créa les grands serpents de mer et tous les êtres vivants qui glissent et qui grouillent dans les eaux selon leur espèce, et toute la gent ailée selon son espèce, et Dieu vit que cela était bon. Dieu les bénit et dit « Soyez féconds, multipliez, emplissez l'eau des mers, et que les oiseaux multiplient sur la terre ». Il y eut un soir et il y eut un matin : cinquième jour.
>
> Dieu dit : « Que la terre produise des êtres vivants selon leur espèce : bestiaux, bestioles, bêtes sauvages selon leur espèce » et il en fut ainsi. Dieu fit les bêtes sauvages selon leur espèce, les bestiaux selon leur espèce et toutes les bestioles du sol selon leur espèce, et Dieu vit que cela était bon.
> Dieu dit : « Faisons l'homme à notre image, comme notre ressemblance, et qu'il domine sur les poissons de la mer, les oiseaux du ciel, les bestiaux, toutes les bêtes sauvages et toutes les bestioles qui rampent sur la terre ».
> Dieu créa l'homme à son image, à l'image de Dieu il le créa ; homme et femme, il les créa.
> Dieu les bénit et leur dit : « Soyez féconds, multipliez, emplissez la terre et soumettez-la ; dominez sur les poissons de la mer, les oiseaux du ciel et tous les animaux qui rampent sur la terre ».
> Dieu dit : « Je vous donne toutes les herbes portant semence, qui sont sur toute la surface de la terre, et tous les arbres qui ont des fruits portant semence : ce sera votre nourriture. À toutes les bêtes sauvages, à tous les oiseaux du ciel, à tout ce qui rampe sur la terre et qui est animé de vie, je donne pour nourriture toute la verdure des plantes » et il en fut ainsi. Dieu vit tout ce qu'il avait fait : cela était très bon. Il y eut un soir et il y eut un matin : sixième jour. »

Le déluge

La découverte par Georges Smith en 1872 d'une tablette en cunéiforme relatant le déluge fut une stupéfaction pour les croyants. Cela montrait à l'évidence que la Bible avait des racines mésopotamiennes.

Nous venons de voir que le texte biblique correspondait à la synthèse de deux textes d'âge distincts. Et la description du déluge s'inscrit dans cette analyse. Bien que ces récits renferment de nombreux traits communs, ils présentent aussi de nombreuses contradictions[1], sur sa raison (perversité du cœur et corruption de la chair), sa cause directe (pluies gigantesques ou catastrophe cosmique), sa durée (sept jours et sept nuits dans l'Atra-Hasis, quarante jours et quarante nuits, ou cent cinquante jours dans la Bible), le nombre des animaux mis dans l'arche (un couple ou sept couples de chaque espèce) et la sortie de l'arche (dictée par Dieu ou après le lâcher d'une colombe).

La comparaison effectuée par Jacques Briend montre que, dans tous les cas, la décision du déluge est divine. Mais en Mésopotamie, c'est, nous l'avons vu, parce que les hommes dérangaient les dieux, alors que dans la Bible, c'est l'homme et le mal en lui qui en sont les responsables. La fabrication de l'arche, ordonnée par les dieux (Enlil ou Marduk) ou par Dieu dans la Bible, diffère dans sa fabrication.

Les conclusions importantes concernent la source d'inspiration biblique qui est indiscutablement mésopotamienne ; la version biblique est le résultat de la combinaison de deux récits d'âge différents. Le plus ancien est maintenant daté de la fin du VIIIe ou du début VIIe siècle av. J.-C., et le second, élaboré pendant l'exil, date du VIe siècle av. J.-C.

1. Briend, J. 2007. Le récit biblique du Déluge et les mythes mésopotamiens. *In : Aux origines de la Bible*. Bayard, Paris, 57-64.

La Genèse : interprétation littérale et symbolique

Le monde judaïque se trouve divisé, comme les autres religions du Livre, entre conservateurs et progressistes, entre lecture littéraliste et lecture symbolique.

Or, le judaïsme lit la Torah à la lumière de la tradition, que certains font remonter à Moïse par la « Torah orale » ; cette dernière aurait été transmise en même temps que la « Torah écrite ». À l'exception d'une petite minorité[1] qui considère que nous sommes effectivement en l'an 5770 de la Création du Monde, le judaïsme donne au texte des deux récits de la Création une valeur symbolique, de même par exemple qu'au récit du déluge. Il faut savoir que la lecture littérale n'est pas la lecture juive majoritaire.

À titre d'exemple, le texte du Deutéronome au sujet de ce que doit être un roi est beaucoup moins sévère que celui du Livre de Samuel, pourtant théoriquement postérieur ! Que le Deutéronome, voire l'ensemble de la Torah, ait été écrit du temps du roi Josias (dont la Bible nous dit que le Livre a été « Retrouvé » à cette époque, mais que certains lisent non comme « Retrouvé », mais comme « Rédigé »), ne change rien. Et ceci est vrai, notamment pour ceux des Juifs du courant libéral qui considèrent que la Révélation ne s'est pas faite en une fois au Sinaï et qu'elle est permanente !

Le changement de l'ordre des Créations, entre les deux récits de la Genèse, révèle bien la nécessité, pour les théologiens, de ne pas les prendre au pied de la lettre, contrairement à la démarche des littéralistes. Dès le début, et à plusieurs reprises, la pluralité des versions indique plutôt que l'auteur (individuel ou collectif) de la Bible, a souhaité relativiser le sens de son expression littérale. Michel Dousse écrit ainsi de façon éclairante :

> C'est là, pour la révélation, une façon d'entretenir l'ouvert et de se garder d'une univocité difficile à soutenir étant donné la transcendance de Dieu d'une part, la limite de toute expérience et expression humaine d'autre part[2].

1. Qu'on pourrait appeler *créationniste s.st.*, même si elle existait bien avant que le concept soit utilisé.
2. Dousse, M. *Dieu en guerre, op. cit.*, p. 24.

La diversité des interprétations théologiques tend à prouver qu'aucune lecture littérale univoque des Écritures, comme de n'importe quel texte, n'est possible.

Quoi qu'il en soit, les deux récits de la Genèse présentent deux types de processus créatifs fort différents. L'un est fondé sur le mode néolithique, du « potier divin », qui sculpte, façonne le *corps* de l'homme et qui, par son *souffle,* lui « donne un esprit ». L'autre crée « l'homme à son image », par le *Verbe* (« Dieu dit et... »). Nous retrouverons ces deux modes de création dans le Coran, au sujet duquel nous reviendrons ultérieurement.

Dans son livre intitulé *Les Trompettes d'argent,* Sébastien Allali[1] insiste, en commentant la littérature talmudique et rabbinique, sur la place que l'homme tient dans le projet divin du judaïsme. Selon la tradition juive, *Dieu a créé volontairement un monde imparfait pour que l'homme puisse y jouer un rôle actif en parachevant sa création*[2]. Cela expliquerait pourquoi Dieu s'est retiré des affaires terrestres afin de laisser l'homme agir dans sa liberté. De ce fait, le Talmud n'est pas favorable aux miracles qui vont à l'encontre des lois de la nature fixées par Dieu, car il ne peut agir de façon trop ostentatoire pour éviter de froisser l'homme[3]. Il en va de même dans la Torah, qui est censée avoir été donnée aux hommes sur le mont Sinaï, afin qu'ils la commentent et en renouvellent le sens au gré de l'évolution de la culture et de la science. Dans la pensée juive, l'homme se tient debout face à Dieu, à la façon d'Abraham. Autrement dit, l'homme est responsable de la prise en main de son destin. Cette conception du judaïsme explique pourquoi il y a beaucoup moins de polémique « officielle » entre religion et science et de controverses créationnistes dans le judaïsme, qu'il y en a eu entre l'Église et Copernic ou Galilée, sauf chez quelques ultraconservateurs qui maintiennent une conception littérale fermée.

1. Allali, S. 2009. *Les trompettes d'argent. La responsabilité de l'homme dans le judaïsme.* Lichma, Paris.
2. Un exemple caractéristique est la circoncision par laquelle, en signe d'Alliance, l'homme corrige la création. Un autre exemple moins connu est celui de la bénédiction que les Juifs prononcent avant de manger du pain ; elle remercie Dieu « qui fait sortir le pain de la terre », le pain et pas la céréale !
3. À la fin du Deutéronome, il est écrit que « la Torah n'est pas dans le ciel ».

Dans son *Autobiographie*, Darwin signale aussi la parution à son époque d'un essai en hébreu[1] visant à montrer que sa théorie était déjà contenue dans l'Ancien Testament ; une interprétation concordiste.

Pourquoi le créationnisme *sensu stricto* ?

Il ne semble pas que le judaïsme dans son ensemble — ce qui ne signifie pas qu'il n'y ait pas d'exception — s'oppose à telle ou telle théorie scientifique parce qu'elle serait contraire à tel ou tel passage de la Bible.

Le courant *créationniste juif s. st.*, minoritaire, s'oppose surtout à l'évolutionnisme à cause d'une question de datation, car le calendrier juif fait remonter la création à près de 5 770 ans avant aujourd'hui (Tableau 2).

Après avoir décrit les chronologies sumériennes, nous constatons que la tradition biblique rapporte l'existence de dix patriarches antédiluviens qui sont présentés selon trois chronologies différentes. Selon le texte hébreu, il s'est écoulé 1 656 ans entre Adam et le déluge[2]. Les durées de vie des patriarches sont considérables[3], puisque tous dépassent 777 ans, sauf pour Hénoch, mort à 365 ans. Comme chez les Sumériens, ces durées présentent le caractère artificiel d'une chronologie inventée. Comme pour les chronologies babyloniennes, après le déluge, les durées de vie des patriarches diminuent régulièrement avec Abraham (175 ans), Moïse (120 ans), Josué (110 ans) et Élie (98 ans), pour arriver finalement à la vraisemblance historique. Remarquons qu'ici aussi, le déluge est situé dans l'époque des légendes. Nous reviendrons sur la discussion du tableau 2 au chapitre 13, à propos des questions-réponses au créationnisme.

1. Darwin, C. 1958. *Autobiography : with Original Omissions Restaured*. Collins, p. 123.
2. Sachant que le texte grec de la Septante propose 2 242 ans et le Pentateuque Samaritain 1 307 ans.
3. Lambert, G. 1955. Il n'y aura plus de déluge. *Nouvelle revue théologique*, 77, p. 581-724.

Âge de l'humanité en années	Patriarches	Longévité en années
0	Apparition d'Adam	930
130	Adam engendre Caïn, Abel, Seth, etc.	912
235	Seth engendre Enoch	905
325	Enoch engendre Qénan	910
395	Qénan engendre Mahalalel	895
460	Mahalalel engendre Yéred	962
622	Yéred engendre Hénoch	365
687	Hénoch engendre Mathusalem	969
874	Mathusalem engendre Lamech	777
930	**Mort d'Adam**	
987	Hénoch est enlevé par Dieu	
1042	mort de Seth	
1056	Lamech engendre Noé	950
1140	Mort d'Enoch	
1235	Mort de Qénan	
1290	Mort de Mahalalel	
1422	Mort de Yéred	
1556	Noé engendre Sem, Cham et Japhet	602
1651	Mort de Lamech	
1656	**Mort de Mathusalem & déluge**	
1658	Sem engendre Arpakchad	
1693	Arkapchad engendre Chélah	
1723	Chélah engendre Eber	
1757	Eber engendre Pèleg	
1787	Pèleg engendre Réou	239
1819	Réou engendre Séroug	230
1849	Séroug engendre Nahor	148
1878	Nahor engendre Térah	205
1948	Térah engendre Abraham	175
1996	Mort de Pèleg	
1997	Mort de Nahor	
2006	Mort de Noé	
2048	Abraham engendre Isaac	180

Tableau 2. Tableau de la chronologie des Patriarches bibliques d'Adam à Abraham

Le physicien et géologue israélien Gerald L. Schroeder dénonce la théorie de l'évolution[1] pour des raisons religieuses. Ayant suivi une formation théologique, Schroeder tente de concilier la Genèse avec les faits en se référant à la théorie de la relativité pour expliquer ces passages de la Bible :

> Parce que ces jours contiennent tous les temps et tous les secrets de l'Univers, parce que la création n'est pas un phénomène figé mais un constat de tous les instants.
>
> Éxode, 21, 2 et Lévitique, 25, 2.

Sa femme, Barbara Sofer, journaliste et écrivain, lui fait quelque publicité.

Le physicien Nathan Aviezer, de l'université Bar-Ilan (Tel-Aviv), connu[2] pour ses enseignements visant à lier la théologie aux matières scientifiques, combat aussi la théorie de l'évolution.

De nombreux rabbins adoptent, comme nous l'avons déjà dit, une lecture symbolique de la Genèse. Abraham Isaac Kook (1865-1935), talmudiste et philosophe, premier grand rabbin de l'Israël moderne, a soutenu, bien avant la théorie synthétique (des années 1937-1950), que la théorie de l'évolution était compatible avec la théologie juive[3].

Les textes bibliques que nous avons discutés, sont repris tels quels par la tradition chrétienne, avec les nombreux commentaires des Pères de l'Église et des conciles. Ils sont le fondement du *créationnisme des Églises orthodoxes, catholiques,* et ensuite *protestantes,* ce que nous allons examiner à présent.

1. Schroeder, G.L. 1990. *Genesis and the Big Bang : The Discovery of Harmony Between Modern Science And The Bible.* Banram Book, USA & Canada. Voir aussi : Schroeder, G. L. 2001. *The Hidden Face of God : Science Reveals the Ultimate Truth* (*La face cachée de Dieu : la science révèle l'ultime vérité*). Simon & Schuster.
2. Aviezer, N. 1993. *Au commencement : la Création, la Bible et la Science.* Mjr Éd., Savoir, Paris. Voir aussi : Aviezer, N. 2002. *Fossils and Faith : Understanding Torah and Science.* Ktav Publishing House.
3. *Le Monde 2*, 8 oct. 2005, p. 26.

Chapitre 5

Christianisme et créationnisme : La science est-elle compatible avec la foi ?

Préface de Christian Forster

Science et foi chrétienne, un ajustement laborieux

La foi chrétienne n'est pas une mythologie ; elle est, d'ailleurs comme la foi juive, ouverte à la raison. Dans son anthropologie, l'homme dispose à la fois de liberté, de sensibilité, de raison et de volonté. Si la foi est, en son fond, du domaine de la relation libre entre un Dieu Vivant et des êtres humains, et si elle relève de la catégorie de la confiance et de l'amour, elle place en son centre le thème de la vérité qui suppose un acquiescement de la raison et même, pour une large part, une recherche à la lumière de la raison. C'est la base de la théologie.

Dès les origines, de grands esprits sont passés au christianisme parce qu'ils se trouvaient à l'aise dans sa vision de Dieu, de l'homme et du monde et de leurs relations, et ils l'ont enrichi de leur réflexion. Bien des chefs d'Églises ont été des membres

Illustration : Pièce de 2€ de la Cité du Vatican consacrée à l'Année internationale de l'Astronomie où l'avers présente la *Création des astres* par Michel-Ange et les instruments antiques et modernes des observations astronomiques.

éminents de l'administration romaine (Basile de Césarée, Ambroise de Milan), très cultivés et qui ont mis toutes leurs capacités au service de cette foi. Des philosophes (Justin), des lettrés (Tertullien, Origène, Augustin) se sont trouvés à l'aise dans ce milieu de pensée et l'ont illustré et défendu contre les caricatures et les critiques injustes. Il n'y a jamais eu de hiatus entre la foi chrétienne et la raison.

Pourtant, à certaines époques, et dans certains domaines, elles ont pu paraître antagonistes, et même en combat l'une contre l'autre. À mesure que la raison devenait plus précise dans ses analyses, mieux armée dans ses moyens d'investigation, elle engendrait ce que les modernes appellent les sciences, sûres de leurs résultats acquis par l'observation, le calcul et les vérifications.

Le heurt le plus violent se produisit sur le terrain des sciences naissantes de la nature et particulièrement de l'Univers. D'où venait ce conflit ?

La Bible, particulièrement l'Ancien Testament recelait une vision de l'Univers « scientifiquement » naïve et singulièrement statique. Or, elle était reçue comme Parole divine, et, à ce titre éminemment respectable par ceux qui s'en inspiraient et, selon leur foi, elle aurait dû s'imposer à tous comme dernier mot sur la réalité des choses. Entre cette conviction de disposer là d'une vérité intangible, et les résultats divergents obtenus par les débuts de l'observation scientifique, le choc était inévitable dans le premier état de la situation. Quelques rares esprits étaient d'ailleurs aptes à percevoir les enjeux de cet affrontement.

Il allait falloir du temps pour que les croyants prennent la juste mesure de ce que « disait » la Parole de Dieu et pour comprendre à quel niveau elle pouvait imposer son point de vue. À la décharge de ceux qui la défendaient sans la moindre nuance, il faut reconnaître que relativiser ou au moins resituer à sa juste place une Parole lestée d'un tel poids divin, exigeait de l'audace. Dans une société essentiellement chrétienne, tout devait être mesuré à cette Vérité qui s'imposait d'elle-même. Toute vision en décalage, ou en contradiction, ne pouvait que se révéler fausse et il fallait donc s'en protéger (ne portons pas, ici, de jugement sur les moyens estimés nécessaires pour y parvenir ; cela demanderait un large développement sur le contexte historique).

Il fallait trouver le moyen de comprendre de quelle manière la « Parole de Dieu » s'exprime et ce qu'elle entend dire. Pour cela, un effort était nécessaire pour distinguer forme et contenu. Mais cette recherche elle-même paraissait incongrue.

Les premiers résultats obtenus par l'Oratorien français Richard Simon au XVIIe (1685), ont été rapidement combattus par le grand Bossuet qui en restait aux conceptions traditionnelles, mais fixistes ; et ce n'est qu'en échappant au « contrôle » catholique hors de France, que ces recherches ont pu être poursuivies et porter du fruit jusqu'à nos jours.

Peu à peu, il fut possible de dégager la Bible de la prétention, qu'on lui prêtait, à dire, sur tout, et particulièrement sur la nature, des vérités tombées du ciel et donc intangibles et immuables. Finalement, la formule de Keppler résume bien le résultat de cette longue recherche et de l'évolution des esprits qui l'accompagna : « La Bible dit comment on va au ciel, elle ne sait rien sur la manière dont va le ciel ». Cette expression lapidaire nécessitait un long parcours intellectuel et religieux qui n'était pas même envisagé comme possible au XVIe. Aujourd'hui, on peut dire sans crainte, qu'il n'y a pas d'opposition entre science (au sens moderne) et foi (selon les grandes Églises chrétiennes) car, en soi, il n'y en a jamais eu.

Les créationnistes en sont encore aux conceptions bibliques des siècles révolus.

Il y a heureusement de grands scientifiques qui sont chrétiens ; ils ne se sentent en rien contraints dans leurs recherches, et aucune prédétermination ne s'impose à leurs résultats. Les impératifs éthiques (qu'ils concernent le respect de la nature, de l'homme ou des générations à venir), sont d'un autre ordre et s'imposent également à tous.

Dans l'exposé qui suit, Jean Chaline et Cédric Grimoult donnent quelques éléments significatifs du dossier de divers affrontements, particulièrement sur le terrain de l'évolution et de l'histoire des sciences, dont ils sont respectivement spécialistes. Ils cherchent à déceler, pour les combattre, les traces qui peuvent en demeurer encore de nos jours, voire les résurgences subtiles, dans des approches apparemment nouvelles.

Le propos est parfois vif et appellerait quelques nuances ; il n'en reste pas moins tonique et utile puisque notre temps, qui se prétend si rationnel, est truffé d'irrationalité et que certains continuent de faire dire à la Bible autre chose que son message.

Christian Forster, bibliste, directeur du département de théologie
du Centre universitaire catholique de Bourgogne à Dijon

Pour essayer de répondre à la question *la science est-elle compatible avec la foi ?* nous allons examiner les relations entre les diverses fois chrétiennes et les sciences naturelles.

L'Église chrétienne orthodoxe

L'Église orthodoxe russe défend avec vigueur le créationnisme dit « jeune Terre », c'est-à-dire la Création il y a 6 000 ans. Pour ses théologiens, l'évolution des espèces est un mythe. Adam et Ève auraient réellement existé et auraient vécu dans le jardin d'Éden jusqu'à leur Chute. Ils évoquent une histoire du globe différente de celle découlant des principes classiques de géologie. En Russie, une jeune fille a porté plainte, en février 2007, contre le Ministère de l'Éducation et de la Science, parce que le programme ne proposait que la théorie de l'évolution, enseignée dans les écoles russes depuis l'époque soviétique. L'Église orthodoxe a soutenu les plaignants : le père Tchapline, vice-président du Département des relations extérieures du Patriarcat de Moscou, a ainsi déploré ce qu'il considère comme le caractère idéologique de la théorie de l'évolution.

Une enquête auprès des chrétiens orthodoxes des États-Unis[1] a été publiée en 2008 par l'Institut orthodoxe patriarche Athenagoras à Berkeley (Californie). Elle montre que les 1 200 000 fidèles américains ont des opinions assez différentes au sujet de la compatibilité des théories de l'évolution avec leur religion. Les laïcs orthodoxes américains se répartissent en trois groupes d'égale importance. 33 % des personnes interrogées sont favorables à l'enseignement du créationnisme au lieu de l'évolution dans les écoles publiques aux États-Unis. Mais 35 % rejettent cette possibilité et 32 % restent indécis. À la question : « La théorie de l'évolution est-elle compatible avec l'idée de Dieu comme créateur », 41 % ont dit oui et 38 % non, tandis que 21 % des sondés se sont déclarés incapables de répondre.

1. *L'Église orthodoxe aujourd'hui.*

Mais tous les orthodoxes n'ont pas cette vision des choses. À l'occasion du bimillénaire de la naissance de l'apôtre Paul, le Patriarche œcuménique Bartholomée Ier a réuni au Phanar, siège du patriarcat œcuménique à Istanbul (Turquie), du 10 au 12 octobre 2008, une *synaxe*[1] de tous les primats[2] à la tête des Églises orthodoxes autocéphales[3] dirigées par des Patriarches élus (ou de leurs représentants) pour discuter des relations de l'Église orthodoxe avec le monde moderne. Cette assemblée a adopté une déclaration commune dans laquelle ces Églises traduisent leur souci commun et leur volonté d'agir face aux problèmes qui se posent aujourd'hui au monde, en général, et à l'orthodoxie, en particulier. Dans ce document (point 9) se trouvent exposées leurs relations avec la science :

> En ce qui concerne les relations entre la foi chrétienne et les sciences naturelles, l'Église orthodoxe a réussi à éviter l'écueil qui consiste à mettre sous tutelle le développement de la recherche scientifique et à prendre position sur chaque question scientifique qui se pose. Dans la vision orthodoxe du monde, la liberté de la recherche constitue un don de Dieu fait à l'homme. Mais en même temps, l'orthodoxie constate les dangers cachés dans certaines réalisations de la science et elle entend indiquer qu'il y a des limites à la connaissance scientifique, en rappelant qu'il existe une autre connaissance, qui n'entre pas directement dans le champ de la science, mais qui se révèle, à bien des égards, indispensable pour poser des limites convenables à la liberté et utiliser à bon escient les résultats de la recherche scientifique dans le respect de la dignité de la personne humaine et le renoncement à toute forme d'égocentrisme.

L'orthodoxie privilégie ici une lecture *herméneutique*, autrement dit, *interprétative* des Écritures, lecture qui sépare les domaines du « comment ? » et du « pourquoi ? ». *La science est donc vue comme compatible avec la religion*, l'évolution pouvant notamment constituer une forme particulière de la Création, le récit n'est pas à prendre au pied de la lettre. Cette position est claire, mais, nous l'avons déjà dit, comme les autres confessions, l'Église orthodoxe reste divisée à ce sujet.

1. Une assemblée, ou réunion, dans les cultures orientales correspondant à celle de la sainte communion dans l'église orthodoxe.
2. Évêques à la tête d'une église indépendante autocéphale, désignés par leur propre synode, une réunion des évêques. Il existe un archevêque primat, le patriarche ou métropolite qui préside les assemblées des évêques.
3. Étymologiquement, « qui est sa propre tête », c'est-à-dire n'entrant pas dans une structure hiérarchique.

L'Église chrétienne catholique

À plusieurs reprises au cours de son histoire, l'Église catholique a tenté de réaliser une synthèse entre ses conceptions religieuses originelles héritées du judaïsme et le savoir antique, dominant dans le bassin méditerranéen à l'époque de son épanouissement. Aristote distinguait déjà avec justesse les deux composantes de la connaissance, l'étude du « pourquoi ? » liée à la *métaphysique*, de la *physique* ou la *science*, qui répond seulement à la question du « comment ? ».

Les relations ambiguës entre science et foi

Pour bien comprendre les relations entre le catholicisme et la science, sans vouloir faire l'analyse complète de l'histoire parallèle des religions et de la science, qui sortirait du cadre de ce livre, nous nous limiterons à montrer les difficultés de la pensée de l'Église magistérielle avec la science, tout en soulignant qu'il y a eu des grands esprits scientifiques chrétiens dans divers domaines à toutes les époques, car la mentalité scientifique a existé très tôt dans l'Église, à l'exemple d'Origène. Les Universités médiévales ont été créées par des bulles pontificales[1]. Ce n'est qu'à la fin du Moyen Âge, que, tout en conservant le statut d'institutions ecclésiastiques, elles passent sous le contrôle des rois. Dans l'évaluation des confrontations, il faut prendre également en compte le fait qu'on ne peut pas demander à un homme du XVe siècle d'être « aussi éveillé » que celui du XVIe et encore moins le comparer à l'*Homo technicus* moderne. De même, la *notion de science* aux diverses époques a beaucoup évolué et il ne faut pas projeter sur le passé la notion moderne que l'on peut en avoir aujourd'hui.

1. Une bulle est une lettre officielle de portée générale, portant le sceau de l'autorité qui l'émet. La charte de fondation de l'université de Paris par Philippe II en 1200 est confirmée en 1215 par Innocent III, et en 1231 par une bulle du pape Grégoire IX. Toulouse est fondée en 1229 et Montpellier en 1289 par une bulle de Nicolas V.

Nous évoquerons en premier les relations conflictuelles entre l'Église et la science, en soulignant le rôle joué par la terrible Inquisition dans le contrôle du développement de la science avec les condamnations de nombreux scientifiques. Ensuite nous analyserons les relations entre l'Église et la science depuis la publication du livre de Darwin sur *L'origine des espèces* en 1859, qui joue un rôle central de ce livre.

Jusqu'au début du XVIIIe siècle, la seule réponse officielle aux interrogations de l'homme quant à l'origine de l'Univers, du monde, de la vie et de l'homme en particulier, se trouvait dans la Genèse et la pensée de philosophes grecs comme Platon et Aristote. La science européenne balbutiante n'avait encore apporté que de vagues hypothèses qui paraissaient très fantaisistes. Si l'Église avait globalement adopté la lecture littérale de la Genèse, certains théologiens admettaient qu'il fallait interpréter les Écritures, en particulier en raison de certaines discordances existant entre les évangiles, ainsi qu'entre l'Ancien et le Nouveau Testament. Pour la majorité, comme la Bible affirme être un livre inspiré par Dieu (II, Timothée 3 :16), son contenu ne devrait présenter aucune connaissance incompatible avec les données avérées. Si donc on examine la Bible, à la lumière des connaissances scientifiques modernes, la Bible passe-t-elle l'épreuve avec succès ? Origène[1] (185-253) le contestait déjà en écrivant, à propos de la Genèse :

> Quel est l'homme de sens qui croira jamais que, le premier, le second et le troisième jour, le soir et le matin purent avoir lieu sans soleil, sans lune et sans étoiles, et que le jour, qui est nommé le premier, ait pu se produire lorsque le ciel n'était pas encore ? Qui serait assez stupide pour s'imaginer que Dieu a planté, à la manière d'un agriculteur, un jardin à Éden, dans un certain pays de l'Orient, et qu'il a placé là un arbre de vie tombant sous le sens, tel que celui qui en goûterait avec les dents du corps recevrait la vie ?
>
> À quoi bon en dire davantage lorsque chacun, s'il n'est dénué de sens, peut facilement relever une multitude de choses semblables que l'Écriture raconte comme si elles étaient réellement arrivées et qui, à les prendre textuellement, n'ont guère eu de réalité.

1. Origène, *in* : Lucien Febvre. *Le Problème de l'incroyance au XVIe siècle.*

Le développement de la science donne définitivement raison à Origène, comme nous le verrons ultérieurement. Ce théologien explique ainsi, par la raison et l'esprit critique, que la Bible ne doit pas être prise au pied de la lettre. Mais tous ne partageaient pas cette approche. Comme l'a souligné Frédéric Lenoir[1], lors des quatre siècles de disputes autour de la nature de Jésus, deux écoles se sont affrontées, celles d'Antioche et d'Alexandrie.

> L'école d'Antioche [...] s'est illustrée dès l'origine par une approche historique et littérale de la Bible, par opposition à l'école d'Alexandrie, connue pour son exégèse plus symbolique et allégorique.

Son exemple montre aussi qu'à l'époque et jusqu'au XVIIIe siècle, ceux qui pratiquaient la science étaient le plus souvent les lettrés, autrement dit des ecclésiastiques.

Mais, à mesure qu'elle est parvenue à une position de monopole dans les affaires culturelles et qu'elle a réprimé diverses hérésies, l'Église a radicalisé son discours et s'est dotée d'un puissant bras armé, la terrible *Inquisition (Inquisitio hereticae pravitatis[2]).* Ce tribunal extraordinaire n'accorde aucune défense à l'accusé tenu au secret et ignore même de quoi on l'accuse. Il est créé au début du XIIIe siècle par le pape Grégoire IX qui le confie aux dominicains, créés à l'occasion de la lutte contre les albigeois, par Dominique de Guzman en 1216. La torture qui est instaurée en 1244 par Innocent IV voit son usage autorisé pour l'Inquisition par Urbain IV en 1261. Paul II, en 1542, en fait une institution de la Curie romaine, sous le nom de la *Sacrée congrégation de l'Inquisition romaine et universelle.*

L'Église étend progressivement le champ d'influence de l'Inquisition, en en faisant alors un instrument de lutte contre les déviations, quelles qu'elles soient, y compris les idées contredisant la Création. En 1559, à la requête de l'Inquisition, le pape Paul IV crée l'*Index*[3], une liste des ouvrages considérés comme subversifs et interdits. Cet organisme perdure jusqu'au 14 juin 1966, date à laquelle l'*Index* est supprimé par le pape Paul VI. En 1948, on recense 4 000 livres interdits.

1. Lenoir, F. 2010. *Comment Jésus est devenu Dieu.* Fayard, Paris.
2. Bennassar, B. 1999. *Brève histoire de l'Inquisition. L'intolérance au service du pouvoir.* Éd. Fragile, Tirelat, Gavaudun.
3. *Index Librorum Prohibitorum.*

L'interdit concernait les seuls chrétiens ; les autres y avaient accès. Il est évident que, de la confiance irraisonnée en la Bible, ont pu naître dans des esprits ni toujours droits, ni vraiment religieux, des excès qui ont donné lieu à des outrances que l'Église ne nie pas.

L'Église aurait voulu que les scientifiques s'en remettent à son jugement, à la façon d'Ignace de Loyola édictant la 13e règle de sa Compagnie des Jésus (les Jésuites) imposant une obéissance aveugle au pape :

> Que nous fait être tout à fait du même avis et en conformité avec l'Église elle-même, si elle doit avoir défini quelque chose à être de couleur noire qui, à nos yeux semble être de couleur blanche, il faut de la même manière de le prononcer d'être noir. Car il nous faut sans doute croire que l'Esprit de notre Seigneur Jésus-Christ et l'Esprit de l'Église orthodoxe[1] Son épouse, par lequel l'Esprit nous sommes gouvernés et dirigés vers le salut, est la même…

Ce manque d'esprit critique ne peut être celui d'un scientifique.

La prétendue supériorité de la foi sur la science

L'un des points majeurs d'achoppement et de conflit entre science et foi réside dans l'affirmation constante de l'Église de la *supériorité de la foi sur la science*, tout en affirmant que celles-ci ne peuvent entrer en contradiction. En 1883, le pape Léon XIII écrit ainsi :

> La théologie, en effet, ne tire pas ses principes des autres sciences, mais immédiatement de Dieu par la révélation. Et aussi, elle ne reçoit rien de ces sciences, comme lui étant supérieure, mais elle les emploie comme étant ses inférieures et ses servantes[2].

Selon le théologien Christian Forster[3],

> si l'Église a affirmé la supériorité de la Révélation, c'est seulement au niveau du sens ultime du monde, de l'homme et de l'Histoire, et cela reste sa position aujourd'hui, mais pas pour coiffer la science et ses résultats. Ceux qui le feraient, ou qui l'ont fait, n'auraient aucun droit à agir ainsi, et ne pourraient en donner aucune justification.

1. Ce qui signifie ici l'Église catholique.
2. Encyclique *Providentissimus Deus.*
3. Communication personnelle.

C'est malheureusement cette dernière façon littérale d'interprétation de ce principe au premier degré qui a été majoritaire dans l'Église jusqu'au XXe siècle, et reste encore ambiguë, aujourd'hui, puisque l'Église estime détenir la Vérité ultime absolue.

C'est l'une des causes majeures des confrontations entre les deux domaines. Cette subordination s'accompagne toujours de l'affirmation que « *théologie et physique, ou sciences naturelles, ne peuvent s'opposer, pourvu que…* » comme l'exprime un extrait de l'Encyclique *Provendissimus* déjà évoquée :

> Aucun désaccord réel ne peut certes exister entre la théologie et la physique, pourvu que toutes deux se maintiennent dans leurs limites, prennent garde, suivant la parole de saint Augustin, « de ne rien affirmer au hasard et de ne pas prendre l'inconnu pour le connu ».
>
> *Provendissimus Deus*, 2. *I Pierre* III, 15.

Mais, dans le cas d'une contradiction, la réponse de l'encyclique est claire pour les scientifiques considérés d'emblée comme des adversaires :

> Si cependant elles sont en dissentiment sur un point, que doit faire le théologien ? — Suivre la règle sommairement indiquée par le même docteur.
> Quant à tout ce que nos adversaires pourront nous démontrer au sujet de la nature, en s'appuyant sur de véritables preuves, prouvons-leur qu'il n'y a rien de contraire à ces faits dans nos Saintes Lettres. Mais pour ce qu'ils tireront de certains de leurs livres, et qu'ils invoqueront comme étant en contradiction avec ces Saintes Lettres, c'est-à-dire avec la foi catholique, montrons-leur qu'il s'agit d'hypothèses, ou que nous ne doutons nullement de la fausseté de ces affirmations.
>
> *Provendissimus Deus*, 1. *In Gen. op. imperf.* IX, 30.

Ici la supériorité des « Saintes Lettres », de la foi sur la science est ainsi réaffirmée sans réserve, et doit être comprise au premier comme au second degré.

Jusqu'au développement de la science aux XVIIe et XVIIIe siècles, l'Église a donc régné en maîtresse sur les esprits en Occident et imposé ses conceptions créationnistes, par de multiples pressions autoritaires morales, psychologiques et sociales. C'est au cours d'un processus de très longue haleine, que la science moderne s'est rendue indépendante de la foi, tandis que les théologiens prônaient une lecture providentialiste des phénomènes naturels. Au mépris de la distinction entre les deux domaines, qui n'était encore admise que par quelques-uns, la Nature tendait à être considérée comme le lieu d'une révélation, et la Bible comme le livre de science par excellence. L'idée dominante est alors que *la Bible doit trancher, même dans le domaine des sciences.*

Le premier exégète catholique qui abandonna une telle conception fut, l'Oratorien Richard Simon. Dans son livre *Histoire critique du Vieux Testament* paru en 1678, ce dernier pose les bases de l'exégèse scientifique critique en essayant de comprendre dans quel cadre le texte biblique a pu être écrit, par qui, s'il a été modifié, quand et par qui. Cet auteur remet en cause l'écriture du *Pentateuque* par Moïse, puisqu'il contient des textes écrits après sa mort, dont la description de ses obsèques. Il est exclu de l'Oratoire par l'action de Bossuet et son ouvrage finit à l'Index en 1682.

L'Inquisition catholique et la science

Dans l'histoire des relations entre la science et la foi, les conflits les plus retentissants ont vraiment commencé avec les premières grandes découvertes scientifiques qui marquent, au XVIe siècle, les débuts de la science moderne. Elles ont tout d'abord concerné l'astronomie avec Nicolas Copernic, Giordano Bruno et Galilée, puis le domaine des sciences géologiques et de l'origine de la vie qui a émergé avec Vanini, Buffon, Giraud-Soulavie jusqu'à Teilhard de Chardin ainsi que d'autres savants moins connus.

Nicolas Copernic. En 1517, dans son livre intitulé *Révolution des sphères célestes,* cet astronome (1473-1543) développe sa théorie de l'*héliocentrisme,* c'est-à-dire de la Terre tournant autour du Soleil et tournant sur elle-même. Il rejette ainsi le système cosmologique géocentrique d'Aristote[1] et de Ptolémée (Fig. 2), accepté et enseigné par l'Église à cette époque, défendant l'idée d'une Terre immobile située au centre de l'Univers qui tournerait autour d'elle.

1. Souvenons-nous que la formule : « *magister dixit* », qui était sans appel, s'appliquait aux opinions d'Aristote.

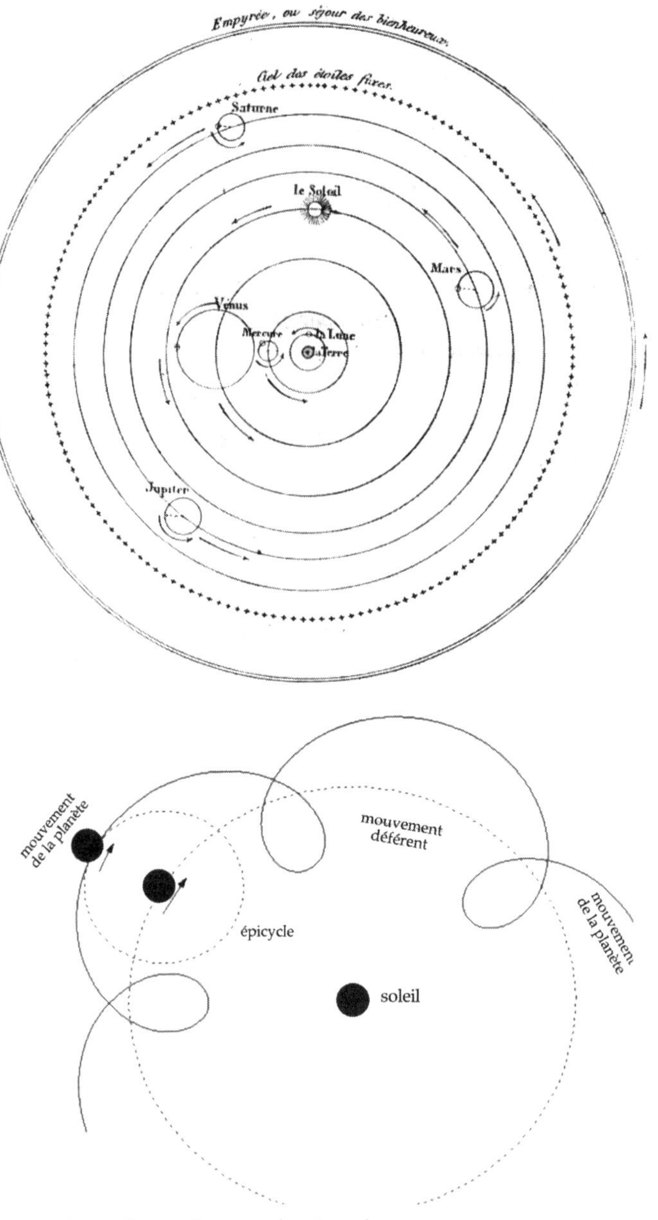

Fig. 2. Le système de Ptolémée. (en haut) La terre est immobile au centre de l'Univers (système géocentrique). Les épicycles (en bas) : pour expliquer les mouvements du Soleil et des planètes selon des orbites circulaires (le cercle étant considéré comme la figure géométrique la plus parfaite), il a fallu recourir à des rotations de chaque planète selon des épicyles tournant eux-mêmes autour d'un déférent décrivant un cercle autour de la Terre[1].

1. Flammarion, C. 1885. *Astronomie populaire.* Marpon, C. & Flammarion, E., Paris.

En effet, l'héliocentrisme (Fig. 3) révèle une contradiction formelle à l'encontre du psaume 93 (92) : « *Dieu, roi de l'Univers* », qui affirme : « Tu (Dieu) as fixé la terre immobile et ferme ». En outre, il contredit la Bible où il est écrit que Josué a arrêté la course du Soleil. Bien que publié tardivement, en raison de sa crainte de la réaction du Vatican, le livre de Copernic est donc effectivement mis à l'Index en 1616, d'où il est retiré seulement en 1757. L'Église a finalement accepté sa théorie vers les années 1820-1830 ! Entre-temps, cette condamnation a poussé le philosophe Descartes à s'autocensurer et à renoncer à publier son *Traité du monde et de la lumière,* parce qu'il était croyant et ne voulait pas prendre de risque sur le terrain de la foi.

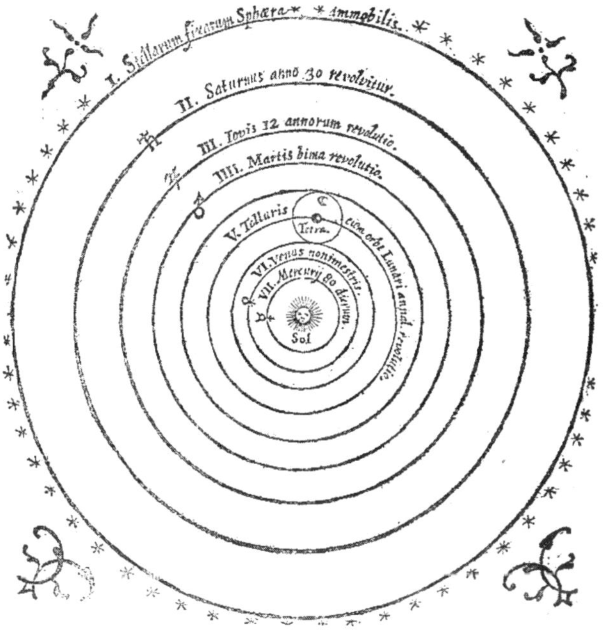

Fig. 3. L'héliocentrisme de Copernic. Le Soleil est mis au centre du Système solaire, c'est l'héliocentrisme (Fac-similé du dessin de Copernic, 1543[1]).

Galilée. Galileo Galilei (1564-1642) défend la théorie héliocentrique de Copernic contre la théorie géocentrique, toujours défendue par l'Église. Son livre intitulé *Dialogue sur les deux grands systèmes du monde,* demandé par le pape Urbain VIII et publié en 1632, vaut à

1. Copernic. 1543. *De Revolutionibus Orbium Coelestium, Des révolutions des sphères célestes.*

Galilée une convocation devant le Saint-Office et sous la menace de la torture, une condamnation à la prison à vie, commuée en résidence surveillée à vie. Son *Dialogue* est interdit et Galilée signe une formule d'abjuration, de rétractation, ce qui fait de lui un martyr de la science. Il faut ajouter que c'est dans ce livre que Galilée exprime la découverte de *la relativité du mouvement* :

> Le mouvement est mouvement et agit comme mouvement pour autant qu'il est en rapport avec des choses qui en sont dépourvues. Pour toutes choses qui y participent. [...] Le mouvement est comme s'il n'était pas. [...] Le mouvement est comme rien.

Giordano Bruno. Philosophe, théologien et scientifique, adepte des théories de Copernic sur l'héliocentrisme, ce savant (1548-1600) découvre le concept de *relativité de la position,* comme conséquence de la révolution copernicienne. Dans son livre intitulé *De l'infini, l'Univers et les mondes,* publié en 1584, Bruno développe l'idée d'un Univers infini renfermant une multitude de mondes identiques à la Terre. Il reprenait ainsi le concept de pluralité des mondes d'Anaximandre (610-546 av. J.-C.), Démocrite et Épicure. Non-conformiste et remettant en cause de nombreux concepts religieux, Bruno est accusé d'hérésie par l'Inquisition, sur instruction menée par le cardinal Robert Bellarmin, qui avait déjà sévi contre Copernic ; il est brûlé vif sur le Campo dei Fiori de Rome, en 1600.

Giulio César Vanini. Ce moine théologien non orthodoxe (1585-1619), philosophe et naturaliste italien, en fait un libre-penseur, s'est consacré aux études physiques. Se retirant à Toulouse et enseignant sous le surnom de « Pomponio Uciglio », il est condamné par l'Inquisition sous le prétexte de blasphème, athéisme, sorcellerie et corruption de mœurs. Dans son livre sur la nature intitulé *De Admirandis Naturae Arcanis,* publié à Paris en 1616, il aurait suggéré que l'homme « pourrait » être apparenté aux singes et que les animaux pourraient dériver des plantes. Il fut condamné pour athéisme et blasphème, à avoir la langue coupée, avant d'être étranglé et brûlé vif sur la place des Salins à Toulouse en 1619.

Georges-Louis Leclerc, comte de Buffon. On retrouve le même genre de persécutions, directement en relation avec l'origine des espèces et des formes du relief, lors de la condamnation de la *Théorie de la Terre* de Buffon (1707-1788). En 1744, l'intendant du Jardin du roi, fait ainsi paraître le premier tome de son *Histoire naturelle*, qui déclenche les foudres de l'Église. Quatorze propositions de ce livre sont condamnées par la Sorbonne, à commencer par l'état primitif de notre planète sous la forme d'un astre en fusion et la formation des montagnes sous la mer. Buffon accepte de publier une rétractation formelle au début du quatrième tome de son *Histoire naturelle*, paru en 1751. Revenant sur ces questions dans *Les Époques de la nature*, livre publié en 1779, Buffon estime l'âge de notre planète à 75 000 ans au lieu des 6 000 ans fixés par les théologiens. Pour éviter les critiques et obtenir l'imprimatur, il s'est obligé à écrire :

> Au reste, je ne me suis permis cette interprétation des premiers versets de la Genèse, que dans la vue d'opérer un grand bien, ce serait de concilier à jamais la science de la nature avec celle de la théologie : elles ne peuvent selon moi, être en contradiction qu'en apparence, et mon explication semble le démontrer. Si malgré tout, certains trop attachés à la lettre, trouvent que je vais trop loin dans mon interprétation, qu'ils considèrent que mon système est purement hypothétique, il ne peut nuire aux vérités révélées, qui sont autant d'axiomes immuables, indépendants de toute hypothèse, et auxquels j'ai soumis et je soumets mes pensées[1].

Jean-Louis Giraud-Soulavie. L'Église veille toujours quand cet abbé auvergnat (1752-1813), pionnier de la *géologie stratigraphique*, osa aller plus loin que Buffon en affirmant que la Terre pourrait avoir plusieurs centaines de millions d'années et que les organismes se transforment sous l'influence des changements de milieux. Il fut sommé par ses supérieurs de renoncer à ses recherches et ses deux livres furent interdits, en partie en raison de la cabale menée contre lui par le Jésuite Augustin Barruel, qui allait devenir l'un des chantres de la Contre-Révolution après 1789.

Ce qu'il aurait fallu faire : séparer les enseignements religieux des hypothèses scientifiques ! Pour être exact, il faut préciser qu'au XVIIe siècle, l'Église catholique n'interdit pas explicitement les

1. Buffon. 1998. *Des Époques de la nature*. Diderot, Paris, p. 32-33.

hypothèses incompatibles avec une interprétation littérale de la Bible, mais de les exposer comme des vérités établies. Galilée avait reçu l'autorisation de publier ses arguments en faveur du système de Copernic, à titre d'hypothèse. Une telle attitude devait d'ailleurs persister jusqu'au XIXe siècle. En effet, la censure religieuse qui délivre de façon autoritaire « l'imprimatur » s'avère beaucoup plus forte à l'encontre des naturalistes qui veulent démontrer la rotation de la Terre, la transformation des espèces ou l'antiquité du globe, qu'avec les philosophes qui utilisent ces hypothèses, toujours qualifiées de fausses, mais exposées avec complaisance et ne sont guère inquiétés[1]. Subtilité et prudence. Mais cette démarche s'avère incompatible avec une rigueur scientifique croissante qui peut démontrer et prouver ses résultats, ainsi qu'avec la liberté de chacun.

On peut dire avec Frédéric Lenoir[2] que :

> Les penseurs des Lumières se sont engouffrés dans la brèche ouverte par les réformateurs et quelques humanistes catholiques, tels Montaigne ou Erasme, qui prônent une véritable tolérance religieuse. L'avènement d'un État de droit, démocratique et laïc, est la clé de voûte des sociétés modernes, dorénavant fondées sur l'humanisme des droits de l'homme. Certes, cet humanisme s'inspire en profondeur du message évangélique, mais il entend s'appuyer sur la raison et non plus sur la foi, et s'émancipe totalement du pouvoir clérical. Perdant son emprise sur la société, l'Église catholique s'oppose ainsi pendant des siècles à toutes les valeurs fondatrices de la modernité : laïcité, démocratie, liberté de conscience, droits de l'homme.

Le positivisme, le scientisme et l'Église

Au siècle des Lumières, la philosophie s'est démarquée de la conception imposée par le dogme catholique traditionnel au travers de l'*Encyclopédie*. Son discours libre a été considéré par l'institution religieuse comme anticlérical. Cela résultait notamment d'une nouvelle stratégie politico-religieuse visant à présenter les idées nouvelles,

1. Pour plus de détails, consulter : Grimoult, C. 2009. *Sciences et politique en France de Descartes à la révolte des chercheurs*. Ellipses, Paris, p. 84-86.
2. Lenoir, F. 2010. *Comment Jésus est devenu Dieu*. Fayard, Paris, p. 299-300.

évolutionnistes au premier chef, comme étant liées à l'athéisme et à l'anarchie afin de mieux les discréditer. Cette attitude antilibérale a néanmoins duré jusqu'à ce que l'Église accepte finalement le tournant moderniste, au milieu du XXe siècle, après des confrontations parfois brutales avec le monde scientifique.

L'obligatoire soumission de la science à l'Église a conduit de nombreux savants à l'athéisme, et parfois même des chrétiens, agacés par l'intransigeance sectaire et dominatrice de l'Église ainsi que par les inepties auxquelles menait le créationnisme, à réagir de façon virulente et à se rebeller. Ils ont alors présenté la religion en général comme opposée à la raison et à la science, et, de fait comme l'expression symbolique de l'*obscurantisme*. Beaucoup considéraient en effet comme insoutenable, voire impensable, le fait d'adhérer sans esprit critique à des préjugés irrationnels et ne se sont pas privés de le faire savoir. Au XIXe siècle, par réaction contre le pouvoir excessif de l'Église sur la science, ils ont parfois développé de véritables religions de la science, le *positivisme* et le *scientisme.*

Le positivisme

Cette philosophie s'est développée au début du XIXe siècle, avec Auguste Comte (1798-1857)[1]. Elle accorde une importance essentielle aux seuls faits, non seulement dans le domaine scientifique, mais aussi pour la pensée en général. Comte considère aussi que l'*état théologique* de la connaissance dans les sociétés archaïques et l'*état métaphysique* de la Grèce antique ou des Lumières doivent laisser la place à un *état positif*, considéré comme indépassable. Auguste Comte propose le développement d'une *religion altruiste de l'humanité* basée sur des concepts purement rationnels, en remplacement des révélations plurielles.

1. Pour plus de détails, voir Chaline, J. 2006. *Quoi de neuf depuis Darwin ?* Ellipses, Paris.

Le scientisme

Développé notamment à la fin du XIXe siècle avec le chimiste Marcellin Berthelot (1827-1907) et le biologiste Félix Le Dantec (1869-1917), le scientisme est une conception qui *confère à la science les attributs autrefois réservés à la religion*. De ce fait, elle est devenue une véritable *religion idéologique de la science,* comme seule connaissance du monde. Le généticien contemporain Richard Dawkins, athée militant, exprime clairement cette approche en déclarant, de façon d'ailleurs infondée :

> Darwin nous donne les moyens d'être des athées intellectuellement comblés[1].

Il s'agit là, malheureusement, d'un glissement métaphysique assez fréquent chez de nombreux auteurs scientifiques, comme Jacques Monod[2], ou Stephen Jay Gould[3]. À leur décharge, disons que les citations reprochées sont issues de textes de vulgarisation plutôt que d'articles de spécialité et cette intrusion de la science dans la sphère religieuse a été largement dénoncée par les créationnistes. L'excès de ces affirmations, d'un point de vue scientifique, donne aux créationnistes l'occasion de tomber dans l'excès inverse et d'oublier toute nuance.

En se donnant les caractéristiques d'une *religion de la science,* Le positivisme et le scientisme, se disqualifient de la même façon que certains théologiens dans leurs excès. De plus, le scientisme s'avère incompatible avec les limites de la compréhension des phénomènes naturels. En effet, nul ne peut prouver, en l'état actuel des connaissances, que le monde est entièrement connaissable. De nombreux indices tendraient plutôt à indiquer le contraire.

C'est le cas, par exemple du *principe d'incertitude* d'Heisenberg, que l'on devrait plutôt appeler la « *relation d'indétermination de la mécanique quantique* ou des *inégalités d'Heisenberg* », établi en 1927. Ce principe stipule l'impossibilité de mesurer exactement la position

---

1. Dawkins, R. 1986. *The Blind Watchmaker* (*L'Horloger aveugle*), New York, Norton, p. 6-7.
2. Monod, J. 1970. *Le Hasard et la nécessité. Essai sur la philosophie naturelle de la biologie moderne.* Seuil, Paris, p. 224-225.
3. Gould, S.J. 1991. *La Vie est belle. Les surprises de l'évolution.* Seuil, Paris, p. 384.

d'une particule subatomique en même temps que sa vitesse. La mesure précise de l'une implique, pour l'observateur, une plus grande incertitude sur la seconde. Par exemple, pour mesurer la vitesse et la direction d'un électron, il faut le frapper avec des photons qui modifient son état (énergie, orbite et spin). Nous verrons ultérieurement la cause profonde de cette incertitude. Ce principe, qui ne s'applique qu'aux échelles microscopiques, a comme conséquence, qu'un observateur ne peut observer un objet sans le perturber.

De son côté, le mathématicien Gödel a montré en 1931 dans son *théorème d'incomplétude*, que dans les diverses branches des mathématiques suffisamment complexes, comme l'arithmétique, il existe de nombreux résultats indémontrables (ce que les spécialistes nomment « incomplétudes ») ainsi que des cas particuliers, où il est possible de démontrer une chose et son contraire (« inconsistance »). Le théorème de Gödel va donc à l'encontre de l'idée jusqu'alors communément admise par les mathématiciens, selon laquelle on s'attendait à pouvoir démontrer (un jour) toutes les vérités mathématiques par simple déduction.

L'outrance des scientistes favorise donc les créationnistes, car ces derniers pratiquent volontiers l'amalgame entre les positions véritablement scientifiques explicitant le « comment » et celles des auteurs qui entendent nier la spécificité du « pourquoi ? », créant ainsi de nouveaux mythes éminemment contestables.

La réaction de l'Église catholique face au militantisme scientiste, lui-même exacerbé par le cléricalisme extrême du milieu du XIXe siècle, a été exposée dans l'encyclique *Provendissimus Deus* de Léon XIII, en 1893, qui amalgame *science* et *scientisme* sous l'étiquette des *rationalismes.*

De Darwin à nos jours

L'Église catholique face à l'*Origine des espèces*

La parution du livre de Darwin sur *L'Origine des espèces,* le 24 novembre 1859, fut très majoritairement vécue par l'Église catholique comme une provocation, ce qu'elle n'était pourtant pas. Le darwinisme fut d'autant plus massivement rejeté que ses conséquences appliquées à l'homme en 1871[1] étaient souvent jugées révoltantes, ce dont Darwin se doutait bien en écrivant :

> La conclusion fondamentale à laquelle nous sommes arrivés dans cet ouvrage, à savoir que l'homme descend de quelque forme d'organisation inférieure, sera, je le regrette de le penser, fort désagréable à beaucoup de personnes.

La Bible enseigne en effet que l'homme a été fait à l'image de Dieu, et non qu'il aurait eu un singe comme ancêtre. Mais les livres de Darwin ne sont pas mis à l'Index.

La stratégie d'une « science catholique »

Dans les années 1860, plusieurs savants et théologiens catholiques souhaitaient élaborer une « science catholique » visant à moderniser le point de vue officiel, pour ne pas abandonner le terrain scientifique aux seuls athées ou agnostiques. Ils organisent en 1863 un congrès à Munich, sous la direction de Johann Ignaz von Döllinger, afin que l'Église catholique ne soit pas dépassée par les Églises protestantes très actives dans les domaines scientifiques. Face à la contestation des évêques allemands, Pie IX réaffirme l'autorité divine de l'Église en matière de vérité[2] :

> Parmi les catholiques adonnés à l'étude des hautes sciences, il en est qui, comptant trop sur les forces de l'esprit humain, ne se sont pas laissés arrêter par la crainte de rencontrer l'erreur, et qui, en voulant pour la science une liberté trompeuse et très peu sincère, ont été entraînés

1. Darwin, C. 1871. *La descendance de l'homme et la sélection sexuelle.* Reinwald, Paris, tome 1, p. 426.
2. Cité par : Minois, G. 1991. *L'Église et la science. Histoire d'un malentendu. De Galilée à Jean-Paul II.* Fayard, Paris, p. 232.

> au-delà des limites qui ne peuvent être franchies, à moins de renoncer à l'obéissance due à l'autorité divine que l'Église a reçue pour enseigner et conserver intact le dépôt de la vérité révélée.

Il poursuit :

> Quoique en effet, les sciences naturelles s'appuient sur leurs propres principes, connus par la raison, il importe que les catholiques qui les cultivent aient toujours devant les yeux la révélation divine comme étoile qui les guide, et dont la lumière les aide à se préserver des écueils et des erreurs, lorsque dans leurs recherches et leurs études, ils s'aperçoivent qu'ils pourraient se laisser conduire, comme il arrive très souvent à proférer des paroles plus ou moins contraires à la vérité infaillible des choses qui ont été révélées par Dieu.

Ce point de vue éminemment critiquable se trouve complètement dépassé l'année suivante (1864), quand paraît l'encyclique *Quanta cura* de Pie IX, accompagnée du *Syllabus errorum*. En soulignant ce que le pape considère comme étant les principales erreurs du temps, ce texte rejette le *rationalisme* et condamne le *modernisme*.

C'est dans ce contexte que quelques débats ont lieu entre théologiens catholiques au sujet de l'évolution. Le père Félix, un jésuite résolument fixiste, déclare impie la théorie de l'évolution. Il en va de même pour l'abbé italien Francesco Castracane degli Antelminelli (1817-1899), lequel publie un article de botanique révélant son fixisme absolu dans les *Comptes-rendus de l'Académie des Sciences de Paris* de 1885.

Entre 1880 et 1914, la papauté mène une campagne antilibérale extrêmement violente. Malgré tout, plusieurs théologiens cherchent encore à développer une « science catholique ». Leurs efforts sont visibles dans des périodiques comme *La revue des questions scientifiques* (1877) et *Science catholique* (1886), animées par le chanoine Duilhé de Saint-Projet et Maurice Le Sage d'Auteroche d'Hulst. Ce dernier organise, avec l'accord du pape, le premier *Congrès des savants catholiques*, réuni le 8 avril 1888 à la Société de géographie de Paris. Ce congrès marque le triomphe des conservateurs et la rupture entre la science académique et la prétendue « science catholique » qui se marginalise volontairement.

Lors du premier *Congrès scientifique international des catholiques*, à Paris en 1891, Mgr Freppel, évêque d'Angers, s'oppose à l'idée d'évolution qu'il estime contraire « aux idées d'une saine philosophie » et qui manque, selon lui, de preuves scientifiques. À l'opposé, Maurice d'Hulst, fondateur de l'Institut catholique de Paris, défend le transformisme en invoquant la Genèse ! Il refuse le darwinisme, mais croit que si Dieu peut avoir guidé les processus naturels, alors la théorie de l'évolution pourrait être conciliée avec l'enseignement religieux.

En 1895, devant l'Assemblée nationale, Raymond Poincaré, alors ministre de l'Instruction publique, répond à Maurice d'Hulst en des termes très actuels :

> Nous voulons, je le répète, une neutralité entière, sincère, faite non pas de négation mais d'impartialité ; nous voulons que l'école soit libre et neutre et nous n'entendons pas que l'instituteur [...] professe [à l'élève] sur la vie humaine, sur le monde ou sur la société, des doctrines philosophiques ou religieuses qui puissent être en contradiction des doctrines philosophiques ou religieuses de son voisin. C'est là la vraie liberté ; c'est la vraie neutralité ; c'est celle que le parti républicain s'honore d'avoir installée dans toutes les écoles démocratiques et qu'il saura y maintenir[1].

Au Congrès de Bruxelles (1894), l'Américain J.A. Zahm lance un plaidoyer en faveur de l'enseignement scientifique catholique, mais dans le but de faire apparaître les erreurs des savants. Le programme politique est ainsi de faire connaître la science pour mieux la combattre, ce qui reprend les suggestions de l'encyclique *Providentissimus* déjà évoquée.

Au quatrième Congrès, à Fribourg en 1897, l'abbé Nicolas Boulay, un paléobotaniste, souligne les problèmes soulevés par l'*inerrance*[2] de l'enseignement religieux catholique :

> Un grand nombre de catéchismes de persévérance destinés aux enfants plus avancés de 12 à 15 ans, contiennent de véritables hérésies scientifiques, des erreurs positives, confondues pêle-mêle

1. Cité par Bernardini, J.-M. 1997. *Le Darwinisme social en France. Fascination et rejet d'une idéologie (1859-1918)*. CNRS Éditions, Paris, p. 219.
2. Position doctrinaire qui affirme que la Bible est sans erreur. Voir Boulay, N.-J. 1875. *La question de l'espèce et les Évolutionnistes* & Boulay, N.-J. 1882-1883. *Considérations sur l'enseignement des Sciences naturelles en France*. 3 fasc.

avec l'enseignement des vérités les plus essentielles de la religion. Les enfants, les jeunes gens qui lisent, qui étudient ces manuels en toute confiance sont incapables de faire le tri pourtant nécessaire. Leur enseigner la création en Six jours, continuer à encadrer tous les événements bibliques dans la chronologie vulgaire de 4 000 ans avant Jésus-Christ, n'est-ce pas tromper sciemment ces jeunes intelligences ? N'est-ce pas les exposer à des tentations de scandale et de doute lorsque plus tard elles découvriront des erreurs dans cet enseignement qui leur fut donné au nom d'une autorité dogmatique et infaillible ?

L'histoire montre que l'abbé Nicolas-Jean Boulay, botaniste, s'est avéré fort lucide, mais l'Église n'a pas tenu compte de cet avertissement visionnaire, qui reste d'actualité. Ce fut une époque de recul, de chasse aux sorcières, de délations et de persécutions. Les exégètes Loisy et Georges Tyrell (1861-1909) sont excommuniés en 1908. Avec le soutien du pape, Monseigneur Umberto Benigni, membre de la secrétairerie d'État et animateur de la solidarité Saint-Pie-V, forme une véritable police secrète, un réseau de renseignements, dirigé contre le modernisme : la *Sapinière*[1]. Elle surveille et espionne les institutions catholiques. Le père Lagrange, exégète reconnu, doit ainsi quitter Jérusalem en 1913. Les *Annales de philosophie chrétienne* sont mises à l'Index et le père Laberthonnière interdit de publication.

Le cinquième congrès international des catholiques, à Munich en 1900, fut aussi le dernier, car le nouveau pontife Pie X, *s'opposa immédiatement à la recherche de la conciliation entre la foi et la science.*

Une partie de l'Église a donc manifestement cherché à paralyser la pensée et la science tout en affirmant son contraire. Le dominicain Monsabré[2] affirmait ainsi au début du XXe siècle :

> J'ai plus de penchant à croire ce que disent les peuples qu'à croire ce que disent les savants qui n'ont jamais vu la plus belle des guenons accoucher du plus laid des sauvages.

L'abbé Gibier d'Orléans, d'une ignorance rare, prend les savants pour « des tas d'imbéciles ». Dans ses conférences réservées aux hommes[3], il ose affirmer :

1. *Sodalitium Pianum.*
2. Monsabré, R.P. 1907. *Gouttes de vérité.* Lethieuleux, P., Paris. 3e éd., p. 252.
3. Abbé Gibier. 1904. *Conférences aux hommes. Les objections contemporaines contre la religion.* Lethieuleux, P., Paris.

Aux savants les sciences partielles, à nous prêtres, la clef de la science universelle.

Le concile Vatican I, en 1870, reprend la même litanie selon laquelle la foi serait toujours au-dessus de la raison, sans préciser qu'elle s'applique seulement au niveau du sens ultime du monde, de l'homme et de l'histoire, ce qui fait que cette affirmation est généralement prise au premier degré :

> Bien que la foi soit au-dessus de la raison, il ne peut jamais y avoir de vrai désaccord entre la foi et la raison[1].

Selon C. Forster, cette phrase signifie que la foi donne accès (à tout homme), à une connaissance de la réalité du monde inaccessible par l'intelligence humaine : l'Univers voulu par Dieu, l'homme créé par amour pour être divinisé. Elle ne blesse pas le travail scientifique.

Ce *double langage* constant de l'Église lui fait perdre une grande part de sa crédibilité et la confiance des scientifiques. En effet, comment écrire d'un côté qu'aucun désaccord ne peut exister entre la foi et la raison, alors que quelques lignes plus loin, il est affirmé que l'Église[2] doit proscrire toute conclusion scientifique, étiquetée alors comme « fausse science » parce qu'elle contredit la doctrine de la foi ?

> De plus, L'Église, qui a reçu en même temps que la charge apostolique d'enseigner, le commandement de garder le dépôt de la foi, a, de par Dieu le droit et le devoir de proscrire la fausse science afin que nul ne soit trompé par le vain leurre de la philosophie.

Quand le prêtre dominicain Dalmace Leroy publie ses idées évolutionnistes en 1887, il est convoqué à Rome et contraint à se rétracter. Edmond Lambert (1826-1886), docteur en théologie et membre de plusieurs sociétés savantes, dont la Société géologique de France, écrit dans la même veine :

> La doctrine de l'origine simienne porte dans l'âme le découragement, et, détruisant dans le cœur tout sentiment de foi en une puissance créatrice et providentielle, nous ramène infailliblement au panthéisme, au dieu-nature[3].

---

1. Concile Vatican I, Constitution *Dei Filius* (DS 3017 ; CEC 159). On remarque ici la persistance de la primauté de la *foi* sur la *raison* où celle-ci est directement assimilée à la science ; ce que l'on ne devrait plus faire aujourd'hui.
2. Constitution *Dei Filius : chap. 4. La foi et la raison ;* Col. 2,8
3. Lambert, E. 1869. *L'Homme primitif et la Bible*. F. Savy, Paris, p. 10.

Dans son livre de 1888, intitulé *Les Conflits de la science et de la religion*[1], l'Américain John William Draper (1811-1882) lance une critique implacable de l'Église catholique, soulignant qu'elle venait d'adopter, en 1870, le *dogme de l'infaillibilité*[2] *du pape*, alors que par le passé, cette institution avait soutenu des erreurs monumentales comme le géocentrisme et le fixisme. Plus précisément, l'infaillibilité pontificale est censée concerner seulement la doctrine et la morale. Il faut savoir que depuis sa proclamation, ce dogme n'a fait l'objet que d'une seule application, concernant *l'Assomption de la Vierge Marie*, en 1950 proclamée par le pape Pie XII. Rappelons que les encycliques ne relèvent pas de l'infaillibilité.

Malgré la tentative de plusieurs ecclésiastiques de mettre l'Église à l'écoute du monde en acceptant la science moderne, la plupart restent donc hostiles à la science. Et dans l'encyclique *Providentissimus Deus*, en 1893, déjà citée plus haut, Léon XIII met en garde les fidèles contre les innovations scientifiques :

> Or, il est trop évident, qu'autant les sciences naturelles sont propres à manifester la gloire du Créateur gravée dans les objets terrestres, pourvu qu'elles soient convenablement enseignées, autant elles sont capables d'arracher de l'esprit les principes d'une saine philosophie et de corrompre les mœurs lorsqu'elles sont introduites avec des intentions perverses dans de jeunes esprits...
>
> Aucun désaccord réel ne peut certes exister entre la théologie et la physique, pourvu que toutes deux se maintiennent dans leurs limites, prennent garde, suivant la parole de saint Augustin, « de ne rien affirmer au hasard et de ne pas prendre l'inconnu pour le connu ».

En 1907, le pape s'en prend au « modernisme » qui menacerait la foi à l'intérieur de l'Église. Sur le modèle du *Syllabus* de 1864, le saint-Office publie le décret *Lamentabili* concernant 65 propositions jugées fausses au sujet de l'inspiration et de l'historicité des Livres saints, parmi lesquelles nous trouvons :

> L'Église se montre hostile aux progrès des sciences naturelles et théologiques. (LVII)

1. Draper, J.W. 1875. *History of the conflict betwwen religion and science.* D. Appleton & Co, New York (3e éd.) & Draper, J.W. 1888. *Les Conflits de la science et de la religion*, F. Alcan, Bibliothèque scientifique internationale, Paris.
2. En fait le texte est très restrictif puisqu'il ne concerne que les décisions pontificales *concernant la doctrine ou la morale.*

et :

> Le catholicisme d'aujourd'hui ne peut se concilier avec la vraie science à moins de se transformer en un certain christianisme large et libéral (LXV).

Ces affirmations furent reprises par le journal *L'ami du Clergé*, sur fond sous-entendu d'« infaillibilité pontificale[1] », qui n'était pourtant pas concernée. Ceux qui ne se soumettraient pas seraient excommuniés !

Cette nouvelle direction de l'Église est définie par l'encyclique *Pascendi Dominici Gregis*[2] de Pie X en 1907, mettant en avant les erreurs du modernisme, un courant philosophique pratiquant un relativisme des valeurs de l'Église. Elle condamne ainsi toutes tentatives de conciliation entre l'Église et la science :

> Voilà qui suffit, et surabondamment, pour montrer par combien de routes le modernisme conduit à l'anéantissement de toute religion. Le premier pas fut fait par le protestantisme, le second est fait par le modernisme, le prochain précipitera dans l'athéisme.

Ce texte rejette les philosophes modernistes, les taxant d'agnosticisme et imposant un contrôle vigilant des publications. Ce texte n'est pourtant pas vraiment dirigé contre la science :

> 55 : L'objet de la science, c'est la réalité du connaissable ; l'objet de la foi, au contraire, la réalité de l'inconnaissable.
> 65 : Quant aux études profanes, il suffira de rappeler ce qu'en a dit fort sagement Notre Prédécesseur : Appliquez-vous avec ardeur à l'étude des sciences naturelles : les géniales découvertes, les applications hardies et utiles faites de nos jours sur ce terrain, qui provoquent à juste titre les applaudissements des contemporains, seront aussi à la postérité un sujet d'admiration et de louanges. Mais les études sacrées n'en doivent pas souffrir.

Sur quoi, le même pape donne tout aussitôt, le grave avertissement que voici :

> Si l'on recherche avec soin la cause de ces erreurs, on la trouvera surtout en ceci : que plus s'est accrue l'ardeur pour les sciences naturelles, plus les hautes sciences, les sciences sévères sont allées déclinant ; il en est qui languissent dans l'oubli ; certaines autres sont traitées faiblement et à la légère, et, ce qui est indigne, déchues de leur antique splendeur,

1. Les milieux de la Curie laissent souvent planer le doute sur l'infaillibilité de certaines décisions.
2. www.vatican.va/…/hf_p-x_enc_19070908_pascendi-dominici-gregis_fr.html

on les infecte encore de doctrines perverses et d'opinions dont la monstruosité épouvante. Sur cette loi, Nous ordonnons que l'on règle dans les Séminaires l'étude des sciences naturelles.

De nombreux évêques, tel Monseigneur Meignan[1] de Châlons-sur-Marne et Monseigneur Camus de La Rochelle, ont vainement continué d'attirer l'attention du Vatican sur les dangers que pourraient entraîner l'absence de recherche d'une conciliation entre la science et la Bible. Selon Georges Minois[2], la règle de l'Index interdisait toujours la lecture de la Bible sans la permission écrite de l'Église, ce qui soumettait de fait toute exégèse à l'autorisation de la hiérarchie. Même sa traduction posait problème. D'où le conservatisme des ouvrages d'initiation dans les séminaires, ce qui a failli reléguer l'Église catholique dans l'obscurantisme. Fulcran Vigouroux[3], théologien exégète[4], secrétaire de la commission biblique de Rome, grand apologiste catholique, n'hésite pas à écrire dans son *Introduction à la Sainte Bible* :

> L'inspiration préserve l'écrivain sacré de toute erreur, non seulement de toute erreur dogmatique, mais aussi de toute erreur historique et scientifique.

L'exégète Loisy (1857-1940) dira de lui que son enseignement prétentieux a fait plus que les tous les rationalistes pour le détourner de l'orthodoxie. Ce même Loisy[5] avait, après Richard Simon en 1785, osé dire que :

> Le Pentateuque, en l'état où il nous est parvenu, ne peut pas être l'œuvre de Moïse.

et que

> Les premiers chapitres de la Genèse ne contiennent pas une histoire exacte et réelle des origines de l'humanité.

1. Mais plus tard Meignan, devenu cardinal, devint conservateur et conseilla à Loisy une attitude prudente.
2. Minois, G. 1991. *L'Église et la science. Histoire d'un malentendu. De Galilée à Jean-Paul II.* Fayard, Paris.
3. *La Sainte Bible selon la Vulgate,* traduite en français par l'abbé J.-B. Glaire, avec introduction, notes complémentaires et appendices par F. Vigouroux, troisième édition, A. Roger et F. Chernoviz, Paris. (approuvée par Pie IX) & Vigouroux, F. 1899. *Dictionnaire de la Bible.* Letouzé et Ané.
4. Opposant à l'exégète Marie-Joseph Lagrange (1855-1938), fondateur en 1890 de *l'École Biblique et Archéologique française de Jérusalem* et de la *Revue biblique.*
5. Loisy, A. 1906. *La Religion d'Israël.* 2e éd.

Tous ses travaux, dont l'exactitude a depuis été reconnue par l'Église, ont été mis à l'Index en 1903 et n'en ont jamais été retirés. Sans justifier leurs positions, un tel aveuglement explique en partie le déchaînement des scientistes anticléricaux contre l'Église. Au début du XXe siècle, le scientisme devenu également une sorte de religion sectaire[1], connaît une période d'essoufflement.

Pour sortir de cette situation de crise plusieurs philosophes proches du catholicisme, comme Henri Bergson (1859-1941) et Maurice Blondel (1861-1949) ont cherché des solutions. Dans *L'évolution créatrice*, publiée en 1907, Bergson affirme l'existence d'un « élan vital » invisible qui dirigerait l'évolution comme une poussée, une tendance. Cet élan vital visait à apporter une solution au problème de la présence de l'homme dans l'Univers en lui offrant un sens, tout en rejetant à la fois le *mécanisme* et le *finalisme*. Bien qu'ayant réconcilié de nombreux catholiques avec l'évolution biologique, ce livre fut mis à l'Index en 1914, afin d'éviter que des néo-catholiques et des modernistes ne l'utilisent pour justifier leur position.

Il faut attendre les années 1920 pour que l'attitude de l'Église change vis-à-vis de la science profane. Cela est dû en partie à l'atténuation des controverses générales au sujet de l'évolution dans les pays catholiques (contrairement à ce qui se produit aux États-Unis, voir chapitre 6), et en partie au degré de complexité atteint par la science, qui sort désormais du domaine accessible à la plupart des théologiens, hormis quelques rares spécialistes comme l'abbé Georges Lemaître (1894-1966). À cela s'ajoute sans doute l'apaisement des tensions entre l'Église catholique et les gouvernements laïcs, en particulier en France et en Italie. De nombreux prêtres, intéressés par la question des origines, ont fait de la recherche, notamment dans le domaine de la préhistoire, ainsi en France : l'abbé Henri Breuil (1877-1961), surnommé le « pape de la préhistoire », les abbés Amédée et Jean Bouyssonie, Louis Bardon, André Glory, Joseph Giry et Joseph Joly, tous préhistoriens, les géologues Albert de Lapparent et Pierre Bordet, les paléontologues Pierre Teilhard de Chardin, René Lavocat, René

1. Pour plus de détails, consulter : Grimoult, C. 2008. *Mon Père n'est pas un singe ? Histoire du créationnisme*. Ellipses, Paris, p. 132-135.

Mouterde, Fernand Crouzel et Jean-Jacques Puisségur dont la qualité reconnue des travaux a permis à beaucoup d'entre eux d'entrer au Centre National de la Recherche Scientifique (CNRS). En 1917, Benoît XV (1914-1922) supprime la Congrégation de l'Index et fait cesser les dénonciations des intégristes.

Son successeur, Pie XI (1922-1939), s'intéresse à l'astronomie. Mais il n'abandonne nullement le projet de « science catholique », c'est-à-dire contrôlée par des scientifiques au niveau des faits, mais catholique au niveau de leur interprétation, comme si l'on pouvait séparer les deux (voir l'introduction). En effet, le 7 juin 1926, il écrit à la Société scientifique de Bruxelles :

> la vraie science, qui s'incline devant l'autel, devant le Dieu de la sagesse et ne cherche pas autre chose que recueillir, de tout le créé, réel ou idéal, naturel ou surnaturel, l'harmonie magnifique et continuelle que Dieu lui-même, en notes mystérieuses, y a cachée, afin de constituer le cantique de la vérité, le cantique de la foi, le cantique au Dieu des sciences, au Dieu créateur, révélateur et sauveur.

En 1936, Pie XI réorganise l'Académie pontificale des sciences en y faisant entrer des scientifiques compétents de diverses confessions, catholiques, musulmans, aussi bien qu'athées. Il répète malgré tout le message classique :

> La science, qui est la véritable connaissance des choses, ne se trouve jamais en contradiction avec les vérités de la foi chrétienne.

Pie XII (1939-1958) se montre à son tour intéressé par les sciences. Il décide d'accorder aux chercheurs la liberté de la recherche[1] :

> L'Église vous reconnaît la juste liberté de la méthode et de la recherche.

Il rend aussi hommage à des scientifiques tels que Ptolémée, Galilée et Pasteur, affirmant notamment :

> Amie de la vérité, l'Église admire et aime le progrès du savoir humain à l'égal de celui des arts et de tout ce qu'elle sait être apte par sa beauté et sa bonté à exalter l'esprit et à promouvoir le bien.

1. *Documents pontificaux de Sa Sainteté Pie XII*, publiés sous la direction de Mgr Simon Delacroix. Éd. Saint Augustin, 19 vol (1939-1958).

Une telle ouverture vers les sciences s'est cependant révélée partielle, limitée à la physique, aux mathématiques, à l'astronomie et à la géophysique, car tout ce qui touchait à l'origine de l'homme restait malgré tout tabou. Pie XII déclare[1] :

> Les multiples recherches, aussi bien de la paléontologie que de la biologie et de la morphologie, sur les autres problèmes qui concernent les origines de l'homme, n'ont apporté jusqu'à présent rien de positivement clair et certain.

Cette phrase dénote l'ignorance ou le refus des données paléontologiques par le Vatican, car on connaissait à cette époque alors de façon avérée les hommes de Néandertal, les hommes archaïques (*Homo erectus*), les hommes modernes fossiles (*Homo sapiens* de Cro-Magnon) et les australopithèques. L'attitude du pape vis-à-vis des aspects scientifiques est liée à deux questions essentielles : le polygénisme et le péché originel.

Le problème du péché originel reste de nature théologique. Mais la question du polygénisme relève d'un débat strictement scientifique, opposant les monogénistes, adeptes d'une souche unique pour les origines de l'humanité, et les polygénistes qui adoptent l'idée d'une évolution parallèle de plusieurs populations ayant pu contribuer globalement à l'espèce humaine unique que l'on connaît de nos jours. Le polygénisme conserva longtemps des partisans parmi les paléontologues et les anthropologues, en partie en raison de la diversité des groupes humains observés dans le monde contemporain. Les biologistes ont plutôt discrédité une telle approche au milieu du XXe siècle, en soulignant que les mêmes mutations ont peu de chances d'apparaître, simultanément chez plusieurs individus[2] comme nous le montrerons ultérieurement. On sait en effet que les nouvelles espèces apparaissent en général dans de petites populations marginales. De plus, il reste improuvé que des lignées génétiquement séparées puissent rester longtemps interfécondes.

1. Le 30 novembre 1941.
2. Pour les détails, voir le chapitre 9.

L'existence supposée de « plusieurs Adams » dans le cadre du polygénisme embarrassait beaucoup le Vatican. En fait, le problème est surtout mal posé du côté catholique, car la Bible elle-même évoque différentes origines humaines, en évoquant notamment les hommes du pays de Nod, où Seth devait aller chercher une épouse.

Dans une encyclique de 1943, *Divino Afflante Spiritu (Que souffle l'Esprit Saint)*, Pie XII encourage une exégèse plus progressiste et une interprétation plus souple des premiers chapitres de la Bible. Pourtant, dans une autre encyclique du 12 août 1950, intitulée *Humani Generis*[1], Pie XII met encore des limites à l'ouverture de l'Église sur le problème de l'origine de l'homme. Il reconnaît l'intérêt de la « doctrine de l'évolution », ce qui représente un progrès, mais exige néanmoins sa « soumission au jugement de l'Église » :

> C'est pourquoi le magistère de l'Église n'interdit pas que la doctrine de l'« évolution », dans la mesure où elle recherche l'origine du corps humain à partir d'une matière déjà existante et vivante[2] — car la foi catholique nous ordonne de maintenir la création immédiate des âmes par Dieu — soit l'objet, dans l'état actuel des sciences et de la théologie d'enquêtes et de débats entre les savants de l'un et de l'autre partis : il faut pourtant que les raisons de chaque opinion, celle des partisans comme celle des adversaires, soient pesées et jugées avec le sérieux, la modération et la retenue qui s'imposent ; à cette condition que tous soient prêts à se soumettre au jugement de l'Église à qui le mandat a été confié par le Christ d'interpréter avec autorité les Saintes Écritures et de protéger les dogmes de la foi[3]. Cette liberté de discussion, certains cependant la violent trop témérairement : ne se comportent-ils pas comme si l'origine du corps humain à partir d'une matière déjà existante et vivante était à cette heure absolument certaine et pleinement démontrée par les indices jusqu'ici découverts et par ce que le raisonnement en a déduit ; et comme si rien dans les sources de la révélation divine n'imposait sur ce point la plus grande prudence et la plus grande modération [...]. Comme dans le domaine de la biologie et de l'anthropologie, il en est qui, dans le domaine de l'histoire, négligent audacieusement les limites et les précautions que l'Église établit.

1. *Lettre encyclique de Sa sainteté le pape Pie XII sur quelques opinions fausses qui menacent de ruiner les fondements de la doctrine catholique.*
2. Cette expression s'avère inadaptée car il ne saurait exister de « matière vivante ». La matière inerte se retrouve dans la composition des êtres organiques, ce qui fait que la vie ne constitue nullement une propriété relevant d'une matière spécifique.
3. Voir : Allocution Pontificale *ad membra Academiae Scientiarum*, 30 nov. 1941, A.S.S.

L'Église catholique *se réserve encore le droit de juger des résultats scientifiques en posant la Révélation comme première,* alors que ces résultats ne relèvent absolument pas de sa compétence. Une telle volonté de soumission de la science à la foi reste inacceptable pour un scientifique. Cette encyclique montre que, sur le fond, l'Église ne voulait toujours pas changer. En effet, l'évolution n'est regardée que comme une « hypothèse » qui doit être considérée « à l'égal de l'hypothèse opposée ». De plus, Pie XII ajoute deux conditions d'ordre méthodologique à l'acceptation d'une réflexion approfondie sur ce sujet. En 1996, Jean-Paul II les reprend et accepte ainsi l'évolution biologique, à condition :

> Qu'on n'adopte pas cette opinion comme s'il s'agissait d'une doctrine certaine et démontrée, et comme si on pouvait faire totalement abstraction de la Révélation à propos des questions qu'elle soulève.

La position officielle de l'Église catholique peut alors être qualifiée d'« évolutionnisme théiste[1] prudent » : si elle a bien existé, l'évolution matérielle doit être complétée par un miracle divin, nécessaire au moins dans le cas de l'apparition de l'espèce humaine.

La reconnaissance du rôle de la science dans la recherche du « comment les choses se sont faites[2] » s'est trouvée réaffirmée par le pape Pie XII dans un discours à des géologues et paléontologues, à l'occasion d'un Congrès de l'Union Internationale pour l'Étude du Quaternaire (INQUA) à Rome en 1953. Mais le double discours de l'Église catholique se retrouve dans l'affaire Teilhard. À cette époque, grâce à son aura scientifique reconnue par ses pairs, le théologien et paléontologue Pierre Teilhard de Chardin (1881-1955) a convaincu de nombreux catholiques de l'existence réelle de l'évolution et des origines animales de l'homme en particulier. Cette ouverture a cependant été mal perçue par sa hiérarchie puisque cette dernière a frappé d'interdiction ses livres[3]. En 1948, le général des jésuites lui impose de renoncer à une chaire au Collège de France ce qui le conduit à s'exiler à New York en 1950. Il lui est même refusé de participer à un

1. Le théisme est la doctrine affirmant l'existence d'un Dieu qui, ici, régirait l'Univers.
2. Cette affirmation fut rapportée à J. Chaline par le paléontologue Henri Tintant.
3. *Le prêtre* (1918), *Le milieu divin* (1927) et *Le phénomène humain* (1940).

colloque international de paléontologie. En 1962, un « avertissement » (*Monitum*) du Saint-Office met les fidèles en garde contre les ouvrages publiés de Teilhard, par ailleurs déjà inscrits à l'Index :

> *Avertissement* — Certaines œuvres, mêmes posthumes, du Père P. Teilhard de Chardin se répandent et connaissent un succès qui n'est pas mince.
> Sans juger ce qui concerne les sciences positives, il est suffisamment manifeste qu'en matière philosophique et théologique les dites œuvres fourmillent d'ambiguïtés ou plutôt d'erreurs graves qui portent atteinte à la doctrine catholique.
> C'est pourquoi les Em. et Rév. Pères de la Suprême Sacrée Congrégation du Saint-Office invitent tous les Ordinaires, et aussi les Supérieurs d'Instituts religieux, les Supérieurs de Séminaires et les Recteurs d'Universités, à défendre efficacement les esprits, surtout des jeunes, contre les dangers des œuvres du P. Teilhard de Chardin et de ses acolytes (Rome, Saint-Office, le 30 juin 1962).

Sa hiérarchie exige de Teilhard qu'il mette un terme à ses publications. Peu de temps après, lors du concile Vatican II (1962-1965), l'Église reprend cependant les formules du paléontologue dans la *Constitution pastorale sur l'Église dans le monde de ce temps* (*Gaudium et spes*). De même, en 1966 Paul VI reconnaît l'importance de ses travaux scientifiques, tout comme Mgr Poupard qui en vante les qualités en 1981 à l'occasion du centenaire de sa naissance.

Au lieu de concevoir science et foi comme des domaines antagonistes, de nombreux théologiens et scientifiques chrétiens ont cherché à élaborer des synthèses, où ils tentaient de montrer la *coexistence* possible entre les deux domaines. L'un des plus célèbres à tenter une approche concordiste fut le paléontologue Cuvier (un luthérien) avec sa théorie des catastrophes visant à concilier le déluge de la Genèse avec la géologie. Ce type de démarche s'est révélé inadéquat et négatif pour la dynamique scientifique, parce qu'elle impliquait un choix partisan des phénomènes étudiés, ainsi qu'une lecture tendancieuse des Écritures.

La surinterprétation des textes religieux déplaît généralement aux théologiens, tandis que la distorsion des faits scientifiques discrédite la plupart de ces tentatives aux yeux des hommes de science. Un tel « concordisme » s'avère néanmoins susceptible d'engendrer de nouvelles réflexions théologiques s'il suggère des interprétations inédites des textes antiques. Mais il ne peut rien apporter à la science, car cette dernière progresse selon ses propres méthodes, et non par une confrontation avec des traditions, aussi vénérables soient-elles. Les travaux de Maurice Bucaille[1] sur la Bible, le Coran et la science, que nous examinerons ultérieurement, s'inscrivent dans la même voie erronée.

Position de l'Église sur la science dans la deuxième moitié du XXe siècle

Jean XXIII (1958-1963), successeur de Pie XII, organise le concile Vatican II, où les rapports entre la science et la foi sont réexaminés. Leur coexistence a été une nouvelle fois confirmée en 1962. Il est en effet écrit dans la *Constitution conciliaire* que la recherche du savoir ne peut s'opposer à la foi, mais avec toujours cette réserve sur « la manière vraiment scientifique » de travailler, qui permet à l'Église de contester les données scientifiques qui lui déplaisent[2], sous le prétexte fallacieux de méthodologie inadaptée ou de conclusion trop rapide, voire uniquement théorique :

> C'est pourquoi la recherche méthodique, dans tous les domaines du savoir, si elle est menée d'une manière vraiment scientifique et si elle suit les normes de la morale, ne sera jamais réellement opposée à la foi.

Comme le souligne fort justement Frédéric Lenoir[3] :

> Ce n'est qu'avec le concile Vatican II (1962-1965) qu'elle (l'Église) entreprend de se réconcilier avec le « monde de son temps » en quittant la posture défensive de condamnation systématique des « idées modernes » qui était la sienne depuis le XIVe siècle et le traumatisme de la Réforme... c'est-à-dire la fin du monopole qu'elle exerçait sur la foi en Occident depuis Théodose. C'est la raison pour laquelle certains théologiens catholiques affirment que Vatican II constitue « la clôture de l'ère constantinienne » ; l'acceptation par l'Église romaine de la fin de l'emprise qu'elle a longtemps exercée sur la société...

1. Bucaille, M. 1976. *La Bible, le Coran et la science. Les Écritures saintes examinées à la lumière des connaissances modernes*. Seghers, Agora, Paris.
2. *Gaudium et spes*, 36, 2 ; CEC, 159.
3. Lenoir, F. 2010. *Comment Jésus est devenu Dieu*. Fayard, Paris, p. 300.

Avec Paul VI (1963-1978) qui succède à Jean XXIII, on revient à la méfiance et à la stagnation qui prévalait avant Vatican II. Par exemple, le 23 avril 1966, devant l'Académie des sciences pontificales, le pape déclare :

> Votre vie de savants se passe, peut-on dire, à lire le grand livre de la nature. Nous avons, nous un autre livre, celui qui nous communique les pensées de Dieu sur le monde : le livre inspiré, le livre saint. Ce livre-là donne les réponses décisives que la science ne peut donner...

Le pape affirme ici clairement que le rôle de la Révélation se situe au niveau du sens ultime du monde. Le pape condamne aussi le polygénisme en raison de son incompatibilité avec la doctrine du péché originel. Dans *Ratio fundamentalis*[1], qui fixe la formation des prêtres, il est dit :

> On doit aussi enseigner les sciences apparentées à la philosophie : telles sont les sciences naturelles et mathématiques pour les questions annexes à la philosophie.

Toutes ces affirmations montrent que Paul VI se montre largement en retrait par rapport aux décisions de Vatican II. À cela s'ajoute une méconnaissance profonde de ce qu'étaient devenues les sciences naturelles à son époque.

Cela n'a pas empêché, dans les années 1970, des théologiens comme Gustave Martelet et des scientifiques catholiques comme Henri Tintant[2] de montrer clairement que les domaines du « comment ? » et du « pourquoi ? » ne se superposent pas, mais peuvent se révéler complémentaires. Le dialogue entre les deux approches n'est pas inutile, car elles se rencontrent sur des thèmes communs. Leurs réponses qui se situent à des niveaux très différents, doivent être discutées et coordonnées de façon rationnelle, ce qui éviterait certains dialogues de sourds.

Avec Jean-Paul II, le discours de l'Église catholique change encore et redevient conciliant avec la science. En 1985, le pape confie au cardinal Ratzinger, son actuel successeur, le soin d'organiser un symposium

1. 18 juin 1967.
2. Groupe de recherche interdisciplinaire de Lyon.

intitulé « Foi chrétienne et théorie de l'évolution ». À l'audience qui suivit, Jean-Paul II aurait dit, d'après le cardinal Christophe Schönborn[1] qui rapporte ici ses propos :

> La foi bien comprise en la Création et la théorie bien comprise de l'Évolution ne s'opposent pas. L'Évolution suppose la Création ; à la lumière de l'Évolution, la Création se présente comme un événement qui se poursuit en permanence dans le temps, une *creatio continua*, une création continue, où Dieu se manifeste aux yeux de la foi, en tant que Créateur du ciel et de la terre.

Jean-Paul II aurait d'ailleurs ajouté, toujours selon Schönborn, en confirmant largement l'évolutionnisme de Pie XII :

> Pour que la foi en la Création et la théorie de l'Évolution soient bien comprises, il faut la médiation de la raison, de la philosophie, de la réflexion.

Le 22 octobre 1996, sous l'influence vraisemblable du cardinal Poupard et du père George Coyne, l'astronome du Vatican, Jean-Paul II précise sa position, laquelle représente vis-à-vis de l'évolution une avancée remarquée pour l'Église catholique. Dans un message adressé à l'Académie pontificale des Sciences à l'occasion de son Assemblée plénière[2], le pape écrit :

> Aujourd'hui, près d'un demi-siècle après la parution de l'Encyclique [*Humani Generis*], de nouvelles connaissances conduisent à reconnaître dans la théorie de l'évolution plus qu'une hypothèse.

Si Jean-Paul II a reconnu la crédibilité de la théorie de l'évolution, il a cependant dit lors d'une audience générale, en 1985 :

> Toutes les observations sur le développement de la vie mènent à une même conclusion. L'évolution des êtres vivants [...] présente une finalité interne qui suscite l'admiration. Cette finalité [...] force à déduire une Intelligence qui en est l'inventeur, le Créateur.

Jean-Paul II prononçait là un *discours religieux* complémentaire affirmant la Création par Dieu et la finalité. Ce *concept essentiellement religieux*, n'est pas du domaine de la science et n'est pas éloigné de la doctrine théologique que l'on nomme aujourd'hui « le dessein intelligent », qui reconnaît la réalité de l'évolution, mais y ajoute sa planification.

1. Schönborn, C. 2007. *Hasard ou plan de Dieu ?* Cerf, Paris, p. 71.
2. *Acta Apostolicae sedis, Commentarium Officiale*, p. 188.

Position actuelle ambiguë de l'Église catholique vis-à-vis de la théorie de l'évolution

Sur ce sujet, Benoît XVI semble vouloir rester dans la même voie que son prédécesseur. L'Église catholique plaide officiellement sa réinsertion dans un débat relationnel avec la science. Elle clame cette réconciliation au nom de la *raison,* nous le verrons, trop souvent confondue d'ailleurs avec la *science.* Le Vatican continue de dire comme toujours que la science ne peut être opposée à la foi. Son incontestable volonté d'ouverture s'accompagne cependant de maladresses qui font ressurgir les anciennes conceptions sous-jacentes. Dès qu'un aspect de l'évolution paraît opposé à ses conceptions, comme le rôle du hasard par exemple, elle réaffirme aussitôt la prédominance de la foi, et se mêle ainsi de débats qui ne la concernent pas.

Le cardinal Christophe Schönborn, responsable des relations entre la science et la foi au Vatican affirme, dans un article intitulé « Reconnaître un dessein dans la nature », le 7 juillet 2005 dans le *New York Times :*

> Qu'un processus spontané de variations aléatoires et de sélection naturelle non planifié n'est pas vrai.

Il a même ajouté :

> Tout système de pensée qui nie ou cherche à réfuter les preuves écrasantes, en biologie, d'une intelligence organisatrice est de l'idéologie, pas de la science.

On retrouve ici les méthodes traditionnelles de l'Église catholique qui rejette les idées qui ne lui conviennent pas, en les accusant d'être situées dans la sphère idéologique, plutôt que scientifique. Cet argument d'autorité montre sans ambiguïté, que sur le fond, l'Église ne change pas. Manifestement, pour ce théologien, la *foi prime la science* et pas seulement au niveau du sens ultime du monde, mais au sens strict de la connaissance, au premier degré littéral de l'expression. Ce discours reflète une ignorance particulièrement grave des sciences de l'évolution, qui présentent les variations aléatoires, ainsi que la sélection naturelle sans planification, au hasard de l'histoire de la Terre qui semble contingente.

Contrairement à ce qu'affirme le cardinal Schönborn, la biologie n'a pas mis en évidence l'existence d'une intelligence organisatrice. Ce n'est pas parce que la mécanique de l'évolution, avec ses mutations aléatoires remaniant constamment le génome parental et le passage au crible de la sélection naturelle, relève d'une très grande complexité qu'elle est automatiquement le signe de l'existence d'un Créateur. Cet argument correspond à l'idée de la *complexité irréductible*[1] des défenseurs du dessein intelligent, qui serait la marque d'un *designer intelligent.* Ce n'est pas parce que l'on n'a pas pu encore expliquer tous les problèmes qu'il faut avoir recours au miracle, ou à une planification. En outre beaucoup des phénomènes complexes ont déjà été expliqués, comme nous le verrons ultérieurement. Le « dessein intelligent », puisque c'est de cette doctrine qu'il s'agit, constitue une interprétation philosophico-religieuse reprenant le concept de *grand horloger*. Cette idée, qui remonte au moins à Cicéron, fut reprise par Malebranche (1674-1675), William Paley (1802), Hermann Muller (1939), Ludwig van Bertalanffy (1952) et récemment par le catholique Michael Behe (1996). Voltaire (1694-1778)[2] qui était déiste, quoique anticlérical, admettait une telle doctrine :

> En apercevant l'ordre, les lois mécaniques et géométriques qui règnent dans l'Univers, je suis saisi d'admiration et de respect. Si les ouvrages des hommes me forcent à reconnaître en nous une intelligence, je dois en reconnaître une bien supérieure agissant dans la multitude de tant d'ouvrages. J'admets cette intelligence suprême sans craindre que jamais on puisse me faire changer d'opinion. Rien n'ébranle en moi cet axiome : tout ouvrage démontre un ouvrier.

Devant les réactions suscitées par ses propos, le cardinal Schönborn a nuancé son point de vue dans une homélie à Vienne et aussi lors d'une journée de réflexion avec Benoît XVI[3]. Il a alors précisé qu'il ne s'était pas exprimé clairement, réaffirmant comme toujours qu' :

> « Il n'y avait pas de conflit entre la divine création et la religion », et « que les deux disciplines étaient complémentaires ».

Il a également répété que :

1. Que l'on ne peut réduire, qui ne peut être rapporté à une expression plus simple.
2. Voltaire, 1866. *Le philosophe ignorant.* Taylor Institution Library, St Giles, Oxford.
3. Schönborn, C. 2009. *Création et évolution. Une journée de réflexion avec Benoît XVI.* Parole et Silence, Paris.

> Le travail de Darwin était fondé sur de nombreux faits et représentait l'un des grands travaux de l'histoire intellectuelle

ajoutant qu' :

> Il ne voyait aucun problème de coexistence, si les scientifiques restaient dans leurs limites, et ne voulaient pas prouver que l'évolution prouverait l'absence d'un créateur.

C'est là le texte paraphrasé de l'encyclique *Providentissimus Deus* de Léon XIII (1893) que nous avons précédemment citée :

> Aucun désaccord réel ne peut certes exister entre la théologie et la physique, pourvu que toutes deux se maintiennent dans leurs limites...

Depuis longtemps l'Église proclame la séparation des deux domaines, mais sans s'y tenir. C'est déjà un progrès considérable que la *reconnaissance de l'Évolution des espèces,* mais le rejet de sa réalisation par des processus entièrement naturels avec notamment du hasard, des probabilités et la sélection naturelle, en atténue beaucoup la portée.

Le Vatican confirme néanmoins sa prise de distance par rapport au « créationnisme littéral à 6 000 ans », qualifié de « jeune Terre », comme l'a exprimé d'ailleurs Schönborn à Rimini en 2006. Devant 7 000 jeunes, il condamne en effet clairement la lecture littérale de la Genèse :

> Les premières pages de la Genèse ne sont pas une page de science.

Il poursuit même, faisant bien la distinction entre la théorie de l'évolution et son exploitation politique idéologique non scientifique, en disant :

> Qu'il était juste d'enseigner la science de Darwin, mais pas le darwinisme idéologique.

Mais Schönborn n'a pas totalement renoncé à la *finalité,* ce qui se conçoit d'un point de vue religieux, en disant qu' :

> Il était totalement raisonnable d'assumer un sens ou dessein,

mais, à la condition d'être clairement identifié comme tel, c'est-à-dire en se plaçant *d'un point de vue religieux* (car du point de vue de la science, la finalité en question n'est aucunement démontrée).

Le biologiste Christian de Duve, Prix Nobel de médecine en 1974 et membre de l'Académie pontificale des sciences, confirme que le *dessein intelligent* est accueilli avec joie dans de nombreux milieux religieux et même par le Vatican, malgré la mise en garde de l'astronome du Vatican, le révérend George Coyne, qui a dit clairement que :

> Le dessein intelligent n'était pas de la science, même s'il prétendait l'être[1].

Il ajoute devant la presse :

> Le dessein intelligent est un mouvement qui rabaisse Dieu à une sorte d'ingénieur.

Ces réflexions lui ont valu, selon le *Guardian*, d'être remplacé en août 2006 par le Père José Gabriel Funes, expert des galaxies à disque.

Si le Vatican rejette le créationnisme *sensu stricto*, il prend cependant ses distances avec la théorie de l'évolution. Nous en voulons pour preuve la citation suivante de Benoît XVI, paraphrasant la déclaration de Schönborn au *New York Times*[2] :

> Il ne s'agit pas de prendre parti ni pour un créationnisme qui se ferme par principe à la science, ni pour un évolutionnisme qui ruse avec ses propres lacunes et ne veut pas voir, au-delà, des notions qui dépasseraient les possibilités méthodologiques de la science.

L'évolution ne dissimule absolument pas ses incertitudes qui font partie du débat classique, mais progresse en s'étoffant chaque jour avec de nouvelles découvertes et idées.

Le pape Benoît XVI[3] écrit encore :

> La théorie de l'Évolution n'est pas démontrable empiriquement, car il est impossible de mettre en laboratoire 10 000 générations. La vraisemblance (de la théorie) n'est pas égale à zéro, mais pas non plus à un, car elle laisse de grandes questions ouvertes.

En fait, le pape ignore manifestement les données biologiques de l'évolution qui a été démontrée expérimentalement dans les laboratoires sur des mouches drosophiles. En effet, cette dernière a

---

1. Coyne, G.V. 2005. God's Chance Creation ? *The Tablet*, 08/06/2005.
2. Schönborn, C. 2009. *Création et évolution. Une journée de réflexion avec Benoît XVI*. Parole et Silence, Paris, p. 192.
3. Cité par Schönborn, C. 2009. *Création et évolution. Une journée de réflexion avec Benoît XVI*. Parole et Silence, Paris.

un cycle biologique court d'environ 10 à 12 jours (selon la température) et peut produire 1 000 œufs pendant la durée de sa vie, ce qui aboutit à 25 générations par an. L'évolution est donc désormais un fait de laboratoire. Des expériences ont également été effectuées sur de vastes populations de souris où l'on a observé sur de plus longues périodes, le changement des populations au gré des mutations et de la sélection sur un grand nombre de générations.

Selon Schönborn[1] :

> La théorie de l'Évolution implique des questions qui doivent être du ressort de la philosophie et qui mènent elles-mêmes au-delà du domaine de la science ;

et encore :

> Les sciences naturelles ont ouvert de grandes dimensions à la raison qui étaient jusqu'alors fermées, et nous ont ainsi transmis de nouvelles connaissances. Elles posent des questions « qui doivent être adressées à la raison et qu'on ne doit pas juste laisser au sentiment religieux ».

Si la science pose effectivement des questions qui vont au-delà de son domaine, *ce n'est pas à elle d'y répondre*, mais, éventuellement, à la religion et à la philosophie.

Selon Christian de Duve, qui avait assisté à la réunion de l'Académie pontificale des sciences où Jean-Paul II avait déclaré solennellement que l'évolution est « plus qu'une hypothèse », le cardinal Schönborn a dit :

> Ce n'est plus une hypothèse, mais cela ne veut pas dire que le darwinisme explique tout[2].

Ce qui fut repris par le nouveau pape[3], citant le discours de Jean-Paul II :

> « La théorie de l'évolution est plus qu'une hypothèse ». Le pape avait ses raisons lorsqu'il prononça ces paroles. Mais il est vrai aussi que la théorie de l'évolution n'est pas encore une théorie achevée, vérifiée scientifiquement.

1. Schönborn, C. 2007. *Hasard ou plan de Dieu ?* Cerf, Paris.
2. *Idem.*
3. Schönborn, C. 2009. *Création et évolution. Une journée de réflexion avec Benoît XVI.* Parole et Silence, Paris, p. 193.

Aucune théorie scientifique n'a la prétention et ne peut légitimement tout expliquer. De plus, la théorie actuelle des mécanismes de l'évolution n'a plus grand-chose à voir avec le « darwinisme » d'origine, car les connaissances au sujet de la transformation du vivant se sont profondément renouvelées ces dernières décennies[1]. La théorie explique un nombre croissant d'observations au gré des découvertes et progresse chaque jour : ce n'est pas un dogme, mais *une théorie qui évolue* elle-même.

Dans son homélie donnée lors de son intronisation, l'actuel pape Benoît XVI écrit[2] :

> Nous ne sommes pas le résultat accidentel, sans signification, de l'évolution. Chacun de nous est le fruit d'une pensée de Dieu. Chacun de nous est voulu, chacun est aimé et chacun est nécessaire.

Cette idée fut reprise dans l'audience générale du 9 novembre 2005[3] :

> L'Univers n'est pas un jeu absurde de forces aveugles, mais un *progetto intelligente* un projet, un plan intelligent.

Cette phrase résume les différents malentendus classiques de l'Église vis-à-vis de la science : confusion entre les deux domaines de la connaissance, refus du hasard et recours à un dessein divin, à une finalité. C'est sans doute parce que l'Église ne renonce pas à vouloir intervenir dans ce débat. C'est sans doute pourquoi, à peine installé dans ses nouvelles fonctions, le pape Benoît XVI a convoqué un cénacle de réflexion, avec d'anciens étudiants et collègues, à Castel Gandolfo en septembre 2006. Le thème était celui des rapports de la création avec l'évolution[4].

2006 : Le colloque de Castel Gondolfo sur « Création et Évolution ». Lors de cette réunion, le cardinal Schönborn table sur la probabilité que la science finira par reconnaître un « *dessein intelligent* ». Il estime que la science renoncera à admettre que le monde soit

1. Chaline, J. 2006. *Quoi de neuf depuis Darwin ?* Ellipses, Paris.
2. Le 24 avril 2005.
3. *In* : Schönborn. *Hasard ou plan de Dieu ?* p. 120.
4. *Schöpfung und Evolution. Eine Tagung mit Papst Benedikt XVI in Castel Gandolfo.* Préface du cardinal Christoph Schönborn. Sankt Ulrich Verlag, 2007, traduit en français : *Création et évolution. Une journée de réflexion avec Benoît XVI.* Parole et Silence, Paris, 2009.

uniquement régi par « *le hasard et la nécessité* », selon la formule de Jacques Monod, mais pourra accepter l'idée d'une finalité imprimée dans l'histoire de la vie, finalité que la raison finira par découvrir…

Lors de la même réunion, le philosophe allemand Robert Spaeman[1] et le jésuite Paul Erbrich[2] ont vivement critiqué les options évolutionnistes.

Ce dernier écrit par exemple :

> Pour les opposants à l'évolutionnisme, il est évident que l'évolution se dirige avec une ténacité inouïe vers une finalité. Car la phylogenèse est une orthogenèse, un développement vers le haut, et non une transformation continuelle, sans finalité et à méandres, de ce qui est devenu jusqu'à ce moment-là.

Tant que le Vatican fera appel à des participants qui en sont encore à l'orthogenèse de la fin du XIXe siècle, aussi ignorants des sciences de l'évolution des espèces, l'Église ne pourra pas être crédible sur ce sujet. Son vocabulaire, qui confond « l'évolutionnisme » avec la théorie actuelle de l'évolution, montre son adhésion à la thèse du « dessein intelligent ».

Mais, dans ce colloque, il y a eu des communications de qualité comme celle de Peter Schuster[3], excellente d'un point de vue biologique, mais qui, curieusement, évite de parler du hasard dans l'évolution. Le cardinal Schönborn évoque, quant à lui, la ligne que s'est fixée le Vatican au sujet des relations entre la science et la foi :

> Cette relation que Stephen Jay Gould désigne sous le nom de NOMA (Non Overlapping Magisteria), n'est pas défendable à mon avis. Il faut qu'il y ait des « recoupements » entre théologie et sciences physiques et naturelles, entre religion, philosophie et recherche. La foi en un créateur, en son plan, son « règne sur le monde », dans le fait qu'il conduise le monde vers un but fixé par lui-même, tout cela ne peut pas subsister sans points de contact avec la recherche concrète sur le monde. Il est donc vrai que toutes les variantes de l'évolutionnisme ne sont pas conciliables avec la foi.

---

1. Spaemann, R. 2009. Descendance et « *Intelligent Design* ». *In : Création et évolution. Une journée de réflexion avec Benoît XVI*. Parole et Silence, Paris, p. 69.
2. Erbrich, P.P., s.J. 2009. Du problème de la création et de l'évolution. *In : Création et évolution. Une journée de réflexion avec Benoît XVI*. Parole et Silence, Paris, p. 79.
3. Président de l'Académie des sciences d'Autriche qui défend les sciences de l'évolution.

Ce rejet de la position de Gould, qui ne fait que reprendre, comme nous l'avons vu, celle admise par de très nombreux théologiens et scientifiques, souligne la volonté du Vatican de vouloir recouper, associer étroitement les deux approches, ce qui n'est *méthodologiquement* pas possible, et ne permet absolument pas le dialogue. Cette ambiguïté demeure encore aujourd'hui une source de contradictions et de confrontations.

Selon une tactique depuis longtemps éprouvée, Schönborn utilise certains éléments scientifiques récents pour tenter de s'opposer aux positions théoriques les mieux défendues. Ainsi, à propos de la *contingence*, le théologien réduit abusivement le probabilisme[1] scientifique à une alternative entre le hasard pur et la nécessité absolue[2] :

> Dans quelle mesure intervient en fait la contingence dans le problème du *Survival* ? La catastrophe des dinosaures ne faisait certainement pas partie d'un plan. Le fait qu'un astéroïde s'écrase sur terre et provoque probablement la disparition de 90 % des espèces ne faisait pas partie d'un plan de l'évolution. Il y a beaucoup d'éléments contingents dans ce processus et il faudrait se demander si ce fut vraiment toujours un *Survival of the Fittest* qui survécut ou bien si ce ne fut pas tout simplement un être particulier qui se trouvait là par hasard justement à ce moment-là dans une bonne niche pour survivre. Pourquoi ai-je survécu alors que mon confrère est mort ? Contingence ! Nous ne pouvons donc pas raconter l'histoire de l'évolution comme une histoire cohérente, telle quelle est rapportée dans la story darwiniennne, et la rattacher à l'histoire biblique en tant qu'alternative pour l'enseigner à tous les élèves, car l'évolution du ver de terre à l'*Homo sapiens* ne s'est pas faite si régulièrement ; elle est plutôt liée à beaucoup de faits contingents. Nous ne connaissons pas le plan d'ensemble, mais (et cela est une conception très sensée) la foi (en particulier en la résurrection) nous ouvre un horizon de sens qui présuppose naturellement la foi en un créateur dont les plans ne sont pas nos plans et dont les pensées ne sont pas nos pensées.

Le fait que l'évolution ne s'est pas faite régulièrement, en raison des faits contingents, constitue pourtant un argument de poids à l'encontre d'un plan divin. En fait, le hasard et les probabilités des mutations et

1. Position qui considère que les événements ne se produisent ni de manière parfaitement nécessaire, ni aléatoire, mais relevant de probabilités, plus ou moins grandes en fonction des causes qui sont à l'œuvre dans le contexte donné.
2. Schönborn, C. 2009. *Création et évolution. Une journée de réflexion avec Benoît XVI*. Parole et Silence, Paris, p. 205.

l'imprévisibilité de l'histoire de la terre expliquent sans doute l'imprédictibilité des événements évolutifs, mais sans ouvrir la moindre possibilité intellectuelle d'une intervention miraculeuse d'un être supérieur.

Pour compléter ces réflexions sur l'évolution, le livre de Schönborn paru en 2007, sur *Hasard ou plan de Dieu*[1] ?, souligne le vif intérêt du Vatican pour les questions suscitées par l'histoire du vivant.

2007 : Hasard ou Plan de Dieu ? : « Au commencement était le Verbe, pas le hasard ! ». Le « hasard » pose un problème très complexe. Dans un article paru au *New York Times*[2], le 7 juillet 2005, Christophe Schönborn avait écrit :

> Celui qui, dans la réalisation de ce plan, veut remplacer le Créateur par une totale autonomie de l'Évolution, doit inévitablement accorder à l'Évolution elle-même une puissance créatrice mythique, ou bien il doit renoncer à toute compréhension par la Raison, et expliquer tout par le jeu aveugle d'un hasard arbitraire, ce qui reviendrait à une « abdication de la Raison ».

Ces réflexions méritent qu'on s'y attarde. En effet, Schönborn ne respecte toujours pas la séparation entre les deux domaines de la connaissance. La mécanique de l'évolution constitue une puissance créatrice à cause des *innovations* qui apparaissent par le jeu des *mutations se produisant au hasard*. Celles-ci n'apparaissent pas brutalement sans lien avec ce qui les précède. Elles résultent de mutations de gènes qui existaient antérieurement chez l'ancêtre en introduisant une modification ; c'est-ce que François Jacob a appelé le *bricolage évolutif*, qui fait du neuf avec l'ancestral préexistant. Le hasard ici n'est pas arbitraire, un jeu aveugle, mais concerne des séquences de gènes ancestraux aisément modifiables par des changements de bases, au moment de la réplication des cellules, comme nous le verrons ultérieurement. C'est pourquoi cette conception évolutionniste n'est pas du tout mythique : contrairement à l'antique doctrine des métamorphoses, les mutations relèvent d'un phénomène probabiliste que l'on peut étudier à partir d'observations et de calculs statistiques.

Schönborn revient sur cette question à la fin de son livre :

1. C. Schönborn. 2007. *Hasard ou plan de Dieu ? La Création et l'Évolution vues à la lumière de la Foi et de la Raison*. Cerf, Paris.
2. *New York Times*, p. 78.

> La vie s'est sûrement développée en un long processus ascendant depuis les molécules les plus simples jusqu'à la complexité de l'homme. Il est merveilleux d'étudier les liens de parenté entre tous les vivants, tous les éléments qu'ils ont en commun, mais il n'est pas nécessaire, et cela est même en contradiction avec la Raison, de considérer ce chemin grandiose de la vie jusqu'à l'homme, comme relevant exclusivement d'un processus du hasard[1].

L'auteur rejette le hasard comme incapable d'expliquer la trajectoire évolutive suivie par les ancêtres de notre espèce. Mais là encore, les mécanismes scientifiques n'impliquent pas du tout un renoncement à une compréhension par la Raison qui, bien au contraire, y joue un rôle central. En effet, les spécialistes n'évoquent pas le jeu aveugle et arbitraire du hasard ; les mutations génétiques sont canalisées par les lois de la structure physico-chimique des êtres vivants, puis évaluées par la sélection naturelle. Ces mutations doivent, notamment, s'avérer compatibles avec le plan d'organisation de l'organisme dans lequel elles apparaissent et avec l'environnement où elles vont s'exprimer. Le hasard des biologistes n'a donc rien à voir avec l'absence de causes des phénomènes.

Au nom de la raison, Schönborn affirme pourtant :

> C'est la raison qui discerne une direction, un plan, une finalité, un design, un purpose, dans la nature, et ce de plus en plus. Plus notre savoir augmente et plus nous élargissons et affinons nos connaissances sur les étapes du processus d'apparition de la vie, plus à mon avis, notre étonnement devrait grandir. Plus il devient irrationnel de ramener tout cela à un *unguided, unplanned process of random variations and natural selection*, comme je le disais dans mon article du *New York Times*, c'est-à-dire à un « processus de transformations aléatoires et de sélection naturelle n'ayant ni direction, ni plan[2]. »

Schönborn oppose ici la raison à la science, mais la science ne se suffit pas de la raison, elle est fondée sur des faits concrets avérés. Le théologien écrit encore :

> Au commencement était le Verbe, pas le hasard. Le hasard existe au sens du non planifié, mais il n'est pas le grand principe créateur, comme le darwinisme idéologique voudrait qu'on le considère[3].

---

1. Schönborn. *Hasard ou plan de Dieu ?*, p. 144.
2. *In* : Schönborn, *op. cit.*, p. 140.
3. *In* : Schönborn, *op. cit.*, p. 145

En fait, personne ne sait ce qui était au commencement, et il faut être fort présomptueux pour exclure le hasard du plan de Dieu. Par définition, *le hasard existe au sens du non planifié,* ce qu'en effet les scientifiques découvrent dans presque tous les cheminements des particules et de l'évolution. Mais affirmer que le hasard n'est pas le grand principe créateur est un argument d'autorité et, qui plus est, apparaît contraire aux observations scientifiques actuelles. En outre, ce n'est pas du tout le darwinisme idéologique politique qui l'a mis en évidence, mais les sciences dures de l'évolution.

Toutes ces citations extraites du colloque du Vatican et du livre de Schönborn, prouvent manifestement que le Vatican récuse le hasard et les probabilités comme mécanisme majeur de l'évolution. Ce terme semble devenir le cauchemar de l'Église catholique, comme l'était à l'époque de Galilée le fait scientifique que la Terre puisse tourner sur elle-même et autour du Soleil. Ce parallèle est à méditer, dans la mesure où ce qui dérangeait, à l'époque de Galilée, était que la Terre ne soit plus le centre du monde. Or cette dernière assertion n'appartient pas au registre scientifique, de même que l'idée religieuse selon laquelle l'homme serait une créature de Dieu n'a rien à voir avec les mécanismes matériels biologiques de son apparition sur le globe.

Il faut souligner que Christoph Schönborn se pose lui-même[1] une très bonne question à la lumière des réflexions de Rheinhold Schneider[2] sur les catastrophes naturelles et les horreurs qui accompagnent souvent l'évolution de la vie et celle de la terre. Sont-elles compatibles avec un créateur « bon » et un plan divin de la Création[3] ? :

> Pourquoi, dans une création bonne, y-a-t-il des parasites, avec les horreurs sans nom qu'ils perpétuent ? Ou bien alors « la nature » serait-elle ainsi faite, sans pitié, sans empathie, « un enfer qui fait rôtir à la broche » comme dit Schneider ? On pourrait citer des exemples à l'infini. Qui

1. *In* : Schönborn, *op. cit.*, p. 84-93.
2. Cet écrivain et poète a décrit dans son journal (*Winter in Wien*, Fribourg, 1958, p. 184) « les horreurs et les cruautés incompréhensibles de la nature, avec le processus du "dévoré et être dévoré", mais aussi tout ce que le monde des hommes a d'absurde et d'effrayant avec ses guerres, ses souffrances et le mal présent partout », *In* : Schönborn, *op. cit.*, p. 79.
3. *In :* Schönborn, *op. cit*, p. 80.

n'a pas entendu parler de la « mante religieuse » dévorant le mâle après l'accouplement ? Où y a-t-il un *Intelligent Design* ? Y a-t-il là un Créateur bon et aimant pouvant dire que sa Création est bonne ?

Le pape Benoît XVI reconnaît lui aussi avoir été frappé par les horreurs du monde[1] :

> Bien sûr, la rationalité existe aussi dans la nature, mais elle ne nous permet pas d'obtenir une vision complète du plan de Dieu ? Restent donc la contingence et le mystère des choses horribles de la nature tel que l'a décrit par exemple Rheinhold Schneider après une visite effectuée au musée d'histoire naturelle de Vienne. (J'ai moi-aussi visité ce musée avec mes frères et nous étions bouleversés par le fait que tant d'horreurs sont perpétrées dans la nature).

Citant également Wolfgang Schreiner, spécialiste d'information médicale, le cardinal Schönborn écrit aussi[2] :

> Pourquoi peut-il y avoir tant d'aberrations ? Pourquoi tant de malformations, conséquences de mutations pathologiques ? Le professeur Schreiner pense que l'on peut, certes, parler d'un *successfull design*, car cela est couronné de succès pour les survivants. Mais, le spectre des anomalies l'amène à penser que ce *design* n'est ni prudent, ce n'est pas un *carreful design* dit-il — ni non plus compatissant, ce n'est pas donc non plus un *compassionate design*. En conclusion il pense que « d'un *Intelligent Design* on serait en droit de tout attendre, qu'il fut *successful, careful, compassionate* ».

La réponse de Schönborn sur le *design*[3] est la suivante :

> On tourne un peu en rond dans le débat interminable portant sur la question de l'existence d'un *design* dans la Création, parce que aujourd'hui quand on parle de *design* et de *designer*, on pense spontanément à un « ingénieur divin », à une sorte de technicien omniscient, qui, parce qu'il est parfait, ne devrait produire que des machines absolument parfaites. C'est ici que s'enracine à mon avis la cause de bien des malentendus, venant aussi des tenants de l'*Intelligent Design* des États-Unis. Dieu n'est pas un horloger, il n'est pas un constructeur de machines, il est le Créateur de natures.

Et il reconnaît le paradoxe qui veut que :

> ce qui provoque les tremblements de terre causant de si nombreuses victimes est en même temps une des conditions qui permettent notre existence et celle de tous les êtres complexes sur cette terre.

1. *In* : Schönborn, *op.cit.* p. 207.
2. *In* : Schönborn, *op. cit*, p. 81-82.
3. *In* : Schönborn, *op. cit*, p. 87.

Sa conclusion est intéressante :

> Il n'empêche que la question lancinante de Rheinhold Schneider persiste : pourquoi le mal nous frappe-t-il avec tant d'absurdité ? Impossible de reconnaître ici un design, c'est plutôt l'absence d'un sens et d'un dessein.

La Bible en témoigne :

> Nous le savons en effet, toute la Création jusqu'à ce jour, gémit en travail d'enfantement[1]. Elle n'est pas simplement « assujettie à la vanité[2] », mais elle est marquée par le mal. On dirait que la puissance du mal » a pris le dessus dans la Création. Mais elle a reçu cette promesse : « l'espérance d'être elle aussi libérée de la servitude et de la corruption pour entrer dans la liberté de la gloire de Dieu[3] » ; car « la Création aspire à la révélation des fils de Dieu[4] ».

Cette réponse pourra-t-elle satisfaire tous ceux qui se posent la même question ? Il apparaît que la réponse du théologien relève de la foi, et aucunement de la science. C'est aussi abdiquer la raison que de finir en évoquant qu'il n'appartient pas à nos faibles intelligences de comprendre un plan divin aussi tortueux qu'il emprunte les voies des anomalies tératologiques du développement et des tremblements de terre frappant à l'aveugle...

Ce refus du hasard comme mécanisme majeur des mutations de l'évolution avec la sélection naturelle, se réalisant également en partie au hasard des rencontres, possède toutes les caractéristiques de l'affaire Galilée, qui a affaibli la crédibilité de l'Église mélangeant science et métaphysique. Nous allons aborder à présent un autre exemple d'actualité.

2008 : Le Discours de Paris « Au monde de la culture ». Dans ce discours[5] prononcé au Collège des Bernardins, à Paris, le 12 septembre 2008, le pape Benoît XVI a résolument affirmé que :

> L'Écriture avait besoin de l'interprétation, et qu'elle avait besoin de la communauté où elle s'est formée et où elle est vécue.

1. Rm, 8, 22.
2. Rm, 8, 22.
3. Rm, 8, 21.
4. Rm, 8, 19.
5. Libreria Editrice Vaticana. 2008. Au monde de la culture *Discours du pape Benoît XVI*. Collège des Bernardins, Paris.

Il rejette catégoriquement le fondamentalisme :

> Selon sa nature, elle [l'Église] exclut tout ce qu'on appelle aujourd'hui le fondamentalisme.

Il n'y aura plus à y revenir.

Mais le pape conclut son *Discours sur la culture* en posant une autre question plus embarrassante :

> Une culture « purement positiviste », qui renverrait dans le domaine subjectif, comme non scientifique, la question concernant Dieu, serait la capitulation de la Raison, le renoncement à ses possibilités les plus élevées et donc un échec de l'humanisme, dont les conséquences ne pourraient être que graves.

Même si pour certains, la question de Dieu est jugée rationnelle, elle n'est absolument pas scientifique. Elle ne peut pas l'être puisqu'elle ne relève pas du « comment ? ». Elle fait « méthodologiquement » partie du domaine du « pourquoi ? », c'est-à-dire des religions et de la philosophie. Que pourrait dire la science sur Dieu, que personne n'a vu[1] ? Scientifiquement : rien.

Selon Christian Forster[2], le pape veut dire que la raison ne peut renoncer à s'exercer aussi sur le plan philosophique et métaphysique, sans renier une réelle capacité de connaître ce qui n'est pas du domaine des sciences biologiques ou dures, qui, elles, de leur côté ne pourraient pas confisquer exclusivement le droit d'accéder au savoir dans la totalité des domaines où l'homme projette ses questionnements en reléguant les autres connaissances dans l'incapacité de conclure ou d'affirmer. Autrement dit, la Vatican ne s'oppose pas à la théorie scientifique de l'évolution, mais réfute qu'elle puisse dire le dernier mot sur la nature humaine et qu'il ne lui appartient donc pas de la décréter « produit accidentel et dépouvu de sens de l'évolution ». Il s'agit d'aller au-delà des mécanismes scientifiques en refusant que ceux-ci soient les seuls à être pris en compte dans la considération de l'homme dans sa totalité. On est ici en domaine religieux, mais il faut reconnaître que la formulation par le pape est ambiguë.

1. « Dieu, personne ne l'a jamais vu ». Première Épître de Saint Jean (1, 1-4-18).
2. Communication personnelle.

Si la question concernant Dieu n'est pas scientifique, cela ne veut pas dire que la religion doit renoncer à la raison dans les domaines philosophique et métaphysique qui sont les siens propres, bien au contraire. En outre, la science n'a pas la prétention d'empêcher la religion d'accéder au savoir dans la totalité des domaines qui l'intéresse, sachant tout de même que ce n'est pas la religion qui peut donner les réponses scientifiques, de la même façon que ce n'est pas la science qui peut apporter des réponses aux questions métaphysiques.

Dans le texte de Benoît XVI, une certaine confusion persiste néanmoins entre la *raison* et la *science*. Elle ne peut conduire qu'à des chevauchements de magistères, du type de ceux qui ont justement conduit à l'affaire Galilée. Cette réflexion montre la *nécessité existentielle* de respecter *les deux composantes complémentaires de la connaissance*. Néanmoins, cette séparation ne correspond à aucune capitulation de la Raison, ni à un échec de l'humanisme. Il s'agit simplement de différencier et d'accepter des domaines différents, partiellement complémentaires par leurs objets et leurs méthodes et tous humainement utiles pour connaître. Le succès de l'humanisme dépendra du dialogue entre les deux.

Dans cet esprit, l'anthropologue et paléontologue italien Fiorenzo Facchini, qui est aussi prêtre dans le diocèse de Bologne, distingue clairement dans la formation de l'Univers[1], d'une part ce qui relève de l'action du Créateur, et d'autre part *ses premiers instants*, consécutifs à un éventuel Big Bang, qui ne peuvent être étudiés que par la science. Dieu est alors la *cause première* affirmée, les mécaniques évolutives sont des *causes secondes* susceptibles d'être étudiées par la science. On retrouve là la distinction classique des philosophes entre l'*origine* et le *commencement*.

De la même manière, il faut distinguer deux registres dans le langage, puisque Création et Évolution ne se situent pas sur un même plan de connaissance. On a trop longtemps confondu la Création comme une hypothèse scientifique du commencement, et l'évolution comme une philosophie des origines. Il en est de même lorsque l'on dit reli-

1. Voir : Facchini, F. 2008. *Les défis de l'évolution. Harmonie entre science et foi*. Communio. Parole et Silence.

gieusement que l'homme vient de la « création par Dieu » alors que le scientifique parle de sa souche primate : deux conceptions, deux vocabulaires. Il en résulte que l'on a voulu faire dire à la science ce qu'elle ne peut pas dire, et que l'on a fait dire à la Bible ce qu'elle ne peut pas dire non plus.

2009 : Colloque « L'évolution biologique : faits et théories », une évaluation critique 150 ans après « L'Origine des espèces ». Du 3 au 7 mars 2009, l'Université pontificale du Latran, l'Université Notre Dame (USA) et le Conseil pontifical pour la culture à l'occasion du 150e anniversaire de la publication du célèbre livre de Darwin ont organisé un nouveau colloque sur l'évolution dans le cadre du projet « Science, théologie et recherche ontologique ». P. Marc Leclerc, Professeur près l'Université pontificale Grégorienne en était le directeur. Mgr Ravasi, président du *Conseil pontifical de la culture,* a d'emblée indiqué qu'il était nécessaire

> de rétablir le dialogue entre science et foi de manière à ce qu'aucune des deux ne reste seule à traiter du mystère de l'homme et de l'Univers.

Cette phrase est symptomatique du discours actuel de certains membres de l'Église qui ont compris que sa position dogmatique la mettait dangereusement à l'écart du monde et qu'elle laissait ainsi la place libre à la seule science. Elle cherche donc à se réinsérer dans le débat.

Il a ajouté qu' :

> Il n'existe *a priori* aucune incompatibilité entre les thèses de Charles Darwin et la Bible ; Darwin n'a jamais été condamné et L'origine des espèces n'est pas à l'Index.

On ignore malheureusement la liste des participants à ce colloque. Nous résumerons ici les comptes-rendus du bureau de presse du Saint-Siège.

Le cardinal américain William J. Levada, à la tête de la « Congrégation pour la doctrine de la foi[1] », a réaffirmé de son côté que le Vatican ne voyait pas d'incompatibilité entre la croyance en Dieu et les théories scientifiques sur l'évolution des espèces.

L'Abbé Tanzella-Nitti, Professeur près l'Université pontificale Ste. Croix, écrit :

> Aucun des mécanismes de l'évolution ne s'oppose à ce que Dieu ait voulu et créé l'homme, ni même le caractère aléatoire de nombreux événements advenus au lent développement de la vie.

Ce discours certes nouveau paraît répondre à la distinction attendue par les scientifiques entre la foi et la science ; il inclut même la reconnaissance du *rôle de l'aléatoire dans l'évolution*. Mais il faut tout de même nuancer ce dernier point, puisque le même orateur précise :

> À considérer cependant, que le hasard demeure une simple lecture scientifique des phénomènes, sans capacité de nier la sphère de la finalité des choses !

Autrement dit, le « hasard » est vu ici comme une « simple appréciation des scientifiques » qui serait en accord avec la « finalité ». Cette nouvelle expression de la situation reste néanmoins assez ambiguë et ouvre peut-être un *nouveau concordisme* qui veut associer le hasard (dans les apparences) à la finalité (dans une compréhension plus profonde de la question). Or une telle conception n'est admissible que si l'on place le *hasard* dans le « *comment ?* », lequel n'empêcherait pas la *finalité* dans le « *pourquoi ?* ». Mais les théologiens devraient alors reconnaître à nouveau le divorce entre ce qu'enseignent les faits et leur croyance dogmatique.

Le communiqué de presse s'achève ainsi :

> Espérant que « la théologie fasse toujours plus appel aux sciences naturelles comme recours positif des connaissances et non plus seulement comme source de problèmes », il a dit ne pas croire possible « une évolution biologique dans un monde matériel, démuni de direction et de projet. Dans un monde créé, la théologie consiste à débattre de

1. Il s'agit de la nouvelle dénomination de ce qui fut l'*Inquisition*. Selon l'article 48 de la *Constitution apostolique* sur la Curie romaine *Pastor bonus* promulguée par le Saint Père en 1988, la tâche propre de la *Congrégation pour la Doctrine de la Foi* est de promouvoir et de protéger la doctrine et les mœurs conformes à la foi dans tout le monde catholique : tout ce qui, de quelque manière, concerne ce domaine relève donc de sa compétence.

> la nature et de son sens, du Logos en fin de compte. Ainsi que se plaît à dire Benoît XVI, il s'agit de la raison incréée à la base de toute chose comme de l'histoire ».

Voici encore un court extrait de la présentation officielle du colloque, au Vatican, par le jésuite Marc Leclerc. Il résume ainsi les deux dérives idéologiques opposées :

> La nouveauté du modèle a incité bien des disciples de Darwin à dépasser les limites de la science pour ériger des éléments de sa théorie, ou de la synthèse moderne qui en a été faite au cours du XXe siècle, en *Philosophia universalis* selon l'expression très juste de celui qui était alors le cardinal Joseph Ratzinger, en clé d'interprétation universelle d'une réalité en perpétuel devenir.
> Mais les adversaires du darwinisme, eux aussi, ont trop souvent suivi cette direction, confondant la théorie scientifique de l'évolution avec l'idéologie globale qui la dénaturait, pour la rejeter totalement comme tout à fait incompatible avec une vision religieuse de l'Univers. Cette situation pourrait expliquer le retour actuel de thèses « créationnistes » ou de ce qu'on présente parfois comme une théorie alternative sous le nom d'« *Intelligent Design* ». À ce niveau on est loin des discussions scientifiques.

En effet, selon l'auteur, aucun intervenant au colloque n'a défendu l'une ou l'autre de ces constructions idéologiques. Toutes ont été discutées et évaluées de manière critique. Chacun voulait pratiquer sa discipline – scientifique, philosophique, théologique avec les spécificités et les richesses de chacune – au profit de toutes. Après cinq jours très intenses, avec 35 exposés faits par autant de spécialistes, on peut dire que l'objectif a été atteint. La paix entre la création et l'évolution apparaît plus solide aujourd'hui. Une preuve que les deux visions du monde peuvent coexister et s'intégrer est donnée par un essai publié la veille du colloque par *La Civiltà Cattolica*, la revue des jésuites de Rome, imprimée après contrôle préalable de la secrétairerie d'État du Vatican[1], montrant que non seulement le récit biblique de la création n'est pas incompatible avec la rationalité moderne, mais qu'il a marqué « une émancipation du savoir scientifique », en rendant l'homme responsable de la création.

1. Sonnet, J.-P. *L'origine des espèces*. Genèse 1 et la vocation scientifique de l'homme : http://chiesa.espresso.repubblica.it/articolo/1337445?fr=y

Selon Christian Forster, l'Église refuse de se voir imposer, par idéologie, une vision purement matérialiste du monde, en tout cas si elle était fondée sur des bases scientifiques. Les sciences peuvent et doivent dire qu'elles étudient le monde uniquement sous l'angle matériel, quantifiable, vérifiable, et proposer des théories, mais elles n'ont aucun droit à prétendre qu'elles appréhendent ainsi *tout* le réel dans *toutes* ses dimensions. En ouvrant le domaine de la recherche à la *totalité*, il serait donc tout à fait possible de reconnaître le rôle du hasard dans les phénomènes matériels et de la finalité selon une conception théologique. À l'appui de cette nouvelle conception, Forster[1] cite les observations de Prigogine :

> Qui soutiendraient plutôt une vision de ce genre, car il se trouve qu'il se crée de l'ordre là où les conditions sont celles du désordre ; en ce sens il ne serait pas étrange que la finalité se serve du hasard pour parvenir à ses « fins ».

Encore une fois, une position de ce type se révèle concordiste, et ne respecte pas la séparation des deux domaines.

Quelques progrès encourageants

En 1989, Jean-Paul II, fait ouvrir une enquête interdisciplinaire sur le procès de Galilée, diligentée par le cardinal Poupard, qui en présente les résultats en 1992[2]. Jean-Paul II reconnaît alors enfin que Galilée a eu à souffrir des excès d'un organe de l'Église[3] :

> Bien des gens considèrent que le cœur de ces interrogations réside dans le rapport entre l'Église et les sciences naturelles modernes et ressentent encore le poids de ces fameux conflits occasionnés par l'interférence d'instances religieuses dans le processus de développement de la connaissance scientifique. L'Église se souvient de cela avec regret, car aujourd'hui nous nous rendons compte des erreurs et des déficiences de ces façons de procéder. Nous pouvons désormais affirmer que de

1. Communication personnelle.
2. Pontifical Academy of Sciences : Plenary Session, 1992 et Poupard, D. 1994, *Après Galilée*, Paris, Desclée de Brouwer.
3. La *Sacrée congrégation de l'inquisition romaine et universelle* a été remplacée en 1908, avec Pie X, par la *Congrégation du Saint Office* et en 1965 avec Paul VI, par la *Congrégation pour la Doctrine de la Foi* dont le cardinal Ratzinger, devenu depuis le pape Benoît XVI, a été nommé responsable en 1981.

> tels conflits sont dépassés : grâce à la persuasion de la science, grâce surtout au travail d'une théologie scientifique qui, approfondissant la compréhension de la foi, l'a libérée des conditionnements du temps.

Le pape rend même un hommage mérité au physicien le 31 octobre 1992 :

> Son œuvre scientifique, persécutée à l'origine, est à présent reconnue de tous comme une étape essentielle de la méthodologie de la recherche et en général sur le chemin de la connaissance du monde de la nature.

mais, sans le réhabiliter car, tout en reconnaissant les torts de l'Église, il lui reproche, selon Maldammé[1] :

> De ne pas avoir fait la différence entre la science et la philosophie, qu'elle appelle généralement. C'est pourquoi il a refusé la suggestion qui lui était faite de présenter comme une hypothèse le système de Copernic, tant qu'il n'était pas confirmé par des preuves irréfutables.

ce qui n'était pas surprenant à l'époque, surtout si l'on considère l'Église qui confond encore la science et la foi. Pour Maldammé :

> À mon sens, ce fut une occasion ratée. Une reconnaissance plus explicite que les décisions de 1616 et 1633 étaient erronées aurait été libératrice et aurait confirmé que l'accord entre raison et foi est chose nécessaire et féconde. La déception a été grande et je la partage.

Par ailleurs, le pape, dans ses regrets, a malheureusement oublié d'autres victimes de l'intolérance religieuse, comme Bruno[2] et Vanini.

Le cardinal Schönborn[3] reconnaît l'erreur du procès de Galilée, mais semble oublier les blocages de l'Église vis-à-vis de la science :

> *Le célèbre procès de Galilée en 1633 se termina sur la conclusion que la vision héliocentrique du monde n'était pas conciliable avec la Bible. Cela n'est pas à la gloire de l'Église, et pour beaucoup ce procès est le symbole de l'hostilité de l'Église envers la science, comme si le magistère de l'Église voulait exercer une autorité sur la science, et lui dicter ce qu'elle a le droit de découvrir ou pas.*

1. Maldammé, J.-M. 2008. *L'Affaire Galilée*. Bibliothèque de l'Université Dominicaine.
2. Une révision de son procès pourrait intervenir selon A. Simaan, Association Française pour l'information scientifique, n° 288, 2009.
3. *In* : *Hasard ou plan de Dieu*, p. 101.

Lorsque ce théologien[1] récuse l'accusation de l'hostilité de l'Église envers la science, qu'il traite de mythes ou de préjugés, il fait manifestement preuve d'amnésie ecclésiale :

> Cela fait partie des mythes tenaces de notre temps, je dirais même, des préjugés bien ancrés de nos jours, à savoir que les relations entre l'Église et la science sont mauvaises, que la foi et la science sont depuis toujours dans une sorte de conflit permanent. L'Église passe pour être celle qui freine des quatre fers, la science est, elle, courageuse et libératrice.

Historiquement parlant, ce sont pourtant les scientifiques qui ont dû lutter pour leur émancipation à l'égard de l'Église catholique, et il ne faut donc pas s'étonner si de nombreux chercheurs s'en sont éloignés.

Selon Christian Forster, il fallait aussi que l'Église se dote d'une pensée libérée par rapport à ce que représentait la Bible comme Parole de Dieu : l'expression prise au premier degré imposait un respect absolu ; (*puisque le Ps 92,1 disait : « terra stat »*, il fallait qu'elle ne tournât point ! C'est pour nous maintenant évidemment une ânerie, mais alors on croyait devoir s'y tenir !). Chez certains protestants, on est allé jusqu'à considérer la moindre lettre du texte, comme inspirée (voir chapitre suivant), ce que n'a pas fait l'Église catholique. Mais comprendre qu'il fallait une « herméneutique » du texte demandait un vrai travail qui a exigé du temps et une évolution difficile des mentalités. La résistance des milieux fondamentalistes montre que ce n'est pas un acquis universel parmi ceux qui se réfèrent à la Bible.

Des esprits faisant preuve d'ouverture peuvent aider à accélérer cette évolution. Le dominicain Jacques Arnould[2] de même que J.-M. Maldammé et Christian Forster déjà cités ont une vue réaliste des problèmes. Le jésuite François Euvé témoigne également d'une bonne compréhension des relations nécessaires entre science et foi au sein de son Église. Il écrit notamment :

1. *In* : *Hasard ou plan de Dieu*, p. 16.
2. Arnould, J. 2009. *Dieu* versus *Darwin. Les créationnistes vont-ils triompher de la science ?* Albin Michel, Espaces libres, Paris.

> Certains textes, comme le début du livre de la Genèse, ont une simplicité trompeuse : elle cache des subtilités qui nécessitent un travail de pensée sur le texte, ce que les fondamentalistes refusent de faire[1].

Sans prendre parti au sujet des mécanismes évolutifs, qui ne relèvent pas de sa compétence, François Euvé s'en accommode et prend note du rôle du hasard dans l'évolution :

> La création du monde par Dieu ne peut pas être comprise comme une sorte de fabrication programmée, mais comme le don d'une liberté. [...] Ainsi Dieu n'est-il pas « nécessaire » au fonctionnement du monde, mais la foi se propose de donner sens à une histoire qui reste, à nos yeux, imprédictible.

D'ailleurs, comme le rappelle François Euvé, le jésuite Teilhard de Chardin refusait toute idée d'un Dieu interventionniste.

En conclusion

Depuis le pontificat de Léon XIII, l'Église catholique a évolué vers une position séparant plus nettement ce qui ressort, soit de la religion, soit de la science, mais sans toujours résister à ses anciens démons. Ses représentants tentent encore trop souvent de contrôler cette dernière sous le mauvais prétexte que la science est considérée comme subordonnée à la révélation sur le terrain qui concerne le *sens* du monde et de l'homme. Il est évident que l'Église ne se rangera jamais derrière une vision purement mécaniste qui prétendrait donner l'explication ultime et des choses, mais les autorités catholiques se refusent encore à laisser la science libre.

La science ne nie pas les religions, même si quelques scientifiques athées abusent de leur autorité pour s'attaquer à des questions qui dépassent leur champ de connaissance reconnue. En bonne méthodologie, la science reste indépendante de la foi, tant par ses objets d'étude que par ses méthodes. La science et les religions ne peuvent être, pour ceux qui cherchent à avoir une vision complète de la nature,

1. Euvé, F. 2009. Église catholique s'oppose au créationnisme. *In* : *Textes et Documents pour la classe*, n° 981, *Darwin et le darwinisme*, p. 21, & Euvé, F. 2009. *Darwin et le christianisme : vrais et faux débats*. Buchet-Chastel, Paris.

que *complémentaires dans deux domaines séparés, mais juxtaposés,* puisque nombre de questions interpellent les deux approches. Il est souhaitable qu'un dialogue honnête s'engage entre les deux domaines scientifiques et religieux pour bien préciser leurs limites et où ils en sont dans leurs avancements respectifs. Cela évitera peut-être des confrontations inutiles.

L'homme, avec son esprit curieux, avide de comprendre et de trouver un sens à sa vie, en ayant besoin de se rassurer sur ses origines et son devenir après la mort, montre souvent un grand *besoin de transcendance.* Ce besoin explique l'existence des sectes et des religions, pour trouver une réponse au pourquoi des choses et donner un sens à la vie. Un certain nombre de scientifiques rejettent la religion, qu'elle soit révélée ou non, ce qui est leur droit le plus strict. Selon Richard Dawkins, l'athéisme devrait être de rigueur chez les scientifiques, mais cet auteur, volontiers polémiste, dénigre l'agnosticisme, qui constitue la seule exigence méthodologique attendue d'un chercheur envers toute forme de croyance. Il ne faut pas oublier que l'athéisme est également une croyance comme une autre, au même titre que le théisme. Ce sont les *scientistes*, les *positivistes* et les *athées* qu'il ne faut pas assimiler avec l'ensemble de la communauté des scientifiques, car beaucoup de scientifiques sont des croyants des diverses religions (chrétiens catholiques, protestants ou orthodoxes, musulmans, bouddhistes, etc.). L'important est de ne pas faire apparaître ses convictions religieuses et philosophiques dans ses publications scientifiques. Chacun doit exercer la liberté de choisir ses options philosophiques et religieuses, garantie par la *Déclaration des droits de l'homme et du citoyen* de 1789, reprise dans la loi de 1905 en France et la *Déclaration universelle des droits de l'homme* du 10 décembre 1948 votée à l'Assemblée générale des Nations unies.

De fait, la conception philosophique et religieuse la plus scientifique serait l'*agnosticisme*[1] qui, honnêtement et rigoureusement, comme l'exige toute approche scientifique, reconnaît ne pas pouvoir

1. Ce mot vient du grec *agnôstos* : *ignorant.* Selon le dictionnaire Dixel (2010), un agnostique *professe que ce qui n'est pas expérimental, que l'absolu, est inconnaissable, sceptique en matière de métaphysique et de religion.* Selon un sondage de l'*Institut Harris Interactive* et publié par le *Financial Times* en

trancher entre les deux options (Dieu ou rien) ; personne n'étant jamais revenu témoigner de la réalité de l'au-delà. Or, l'inventeur du terme n'est autre que Thomas Huxley, l'ami de Charles Darwin. Ce dernier a reconnu d'ailleurs partager cette conception des relations entre science et philosophie. L'agnostique évite d'amalgamer ces deux démarches. On peut dire que, « *méthodologiquement* » le scientifique doit être *agnostique* dans ses recherches, mais pas forcément dans sa vie personnelle.

Dans l'Église catholique, on peut considérer qu'il y a eu trois époques dans les relations entre science et foi au sujet de l'origine des espèces.

- La première fut celle du créationnisme *sensu stricto* de type « jeune Terre » qui n'admettait aucune autre solution.
- Dans un deuxième temps, à partir des années 1920, la papauté a consenti à un aménagement modeste du créationnisme, acceptant la science, mais en la considérant comme toujours subordonnée à la foi.
- Jean-Paul II ouvre une troisième époque, avec la reconnaissance officielle de la théorie de l'évolution, ce qui représente un grand progrès. Mais, cette acceptation s'accompagne actuellement d'un rejet du hasard comme mécanisme majeur de l'évolution des espèces. La papauté inscrit en effet l'évolution dans le cadre d'une *finalité inhérente à la Création,* d'un dessein divin. Le Vatican et les catholiques *sont naturellement libres de croire à une finalité* et *à un dessein de l'évolution.* Mais ils ne peuvent en aucun cas affirmer que c'est une donnée scientifique : il s'agit d'*une conception strictement religieuse, métaphysique, car la science n'a pas mis en évidence de finalité et ce n'est pas son rôle.*

L'Église catholique rejette désormais définitivement le créationnisme *sensu stricto.* Mais le Vatican et certains autres responsables catholiques optent, sans trop vouloir l'afficher officiellement, en

2006, 32 % des Français se déclarent agnostiques, soit autant que les athées.

faveur du *dessein intelligent.* Ce qui a fait dire avec humour à Reginald Urtebize dans la revue *Golias* que « la papauté descend du ciel… et non pas du singe »…

La reconnaissance officielle du « dessein intelligent » par l'Église romaine risquerait de la jeter à nouveau dans des contradictions difficiles à assumer, qui ne sont pas sans rappeler l'affaire Galilée. Un tel retour en arrière serait préjudiciable, alors que depuis Léon XIII, Pie XII et Jean-Paul II, l'Église reconnaît à la science le soin d'expliquer « comment » les choses se sont passées, les religions et les philosophies expliquant le « pourquoi ». L'adhésion du Vatican au « dessein intelligent » ne pourrait qu'aggraver le fossé entre ces deux domaines.

Chapitre 6

Les créationnismes des Églises protestantes

Tout en présentant de nombreuses ressemblances avec celle des Églises et des théologiens orthodoxes et catholiques, l'attitude des protestants face à l'évolution biologique révèle cependant quelques spécificités, voire des différences notables selon les diverses confessions concernées. On fera surtout la distinction entre, d'une part les esprits ouverts à l'égard des méthodes scientifiques et d'autre part, les littéralistes qui font preuve de dogmatisme dans leurs rapports avec la science, comme avec les évolutions de la société.

Les protestantismes et les sciences avant Darwin

Du XVIe au XIXe siècle, les positions des protestants ne diffèrent guère de celles des catholiques en ce qui concerne les sciences naturelles et les éventuelles remises en question des Écritures.

Illustration : L'arche de Noé (poterie péruvienne).

Un rôle ambigu dans les progrès scientifiques

Dans *L'éthique protestante et l'esprit du capitalisme* (1905), le sociologue Max Weber estime que le protestantisme a joué un rôle actif dans le « désenchantement du monde », et a ainsi contribué aux progrès de l'esprit scientifique depuis le XVIe siècle. En effet, les catholiques admettent volontiers l'irruption fréquente du surnaturel dans la vie courante (miracles des saints, transmutation du pain en corps du Christ lors de la messe), tandis que les protestants ont eu tendance à rompre les liens entre le Ciel et la Terre. Mais les protestants prônent également un retour au texte biblique, expurgé des commentaires des Pères de l'Église. Ils abandonnent ainsi le caractère ésotérique de la lecture symbolique de la Bible, en considérant que le message divin est assez clair pour être compris directement par les fidèles. C'est d'ailleurs pourquoi certains protestants actuels enseignent la lecture de la Bible et encouragent une fréquentation personnelle de cette dernière par les fidèles, ce qui pourrait diffuser l'esprit critique.

Mais, au lieu de cela, les fondateurs des nouvelles confessions, au XVIe siècle, s'attachent le plus souvent à une interprétation littérale des Écritures. Martin Luther (1483-1546) et Jean Calvin (1509-1564) s'opposent ainsi à la théorie copernicienne, selon laquelle la Terre tourne autour du Soleil, parce que la Bible conte l'histoire de Josué, roi de Jérusalem. En effet ce dernier est censé avoir arrêté la course du Soleil pendant presque un jour entier afin d'assouvir la vengeance de son peuple en éliminant les ennemis à la bataille. Rappelons que c'est la Terre qui tourne autour du Soleil et que l'arrêt de la course du Soleil correspondrait en fait à l'arrêt de la course de la Terre autour du Soleil ; phénomène physiquement impossible, car l'inertie l'aurait fait exploser.

Jusqu'à l'époque de Darwin, le dogme religieux limite les innovations scientifiques. Les sciences naturelles sont dominées par la « théologie naturelle », qui cherche systématiquement à montrer que la nature présente d'innombrables preuves de l'existence et de la bienveillance de Dieu. Un représentant tardif, mais célèbre, d'une telle conception est le pasteur anglican William Paley (1743-1805).

Son livre intitulé *Théologie naturelle*[1] développe l'idée selon laquelle Dieu aurait réglé les espèces et le monde comme les pièces mécaniques d'une horloge. En observant les organes d'un être vivant, on découvre un arrangement harmonieux qui ferait penser qu'il a été planifié par une intelligence supérieure. Paley estime que les dispositifs physiologiques sont tellement précis qu'ils exigent la collaboration parfaite de nombreux organes. S'il en manque seulement un, ou s'il n'intervient pas au bon moment, l'ensemble du système ne peut plus fonctionner, ce qui n'apparaît cependant pas confirmé par l'observation des êtres malades ou malformés. Selon Paley, il en résulte que le bon sens réclame l'existence d'un ingénieur doté d'une intelligence supérieure et l'impossibilité d'une création progressive du monde par étapes. Il constitue toujours une référence pour de nombreux créationnistes contemporains.

Beaucoup plus au fait des connaissances scientifiques de son temps, le paléontologue Georges Cuvier (1769-1832), membre éminent de la communauté luthérienne de Paris, tente de concilier les faits avec le récit de la Genèse. Il propose ainsi une *théorie du catastrophisme* affirmant que l'histoire de la Terre était jalonnée par des cataclysmes entraînant des extinctions massives ainsi que des bouleversements rapides des reliefs ; le Déluge biblique étant la dernière de ces « révolutions du globe ». Malgré l'ampleur et la portée immense de son œuvre, certaines contradictions entre les idées fondamentales de Cuvier peuvent être mises au compte de son respect pour une lecture littérale de la Bible[2].

Les historiens ont beaucoup discuté pour savoir si Cuvier était l'auteur de la première doctrine des créations successives, visant à concilier la constatation de l'apparition successive des espèces nouvelles avec leur origine miraculeuse. Quoi qu'il en soit, ses disciples

1. Paley, W. 1859 (1802). *Natural Theology, or Evidences of the Existence and Attributes of the Deity collected from the appearances of Nature.* Gould & Lincoln, Boston & John W. Parker and Son, West Strand, London.
2. Pour plus de détails, consulter : Grimoult, C. 2001. *L'Évolution biologique en France. Une révolution scientifique, politique et culturelle.* Droz, Paris-Genève.

se sont explicitement référés au récit biblique pour s'opposer aux évolutionnistes, dont le nombre augmentait alors rapidement au sein de la communauté scientifique.

Un livre de Robert Chambers, *Vestiges of Natural History of Creation*, publié anonymement en 1844, déchaîne les passions de l'Angleterre victorienne, où les scientifiques restaient inféodés au dogme anglican. Comme Chambers y défendait l'évolution des espèces, la parution de son livre déclencha une vive controverse, à la fois dans les milieux scientifiques et théologiques. Cette réaction conduisit Darwin à différer la publication de son propre travail. Il fallut attendre 1858 pour qu'il reçoive une lettre du naturaliste Alfred Russel Wallace, alors en Extrême-Orient, pour le décider à mettre par écrit ses conclusions. En effet, Wallace lui demandait son avis au sujet d'une hypothèse très proche de la sienne, au sujet de l'évolution des espèces au moyen de la sélection naturelle. Ayant pris la précaution de faire connaître ses idées à un petit groupe de collègues éminents, Darwin n'eut aucune peine à faire reconnaître sa priorité à Wallace et les deux évolutionnistes publièrent en même temps, dès 1858, un article à la Société linnéenne de Londres. L'année suivante, *L'Origine des espèces* de Darwin connaît un extraordinaire succès de librairie.

Le choc darwinien

Comme les autres religions du Livre, les Églises protestantes ont d'abord majoritairement combattu les prétentions de Darwin à révolutionner la biologie. Ce dernier fut même qualifié par un pasteur anglican d'« homme le plus dangereux d'Angleterre[1] ». La célèbre controverse organisée par la *British Association for the Advancement of Science* à Oxford en 1860, témoigne de la violence des débats autour de *L'Origine des espèces*. L'évêque anglican Samuel Wilberforce (1805-1873) attaque la théorie de l'évolution et, pour la discréditer, demande au biologiste et philosophe Thomas Huxley, présent dans la salle, s'il descendait du singe par son grand-père ou par sa grand-

1. Poulton, E. B. 1990. *Charles Darwin and the Origin of Species*. Longmans & Green, London, p. 213-4.

mère. Ami de Darwin et évolutionniste convaincu, celui-ci aurait répondu qu'il n'avait pas honte d'être apparenté à un animal, mais plutôt à un homme qui parle de ce qu'il ne connaît pas et détourne le débat par des préjugés religieux[1]. Les évolutionnistes proclament alors qu'ils préfèrent descendre « d'un singe perfectionné plutôt que d'un Adam dégénéré », une formule de l'anatomiste suisse René-Édouard Claparède (1832-1891), abondamment répétée à cette époque.

Tous les protestants ne réagissent cependant pas de façon aussi primaire. Si Darwin prend ses distances à l'égard de la religion, cela n'est pas dû à la sélection naturelle, ni même à l'évolution, mais plutôt, comme il l'a confié dans son *Autobiographie,* à cause des violences et des malheurs frappant le monde. Au sujet de l'évolution, Darwin écrit dans *La Descendance de l'homme et la sélection sexuelle* :

> Je n'ignore pas que beaucoup de gens repousseront comme hautement irréligieuses les conclusions auxquelles nous en arrivons dans cet ouvrage ; mais ceux qui soutiendront cette thèse sont tenus à démontrer en quoi il est plus irréligieux d'expliquer l'origine de l'homme comme espèce distincte, descendant d'une forme inférieure, en vertu des lois de la variation et de la sélection naturelle, que d'expliquer par les lois de la reproduction ordinaire la formation et la naissance de l'individu[2].

Certains théologiens font même preuve d'ouverture d'esprit. Dès 1855, Baden Powell (1796-1860), pasteur anglican et professeur de géométrie à l'université d'Oxford, adopte l'évolution parce qu'en tant que déiste, il considère tout miracle comme une sorte de coup d'État dans la nature, c'est-à-dire comme une remise en cause des lois divines. Le Britannique Aubrey Lackington Moore (1848-1890), professeur d'histoire ecclésiastique et conservateur du Jardin botanique d'Oxford, admet aussi l'évolution par sélection naturelle, telle que présentée par Darwin, parce qu'elle peut, selon lui, s'inscrire dans un plan divin. Une telle conception offre d'ailleurs une vision moins simpliste des projets de Dieu, dans lesquels chaque fait naturel témoignerait de l'intervention d'une Providence omniprésente, même si une telle attitude peut se révéler proche du panthéisme.

1. Pour plus de détails, consulter : Grimoult, G. 2008. *Mon Père n'est pas un singe ? Histoire du créationnisme.* Ellipses, Paris.
2. Darwin, C. 1981 (1871). *La Descendance de l'homme et la sélection sexuelle.* Complexe, Bruxelles, p. 671.

À peine plus nombreux sont les théologiens protestants qui tentent de montrer que l'évolution et l'intervention divine ne s'avèrent pas forcément incompatibles. Frederick Temple (1821-1902) ou le presbytérien Henry Ward Beecher (1813-1887) en font partie. Mais lorsque le pasteur presbytérien américain James Woodrow (1827-1907) tente de montrer en 1888 l'absence de contradiction entre la théorie de l'évolution et l'enseignement biblique, il est taxé d'hérésie et exclu de son Église. Dans les années 1870, le théologien calviniste américain Charles Hodge (1797-1878) attaque également le darwinisme en considérant qu'il s'agit d'une forme contemporaine d'athéisme. Mais il se dit prêt à accepter l'idée d'évolution, à condition toutefois de considérer que Dieu guide le processus des transformations.

La majorité des théologiens calvinistes continue de rejeter toutes les théories évolutionnistes, au nom du fondamentalisme. Cependant pour quelques rares calvinistes, le darwinisme s'avère compatible avec la Bible dans la mesure où la théorie ne justifie pas l'existence d'un progrès dans l'histoire de la vie. Considérant en effet l'homme comme une créature déchue ne pouvant être sauvée que par une grâce divine transcendante, le monde darwinien ne révèle effectivement pas les interventions permanentes de Dieu comme l'espèrent la plupart des théistes.

Le créationnisme littéral après Darwin

Le christianisme protestant fonde souvent sa réflexion sur la lecture de la Bible prise au pied de la lettre. C'est surtout aux États-Unis que le créationnisme s'est d'abord développé, au sein des Églises protestantes, principalement calvinistes. Plus de deux cents Églises fondamentalistes[1], dont les Baptistes, les Méthodistes, les Luthériens et les Presbytériens, ont pris le pouvoir moral et scolaire dans la plupart des États du Vieux Sud, qui forment ce qu'on appelle la « *Bible belt* », la ceinture de la Bible. Ils considèrent que Dieu s'exprime aussi bien

1. Les protestants, aux États-Unis, sont majoritairement Baptistes ou Méthodistes, plutôt que Presbytériens (ces trois groupes de doctrines étant issus de l'enseignement de Calvin) et de Luthériens.

à travers la nature qu'à travers les Écritures. De nombreux pasteurs n'hésitent donc pas à étudier les sciences naturelles, du moins jusqu'à Darwin. John Witherspoon (1723-1794), signataire de la Déclaration d'indépendance des États-Unis et calviniste, croyait concilier la révélation, la raison et la science en adoptant la *philosophie du bon sens*, développée d'abord par François Fénelon (1651-1715), puis par Thomas Reid (1710-1796). Witherspoon en fait un amalgame qui s'exprime par l'idée simple que *l'on peut faire scientifiquement de la théologie.*

Le procès du singe, Acte I

C'est la *théorie de Darwin*, publiée en 1859, qui représente l'ennemi fédérateur de groupes religieux jusqu'ici très dispersés, qui entendent aussi lutter contre l'athéisme, la dissolution des mœurs et le communisme. Au lendemain de la Première Guerre mondiale, ces groupes s'organisent en vue de porter cette lutte contre le modernisme sur le terrain politique. L'évolution sert en effet de repoussoir, au même titre que l'avortement ou la consommation d'alcool. Mais la théorie de l'évolution présente un avantage tactique aux yeux des chrétiens fondamentalistes : la science admettant le débat en son sein, elle prête le flanc à la contestation. Dans plusieurs États américains, les organisations chrétiennes fondamentalistes obtiennent ainsi le vote de lois interdisant l'enseignement de la théorie de l'évolution dans les écoles publiques. En 1925, l'État du Tennessee promulgue ainsi la « loi Butler » interdisant :

> À tout enseignant d'université, d'école normale ou de toute autre école publique financée entièrement ou partiellement par les fonds de l'État, d'enseigner une théorie qui nie l'histoire de la création divine de l'homme, telle qu'elle est enseignée dans la Bible, et qui prétend que l'homme descend d'un ordre inférieur d'animaux.

Aux États-Unis, derrière l'apparente séparation des Églises et de l'État, il existe en effet un rapport très spécial entre politique et religion. Les serments judiciaires sont prêtés sur la Bible. La devise « Nous avons confiance en Dieu » (« *In God we trust* ») est imprimée sur chaque billet de banque. Il n'existe donc pas, aux États-Unis, d'équivalent à notre laïcité à la française. Alors qu'en France, l'État s'est protégé de l'Église catholique à travers un processus historique de séparation, les protestants américains ont voulu se protéger de l'État qui reconnaît toutes les confessions, sans accepter de traitement privilégié ou de supériorité à aucune d'entre elles (premier amendement). De plus, du fait de la faiblesse traditionnelle de l'État fédéral, notamment dans le domaine social, les Églises remplissent des missions de service public, comme la santé, l'éducation ou l'assistance, activités qui les rendent populaires auprès de la population et utiles du point de vue de l'administration centrale. Il n'y a donc pas de conflit de compétence comme il a pu en émerger, en France par exemple, vers 1900.

Dès 1925, l'année même où la loi Butler est votée, la puissante *Union américaine des libertés civiles (ACLU)* demande à un jeune enseignant de Dayton, John Thomas Scopes, de la transgresser volontairement en expliquant à ses élèves que « l'homme descend du singe ». Le but est d'obtenir un procès dont le jugement serait cassé par la Cour suprême, laquelle pourrait ainsi déclarer la loi Butler anticonstitutionnelle. Scopes n'est pas libre-penseur, et donne des cours à l'école du dimanche de l'église baptiste de Dayton. Mais il croit qu'il est possible de concilier la science et la religion, à condition de ne pas interpréter la Bible au pied de la lettre.

Très médiatisé, le procès donne lieu à des échanges vigoureux entre Clarence Darrow, avocat de la défense, et William Jennings Bryan, le procureur, qui fut aussi plusieurs fois candidat à la présidence des États-Unis. Contre toute attente, celui-ci se voit cité comme témoin de la défense en qualité d'« expert sur la Bible ». Ses prises de position contribuent ainsi au discrédit de sa cause devant l'opinion éclairée de l'ensemble du pays. En effet, à propos du passage de l'Ancien Testament où Josué est censé avoir arrêté la course du Soleil, Bryan reconnaît que c'est bien la Terre qui tourne autour de notre étoile, mais que, pour se faire comprendre, Dieu s'est exprimé de manière à se faire comprendre des hommes de l'époque. Pourquoi n'admet-il donc pas une interprétation équivalente pour le récit de la Création, qui n'aurait ainsi qu'une valeur symbolique ? Pis, Bryan reconnaît que la Genèse ne précise pas la durée des jours de la Création, ce qui permet de croire éventuellement que l'histoire du globe pourrait se compter en millions d'années[1]. Différente de celle de la majorité des fondamentalistes, une telle opinion jette alors le trouble dans le camp de l'accusation. Pour comprendre ce point, il faut savoir que les créationnistes fondamentalistes n'adoptent pas tous exactement le même point de vue.

Les créationnistes divisés

Au créationnisme strict, largement dominant, que l'on nomme le créationnisme jeune Terre (*young-earth creationism*), puisqu'il implique une durée totale de l'histoire de la Terre comprise entre 6 000 et 10 000 ans, s'oppose une approche plus symbolique de la Genèse, bien que toujours anti-évolutionniste. Ce créationnisme vieille Terre (*old-earth creationism*) accepte notamment l'idée d'un passé géologique du globe estimé en millions d'années. Pour expliquer que la Bible ne mentionne pas cette longue histoire, trois hypothèses se font concurrence dans les milieux chrétiens. Selon la *gap theory*, une longue période se serait écoulée entre les époques correspondant aux deux premiers versets de la Genèse, laissant ainsi du temps disponible pour des transformations géologiques de grande ampleur. Un autre courant, plus concordiste, considère pour sa part que les six jours de la Création ne correspondraient pas à des cycles de 24 heures, mais à des périodes beaucoup plus longues, qui pourraient être les âges géologiques successifs. Cela ne s'avère cependant pas très satisfaisant, parce que la flore et la faune fossiles ne concordent pas avec les êtres décrits dans la Genèse. D'autres enfin remettent au goût du jour la doctrine des créations successives : la Bible ne mentionnerait pas les interventions précédentes de Dieu sur Terre, avant celle dont le premier homme fut le produit et le témoin.

1. Pour plus de détails, consulter : Golding, G. 1982. *Le Procès du singe*. Complexe, Bruxelles, p. 105-112.

Les tensions entre ces différentes versions du créationnisme causent la disparition de la *Religion and Science Association*, deux ans seulement après sa fondation en 1935. En 1938, la *Deluge Geology Society* fixe dans ses statuts que ses adeptes s'engagent à adopter le récit de la Création en six jours et celui du déluge biblique. Malgré cela, des divisions théologiques se font jour entre ses membres, pourtant peu nombreux, ce qui provoque sa disparition en 1947. Ces oppositions contribuent à discréditer le mouvement créationniste.

Pourtant, l'enseignement de l'évolution reste interdit dans les États du Vieux Sud jusqu'à la fin des années 1960. En effet, le procès Scopes se solde par une amende symbolique, annulée pour vice de forme, ce qui empêche l'*Union américaine des libertés civiles* de porter l'affaire devant la Cour Suprême. Le juge ne prit pas de décision quant au fond de l'affaire, bien qu'il ait posé une question pertinente, en se demandant qui, des électeurs ou des spécialistes de l'enseignement, devait décider du contenu des programmes scolaires.

Aux États-Unis, les représentants des parents d'élèves sont membres de droit des commissions décidant des contenus et des programmes enseignés dans les écoles publiques. Leurs pressions, de type lobbyiste, découragent aussi les éditeurs de publier des livres de vulgarisation dans le domaine de l'évolution. Un tel système autorise donc des dérives, tandis que, depuis la loi de 1905, la centralisation française garantit l'égalité et la laïcité de l'enseignement. Mais, comme l'a écrit le biologiste Jean Rostand :

> *On ne renverse pas une théorie scientifique comme on renverse un ministère*[1].

Autrement dit, bien que la science soit compatible avec un gouvernement démocratique, les procédures de validation des théories ne se font pas à la majorité des voix, mais avec la force de la démonstration expérimentale et sans contrainte. Il faut donc sans doute laisser aux scientifiques le soin d'établir les faits et les théories dans leur domaine,

1. *Combat*, 8 septembre 1948.

tout en maintenant un contrôle démocratique sur l'activité et le financement de la recherche, voire en orientant ce dernier au regard des besoins concrets de la société.

Le « créationnisme scientifique »

Dans les années 1960, le contexte de la guerre froide conduit le gouvernement américain à renforcer l'enseignement des sciences, afin que le pays ne se fasse pas distancer par l'Union Soviétique dans la course aux armements. Il dispose aussi de pouvoirs accrus lui permettant de se montrer plus directif dans le domaine éducatif. C'est ainsi que la loi Butler se trouve invalidée en 1967 et que l'enseignement de l'évolution se voit légalisé dans l'ensemble des États-Unis. Mais les cercles créationnistes ont déjà changé de stratégie. Ils se présentent désormais comme des sociétés savantes, n'hésitant pas à imiter le style des publications scientifiques à comité de lecture, mais sans souscrire aux procédures rigoureuses ni aux méthodologies propres aux véritables chercheurs[1].

Des prétentions exagérées

En 1961, John C. Whitcomb, un théologien, et Henry Morris, un ingénieur hydraulicien, publient ensemble *L'inondation de la Genèse* (*Genesis Flood*), un livre qui habille le dogme biblique d'un vague vernis scientifique. Deux ans plus tard, son succès fédère les créationnistes de la *Creation Research Society* (CRS), fondée notamment par Henry Morris, Walter E. Lammerts, William J. Tinkle et Duane T. Gish. Composée d'extrémistes religieux, la CRS fixe dans ses statuts la nécessité de croire à la vérité littérale de la Bible. L'association publie aussi une revue, intitulée *Creation Research Society Quarterly*, crée sa

1. Pour avoir plus de détails sur le « créationnisme scientifique », consulter : Chaline J. 2006, *Quoi de neuf depuis Darwin ?* Ellipses, Paris. Voir aussi Ivan Petrovitch, C. 1997. *Opération Adam* (roman). Cerf, Paris.

propre maison d'édition, baptisée Creation-Life Publishers, fonde, en 1972, un organisme qui prétend se consacrer à la recherche : Institute for Creation Research. Installé à Santee, près de San Diego (Californie), il possède aussi sa propre revue, une bibliothèque et une émission radiophonique hebdomadaire, captée dans 35 États américains. Le créationnisme se diffuse alors dans les États du Nord, réputés plus modernes. Enfin, un musée est ouvert à Cincinnati pour populariser le créationnisme auprès du grand public. En 1989, la CRS annonçait 1 764 membres issus de 109 organisations, dont 76 américaines, les autres étant réparties dans 16 pays.

Ces créationnistes prétendent apporter des faits réfutant l'évolution. Plusieurs explorations parties dans le Caucase à la recherche des restes de l'arche de Noé s'avèrent stériles. Samuel Hubbard présente comme autant de découvertes, dans le canyon de Hava Supaï (Arizona), des gravures rupestres figurant ce qui ressemble très vaguement à des dinosaures, une dent humaine prétendument trouvée dans une roche éocène (début du Tertiaire), une empreinte de pied dans un terrain triasique (fin du Secondaire). Mais il ne s'agissait que d'erreurs d'interprétations, voire de grossières falsifications, comme les empreintes de pas humain présentées comme contemporaines de celles de dinosaures, dans le lit de la rivière Paluxy (Texas)[1]. Plus de 60 millions d'années séparent les derniers dinosaures des premiers hominidés.

Du fait de l'insigne faiblesse de leurs productions, ces créationnistes présentent surtout des arguments de type philosophique, remettant en question le statut scientifique de la théorie de l'évolution. Comme il reste impossible, en l'absence de machine à remonter le temps, d'observer directement l'évolution paléontologique, Duane T. Gish défend l'idée selon laquelle la science ne présenterait aucune certitude à l'égard de l'origine des espèces. En négligeant les spécificités

1. Mais ayant été découverte, la supercherie qui avait été utilisée pour faire croire à la coexistence de pas de dinosaures et d'hommes a valu aux pseudo-découvreurs, notamment le directeur de *l'Institut pour la Recherche sur la Création*, d'être exclus pour falsification.

façon à leur faire dire le contraire de l'idée générale qu'ils défendaient à l'origine. Ces auteurs montrent aussi une prédilection pour utiliser les citations de scientifiques renommés, comme les astronomes Robert Jastrow, Carl Sagan et Fred Hoyle, qualifiés à tort d'évolutionnistes, qui s'aventurent hors de leur domaine en proférant de graves erreurs en vulgarisant la science. En outre, les créationnistes présentent des citations d'auteurs inconnus, présentés comme des spécialistes de l'évolution, alors que ce sont manifestement des créationnistes ou des amateurs vaguement scientifiques qui n'ont jamais publié dans les revues de spécialité. Des articles de journalistes de magazines populaires sont également présentés comme des sources fiables.

Les créationnistes trompent aussi le grand public en jouant sur la notion de théorie. Selon ces auteurs, une théorie devrait être définitive, établie une fois pour toutes, et donc devenir un dogme, à la façon de leurs doctrines religieuses, ce qu'elle ne peut être par définition. En montrant que les théories ne sont pas définitives et qu'elles se succèdent en devenant de plus en plus larges et explicatives, ils présentent à tort ces théories comme étant incertaines, sujettes à caution, et donc nulles.

Les découvertes scientifiques rejetées par les créationnistes sont multiples. On les trouve dans les ouvrages de John Whitcomb : *Origines, une introduction au créationnisme biblique* et *Le monde qui a péri*[1]. Nous en citerons quelques-unes dans le chapitre 13. Elles aboutissent à de telles incohérences, qu'il faut une bonne dose de naïveté pour y souscrire.

Pour renforcer leur position, les créationnistes dénoncent constamment ce qui serait « l'inexactitude » de la théorie scientifique de l'évolution. Pourtant, même si cette théorie était inexacte, cela n'impliquerait pas, comme corollaire, l'exactitude du créationnisme, alors que cette corrélation est toujours sous-jacente dans les propos des créationnistes.

1. Whitcomb, John C. Jr. 1989. *Origines : introduction au créationnisme scientifique*. Comprendre les Écritures, Lugny, et aussi : Whitcomb, John C. Jr. et Morris, Henry M. 1981. *Le Monde qui a péri*. Centre Biblique International, Lausanne.

Les positions et les affirmations des créationnistes sont incompatibles avec les avancées de la science contemporaine, *ce qui prouve bien que la Bible n'est pas un livre de science.* Apposer le qualificatif de *scientifique* à l'étiquette du *créationnisme* est donc une véritable *imposture intellectuelle* et les scientifiques se doivent d'en informer le grand public.

Procès du singe : Acte II

Dès 1981, l'Union américaine pour les libertés civiles accorde son soutien à une enseignante de biologie de l'Arkansas pour porter plainte contre la loi créationniste rédigée par Paul Ellwander, et dite « Loi 590 ». À Little Rock, les créationnistes affrontent, dans un nouveau « procès du singe », une large coalition d'esprits ouverts. En effet, les évêques, résidant en Arkansas, des Églises épiscopale, méthodiste, africaine méthodiste, catholique romaine, ainsi que le Congrès juif américain, l'Union des congrégations juives américaines et le Comité juif américain soutiennent la démarche des scientifiques luttant contre le « *balanced treatment* ». Cela prouve, s'il en était encore besoin, que les créationnistes sont minoritaires même parmi les chrétiens pratiquants. La plupart considèrent à juste titre que le créationnisme est une doctrine religieuse et non pas scientifique.

Le paléontologue et vulgarisateur Stephen Jay Gould[1] réfute alors le créationnisme avec des arguments scientifiques, tandis que le philosophe et historien Michael Ruse[2] rejette les prétentions du créationnisme à constituer une théorie scientifique. La démonstration de ce dernier reste encore aujourd'hui critiquée, en particulier par les philosophes anticréationnistes Larry Laudan et Bradley Monton, parce qu'il s'avère parfois difficile de définir *a priori* « ce qui est scientifique ». Quoi qu'il en soit, le juge William R. Overton déclare le « *balanced treatment* » anticonstitutionnel, car les biologistes convoqués à la barre font la preuve de la nature religieuse, et

1. Voir : Gould, S. J. 2000. *Et Dieu dit « Que Darwin soit ! »*. Seuil, Paris.
2. Ruse, M. 1999. *The Darwinian Paradigm : Essays on its History, Philosophy and Religious Implications.* Routledge, London & New York.

non scientifique, du créationnisme. Dès lors, il est prouvé que l'enseignement du récit de la Création viole le premier amendement à la Constitution américaine, selon lequel « le Congrès ne pourra faire aucune loi concernant l'établissement d'une religion ». Le juge Overton craint en effet que la reconnaissance officielle du créationnisme ne favorise les religions de la Bible par rapport aux autres confessions. Alors que les exposés scientifiques sont supposés valables de manière universelle, les enseignements religieux restent divers et particuliers. Un procès similaire a lieu en Floride en 1987, peu avant que la Cour suprême fédérale n'invalide l'ensemble des lois créationnistes encore en vigueur, comme celle de Louisiane.

Loin de se laisser dépérir, les mouvements créationnistes américains renouvellent leurs provocations. Ils sont surtout soutenus par les groupes religieux évangéliques, c'est-à-dire chrétiens militants, qui représentent environ 25 % des chrétiens américains divisés en de nombreuses confessions, mais qui ont ensemble pour ambition de réveiller le christianisme et de conquérir le monde en repoussant l'islam.

En mai 2007, un « musée de la Création » a ouvert ses portes dans la ville de Petersburg, à quelques kilomètres de Cincinnati (Kentucky). Il est financé par un organisme baptisé *Answers in Genesis* (*Réponses dans la Genèse*). Du haut des 25 millions de dollars collectés pour sa construction, cette institution prétend démontrer la Création divine et miraculeuse. Adam et Ève sont présentés au milieu des dinosaures et de multiples autres inepties[1] !

L'adhésion à une lecture au pied de la lettre de la Genèse ne peut se faire, en général, que dans une population au niveau culturel fort bas, incapable, en raison de son ignorance, de prendre en compte des faits scientifiques désormais amplement démontrés. Mais il ne faut pas généraliser, puisque même en France, des polytechniciens adhèrent à ces conceptions religieuses pourtant incompatibles avec l'enseignement scientifique qu'ils ont reçu.

1. Pour plus de détails, voir : Chaline, J. 2006. *Quoi de neuf depuis Darwin ?* Ellipses, Paris.

Le Canadien Hugh Ross développe pour sa part une doctrine créationniste quelque peu hybride, dans la mesure où il accepte la longue durée des périodes géologiques et aussi l'apparition successive des espèces biologiques[1]. Mais cet astronome diplômé de l'Université de Toronto refuse de reconnaître le lien généalogique qui unit les espèces vivantes. Il en reste ainsi à la doctrine de la création continuée, qui avait cours dans les milieux scientifiques pendant les années 1840 et 1850. Son mouvement revendique l'appellation « *Progressive Creationism* ». L'adhésion à de tels discours incohérents ne peut cependant que jeter un doute profond sur la crédibilité des conceptions théologiques et morales associées au créationnisme, ce qui s'avère peut-être une mauvaise stratégie de la part de ses promoteurs.

Le créationnisme s'est néanmoins implanté dans la plupart des pays du monde, en particulier là où les sectes évangéliques américaines sont les mieux représentées, comme en Afrique équatoriale, en Asie du Sud-est, en Amérique centrale, ainsi qu'en Russie et en Europe centrale. En Australie, où la religion peut être enseignée dans les écoles, la *Creation Science Foundation*, est fondée en 1980. La même année, l'État du Queensland autorise l'enseignement du créationnisme.

Installé en Suisse, le *Centre biblique européen* constitue un nœud essentiel du réseau créationniste sur notre continent. Ce pays accueille le premier congrès créationniste européen en 1984. Un parc d'attraction baptisé *Genesis-Land* consacré au récit biblique de la Création pourrait s'installer dans le sud-ouest de l'Allemagne grâce au financement assuré par le groupe suisse ProGenesis. Un autre musée créationniste est installé à Hagen-Holenlimburg, dans la Ruhr, en Allemagne. À Umea, en Suède, un musée créationniste accueille déjà des visiteurs.

Devant le rejet des lois favorables à l'enseignement du créationnisme, ces communautés créationnistes, financièrement très puissantes, ont trouvé un nouvel avatar pour les contourner : le *dessein intelligent* (« *Intelligent Design* »)...

1. Scott, E. C. 2004. *Evolution vs. Creationism : An Introduction*. Greenwood Press, Westport, CT.

Le principe anthropique

Le *principe anthropique* est un concept métaphysique qui exploite les données scientifiques de l'évolution de l'Univers. Il a été défini par Brandon Carter en 1973. Il est fondé sur une conception anthropocentriste de la présence de l'homme dans l'Univers, comme l'élément fondamental conditionnant la structure de l'Univers. Carter formula le *principe anthropique* sous deux versions, respectivement faible et forte. Il s'agit de l'affirmation *a priori* de l'existence d'une finalité propre à l'Univers dans son ensemble, bien qu'elle n'ait jamais été présentée comme telle.

Le Principe anthropique faible. Il postule que la simple présence de l'homme dans l'Univers implique l'existence de conditions très particulières concernant la structure de l'Univers. Il part d'un article de Robert Dicke en 1961 qui soulignait la curieuse et heureuse coïncidence de l'apparition de la vie avec l'existence du carbone dans l'Univers. En particulier, elle nécessiterait, selon Jacques Demaret[1], la longue durée et l'expansion qu'on lui connaît. John Barrow et Frank Tipler écrivent, de manière plus scientifique :

> Les valeurs observées de toutes les quantités physiques et cosmologiques ne sont pas pareillement probables, elles prennent des valeurs limitées par la condition que la vie (fondée sur le carbone) peut évoluer sur certains sites et par la condition que l'Univers est assez vieux pour que cela se soit déjà produit[2].

Le principe anthropique part de l'idée selon laquelle la vie résulte de conditions très particulières : Barrow et Tipler énoncent que l'Univers « *doit être adapté à l'apparition d'observateurs* ». Effectivement, il pourrait exister de multiples Univers aux constantes, propriétés géométriques et lois physiques fort différentes. Les lois de la physique devraient alors, selon ce point de vue, être telles qu'elles permettent l'apparition de la vie. Pour les spécialistes actuels de la cosmologie théorique, si les grandes constantes physiques (comme la vitesse de

1. Demaret. J. 1987. Le principe cosmologique anthropique. *In* : *L'homme dans l'évolution de l'Univers. Dossiers Histoire et Archéologie*, Dijon, p. 74-82.
2. Barrow, J. & Tipler, F. *The Anthropic Cosmological Principle.* Oxford University Press, Oxford p. 16.

la lumière, la charge électrique du proton, la constante de Planck, la constante de Boltzmann, la constante de la gravitation de Newton, la masse au repos de l'électron, celle du proton, la constante de la force faible et la constante de la force forte) avaient été ne serait-ce que très légèrement différentes, l'homme n'aurait jamais pu apparaître sur la Terre à cause d'une altération profonde, sinon radicale, de la structuration de l'Univers. Il n'existerait alors qu'un Univers possible, parmi beaucoup d'autres, capable de donner naissance à la vie. Ce qui sous-tend, implicitement, l'idée selon laquelle l'Univers a été conçu par Dieu, en vue de créer la vie humaine. Ce principe anthropique faible présente un gros défaut conceptuel, celui de l'anthropocentrisme. L'Univers semble pourtant beaucoup plus riche et beaucoup plus vaste que la microscopique sphère d'activité de notre espèce.

Le Principe anthropique fort. Sous sa forme forte, le principe anthropique se révèle encore plus spéculatif. Le principe anthropique fort postule quant à lui que l'Univers aurait été conçu en vue de l'émergence de l'homme. Elle implique donc une *finalité de l'Univers* qui serait conditionnée pour faire apparaître la vie et, au terme de l'évolution du vivant, l'homme en particulier. En outre, toujours selon Barrow et Tipler, « *le regard d'observateurs est nécessaire pour amener l'Univers à exister* ». On reconnaît ici l'un des postulats de la mécanique quantique. Mais ces auteurs y ajoutent une nouvelle condition, celle de l'existence de multi-univers, en nombre indéterminé, parmi lesquels, le nôtre serait le seul, où la vie pouvait apparaître. Cette condition est à jamais invérifiable, puisque l'on est déjà incapable de voir l'ensemble de notre Univers, la partie visible étant limitée par ce que la vitesse de la lumière nous autorise à voir. Ce principe anthropique fort constitue donc une conception métaphysique, même si elle s'appuie sur les données de la science. Il s'agit là d'un véritable dessein intelligent avant l'heure, qui se donne des allures de raisonnement scientifique, alors qu'il ne l'est pas. Ce principe anthropique, bien que philosophique et métaphysique, reconnaît l'évolution des systèmes, comme aussi le dessein intelligent.

Il s'agit en fait d'une tautologie, d'un raisonnement circulaire qui ne nous apprend rien, et qui n'est que la répétition d'une idée, mais en des termes différents, un pléonasme. En effet, le principe anthropique fort se borne à considérer que les faits s'expliqueraient d'eux-mêmes par leur seule coexistence opérationnelle. C'est formuler une démonstration qui s'appuie sur les conclusions, un raisonnement à l'envers, tout sauf un raisonnement scientifique. C'est un peu comme le slogan de la Française des jeux : « *100 % des gagnants ont tenté leur chance* ».

Dans l'hypothèse du principe anthropique, le nombre de conditions qui auraient dû être sélectionnées et le nombre de phénomènes contingents qu'il aurait fallu programmer pour arriver à notre monde, apparaît considérable. Le hasard apparaît au contraire omniprésent dans l'histoire générale et locale de l'Univers. De plus, admettre un plan, un dessein pré-établi, ne correspond nullement à une saine méthode scientifique, puisqu'il répond par avance aux questions, qu'il s'agit de poser le plus précisément possible.

Le « dessein intelligent »

Les « *Iders* », comme on appelle outre-Atlantique les défenseurs de cette doctrine, s'avèrent plus habiles que les créationnistes classiques. Ils se présentent comme étant des scientifiques authentiques, ce qu'ils sont parfois, bien que très généralement spécialisés dans des domaines extérieurs aux sciences biologiques les plus concernées par l'évolution. Ils évitent aussi de faire référence à Dieu, afin de renforcer la crédibilité de leur discours. Ces auteurs s'inscrivent dans une tradition intellectuelle, dont l'un des jalons les plus connus est le principe anthropique.

Le mouvement ID (pour « *Intelligent Design* ») a été lancé aux États-Unis par la Fondation pour la Pensée et l'Éthique (*The Foundation for Thought and Ethics*), qui édite, en 1989, le livre intitulé *Des Pandas et des hommes : la question centrale des origines biologiques*. Écrit par

Percival Davis et Dean H. Kenyon, il exprime l'idée selon laquelle la vie serait conçue par un « agent intelligent », que les auteurs se gardent d'assimiler explicitement au Dieu de la Bible. L'origine des nouveaux organismes est présentée comme relevant d'un plan préconçu par une intelligence supérieure.

Le livre admet formellement l'évolution biologique, à condition qu'elle soit guidée par un esprit supérieurement intelligent, au lieu de suivre les principes sélectionnistes de la biologie contemporaine[1]. Cette approche admet seulement un évolutionnisme de façade, tout en défendant le principe créationniste attribué à un grand horloger masqué. En effet, la comparaison des deux versions successives du livre *Des Pandas et des hommes*, publiés respectivement en 1987 et 1989, révèle clairement que l'expression « *Intelligent Design* » a simplement remplacé le terme « créationnisme », mal vu depuis le procès de Floride invalidant le « *balanced treatment* ». Cette doctrine prétendument nouvelle, que l'on ne peut appeler une « théorie », puisqu'elle n'est pas de nature scientifique, constitue donc une mystification.

William Dembski, une autre figure de proue du mouvement *Intelligent Design*, intitule son blog Internet « *Uncommon descent* », autrement dit « pas d'ancêtre commun », ce qui constitue une négation manifeste du fait de l'évolution. Une autre preuve peut être tirée du livre du juriste Phillip E. Johnson, avocat de l'ID, dont le livre *Darwin on Trial* (1991) a été traduit en français sous le titre *Le Darwinisme en question. Science ou métaphysique ?* Cet auteur peu informé écrit ainsi :

> On peut, par exemple, croire que la Terre a plusieurs milliards d'années d'existence et que les formes de vie simples ont évolué – vers des formes plus complexes jusqu'à l'homme, et en même temps se dire créationniste, parce qu'on pense que le Créateur a non seulement initialisé le processus de la vie, mais qu'Il en a contrôlé l'évolution dans un but prédéfini. Dans ce sens, le créationnisme affirme qu'il n'y a pas seulement une causalité, mais une finalité à l'évolution[2].

1. Pour plus de détails au sujet des mécanismes de l'évolution, consulter la 3e partie de ce livre.
2. Johnson, P. E. 1996 (1991) *Le Darwinisme en question. Science ou métaphysique ?* Ed. Pierre d'Angle, p. 26-27.

Au fil des pages où il montre son ignorance à l'égard des méthodes et des faits biologiques, Johnson attaque frontalement la différence entre les domaines du « comment ? » et du « pourquoi ? » :

> Le naturalisme scientifique présume en outre que la science, qui n'étudie que le monde naturel, est notre seule voie fiable vers la connaissance. Un Dieu qui ne puisse faire aucune différence en ce monde, et dont nous ne puissions rien savoir n'a aucune importance pour nous. C'est pourquoi le naturalisme, en pratique sinon en théorie, est synonyme d'athéisme[1].

Une certaine conception scientiste tombe en effet sous le coup de cette critique, mais il est faux de dire qu'elle concerne le naturalisme, fondamentalement agnostique. En effet, la science pose juste qu'elle s'intéresse exclusivement à ce qui peut être prouvé. Cela ne veut pas dire que les questions métaphysiques n'aient aucune importance dans d'autres formes de connaissance. Mais elles ne sont pas équivalentes et ne peuvent donc être placées sur le même plan.

Le biochimiste catholique Michael Behe, biologiste à l'université de Pennsylvanie, apparaît comme le défenseur officiel du *dessein intelligent*. Il se défend de faire du *dessein intelligent* un nouveau *Cheval de Troie du créationnisme* et d'essayer d'élever la religion au rang de la science, ce qu'elle ne peut pas être évidemment. Il peut paraître curieux que certains scientifiques accordent du crédit à une telle doctrine. Cela s'explique en partie par les lacunes de leur formation dans le domaine philosophique, et en partie par leur méconnaissance de la théorie actuelle des mécanismes de l'évolution. Les partisans de l'ID ne recrutent plus seulement parmi les protestants. Des pages entières de leurs argumentations sont reproduites intégralement sur des sites créationnistes musulmans ou catholiques.

Phillip E. Johnson est, avec William Demski, membre du *Discovery Institute* (*Institut de la Découverte*), fondé en 1990 à Seattle (État de Washington), en tant qu'institut de recherche officiel pour l'*Intelligent Design*. Il est soutenu financièrement par Howard Ahmanson Jr, un membre en vue de l'Église presbytérienne de Californie. En fait aussi partie Jonathan Wells, membre de la secte Moon. Le nom officiel de celle-ci est : « Église de l'esprit saint pour l'unification du christia-

1. *Idem*, p. 176.

nisme mondial ». Elle vise également à unir toutes les sciences selon le point de vue préconçu de son fondateur, le Coréen Sun Myung Moon. La croisade anti-évolutionniste dépasse désormais les frontières politiques et confessionnelles. Nous verrons au chapitre suivant les connivences entre les créationnistes américains et les créationnistes musulmans en Turquie.

Le « Wedge Document ». Le but affiché par le *Discovery Institute* a été révélé par la publication d'un texte intitulé « *Wedge Document* ». Il émane du *Centre pour la Science et la Culture*[1] (CSC), dont le but est, explicitement, de lutter contre le matérialisme et en particulier contre la théorie darwinienne de l'évolution. Élaboré dès 1992, en tant que note interne secrète et non destinée à la diffusion, le « *Wedge Document* » a été mis en ligne par Tim Rhodes et Matt Duss en 1999, afin de dénoncer les activités occultes de cet organisme.

Le texte aurait été rédigé par Phillip E. Johnson, qui a le titre de « *Program advisor* » du CSC. Le « *Wedge Document* » révèle la stratégie de conquête du *Discovery Institute*, en trois étapes.

La phase I, de « recherche scientifique, de documentation et de publicité » se propose de subventionner des programmes individuels de recherche sur les points faibles du matérialisme et d'organiser des débats contradictoires en vue de faire apparaître les faiblesses de la théorie néo-darwinienne qui en est, pour eux, l'expression la plus flagrante. Ces recherches concernent notamment *la biologie moléculaire et la paléontologie.*

La phase II est celle de « la publicité et de la formation d'opinion ». Il s'agit de préparer le grand public à admettre ces nouvelles idées.

La phase III, « de confrontation et de renouveau culturel », est un objectif à vingt ans, visant à faire en sorte que l'« *Intelligent Design* » devienne la vision dominante dans les sciences dures, ainsi que dans les sciences humaines. Il s'agit d'une entreprise avant tout politique et religieuse, visant à redéfinir la science pour y infiltrer, de manière sournoise, une conception théologique. C'est d'ailleurs ce qu'ont explicité des opposants à l'ID, Barbara Forrest et Paul Gross dans

1. Qui s'appelait antérieurement « *Centre pour le Renouveau de la Science et la Culture* ».

leur livre intitulé *Creationism's Trojan Horse : the Wedge of Intelligent Design* (*Le cheval de Troie du créationnisme : la stratégie du dessein intelligent*)[1].

Dans une réponse publiée par le *Discovery Institute* et intitulée « E », l'organisation reconnaît :

> Vouloir renverser la domination étouffante de la conception matérialiste, et la remplacer par une science en accord avec les convictions chrétiennes et théistes[2].

L'organisme tombe ici dans l'erreur du concordisme, attitude qui vise à mettre en accord la science sur les bases de la religion, au lieu de la laisser entièrement libre. Le non-respect de la différence entre domaines du « pourquoi ? » et du « comment ? » apparaît explicitement lorsque le même document écrit :

> Ce passage faisait au contraire référence à notre conviction que la science, plutôt que de soutenir une philosophie matérialiste, est au moins en accord avec la croyance théiste, incluant la croyance chrétienne. En fait, certains de nos membres vont déjà plus loin que cela. Ils pensent que de nouveaux développements en science peuvent actuellement soutenir une conception théiste du monde ou avoir des « implications théistes », même s'ils ne pensent pas que la science puisse « prouver » l'existence de Dieu ou de doctrines religieuses spécifiques[3].

Non seulement le *dessein intelligent* se situe à l'extérieur de la science, mais il entre en contradiction avec des faits majeurs dont les vrais scientifiques doivent rendre compte. Prenons quelques exemples. Si l'évolution était guidée par une intelligence supérieure, quelle serait la signification des adaptations imparfaites et surtout des anomalies du développement, comme par exemple l'*anencéphalie* (absence de cerveau), la *phocomélie* (l'absence des bras et avant bras collant les mains directement sur les omoplates) ou l'*aniridia* (l'absence d'yeux), qui sont des malformations relativement fréquentes, y compris dans l'espèce humaine ? Impliquant une évolution programmée, le *dessein intelligent* nie le rôle moteur du *hasard* dans l'évolution.

1. Oxford-New York, Oxford University Press, 2004.
2. http://www.discovery.org/scripts/viewDB/filesDB-download.php?id=349
3. Idem, p. 8-9.

Exclure aussi les événements contingents rend l'histoire de notre planète incompréhensible : si Dieu avait en vue la formation de l'homme dès le début, pourquoi l'histoire de la vie fut-elle si tortueuse, avec par exemple la longue période de domination des dinosaures, etc. ? Le biochimiste australien Michael Denton s'obstine néanmoins à soutenir, contre l'évidence : « L'arbre de la vie figurant sur Terre est probablement le seul déploiement évolutif possible[1] ». Mais alors pourquoi tous les ancêtres communs ne se sont-ils pas transformés en hommes, alors que, selon les partisans de *l'Intelligent Design*, les transformations menant à l'homme étaient nécessaires, prévisibles, et surtout indépendantes des conditions de l'environnement ?

Prenons garde cependant de ne pas tomber dans l'excès scientifique. En effet, malgré le rôle apparent du hasard et de la contingence dans l'évolution, il reste impossible de démontrer que l'homme aurait pu ne pas apparaître. Il faut en effet suivre Jacques Monod lorsqu'il présente les limites de la connaissance scientifique basée sur le postulat d'objectivité :

> Postulat pur, à jamais indémontrable, car il est évidemment impossible d'imaginer une expérience qui pourrait prouver la non-existence d'un projet, d'un but poursuivi, où que ce soit dans la nature[2].

Hasard et nécessité se situent tous deux hors du champ de la science, dans le domaine du « pourquoi ? » (voir chapitre 1). Seule une démarche *probabiliste*, attribuant à la fois un rôle important au hasard (au niveau des mutations génétiques notamment, mais pas seulement) et à la canalisation de l'évolution par les lois physiques et les modalités sélectives, s'avère adéquate. Pas plus que le matérialisme philosophique, le dessein intelligent ne peut être testé, prouvé ou réfuté par des faits. Il s'exclut donc de la science.

1. *Sciences et avenir*, sept. 1997, p. 37.
2. Monod, J. 1970. *Le Hasard et la nécessité. Essai sur la philosophie naturelle de la biologie moderne.* Seuil, Paris, p. 33.

Le procès du singe, Acte III : Dover

Comme les créationnistes des années 1960, les tenants du dessein intelligent ont tenté d'obliger les enseignants à imposer leur doctrine comme une alternative à la théorie scientifique de l'évolution, qu'ils appellent, par abus de langage, « le darwinisme ». En utilisant cette appellation dépassée, ils oblitèrent 150 ans d'histoire des sciences. En effet, la théorie actuelle des mécanismes de l'évolution s'inscrit dans l'héritage de la pensée de Darwin, dont divers éléments ont été supprimés, tandis que d'autres ont été ajoutés, en fonction des découvertes successives et des progrès collectifs réalisés par plusieurs générations de chercheurs. Cette désignation vise encore à confondre les deux registres du « comment ? » et du « pourquoi ? », en faisant passer la théorie scientifique de l'évolution pour une idéologie.

Le 18 novembre 2004, le bureau d'éducation de Dover (Pennsylvanie), adopte une résolution encourageant l'enseignement de l'*Intelligent Design* dans les cours de biologie. Des parents d'élèves, soutenus par de nombreuses associations pour les libertés et le Centre National de l'Éducation portent plainte en estimant que l'ID est une variété déguisée de créationnisme qui viole donc le Premier Amendement de la Constitution américaine. Le troisième « Procès du singe » se tient en 2005. Des scientifiques évolutionnistes, des créationnistes stricts ainsi que des théologiens partisans d'une séparation claire entre science et foi apportent ensemble leurs témoignages en défaveur de la thèse de l'intelligence supérieure.

Le juge John E. Jones III, pourtant nommé par George W. Bush qui s'appuie sur le lobby des chrétiens fondamentalistes statue en défaveur du *dessein intelligent*. Il souscrit au caractère théologique de l'ID et interdit son enseignement dans les cours de sciences des écoles publiques. La conclusion du jugement stipule que :

> Le dessein intelligent est effectivement issu d'une thèse religieuse et qu'il ne peut être dissocié du créationnisme, thèse religieuse par excellence.

Extensions du « dessein intelligent ». En 2005, en Australie, l'ID reçoit le soutien du ministre fédéral de l'Éducation, Brendan Nelson et de l'archevêque catholique de Sydney, George Pell. La communauté scientifique réagit fortement, mais plusieurs écoles privées ont déjà fait connaître leur intention d'enseigner l'ID en cours de philosophie s'il ne peut s'inviter dans les programmes de sciences naturelles.

En France, les partisans du *dessein intelligent* trouvent une tribune avec l'Université interdisciplinaire de Paris (UIP), qui n'est pas une université au sens classique du terme, mais une association prosélyte fondée en 1995. Elle organisait à l'époque des conférences avec le soutien d'organismes prestigieux dont la vocation est parfois théologique : l'abbaye bénédictine de Wisques, le *Center for Theology and Natural Sciences*, le Conseil pontifical de la culture du Vatican, l'Université pontificale de Latran, l'Université pontificale grégorienne, etc. L'UIP est en partie financée par la Fondation Templeton, dont la stratégie vise à favoriser les échanges entre science et religion. Mais, cette dernière a récemment pris ses distances par rapport à l'*Intelligent Design*[1].

Conclusion

Les créationnistes littéralistes semblent aujourd'hui en perte de vitesse au sein des Églises protestantes. Mais les « *Iders* » sont nombreux, et peuvent bénéficier du soutien d'autres organisations religieuses, puisque la doctrine du plan divin séduit aussi de trop nombreux décideurs catholiques ou musulmans. Mais les créationnistes restent divisés, et le tableau 3, présenté ci-dessous, vise à comparer les diverses croyances fondamentales au sujet des origines, classées en fonction de leurs contenus scientifiques et religieux.

1. http://www.businessweek.com/magazine/content/05_48/b3961617.htm

Les connaissances scientifiques qu'elles sont susceptibles d'intégrer	Nom des doctrines	Les enseignements bibliques et/ ou coraniques qu'elles intègrent
aucune restriction	évolutionnisme matérialiste athée	aucun (refus de principe)
aucune restriction	évolutionnisme naturaliste agnostique	abstention de principe à l'égard de toute croyance
aucune restriction	évolutionnisme déiste	aucune restriction, à la condition que les Écritures puissent être interprétées de manière symbolique
l'évolution est acceptée comme processus naturel, mais sans la contingence	dessein intelligent (*Intelligent Design*)	aucune restriction, mais les Écritures peuvent toutes être interprétées de manière symbolique
l'évolution est acceptée comme processus naturel, sauf dans le cas de l'espèce humaine	évolutionnisme théiste	les Écritures peuvent être interprétées de manière symbolique, mais l'homme reste une créature divine
abstention de principe à l'égard des théories, en considérant qu'elles peuvent changer, sans proposer de vérité définitive	création continuée (*Progressive Creationism*)	les Écritures ne précisent pas la manière dont les espèces sont apparues, la Création ayant pu se réaliser progressivement, laissant ainsi au moins une apparence d'évolution
refus de l'évolution du vivant, mais acceptation de l'histoire naturelle de l'Univers et des reliefs terrestres	créationnisme « vieille Terre » (*old-earth creationism*) *Gap Creationism* *Day-Age Creationism*	aucune restriction, mais les jours de la Genèse sont assimilés à de longues périodes géologiques
refus de toute forme d'évolution	créationnisme « jeune Terre » (*young-earth creationism*) créationnisme scientifique	aucune restriction

Tableau 3. Les diverses croyances fondamentales au sujet des origines, classées en fonction de leurs contenus scientifiques et religieux. Attention, ce tableau ne suit pas l'ordre chronologique. Il constitue un classement regroupant, exceptionnellement, des conceptions de natures différentes (scientifiques, philosophiques, religieuses) en fonction de leur vraisemblance à l'égard des connaissances factuelles (colonne de gauche) et des enseignements bibliques (colonne de droite). Ce tableau a l'avantage de montrer la diversité des positions créationnistes, qui ne reposent pas toutes sur les mêmes présupposés méthodologiques, et qui ne s'opposent pas toutes de la même manière aux actuelles théories scientifiques.

Après avoir passé en revue les relations entre les religions chrétiennes et la science, analysons celles qui caractérisent la dernière religion du Livre, celle de l'islam.

Chapitre 7

La création et le créationnisme dans l'islam

Préface de Malek Chebel

Créationnisme et darwinisme en islam

Contrairement à ce que nous voyons aujourd'hui, en particulier en Occident où la peur de l'islam domine et étouffe l'observation objective, l'islam et la science entretiennent depuis longtemps une longue histoire de complicité et de passion. Il suffit de jeter un œil aux encyclopédies de la science expérimentale, et notamment à la terminologie usitée dans des domaines aussi divers que les mathématiques, la cosmologie, la mécanique, la structure de la terre, la géographie ou la médecine pour s'en rendre compte. On ne peut se livrer à telle ou telle expérience dans les domaines de la chimie des liquides ou de la cosmologie, y compris le département de la parfumerie, sans faire recours aux vocables arabes et admettre l'inadmissible. Enfin, la terminologie de ceux qui observent les cieux est truffée de mots venus de l'arabe, autant que l'hydraulique ou le vivre ensemble. La science arabe, qui certes a vécu, était l'une des plus fécondes du monde. En philosophie aussi, le questionnement scientifique est non seulement permis, mais encouragé. À cet égard, celui qui a posé

Illustration : Calligraphie du nom de Dieu « *Allah* », en arabe, qui se lit de droite à gauche.

le mieux la question de la science est un mystique iranien du nom de Nasir-e Khosraw quand il écrit, dans une longue tirade de son ouvrage intitulé *Le Livre réunissant les deux sagesses*, la sagesse philosophique et la sagesse théosophique, qui date tout de même du XIe siècle :

> S'il demande quelle est la définition de la lumière, nous disons : c'est une substance simple que l'on peut voir et par laquelle on voit les choses. Ce qu'est l'obscurité ? L'absence de lumière. La définition du jour ? La présence du soleil : ce côté de l'Univers qui est au soleil correspond au jour. La définition de la nuit ? L'ombre de la terre. Ce qu'est la sphère ? Un corps qui entoure l'Univers. Ce qu'est l'Univers ? Cela même qui, en son milieu, contient la sphère. La définition de l'étoile ? Un corps lumineux, rond, chargé de lumière condensée[1].

Et cela continue sur plusieurs pages : qu'est-ce que le feu, qu'est-ce que la terre, qu'est-ce que le temps, qu'est-ce que l'espace, qu'est-ce que la chaleur ? etc. On se rend compte qu'en matière de science, deux filons distincts traversent l'Univers musulman : le premier est non-religieux, presque profane ; le second est religieux. Même si Nasir-e Khosraw est un mystique et un poète, il fait partie de la première catégorie. Quant à la seconde, elle se constitue progressivement entre le VIIIe et le XIe siècle. Là encore, toutes les questions sont abordées de front : la concentration en gaz, l'attraction terrestre, l'évolution au sein du cosmos, l'origine des geysers, etc. Certains penseurs musulmans n'hésitent pas à se réclamer du verset 30 de la sourate des Prophètes comme étant une préfiguration à l'explication donnée aujourd'hui par les tenants du Big-Bang. Selon ces penseurs, et en particulier l'Égyptien Zaghloul An-Najjar, dans une série d'opuscules sur les « miracles scientifiques » du Coran, la création de l'Univers procède d'une dilatation voulue par Dieu et ramenée par lui à un niveau suffisant d'équilibre entre les différentes composantes de la matière primordiale. La question d'une hylée primordiale est également celle que se posent, à leur façon, les tenants du darwinisme, adeptes de l'évolution humaine à partir d'une source inférieure, et du créationnisme, qui professe un « *Intelligent Design* », dévolu à Dieu, même si cette thèse est combattue par certains tribunaux américains qui la jugent, entre autres, contraire à la Constitution américaine. En apparence donc, l'islam ne déroge pas à la règle intangible du créationnisme, suivant en cela les enseignements officiels des

1. *In :* 1990. *Le Livre réunissant les deux sagesses* (Kitab-e jami' al-hikmatayn). Fayard, Paris, p. 112-113.

monothéismes qui l'ont précédé. À vrai dire, cette interrogation n'est jamais explicitement posée dans le Coran et pas même dans la littérature religieuse qui a jalonné l'islam depuis bientôt quatorze siècles. Et pour cause : le darwinisme étant récent, il ne pouvait donner lieu à ce type de spéculations dans des milieux de théologiens qui, très souvent, posent après coup le périmètre de leur philosophie éthique. Ce qui explique pourquoi il n'y a pas dans le Coran de philosophie du darwinisme semblable à la théorie de l'évolution ou, à l'inverse, une théorie officielle du créationnisme, mais seulement l'expression d'une évidence qui sonne comme une fin de non-recevoir : le Coran est créationniste, dès lors que l'Être humain est à l'image de son Créateur, Dieu. À l'instar des autres monothéismes, l'islam présente le créationnisme sans complexe, ni distance critique. Et pour cause, dans une religion où même le fœtus est crédité d'un héritage possible, il était impensable que la doxa agisse autrement. En outre, le fait que le Coran soit le recensement de la parole d'Allah, cela fige dans le marbre la primauté du créationnisme sur le darwinisme. Un exemple parmi tant d'autres, mais qui a un réel poids symbolique : Ève née de la côte d'Adam est le premier verset de la sourate des femmes : IV, 1 :

> Ô vous les Hommes, craignez Dieu, Celui qui vous a créés d'un seul être. Et de cet être initial, il a sorti son équivalent. Du couple (primordial), il fit foisonner une profusion d'hommes et de femmes. Croyez en ce Dieu que vous invoquez, ainsi que ces foyers de vie, Allah est celui qui vous observe.

Toute l'évolution y est déclinée, mais à travers un dispositif qui ne cherche ni la polémique, ni la contestation. Du reste, un tel raccourci montre à lui seul que le Coran se situe dans le droit chemin des grandes philosophies monothéistes et ne peut donner davantage de crédit aux combats qui se jouent actuellement sur l'affranchissement d'un sexe, ici la femme, par rapport à un autre. Ce qui se joue au niveau sexuel est également présent au niveau matériel, la constitution de la terre, son occupation par la souche humaine, la place des prophètes et leur rôle dans la transformation des sociétés, la nécessité de croire et d'adorer un seul Dieu par rapport à la multitude des divinités, l'existence ou non des anges, etc. Le récit de la Genèse selon lequel la Création du monde a eu lieu en sept jours est repris tel quel dans le Coran. De ce point de vue, le Coran est d'abord une archéologie de la sensibilité religieuse, et son extension au niveau planétaire. Aucune incertitude ne peut remettre en question cette évidence, et c'est au nom de cette immédiateté que s'explique le très grand nombre de versets dans le Coran qui plaident pour le Créationnisme et qui, de fait, récusent le Darwinisme. Il suffit de comparer le volume des versets où il est question de création : création du Monde, création de l'homme, création des cieux et de la terre, etc., pour se rendre définitivement compte que la position inébranlable acquise par l'idée créationniste qui évacue l'idée darwiniste et la dépouille même de sa pertinence. Cela étant dit, il faut se méfier absolument d'une tendance inverse, celle qui consiste à imposer une seule lecture au Texte sacré. Cette tentation est très grande chez les fondamentalistes, les idéologues de l'islam et les prédicateurs. L'exemple le plus éloquent étant Harûn Yahya qui procède à des extrapolations extrêmement contestables, lorsqu'elles ne sont pas tout simplement absurdes et fausses. Dans ce domaine, il n'y a rien de mieux que de laisser les scientifiques mener toutes les recherches qu'ils désirent dans le but d'établir une vérité qui ne peut être éliminée ou écartée par la foi. La foi a autant de légitimité évidemment que la vérité scientifique, mais l'une ne peut prétendre étouffer ou diminuer la pertinence de l'autre : elles sont consubstantielles à la démarche lente et affirmée de l'homme à vouloir pénétrer les mystères de la Création. Le créationnisme ne peut donc être poussé à l'extrême, jusqu'à la caricature dans certains cas, sans qu'il porte préjudice au darwinisme et à la théorie de l'évolution. L'ouvrage de ces deux savants contribue amplement à délimiter la cohérence et le juste équilibre qui doit régner entre les deux sphères.

Malek Chebel, anthropologue des religions, spécialiste de l'islam.

Le Coran et ses interprétations

En préambule, comme pour les chapitres précédents, nous rappelons que nous ne portons aucun jugement sur l'aspect religieux de textes qu'il appartient à chacun de considérer comme des Écritures saintes ou non. Nous nous contenterons de rechercher les éléments écrits qui se rattachent à ce qu'est devenue la science depuis la rédaction de ces textes, afin de comparer objectivement le discours religieux avec les avancées de la science d'une part et les traditions antiques d'autre part. En effet, une certaine tradition théologique musulmane veut que le Coran ne soit nullement pris en défaut par l'expérience. Réciproquement, la plupart des croyants refusent d'admettre des idées qui seraient incompatibles avec leur religion. Pour certains d'entre eux, mais pas tous, l'évolution biologique en ferait partie. Une stratégie propre à la théologie musulmane vise alors, pour certains modernistes dont Maurice Bucaille, à interpréter le Coran de telle sorte qu'il semble anticiper les découvertes actuelles.

Cette approche concordiste ne respecte pas la distinction que nous avons établie entre les domaines du « *comment ?* » et du « *pourquoi ?* ». Les théologiens musulmans que nous avons contactés nous ont offert des lectures diverses et contradictoires, ce qui est parfaitement logique à partir du moment où l'on reconnaît la nécessité d'une interprétation. Tous reconnaissent volontiers que le Coran n'est pas un livre de science. Dès lors, si son interprétation dépend des connaissances scientifiques, il faut laisser toute liberté à la science, sans idée préconçue, et surtout ne pas sélectionner d'avance les seules informations qui semblent conformes au texte littéral du Coran. Les deux domaines doivent être séparés, de l'avis même de ces théologiens.

Le Coran (nom qui signifie « prédication religieuse ») est un livre très différent de l'Ancien et du Nouveau Testament. Selon Rochdy Alili[1], il existe dans la péninsule Arabique une forte tradition monothéiste abrahamique portée par des sages dès avant Mahomet. On les appelle les *Hanif :* par syncrétisme, ces derniers adoptent un monothéisme associant des conceptions du judaïsme et du christianisme débouchant sur l'islam, au VIIe siècle de notre ère. Le Coran présente en effet des références constantes à Noé, Abraham, Moïse et Jésus.

Le Coran rassemble 114 sourates renfermant, selon les éditions, entre 6 211 et 6 218 versets, qui se répètent de très nombreuses fois, et souvent sans aucun classement. Une telle structure du livre déconcerte le lecteur occidental. Ces répétitions sont interprétées comme apportant une précision et une clarification supplémentaire.

1. Alili, R. 2000. *L'islam à l'usage de ma fille*. Seuil, Paris. Voir aussi : Alili, R. 2000. *Qu'est ce que l'islam* ? La Découverte, Poche-Essais, Paris.

Selon le texte lui-même[1], le Coran a été révélé à Mahomet (né vers 570, mort en 632 de notre ère), qui ne savait ni lire ni écrire, par l'archange Gabriel, sur une durée de plus de vingt ans, entre 612 et 632. Si la récitation du Verbe a duré vingt ans, c'est seulement après l'Hégire, l'exil à Médine, que Mahomet en livre les premiers écrits. Sous le troisième calife, Othman Ben Affan, c'est-à-dire entre quinze et vingt-cinq ans après la disparition du Prophète, le Coran est discuté, vérifié, et mis au point dans la version connue sous le nom de la « recension de la Vulgate coranique ». Comme certaines variantes avaient cependant été conservées, ce travail a encore été vérifié et élagué par Hajjaj ben Youssouf à la fin du VIIe siècle et présenté au VIIIe siècle sous la forme définitive du Coran arabe.

Le Coran est essentiellement un hymne à la gloire du Dieu unique qui reprend, souvent de façon fortement adaptée, la Torah et certains aspects des Évangiles. En effet, les musulmans estiment que le Coran complète et corrige les religions juive et chrétienne.

L'interprétation du Coran s'avère complexe, car elle repose sur les conséquences des multiples conflits qui ont résulté de la dispute au sujet de la légitimité de la succession de Mahomet[2]. Il n'est pas inutile de rappeler ici ces controverses qui permettent de comprendre les tendances actuelles de l'islam et les diverses interprétations du Coran.

Le premier successeur de Mahomet élevé par la communauté, l'*Oumma*, au rang de calife (*kalifat rasoul Allah*[3]) fut son vieux compagnon Abou Bakr. Cette façon de choisir le successeur fut donc prise au détriment du principe dynastique, qui aurait voulu que le successeur du Prophète soit choisi au sein de sa famille et de ses descendants. En fait, il y avait derrière ces dissensions les divergences entre les *mouharijiroun*, musulmans de La Mecque, et les *ansars*, musulmans de Médine, auxquels s'ajoutaient celles existant entre les citadins et les bédouins, sans compter celles qui séparaient les Arabes du nord et ceux du sud.

---

1. Nous avons utilisé la traduction publiée par Malek Chebel en 2009 chez Fayard, Paris.
2. Voir : Alili, R. 2000. *Qu'est-ce que l'islam ?* La Découverte/Poche, Paris.
3. L'envoyé de Dieu.

Oumar fut le second calife. Mais les ansars médinois devinrent les défenseurs d'Ali, cousin et gendre de Mahomet, estimant que la succession d'Abou Bakr était illégale et lui revenait. Ils devinrent les *chiites* (*chi at Ali*), et se présentèrent comme les tenants de la légitimité des descendants du Prophète. À la suite d'Oumar, deux gendres du Prophète entrèrent en lice : Ali et Othman Ben Affan, qui fut élu par un conseil des compagnons du Prophète. Mais, après avoir établi des alliances avec des anciens opposants à l'islam, les Banou Oumayya, et avoir favorisé le gouverneur syrien Mouawiya, Othman Ben Affan fut assassiné. Ali se proclama alors calife. Cette décision unilatérale fut contestée et trois camps se dessinèrent, qui donnèrent naissance à trois courants qui subsistent encore aujourd'hui au sein de l'islam.

Le premier, largement majoritaire, regroupe les *sunnites* qui sont les musulmans de la *Communauté* et suivent strictement les pratiques, la ligne de conduite et la tradition du prophète Mahomet, la *Sunna*.

Le second est celui des *chiites*, les partisans d'Ali. De grands affrontements opposèrent les partisans d'Ali, les parents d'Othman, les Banou Oumaya (encore appelés les Omeyyades) et le parti d'Aycha, la veuve du Prophète. La première *bataille du Chameau* entre musulmans, en 656, aboutit à l'élimination du parti d'Aycha, qui s'est retirée alors à La Mecque. Ensuite commence la grande dissension, plus connue sous le nom de la *Fitna*, entre Ali et Mouawiya, l'un des stratèges syriens de l'expansion de l'islam. Lors de la *bataille de Siffin*, une commission de conciliation a tenté de régler le différend, mais certains partisans d'Ali, constituant le troisième groupe des *kharijistes*[1], s'y sont opposés. Finalement après *l'arbitrage* dit *d'Edroh*, Ali semble avoir été désavoué et a maintenu ses partisans essentiellement en Irak, où il eut à se battre contre les *kharijistes*, qu'il a écrasés à la *bataille de Nahrawan* en 658. Mais Mouawiya, devenu calife en 660, créa la dynastie des Omeyyades qui contrôla le reste de l'empire musulman[2].

1. Ceux qui sont sortis du groupe (*kharaja*).
2. Pour plus de détails, consulter : Alili, R. 2000. *Qu'est-ce que l'islam ? op. cit.*

Parmi les sunnites, le courant actuellement dominant (puisqu'il regroupe environ 85 % des musulmans dans l'ensemble du monde), on distingue quatre écoles. D'un côté, les écoles conservatrices des *hanbalites* (Arabie Saoudite) et des *chaféites* (Basse Égypte, Arabie du Sud, Jordanie, Afrique orientale et du Sud, Insulinde) sont *très attachées à la lecture littérale des textes et refusent toute innovation personnelle dans le domaine religieux*. De l'autre côté, les écoles *Malékites* (Afrique noire et blanche) et *Hanafites* (Turquie, Inde, Chine, Asie Centrale) *admettent l'interprétation personnelle des Écritures.*

C'est du courant *sunnite* conservateur hanbalite qu'est dérivé, depuis le milieu du XVIIIe siècle, le *Wahhabisme.* Cette doctrine refuse les traditions extérieures au Coran et à la sunna. Il rejette également le culte des saints. C'est du Wahhabisme qu'est issu le courant *salafiste,* qui prône un retour à l'islam des origines (correspondant au temps des premiers compagnons du prophète, les pieux ancêtres), et d'où sont dérivés, plus récemment, les mouvements fondamentalistes activistes de l'islam, connus sous le nom d'*islamisme.* Les théologiens de ces mouvements sont fréquemment littéralistes.

Les *chiites* (en Iran et en Irak, principalement), qui regroupent aujourd'hui environ 15 % des musulmans, sont divisés en *zaydites, ismaéliens*[1] et *druzes* ainsi que des dérivés des Druzes, mais opposés (*nizarisme*[2] et *moustalisme*), auxquels il faut ajouter les *nousaryi* ou *Alaouites.* Il faut également mentionner les *chiites duodécimains*[3] ou *Imamites.*

Enfin, un troisième groupe, celui des *kharijistes* est moins représenté dans le monde actuel.

Ces courants religieux interprètent différemment les textes du Coran. Les conservateurs attachés à la lecture littérale des textes se montrent fermés à l'esprit critique, tandis que certains lecteurs plus

1. Les *ismaéliens* ont beaucoup utilisé le chiffre 7, très symbolique comme nous le verrons, d'où leur nom de *septimaniens.*
2. Ce sont des *nizarides* retirés dans la forteresse d'Alamout qui ont créé la secte des *hachaychin* (les assassins), des terroristes capables de se sacrifier pour éliminer des *sunnites* éminents.
3. Ce sont les chiites qui ne contestèrent aucun des douze imans officiels qui descendent d'Ali, dont le 12e serait l'iman caché, le Madhi. Pour eux, chaque grand prophète a été suivi de douze imans, les *cycles prophétiques.*

ouverts prônent une réforme de l'islam pour qu'il s'intègre mieux dans le monde actuel. Les premiers révèlent clairement des tendances créationnistes, tandis que les seconds cherchent davantage à concilier le Coran avec la science.

Certains islamistes sunnites ou chiites, mais pas tous, rejettent les idées humanistes et les principes philosophiques occidentaux, tels que la démocratie et la laïcité, et entrent donc en contradiction avec l'esprit des Lumières. Or le Coran lui-même déclare (Sourate III, verset 5), que certains versets parfaitement clairs ont une portée éternelle et que d'autres ont une interprétation plus délicate mettant en jeu la foi du lecteur :

> C'est Lui qui t'a envoyé le Livre. Parmi les versets qui le composent, les uns sont fermement établis et contiennent les préceptes ; ils sont la base du livre ; les autres sont allégoriques. Ceux qui ont un penchant à l'erreur dans leurs cœurs s'attachent aux allégories par amour du schisme et par le désir de les interpréter ; mais Dieu seul en connaît l'interprétation. Les hommes consommés dans la science diront : Nous croyons au Livre, tout ce qu'il renferme vient de Dieu. Les hommes sensés réfléchissent.

Le Coran prête aussi explicitement à l'interprétation, dans la mesure où seul Dieu peut connaître d'une manière certaine. Une lecture littérale de ce texte apparaît donc simpliste. Mais la question reste posée de savoir jusqu'où peuvent aller ses interprétations.

Au Coran s'ajoutent les *hadith*, c'est-à-dire la tradition prophétique, le livre de récits et de déclarations de Mahomet, qui se situent en dehors de la révélation du Coran. Ils sont le parallèle des Évangiles pour la vie de Jésus. Les musulmans considèrent avec grand intérêt les *Six Livres* du Sunnisme, dont le plus cité est le Sahih d'al-Boukhari avec ses 7 500 hadiths, dont certains sont considérés comme de simples paroles du Prophète (*nabawi*) et d'autres comme prononcés sous l'inspiration divine directe (*koudsi*). Chez les chiites, les *Quatre Livres* rapportent essentiellement les traditions des descendants d'Ali, comme celui de Mohammed Koulayni. De nombreux hadiths ont été déformés par les narrateurs (d'une façon volontaire ou involontaire) et ne possèdent donc pas le même degré d'authenticité que le Coran qui est appris et récité par cœur, dès l'origine, par les musulmans.

Ce que dit le Coran de la Création

Comme nous l'avons déjà dit, et comme Malek Chebel vient encore de le souligner, les trois religions du Livre ont comme fondement la « création du monde » par Dieu, le Créateur. C'est à ce titre qu'elles sont « créationnistes » par essence. Mais ce créationnisme n'est pas synonyme d'opposition à la science qui en découvre et décrit la formation. Ce ne sont que les « lectures littéralistes des Écritures » qui en contestent le bien-fondé.

Comme la Torah, le Coran reprend les récits sumériens du déluge, de Noé et de son arche. Le Coran répète de très nombreuses fois la succession des prophètes envoyés par Dieu pour éduquer l'homme et revient constamment sur les relations entre les Juifs, les Chrétiens et les musulmans, comme le précise la Sourate IV, verset 163 :

> Nous t'avons fait une Révélation (à Mahomet), comme Nous avions fait une Révélation à Noé et aux différents prophètes qui lui ont succédé. Et nous avons inspiré Abraham, Ismaël, Isaac, Jacob, ainsi que les tribus : Jésus, Job, Jonas, Aaron, Salomon, tandis que nous avons transmis les Psaumes à David.

Dans la Sourate IV, verset 164, il est écrit :

> Nous t'avons conté les histoires de certains prophètes, mais celles d'autres prophètes nous les avons tues. Dieu a parlé distinctement à Moïse.

Dans la Sourate V, verset 46, on relève :

> Nous avons établi à leur suite, Jésus, fils de Marie, confirmant ce qui existait avant lui de la Torah. Nous lui avons révélé l'Évangile, tant Direction bénéfique que Lumière, et en même temps une confirmation de la Torah qu'il tenait entre ses mains en tant qu'elle est un appel et une exhortation pour les personnes qui craignent Dieu.

Dans la Sourate V, verset 48, on lit aussi :

> Nous t'avons révélé le Livre, en sa vérité, pour attester ce qui se trouve comme autres Écritures avant lui, et qui, ce faisant, les valorise…

Le Coran est donc un livre religieux, écrit :

> Au nom d'Allah[1], le Clément, le Miséricordieux,

qui dit ce qu'il faut faire pour parvenir aux « jardins des délices » du paradis. Le livre décrit les pires malheurs qui attendent les infidèles, les incroyants et les impies voués au feu de la géhenne, de l'enfer, ainsi qu'il est écrit dans la Sourate XLVII, au verset 15 :

> À l'image du paradis qui a été promis aux fidèles et où couleront des fleuves d'une eau incorruptible, des fleuves de lait au goût inaltérable, des fleuves de vin exquis pour ceux qui le boivent et des fleuves de miel pur. Ils auront en plus toutes sortes de fruits et de nourriture succulentes, ainsi que le pardon de leur Seigneur, contrairement à ceux qui séjourneront en enfer et qui auront une eau brûlante qui déchirera leurs entrailles.

De très nombreuses sourates et versets sont consacrés à la vie de tous les jours, aux relations humaines, édictant le droit des hommes et des femmes sur le mariage, le divorce, les femmes, le veuvage, la façon de se conduire et surtout sur ce qu'il ne faut pas faire : autrement dit, un code de bonne conduite.

Mais le Coran aborde aussi de nombreux domaines concernant la science actuelle : la Création du monde, l'Astronomie (Monde, Soleil, Lune, Terre), divers phénomènes naturels (comme la foudre), les êtres vivants animaux et végétaux, l'homme et la reproduction, ainsi que le devenir de la Terre et du Soleil au jour du jugement (c'est-à-dire à la fin des temps).

L'islam recommande la recherche de la science, l'usage de l'intelligence, de la raison. L'homme est un animal raisonnable car, sans la raison[2], il ne pourrait pas comprendre la Révélation et y croire, comme le dit l'islamologue Roger Arnaldez[3]. Autrement dit, la raison doit précéder la Révélation, à laquelle elle s'adresse, plutôt qu'à son corps. Les

1. Dans la traduction de Malek Chebel que nous avons retenue, l'auteur utilise le nom d'*Allah* comme le Coran. Il écrit Maître, Dieu ou Seigneur-Dieu lorsque le Coran utilise le nom générique de Rabb. Cependant il serait faux de penser qu'« Allah » est seulement le Dieu des Arabes, c'est aussi le Dieu du monothéisme.
2. Le Coran n'utilise pas le mot classique « aql » qui désigne la raison et l'intelligence, mais le terme « *aquala* » qui signifie « compréhension rationnelle » et le verbe « *intelliger* ».
3. Arnaldez, R. 2002. *L'homme selon le Coran*. Hachette Littératures, Paris.

animaux et les plantes ne sont pas doués de raison, mais sont soumis à des lois physiques, biologiques et physiologiques qui n'ont rien à voir avec la Loi religieuse, la *sharî'a*, seule destinée aux hommes.

Un *hadith* du Prophète écrit :

> Recherche la science, même en Chine.

Il exprime ainsi la nécessité pour un musulman d'une « quête du savoir ». Dans le cas de certains hadiths (qui se situent, rappelons-le, en dehors de la Révélation proprement dite) entrant en contradiction avec la science, les théologiens admettent de s'en remettre prioritairement à la science et à la raison. Car s'il existe une seule vérité, la cohérence doit être totale entre le Coran et la nature. Il ne saurait donc y avoir de contradictions entre la description du « comment » et celle du « pourquoi ». La science doit offrir *l'explication* des phénomènes et la religion, le *sens* qu'il convient de leur donner.

De fait, aucun texte fondateur des religions du Livre n'a formellement condamné la science. Seuls certains fondamentalistes ne se sont pas privés de la réfuter et de la rejeter, si elle paraît en contradiction avec une lecture littérale des textes sacrés, écrits à une époque où la science était seulement balbutiante.

En le comparant avec la Bible et les Évangiles dans *Le Coran, la Bible et la science*[1], Maurice Bucaille estime que le Coran est le seul de ces textes à ne jamais entrer en contradiction avec les faits scientifiques modernes avérés. Mais, par son concordisme excessif, ce livre de Bucaille est désormais considéré par certains comme dépassé, y compris par certains membres de la communauté musulmane, mais toujours regardé avec beaucoup d'intérêt dans de nombreux milieux

1. Bucaille, M. 1976. *La Bible, le Coran et la science. Les Écritures saintes examinées à la lumière des connaissances modernes*. Seghers, Agora, Paris.

musulmans ou non-musulmans. Les travaux de Kamel Ben Salem[1] et surtout de Nidhal Guessoum[2] comparent autrement certains extraits du Coran avec les connaissances modernes astronomiques.

Nous reprendrons donc les textes du Coran, relatifs aux phénomènes de création du Monde ou de l'Univers, du Soleil, de la Terre, des animaux et des plantes et enfin de l'homme. Nous y ajouterons quelques commentaires sommaires, renvoyant aux chapitres scientifiques de la troisième partie pour un complément d'information plus approfondi au sujet des acquis de la science d'aujourd'hui dans ces domaines.

Dieu, Créateur du monde

Pour les musulmans, le plus important est d'affirmer que Dieu est le Créateur de tout ce qui existe. Mais le Coran ne détaille pas son mode opératoire. Ainsi, la Sourate XXXV, verset 1 :

> Louange à Allah, Créateur des cieux et de la terre, Celui qui a fait des anges Ses messagers ailés, envoyés par deux, trois ou quatre. Celui qui ajoute à la création ce qu'Il veut, Allah est puissant en toute chose.

Le Coran est un hymne à la gloire de Dieu, mais reste très général et très évasif au sujet des processus de la création. C'est une chose normale que le Coran n'entre pas dans les détails de création, de même que tous les autres livres religieux, car son rôle est seulement d'inciter à la réflexion et à la méditation.

Dans la sourate X, verset 3, il est écrit :

> Votre Seigneur Allah est Celui qui a créé les cieux et la terre en six jours. Après quoi, il s'installa sur le Trône afin d'élaborer l'ordre…

1. Professeur d'Analyse des Données, Département des Sciences de l'Informatique, Faculté des Sciences de Tunis, Tunisie. Ben Salem, K. 2006. *The Future of Solar System and Earth from Religious Point of View*. *In* : Burdyuzha, V. (Éd.), *The Future of Life and the Future of our Civilization*, Springer, p. 437-453.
2. Guessoum, N. 2009. *Réconcilier l'islam et la science moderne. L'esprit d'Averroès*. Presses de la Renaissance, Paris.

Les eaux primordiales

Dans la sourate suivante, XI, verset 7, il est précisé que Dieu, avant la création, avait établi « son siège sur l'eau » qui se trouve au ciel :

> Il est Celui qui a créé les cieux et la terre en six jours, alors que Son Trône était sur l'eau, de façon à distinguer parmi vous le meilleur par ses œuvres…

En fait, l'existence d'eau avant les créations est un mythe très ancien que l'on trouve dans plusieurs religions : hindoue, sumérienne, ougaritique, égyptienne et judaïque. Cela explique pourquoi, dans de très nombreux textes de création, le Créateur sépare préalablement les eaux d'en haut, des eaux d'en bas. Dans les différentes traditions, ce processus de séparation est toujours l'œuvre d'un démiurge[1]. Par exemple dans le poème babylonien de la création, intitulé *Lorsqu'en haut*[2], l'Univers primitif était considéré comme formé du mélange indifférencié des eaux douces, désignées sous le nom d'*Apsou* (l'initial) et des eaux salées marines assignées à *Tiamat*. La « séparation des eaux » est évoquée dans la Genèse biblique, comme nous l'avons déjà indiqué dans les chapitres 2 et 3. On la retrouve dans les textes de la mystique cosmique juive de l'époque gaonique (Haut Moyen Âge) à Babylone[3], où il est écrit :

> Le deuxième jour, il sépara les eaux. Il en a placé une partie en haut, une partie en bas. Sur les eaux qu'il avait placées en haut, il fixa les sept demeures, le trône de la Gloire et l'enclos des anges et sur les eaux qu'il avait placées en bas, il fixa sept abîmes ainsi que leurs qualités. Il étendit le firmament au-dessus des eaux entre les eaux supérieures et les eaux inférieures. Et pourquoi le Saint, béni soit-il les sépara-t-il ? Parce que les eaux supérieures sont mâles et les eaux inférieures sont femelles et lorsqu'elles voulaient jouir les unes des autres, elles étaient sur le point de détruire le monde.

---

1. On appelle « démiurge » une divinité créatrice qui organise le monde. C'est le nom que Platon donnait au dieu architecte de l'Univers.
2. Poème rédigé vers 1100 av. J.-C., et qui était récité à chaque nouvel an.
3. L'époque gaonique du VIe au IXe siècle, est ainsi dénommée des *gaonims*, ou *gaons*, selon S. Karppe, d'après les docteurs qui dirigèrent après la clôture du Talmud, les destinées morale et intellectuelles des juifs de Babylonie et de tous les pays. Voir : Karppe, S. 1904. *Étude sur les origines et la nature du Zohar, précédée d'une étude sur l'histoire de la Kabbale.* Revue néo-scolastique, 11(43) : 369-373.

Dans tous ces textes, les eaux d'en haut correspondent à la pluie, l'eau fécondante des plantes et de la vie, tandis que celles d'en bas correspondent aux rivières, à la mer, ou aux océans. Les combats entre les démiurges et les eaux marines, assimilés au chaos, sont décrits également dans les textes indiens du combat d'Indra avec son jet de foudre (vajra) contre Vrita le serpent des temps primordiaux. On les retrouve dans les textes sumériens de Gilgamesh, où le dieu Mardouk a vaincu Tiamat en lui brisant le crâne. Dans les textes bibliques, il est décrit d'une part, sous le nom de Léviathan, dont Yahvé brise le crâne dans le Livre de Job, et d'autre part sous le nom de Rahab, ou du Dragon tannin, ce dernier correspondant au Dragon égyptien Apophis, l'ennemi de la lumière. Dans tous les cas, la victoire du démiurge implique le passage de l'éternité au temps. M. Wakeman assimile ces récits au mythe hésiodique du dieu Kronos et au récit de la rivalité entre Horus et Seth en Égypte, ainsi qu'aux relations, à Ougarit, entre le dieu Ba'al[1] vainqueur du dieu de la Mer, Yam. Ce dernier affrontement reprend le mythe syrien du combat entre le dieu de l'Orage et le dieu de la Mer.

La création du monde

Il faut d'abord signaler une réflexion importante du Coran au sujet de la relativité des diverses créations, dans la sourate XL, verset 57 :

> La création des cieux et de la Terre dépasse de loin la création de l'homme, mais la plupart des gens ne le savent pas.

Ce texte souligne incontestablement l'importance de l'astronomie dans le Coran. Il faut se rappeler en effet que le Coran a été élaboré en Arabie, dans un pays désertique, où les déplacements des caravanes se faisaient la nuit pour éviter la fournaise du soleil. Il en résulte que les Arabes étaient de grands experts du ciel étoilé et qu'ils se dirigeaient en se repérant grâce aux étoiles, et en particulier à l'étoile Polaire.

Dans la sourate III, verset 190, il est écrit :

1. Il devint ensuite un dieu rejeté par YHWH (Yahvé) avec le massacre de tous ses prophètes sur les rives du fleuve Qishôn.

> Car il y a dans la création des cieux et de la terre, de même que dans l'alternance de la nuit et du jour, des éléments d'appréciation pour ceux qui sont épris de sens.

Dans la sourate XXXI, verset 10, il est précisé :

> Il a créé les cieux sans les tenir par des colonnes visibles. Il a posé des montagnes sur la terre afin qu'elle soit stable. Il a répandu sur elle toutes sortes de bêtes et d'animaux. Nous avons fait descendre du ciel une eau afin d'y faire croître une noble paire de chaque espèce.

La conception d'un ciel soutenu par des colonnes est très ancienne. Chez les Mésopotamiens, on considérait l'Univers comme une boîte rectangulaire fermée, orientée du nord au sud, entourée d'eaux, dont la terre constitue le fond et sur les bords de laquelle s'élèvent les montagnes qui soutiennent le ciel. Au centre de cette boîte s'élève une grande montagne recouverte de neige, où le fleuve Euphrate prend sa source. Chez les anciens Égyptiens, on pensait que le ciel était plat et soutenu par quatre colonnes, ou des montagnes. C'est ce que l'on retrouve dans la symbolique des salles hypostyles des temples, où les colonnes supportent le ciel symbolisé par un plafond peint d'étoiles. Cette conception faisait toujours partie de la croyance populaire à l'époque de Mahomet en Arabie, les colonnes symbolisant les relations entre le ciel et la terre.

Les sept cieux

Le Coran ne présente pas de chronologie précise de la création des cieux et de la terre, mais dans la sourate II, verset 29, il est écrit :

> Il a tout créé pour vous sur terre ; puis s'est tourné vers le ciel et en a fait sept. Il est l'Omniscient.

La même chronologie inversée se retrouve dans la Bible où la Terre (au 3e jour) est créée avant le Soleil et la Lune (le 4e jour). Il est pourtant établi scientifiquement que les cieux n'ont pas été créés après la Terre, mais que l'Univers dans lequel nous vivons est apparu voici 13,7 milliards d'années selon des estimations récentes, tandis que la Terre et la Lune se sont formées au sein du Système solaire, il y a « seulement » 4,5 milliards d'années environ.

Dans de nombreuses autres sourates (VII, v. 54, X, v. 3, XI, v. 7, XXV, v. 59, XXXII, v. 4, L, v. 38, LVII, v. 4, LXXIX, v. 27-33 et LXXXXI, v. 5 à 10), l'ordre de présentation des créations est différent : les cieux sont mentionnés avant la Terre, ce qui apparaît scientifiquement plus correct.

Le fait que le Coran présente la création de la Terre et du ciel dans des ordres différents selon les sourates prouve que le Coran ne se présente pas comme un livre de science, mais comme un livre de louange à Dieu. L'ordre de la création importe peu, c'est la symbolique de la Création qui compte. La sourate II, au verset 213, explique en effet :

> C'est Dieu qui a guidé les croyants à diverger, avec Son autorisation, sur tels points de la vérité.

Michel Dousse, historien des religions, commente ainsi ce passage, qui lui permet de conclure son livre :

> Comme si Dieu – à la façon du récit de Babel dans la Genèse — était soucieux de ce que les hommes ne se réduisent pas à une suffisance unitaire sur un seul modèle. [...] Comme si le témoignage central du monothéisme comme tel consistait, de la part de l'homme et particulièrement du croyant, à tirer conséquence du fait que l'Un est unique (et donc que tout hors Lui est pluriel dans une diversité essentielle). C'est là une façon d'entretenir l'ouvert qui constitue à la fois une épreuve et une façon de priver la violence de l'une de ses occasions ou causes principales[1].

Dans la sourate LXVII, verset 3, il est précisé :

> Celui qui a créé sept cieux et qui les a disposés les uns sur les autres. Tu ne verras dans la création du Très-Miséricordieux aucune imperfection. Regarde encore si tu vois la moindre fissure, y voyez-vous une seule fissure.

Et dans la sourate LXXI, verset 15 :

> N'avez-vous pas vu comment Dieu a créé sept cieux superposés ?

Dans de nombreuses civilisations moyen-orientales, le chiffre 7 représente assez souvent un signe de multitude, de pluralité très générale. Il se trouve déjà dans les récits du déluge sumérien et akkadien qui se prolonge durant sept jours et sept nuits.

1. Dousse, M. 2002. *Dieu en guerre. La violence au cœur des trois monothéismes.* Albin Michel, Paris, p. 241-242.

Signalons comment Bucaille interprète le verset 12 de la sourate LXV :

> C'est Allah qui a créé sept cieux et autant de terres. Il y a entre eux une relation continue de façon que vous sachiez qu'Allah est puissant sur toute chose. Allah dispose d'une science infinie qui englobe tout.

Bucaille voit ici la preuve de l'existence d'autres planètes de type terrestre, 7 correspondant à une pluralité de planètes dans l'Univers. Il s'agit là d'un concordisme excessif, qui n'a pas de sens réel d'un point de vue scientifique, en raison de sa signification exclusivement symbolique. On sait en effet, comme nous le verrons ultérieurement, que notre Voie lactée, la Galaxie où se trouve notre Système solaire, renferme environ *150 milliards d'étoiles*, et, d'après les estimations statistiques actuelles, quelques *mille milliards de planètes*. On sait également que l'Univers visible rassemble quelques *350 milliards de grandes galaxies, 7 trillions*[1] *de galaxies naines et 30 milliards de trillions d'étoiles !* Le Système solaire est constitué de sous-systèmes de planètes de structuration hiérarchique avec de nouvelles planètes découvertes récemment[2]. En ce qui concerne les lunes des planètes, leur nombre autour de celles du Système solaire est déjà considérable[3] et n'est jamais évoqué non plus dans le Coran, ce qui est normal, puisqu'il ne s'agit pas d'un livre de science.

La Sourate XXIII, verset 17, fait à nouveau mention du chiffre 7 :

> Nous avons créé au-dessus de vous sept degrés (ou les sept voiles, les sept cieux[4]). Nous ne nous sommes pas montré négligent quant à la création.

Cette notion des sept cieux est répétée dans la sourate LXXVIII, v. 12. Comme dans la sourate XXIII des versets 12 à 16, sur laquelle nous reviendrons ultérieurement pour évoquer la création de l'homme, il est écrit :

> Et mis au-dessus de vous sept étages bien édifiés.

---

1. Un trillion représente dans l'échelle longue 10^{18}, soit un milliard de milliards et dans l'échelle courte 10^{12}, soit un billion de l'échelle longue.
2. Nottale, L., Chaline, J. & Grou, P. 2009. *Des fleurs pour Schrödinger. La relativité d'échelle et ses applications*. Ellipses, Paris.
3. Mars : 2 lunes (Phobos et Delmos), Jupiter : 49 lunes, Saturne : 52 lunes, Uranus : 27 lunes et Neptune : 13 lunes.
4. Selon la traduction d'Albert de Biberstein Kasimirski, datant de 1840. Flammarion, Paris, 1970.

Cela implique que cette création des cieux aurait eu lieu après celle des hommes, puisque les cieux sont mis au-dessus des hommes. Il s'agit d'une contradiction chronologique, puisque l'homme n'est apparu qu'aux environs de 2 millions d'années avant nous, et que l'Univers est apparu voici environ 13,7 milliards d'années.

L'origine de la notion des sept cieux, qui seraient superposés les uns au-dessus des autres à la façon des pelures d'oignon, évoqués dans de très nombreuses sourates, doit être cherchée dans l'Antiquité babylonienne. Les astronomes babyloniens avaient en effet découvert qu'en plus de la voûte céleste des étoiles, il y avait sept corps aux mouvements différents : le Soleil, la Lune, Mercure, Vénus, Mars, Jupiter et Saturne, nos planètes du Système solaire visibles à l'œil nu depuis la Terre. Pour expliquer leurs mouvements, les astronomes avaient relié chacun de ces corps célestes à un ciel distinct sphérique, et concentrique avec tous les autres. Cette conception issue de Ptolémée, astronome grec d'Alexandrie, est clairement reprise dans le Coran qui adopte ainsi la croyance de l'époque des cieux concentriques. Dans la tradition judéo-chrétienne, le septième ciel[1] est suggéré par l'archange Cassiel. Rappelons que cette conception des choses, le *géocentrisme*, fut acceptée par Aristote et admise jusqu'à ce que Copernic (1473-1543) défende l'*héliocentrisme* (il s'y rallie en 1530 et publie ses idées en 1543). L'astronomie du Coran reflète donc une conception datée, qui n'a pas de correspondance dans l'astrophysique moderne (voir chapitre 8).

Dans la sourate LI, verset 47, il est écrit :

> Le ciel, Nous l'avons bâti en toute puissance et Nous l'étendons dans l'immensité.

Ben Salem, déjà cité, interprète cet extrait comme correspondant à *l'expansion* de l'Univers. Mais le même verbe « étendre » est utilisé dans la sourate L, au verset 7 et dans d'autres sourates, où il n'a manifestement pas la même signification :

> La terre que Nous avons étendue avec ses montagnes ancrées, ses plantes par paires harmonieuses.

1. On disait à l'époque, que celui qui avait du plaisir était « ravi » au ciel.

En outre, les montagnes n'ont pas pu être jetées, posées ou ancrées dans, ou sur la terre, puisqu'elles proviennent des chevauchements et des plissements des plaques tectoniques : elles font partie de l'écorce terrestre, et ne peuvent être séparées de cette dernière.

Or, selon Ben Salem, dans le verset suivant, Sourate LXXVIII, verset 7, Dieu compare les montagnes aux pieux qui fixent la tente et il indique dans un autre verset que les montagnes sont disposées d'une façon favorable à l'équilibre terrestre « pour que la Terre ne vacille pas » :

Sourate XXI, verset 31 :

> Et Nous avons placé des montagnes de façon que la Terre soit immobile…

Dans la sourate XXXV, le verset 41 évoque le fait que les cieux ne s'affaissent pas :

> Allah tient fermement les cieux et la terre, de façon à leur éviter l'affaissement. S'ils s'écroulaient, aucune autre puissance ne serait en mesure de les retenir ? Il est magnanime et clément.

Le « ciel » n'existe pas en tant que voûte qui surplomberait nos têtes et risquerait de nous tomber sur la tête : l'air atmosphérique se maintient autour de la Terre en raison de la gravité, l'espace intersidéral étant principalement composé de *vide relatif*, car il renferme des molécules variées en faible densité. De plus, les lois de la relativité (générale, restreinte et d'échelles) enseignent que la gravitation est une simple conséquence de la courbure de l'espace-temps.

Dans la sourate XVI, le verset 16 fait allusion aux étoiles utiles aux caravaniers :

> Ainsi que des points de repère fondés sur les astres pour bien vous orienter.

Dans la sourate VI, on trouve aussi au verset 97 :

> C'est Lui qui a disposé les étoiles afin que vous puissiez vous orienter au cœur de l'obscurité de la nuit, sur terre comme sur mer. Nous avons conçu les signes pour un peuple en mesure de savoir.

Parmi ces étoiles, *l'étoile Polaire* représente actuellement le repère fondamental indiquant le nord, du moins dans notre hémisphère, puisqu'elle est invisible dans l'hémisphère Sud. Mais contrairement à ce que pensent les non-spécialistes, cette étoile Polaire de référence a changé au cours du temps : à l'époque de Muhammad, c'était l'étoile *alpha* du *Dragon* qui servait de repère avant d'être remplacée, au IXᵉ siècle, par l'étoile *Alpha 32 H* de la *Girafe*. En effet, l'axe de rotation de la Terre ne pointe pas toujours dans la même direction. L'étoile Polaire, est actuellement l'étoile *alpha* de la *Petite Ourse*, le seul astre apparemment immobile qui prolonge, « à peu près », l'axe imaginaire de la Terre, à 0,8 degrés près du pôle céleste Nord réel. Elle en sera le plus près en 2048.

Après 2102, ce devrait être au tour de l'étoile du bout du timon de la constellation du *Grand Chariot*. Ensuite, il n'y aura pas d'astre remarquable pour marquer le Nord avant 10 500 ans, quand *Gienah* du *Cygne*, pointera vers le Nord. Puis, dans 14 000 ans, il pointera vers une autre étoile très brillante : *Véga* dans la *Lyre*. L'étoile Polaire change donc souvent au cours d'un cycle qui dure 25 760 ans. Voilà une précision qui aurait pu figurer dans le Coran, s'il avait eu la prétention d'être un livre de science, ce qui n'est manifestement pas le cas.

Le Soleil et la Lune

Le Soleil et la Lune sont très souvent évoqués dans le Coran. Ce livre précise que les phases de la lune sont là pour aider les hommes à compter le temps (sourate X, verset 5) :

> C'est lui qui a fait du soleil une lumière et de la lune une clarté. Il les a fait se succéder dans le temps de façon à vous permettre le décompte des années et leur comput. Et si Allah a réalisé tout cela, c'est bien en vertu d'une Vérité selon laquelle Il articule les signes pour un peuple qui sait.

Une autre version de la même sourate précise :

> C'est lui qui a donné le soleil pour éclairer le monde, et la lune pour refléter sa lumière, qui a déterminé les phases de celle-ci, afin que vous connaissiez le nombre des années et leur comput. Dieu n'a pas créé cela en vain, mais pour la vérité ; il explique ses signes pour ceux qui comprennent.

En effet, pour les musulmans, c'est une nouvelle lune qui marque le début du mois très important de jeûne de Ramadan.

Dans la sourate II, verset 185, il est précisé :

> Le mois de Ramadan durant lequel le Coran a été révélé comme une voie droite pour le genre humain et une preuve explicite pour la bonne guidance et le discernement…

Dans le calendrier judaïque, le mois lunaire était découpé en quatre semaines. Mais le Coran ne précise pas la durée des lunaisons, et il n'est pas donné d'explication au fait que la lune présente toujours la même face[1], ni d'explication des éclipses, ou encore des marées, ce qui prouve bien que le Coran n'a jamais eu, ni la vocation, ni la prétention d'être un livre de science, mais uniquement un ouvrage religieux, une louange à la gloire du Dieu créateur. En effet, selon Ben Salem, le but essentiel du Coran est religieux comme l'explicite le verset 8 de la Sourate XLVIII :

> Oui, Nous t'avons envoyé comme témoin, comme annonciateur de bonne nouvelle et comme avertisseur.

Le Coran ne fait allusion aux phénomènes naturels qu'en tant que signes qui renvoient à Dieu.

Les six jours

Le Coran reprend les concepts bibliques de la création en six jours dans la sourate XI, verset 7 :

> Il est Celui qui a créé les cieux et la terre en six jours…

Cela se trouve répété dans la sourate XXXII, verset 4 :

> Allah est Celui qui a créé en six jours les cieux et la terre et ce qui se trouve dans leur espace mitoyen.

Pourtant, la sourate XLI intitulée « Les versets détaillés » donne certaines précisions plus ou moins contradictoires avec la chronologie précédente des six jours :

au verset 9 :

> Dis : Allez-vous douter de Celui qui créa la terre en deux jours ? Lui donnerez-vous des rivaux, à Lui, le Maître des mondes ?

1. Ce phénomène est dû au fait que sa rotation est synchrone, c'est-à-dire que sa période de révolution est égale à sa période de rotation. Le fait que la lune tourne autour de la Terre en même temps qu'elle fait un tour sur elle-même, a fait croire, à tort, à sa stabilité et a contribué à la conception géocentrique de Ptolémée, du monde tournant autour de la Terre.

au verset 10 :

> [Il] plaça des cimes au-dessus d'elle, après l'avoir bénie. Il lui assigna ses ressources alimentaires en quatre jours précisément pour ceux qui t'interrogent.

et verset 11 :

> Il s'adressa alors au ciel, encore sous la forme de fumée, et à la terre en disant : « Venez-vous vers moi en toute obéissance ou contraints ? » Ils répondirent ensemble : « Nous venons de notre plein gré ».

En 1976, Bucaille a vu dans l'expression « le ciel qui n'était qu'un amas de fumée », une image moderne de l'Univers pour « désigner la prédominance gazeuse qui constituait alors la nébuleuse primitive[1] ». Cela lui permettait de faire concorder de façon excessive les données scientifiques avec le Coran. En fait, dans les premiers instants de notre Univers, voici 13,7 milliards d'années, la matière était d'une densité si gigantesque qu'il ne s'agissait pas du tout de fumée, mais vraisemblablement de plasma de nature cosmologique.

Le verset 12 écrit :

> Il créa alors les sept cieux en deux jours. À chaque ciel il insuffla Son Ordre. Il illumina le ciel le plus proche de la terre des luminaires qu'Il sécurisa. Tout cela revient à l'appréciation du Puissant, du savant.

Un autre verset intéressant pour notre propos concerne la sourate XXX, verset 11 :

> Allah est Celui qui crée l'espèce, qui la recrée, et c'est encore à Lui que vous reviendrez.

ou dans une autre traduction :

> Dieu commence la création, ensuite Il la répète.

Ben Salem[2] interprète ce passage en expliquant que le *phénomène de création* est un *processus continu*, autrement dit une *création* « continuée », que l'on pourrait concilier avec l'évolution de l'Univers et des espèces. Pourtant, en tenant compte des conceptions de l'époque, il serait plus logique de considérer cet extrait comme un témoignage en faveur d'une intervention miraculeuse pour la conception de chaque nouvel individu.

1. Bucaille, M. 1976, *op. cit.*, p. 261.
2. Ben Salem K., 2006. *The Future of Solar System and Earth from Religious Point of View. In* : Burdyuzha, V. (Éd.) *The Future of Life and the Future of our Civilization*, Springer, p. 437-453.

D'après plusieurs sourates, il apparaît évident que le « jour » de Dieu ne correspond pas aux jours terrestres. Dans la Sourate XXXII, le verset 3 présente, de manière traditionnelle :

> Allah est Celui qui a créé en six jours les cieux et la terre…

Mais le verset 5 précise :

> Il décrète Ses arrêts du ciel vers la terre, puis son Ordre lui est réfléchi en un jour qui vaut mille ans dans la durée humaine.

Dans la Sourate LXX, le verset 4 explique aussi :

> Par eux les anges et l'esprit monteront au jour du jugement, dont la valeur est de cinquante mille années.

Cette notion de jour à temporalité variable a conduit les commentateurs à des interprétations diverses du terme « jour », dans lequel on a pu voir une période de temps plus ou moins longue, ou un événement. Selon Kamel Ben Salem[1], le Coran contiendrait ainsi, par avance, « toutes les connaissances ». En utilisant certaines sourates, il s'est attaché à calculer les âges de la Terre, de la création et de la fin de l'Univers. Il estime par exemple l'âge de la Terre à deux jours-époques, ou périodes, et celui de l'Univers à six périodes. Il a trouvé ainsi, par des calculs habiles, mais délicats, en utilisant certaines données scientifiques actuelles qui n'existaient pas à l'époque de Mahomet (comme les années sidérales), des chiffres très proches des évaluations récentes.

Mansour Hassab Elnaby et Zaghoul al-Naggar[2] souscrivent aussi à une telle « miraculosité », par laquelle le Coran aurait enseigné un calcul de la vitesse de la lumière inaccessible aux hommes du temps de sa rédaction. Il s'agit là, selon nous, d'une approche qui va au-delà de l'enseignement religieux du Coran. Ce type d'approche, volontairement concordiste, peut laisser croire que le Coran est un livre de science, ce qu'il n'est pas, comme le reconnaît lui-même Ben Salem dans sa conclusion que nous citons ici :

---

1. *Op. cit.*
2. *In* : Guessoum, N. 2009. *Réconcilier l'islam et la science moderne. L'esprit d'Averroès*. Presses de la Renaissance, Paris.

Le Coran, en tant que livre religieux dont le but est de guider les hommes, ne relate que les faits majeurs qui se produiront dans notre Univers et ce, afin d'amener le lecteur (pas nécessairement érudit) à réfléchir et à méditer. La découverte des détails précis des phénomènes est réservée aux hommes de science et aux spécialistes ; justement parce qu'un livre sacré n'est pas un livre de science.

La Terre

Plusieurs commentateurs ont considéré que le Coran évoque la rotondité de la Terre, tandis qu'à l'époque de Mahomet, on croyait la Terre plate. En fait, en se fondant sur les Pythagoriciens, Aristote (384-322 av. J.-C.) avait déjà montré dans son *Traité du ciel* (Livre II, 14), que l'étude des éclipses de la lune prouvait que la Terre était ronde :

> Lors des éclipses, la Lune a toujours pour limite une ligne courbe : par conséquent, comme l'éclipse est due à l'interposition de la Terre, c'est la forme de la surface de la Terre qui est cause de cette ligne.

L'observation des navires qui semblent s'enfoncer lorsqu'ils s'approchent de l'horizon et le fait que de nouvelles étoiles apparaissent lorsque l'on se déplace vers le Sud étaient d'autres arguments en faveur de la rotondité de la Terre, arguments connus depuis l'Antiquité et nullement oubliés. Vers 230 av. J.-C., Érastothène (275-195 av. J.-C.) avait déjà calculé la circonférence de la Terre[1], avec un degré très élevé de précision : il aboutit en effet à 39 690 kilomètres, au lieu des 40 074 km mesurés actuellement. Dans ses *Étymologies*, qui datent du VIIe siècle, le théologien chrétien Isidore de Séville (vers 565-636) évoque clairement la rotondité de la Terre. Ce contemporain de Mahomet reprend ici des idées qui sont rarement contredites chez les érudits. L'argument de la rotondité de la Terre ne peut donc être retenu pour signaler que le Coran aurait été en avance sur les connaissances de son époque.

1. Il avait remarqué qu'a Syène (Assouan, en Égypte), à midi, au solstice d'été, les rayons du soleil sont parallèles au bord d'un puits (verticaux) tandis qu'à Alexandrie, à la même heure, l'ombre de l'obélisque faisait avec ses rayons un angle de 7,5°. Connaissant la distance Syène-Alexandrie et sachant que 7,5° représentait environ le 50e de la circonférence de la Terre, il en déduit fort justement, que cette circonférence était égale à 50 fois la distance mesurée, soit 39 690 km (une fois convertie en unités de mesure actuelle).

Les montagnes

Dans la sourate XVI, le verset 15 fait allusion à la création des montagnes, « jetées du haut du ciel » :

> Il a posé sur terre des montagnes à la stabilité requise, des fleuves et des voies de passage, dans l'espoir que vous preniez le bon chemin.

Bucaille ajoute toujours l'adjectif *immobile* lorsqu'il traduit les versets relatifs aux montagnes. Quoi qu'il en soit, l'affirmation de la « *stabilité* » ou de « l'implantation » des montagnes entre clairement en contradiction avec les observations de la science géophysique et géologique moderne. En effet, les montagnes sont par nature les objets terrestres les plus soumis à des mouvements violents, notamment les tremblements de terre, à cause de la tectonique des plaques qui est responsable de leur surrection et de leurs déplacements. La formation des montagnes est en effet le résultat de la rencontre de plaques tectoniques. Cette formation sera décrite en détail dans le chapitre 13 des questions-réponses. Par exemple, les Alpes, les Pyrénées et le Caucase, sont le résultat du fait que la plaque africaine glisse lentement sous le continent eurasiatique. La plaque indienne, détachée de l'Afrique, poursuit sa collision avec la plaque eurasiatique, ce qui forme l'Himalaya. En janvier 2010, les Haïtiens ont fait la triste expérience du jeu de failles liées aux deux plaques qui se déplacent latéralement au niveau de leur île. L'écorce terrestre est mobile à cause des mouvements de convection de l'intérieur de la Terre.

L'apparition du vivant

D'après le Coran, Dieu aurait établi une hiérarchie des phénomènes, depuis l'Univers, la Terre et les minéraux, jusqu'aux animaux supérieurs avec les bêtes de traits, puis les végétaux et au plus bas de l'échelle, les insectes. L'origine des êtres vivants est précisée ainsi à partir de l'eau, verset 45 de la sourate XXIV :

> …Allah a créé tout animal[1] à partir d'une eau. Certains animaux rampent, d'autres marchent sur deux pattes et d'autres sur quatre. Allah crée ce qu'Il veut, car il a autorité sur toute chose.

L'eau constitue effectivement l'élément où la vie a pris naissance. En outre, les êtres vivants sont composés en grande partie d'eau (entre 4 % et 98 % selon les organismes). L'eau constitue ainsi le solvant biologique universel, bien que la vie ne puisse exister sans d'autres molécules variées essentielles. Les acides nucléiques (ARN et ADN) sont nécessaires pour réaliser le transfert d'informations lors des duplications des cellules. Les corps gras, ou lipides, qui constituent les membranes, sont également indispensables à la vie, pour cloisonner le vivant et lui donner son identité, en le séparant de l'eau environnante. Il faut encore ajouter les protéines et les enzymes qui catalysent des réactions biochimiques extrêmement complexes permettant notamment aux organismes de se procurer l'énergie selon les divers métabolismes mis en œuvre[2]. L'eau n'est donc que l'un des constituants indispensables de la vie ; l'absence de l'un des éléments précédemment cités empêche son apparition. Sans eux, l'eau reste seulement de l'eau.

La création par couples

Les couples sont évoqués dans la sourate XXXVI, au verset 36 :

> Gloire à celui qui a créé toutes sortes de couples de ce que produit la terre, tant d'eux-mêmes que de ce qu'ils ignorent.

Encore une fois, les Écritures témoignent des connaissances scientifiques de l'époque de leur rédaction, mais ne coïncident pas toujours avec les données issues de l'observation et de l'expérience. Comme de nombreux versets déjà cités, celui-ci mentionne uniquement des couples ou paires pour chaque espèce. Or la biologie nous enseigne que les espèces ne dérivent pas forcément d'un couple unique.

---

1. Selon Kamel Ben Salem : Dans la version arabe le terme animal n'est pas utilisé. On trouve le mot « Debba » qui signifie toute créature (capable de se mouvoir).
2. Voir : Nottale, Chaline et Grou. 2009. *Des fleurs pour Schrödinger*. Ellipses, Paris, chap. 2.

La sourate IV, au verset 1, fait encore référence à Adam et Ève, qui constituent aussi un couple initial, typique de la présentation biblique :

> Ô vous les hommes ! Craignez votre Seigneur, Celui qui vous a créé tous d'un seul être. Et de cet être initial, Il a sorti son épouse. Du couple, Il a fait foisonner une profusion d'hommes et de femmes. Craignez Allah que vous invoquez, ainsi que ces liens du sang, Allah est celui qui observe.

Dans la sourate XLIX, le verset 13 reprend la même idée :

> Ô vous les hommes, Nous vous avons créés à partir d'un mâle et d'une femelle. De vous, Nous avons fait des peuples et des tribus afin que vous vous reconnaissiez. Votre dignité aux yeux de Dieu, c'est votre piété. Dieu est savant, le Très-Informé.

Un problème majeur vient du fait que si notre espèce était issue d'un couple unique, alors ses enfants auraient dû procréer ensemble, ce qui constitue un inceste, peu compatible avec la morale des monothéismes.

Depuis longtemps, les commentateurs de ce mythe s'interrogent au sujet des parasites et des maladies biologiques de l'homme ainsi que des autres espèces : étaient-ils présents dès la Création initiale ? Sont-ils apparus après coup ? La Création restait-elle donc incomplète avant que d'autres formes vivantes apparaissent par des processus naturels ? Le Coran n'offre pas de réponse, mais se trouve, au contraire, contredit comme la Bible, pour qui veut les interpréter de manière littérale.

La création de l'homme

Selon le Coran, l'espèce humaine se retrouve au plus haut niveau des êtres vivants, mais n'aurait aucun lien avec les animaux, comme l'implique sa création spécifique. Selon Arnaldez[1], le Coran n'apporte aucune précision au sujet des processus de la formation du corps humain : créé comme les autres animaux, il aurait néanmoins reçu le souffle divin, ce qui entraîne un changement majeur.

1. Arnaldez, R. 2002. *L'homme selon le Coran*. Hachette Littératures, Paris.

Il existe dans le Coran, comme dans la Genèse de la Torah, deux types de création de l'homme. L'une se fait à partir de l'eau comme cela a déjà été évoqué, ou à partir du limon et de la terre, l'autre par le Verbe.

Il suffit que Dieu décrète pour créer comme l'indique la Sourate XL, verset 68 :

> Il est celui qui fait vivre et qui fait mourir. Et lorsqu'Il donne un ordre, il lui suffit de dire : « Sois ! », et la chose est !

C'est ce qui a été décrété dans la sourate III, verset 59 :

> Pour Dieu, Jésus est à l'image d'Adam : Il l'a conçu de terre et lui a dit : « Sois ! » et il fut.

Selon Râzî (865-925) physicien et philosophe de Perse, Jésus est ainsi fait, parce qu'il descend d'Adam, créé lui-même avec de l'argile. Cela dit, la création de Jésus emprunte un procédé naturel, car ce dernier naît à l'instar des autres humains, vit et meurt.

Le pouvoir de Dieu est encore répété dans la sourate XXXVI, verset 82 :

> Quant à son ordre ? S'Il désire une chose, il Lui suffit de dire : « Sois ! » et elle est.

Dans d'autres versets, comme dans la sourate VI, verset 2, la création à partir de l'argile est rappelée :

> C'est Lui qui vous a créés d'argile. Il a déterminé pour chacun de vous un destin, qu'Il garde auprès de Lui, mais vous continuez à entretenir un grand doute à ce sujet.

La formation de l'homme à partir de l'argile est évoquée également à l'occasion du refus de l'ange Iblis de s'incliner devant Adam dans la sourate VII, versets 11 et 12 :

> Nous vous avons créés, puis Nous vous avons formés, puis Nous avons dit aux anges : « Prosternez-vous devant Adam ! » Et ils se sont prosternés, à l'exception d'Iblis, qui ne fut pas de ceux qui se prosternèrent, qui n'était point de ceux qui s'inclinèrent ;
>
> *[Dieu] lui dit :* « Qu'est ce qui t'a empêché de te prosterner alors que Je te l'ai ordonné ? » Il dit : Je suis meilleur qu'Adam ; Tu m'as créé de feu alors que Tu l'as créé d'argile.

La création de la femme, à partir de l'homme, est évoquée dans la sourate XXXIX, au verset 6 :

> Il vous a créé d'un être unique et, de cet être, Il a créé son épouse. Il a fait descendre pour vous des animaux par groupes de huit paires. Il vous a créé dans le ventre de vos mères, création après création, et cela dans trois ténèbres successives.

Selon la traduction du Coran de Kasimirski[1], ces trois « *ténèbres* » correspondraient aux entrailles, à l'estomac et à la membrane qui enveloppe le fœtus. Mais il est intéressant de noter que chaque génération naturelle soit nommée « création », ce qui réfute toute définition stricte de ce terme, comme l'apparition miraculeuse de la vie à partir de matière inerte ou du Verbe.

Dans la sourate XV, verset 26, il est redit que :

> Nous avons créé l'homme d'une glaise limoneuse.

Mais le verset 29 y ajoute le souffle divin :

> Et, lorsque je l'aurais formé et lui aurai insufflé de Mon esprit, prosternez-vous devant lui en signe d'adoration.

Dans la sourate XVI, verset 4, il est précisé :

> Il a créé l'homme d'une goutte de sperme, avant qu'il ne devienne un contestataire évident, un querelleur.

Cette version peut se comprendre au moins de deux manières différentes. Soit il s'agit du premier homme, et ce récit s'avère conforme à certains mythes antiques, mais en décalage flagrant avec les connaissances scientifiques actuelles. Soit il s'agit des générations qui se succèdent sur la Terre auquel cas, le Coran fait écho, une fois encore, à l'état de la science de son époque. En effet, les hommes du Moyen Âge pensaient généralement que l'essence humaine était transmise par la seule semence masculine, tandis que la matrice féminine était considérée seulement comme le lieu du développement. Nous savons aujourd'hui que les cellules sexuelles masculine (spermatozoïde) et féminine (ovule) participent à égalité dans la formation du patrimoine génétique de l'enfant.

Dans la sourate XXXII, les versets 6 à 8 reprennent le thème de la création d'Adam, puis celle des hommes par le sperme, le souffle de Dieu n'intervenant qu'après le développement complet, ce qui pourrait signifier à la naissance :

---

1. Kasimirski, M. 1840. *Le Coran*, Flammarion, Paris, p. 356.

C'est Lui qui a donné la meilleure forme à tout ce qu'il a créé, après quoi Il a créé l'homme à partir d'une argile.

Il lui a donné une progéniture venue d'une modeste goutte d'eau.

C'est alors qu'il l'a façonné et qu'il a soufflé en lui Son esprit. Il vous a dotés de l'ouïe, de la vue et des viscères. Oh que vous êtes peu reconnaissants !

Dans la sourate XXXV, le verset 11 précise la division en sexes :

Allah vous a créé de poussière, puis d'une goutte de sperme. Il a fait de vous des couples et a fait de telle sorte qu'aucune femme ne puisse concevoir ou n'accouche sans qu'Il le sache. Nul être habitant cette terre ne peut voir sa vie prolongée ou raccourcie sans que cela soit transcrit dans un livre. Tout cela est très aisé pour Allah.

On retrouve ici le concept biblique, voire plus généralement néolithique, du potier qui crée une forme avec ses mains, concept réaffirmé dans la sourate LV, verset 14 :

L'homme a été créé d'argile, telle la poterie.

Mais dans la sourate XXX, le verset 20 s'inspire d'un autre passage de la Genèse biblique où il est écrit :

Souviens-toi que tu es poussière et que tu redeviendras poussière[1] :

Un de Ses signes est de vous avoir créés de poussière et une fois que vous êtes devenus des hommes, de vous avoir répandus sur terre !

Le verset 22 de la même sourate précise :

Et parmi Ses signes, la création des cieux et de la terre, la diversité des langues et des couleurs, sont aussi un signe ; car il y a en cela des signes pour ceux qui savent.

Les sciences humaines ont cependant montré que les langages sont des créations humaines, qui dérivent les uns des autres au gré du temps, comme c'est le cas pour les langues romanes (portugais, espagnol, français, italien, roumain) à partir du latin. La couleur de la peau est déterminée par des variations de certains gènes et de leurs mutations, à l'exemple des albinos. Il existe d'ailleurs une évolution parallèle des langages[2] et des haplotypes[3] de l'ADN mitochondrial ainsi que celui du chromosome Y. Ainsi, depuis sa première migration hors d'Afrique, voici environ 100 000 ans, l'homme moderne a engendré

1. Genèse 3, 19.
2. Voir : Cavalli-Sforza, L.L. 2000. *Genes, Peoples, and Languages*. North Point Press.
3. Séquence génétique marquante caractéristique d'un individu.

des populations diversifiées au fur et à mesure de la colonisation du monde, dont les caractéristiques génétiques et culturelles sont soumises au changement.

Dans la sourate XXIII, les versets 12 à 14 associent les différents ingrédients de la création de l'homme :

> Nous avons créé l'homme d'une substance de terre fine ;
>
> Avant d'en faire une goutte de sperme déposée en lieu sûr ;
>
> Puis de cette goutte de sperme, Nous avons fait un grumeau, de ce grumeau une consistance plus grande, et de là un début d'ossature que Nous avons revêtu de chair. Enfin, Nous en avons créé un être nouveau, que le Seigneur soit loué, Lui le meilleur des créateurs.

La traduction de Kasimirski ajoute à « grumeau[1] », le qualificatif « *de sang* ». Cette notion de *grumeau de sang coagulé* est reprise par cet auteur dans la traduction de la sourate XL, verset 69 avec un ajout sur un condensé de la vie humaine :

> Il est Celui qui vous a créé de terre, puis d'une goutte de sperme, puis d'une adhérence, avant de faire de vous un enfant dans le sein maternel pour que vous puissiez grandir, gagner en maturité et vieillir. Certains d'entre vous décèdent de manière précoce, mais le terme final de tous est fixé au préalable. Peut-être réfléchirez-vous ?

La première phrase ferait référence à la création d'Adam, les deux autres à ses descendants. Rappelons que chez les Sumériens, le texte du poème *Lorsqu'en haut* enseigne comment *Mardouk*, après avoir créé l'Univers, a formé l'humanité avec un *grumeau de sang coagulé* :

> Mardouk, en entendant ce que disaient les dieux,
> A envie de former quelque chose d'ingénieux.
> Il parle à Ea en ces termes
> Et lui donne comme conseil ce qu'il a médité en son cœur
> « Je veux coaguler du sang et faire être de l'os ;
> Je veux ériger un loullou[2] et que son nom soit homme ».

On peut penser que la traduction de Kasimirski s'est inspirée de ce poème.

1. Selon Kamel Ben Salem, la notion de grumeau de sang coagulé n'existe pas dans le Coran. Le Coran utilise le terme « ALAKA » c'est-à-dire quelque chose qui s'accroche.
2. Un homme.

Dans la sourate VI, le verset 98 fait allusion à Adam, puis à sa descendance[1] :

> C'est Lui qui vous a créé d'un seul être, lieu d'accueil et terrain d'expansion. Nous avons conçu les signes pour un peuple en mesure de savoir.

et dans le verset 189 :

> C'est Lui qui vous a créé tous d'un être unique, dont Il a conçu une épouse, afin que Celui-ci trouve la paix auprès d'elle. Lorsqu'il eut cohabité avec elle, son ventre s'arrondit légèrement d'une grossesse facile. Et lorsqu'elle s'alourdit vraiment, ils invoquèrent leur Seigneur en disant : « Si Tu nous gratifies d'un fils sain, nous Te serons reconnaissant »...

Lors de la création d'Adam, il est dit dans la sourate VII, verset 19 :

> Ô Adam, habite ce paradis avec ton épouse, et mangez de tout ce que vous désirez ; mais n'approchez pas de cet arbre car vous seriez parmi les injustes.

Ce texte est une reprise de la Bible et le paradis est un terme parfois traduit par jardin. Il s'agit du fameux *jardin des délices d'Éden* que la tradition situe en Orient, en Mésopotamie. Or, la paléontologie a montré que l'homme n'est pas originaire de cette région, mais vient d'Afrique, aussi bien pour les premiers hommes (*Homo habilis* et *Homo ergaster*), que pour l'homme moderne (*Homo sapiens*) comme l'ont rigoureusement prouvé les recherches sur l'ADN mitochondrial et les ADN du chromosomes Y[2], ainsi que les gisements d'hominidés fossiles.

Le déluge

À de nombreuses reprises, Le Coran fait allusion au déluge, notamment dans la sourate LIV, verset 9 à 15 :

1. Les traductions peuvent différer fortement d'un auteur à l'autre, comme le montre celle de Kasimirski où « *lieu d'accueil et terrain d'expansion* » sont traduits par : « *vous avez un réceptacle dans les reins de vos pères et un dépôt dans le sein de vos mères* ». Le réceptacle évoqué dans ce verset ne se situerait pas dans les reins de l'homme, mais plutôt dans les testicules et celui de la femme dans l'utérus et non dans le sein *sensu stricto*.
2. voir : Chaline & Marchand, 2010. *Le singe, l'embryon et l'homme*. Ellipses, Paris.

> Par le passé, le peuple de Noé traita de mensonge Notre message. Ils traitèrent de menteur Notre envoyé, en disant qu'il était fou. Il fut chassé.
> Noé implora son Seigneur : je suis vaincu, soit victorieux !
> Nous ouvrîmes alors les portes du ciel à une eau torrentielle.
> De terre, des sources jaillirent soudainement. L'eau du ciel et l'eau de la terre se rencontrèrent selon un plan prédéterminé.
> Nous le transportâmes [Noé] sur une arche en bois et en raphia.
> L'arche vogua sous Notre surveillance, en récompense de celui qui fut renié [par son peuple].

Dans la sourate XXIII, les versets 27 et 31 présentent une version quelque peu différente, où c'est Noé qui est chargé de construire l'arche, comme dans la Bible.

> Nous lui révélâmes [à Noé] l'idée d'une arche immense qu'il construirait sous Notre regard et Notre direction. Lorsque le four se mettra à bouillonner et que Notre ordre te parviendra, tu t'installeras à l'intérieur de l'arche en même temps que les tiens. Tu mettras de chaque espèce un couple représentatif, à l'exception de celui qui a déjà été condamné à périr. Tu ne Me demanderas rien concernant tous ceux qui ont été injustes, ils seront noyés…
>
> Après quoi, Nous créâmes d'autres générations.

Des recherches scientifiques ont montré qu'un tel déluge mondial n'a jamais existé : l'événement biblique pourrait seulement évoquer une transgression marine locale ou inondation fluviatile en basse Mésopotamie, comme nous l'avons déjà évoqué. Selon Ben Salem, le texte coranique n'indique pas que le déluge est mondial. La quasi-totalité des exégètes anciens et modernes sont d'accord sur ce point et affirment que la punition n'a touché que les mécréants du peuple de Noé.

Les végétaux ne sont pas concernés par le récit biblique, sauf pour ce qui concerne l'alimentation des habitants de l'arche. Il faudrait admettre, si l'on prend ce récit au pied de la lettre, que les graines de toutes les espèces aient pu germer après les bouleversements géologiques engendrés par le Déluge et un séjour dans l'eau de mer. Des formes animales n'ont pas été invitées dans l'arche, comme les poissons ainsi que toute la faune marine, ce qui représente une foule considérable.

La plupart des espèces connues ne vivent que dans des conditions très particulières, au sein de la canopée de la forêt équatoriale par exemple. Cette observation fondamentale pose des problèmes majeurs pour le récit de Noé. Comment tous ces animaux ont-ils pu cohabiter ? Comment le bateau a-t-il pu contenir autant d'écosystèmes différents qu'il en existe aujourd'hui sur Terre ? Comment a-t-il pu rassembler tant d'espèces dont les conditions d'existence et les besoins sont si dissemblables ?

Beaucoup d'autres questions apparaissent à la sortie de l'arche. Chaque espèce animale étant réduite à un ou quelques couples, la diversité génétique était alors à son minimum. Pourquoi n'y a-t-il pas eu de problème majeur de consanguinité et d'extinction de masse ? Qu'ont mangé les lions et les léopards en l'absence de zèbres et de gnous ? La liste de telles questions est ici réduite au minimum, mais on voit bien que le récit de l'arche ne correspond pas à une hypothèse rationnelle, même s'il reste un mythe empreint de poésie. Le repeuplement du globe à partir d'un seul couple de chaque espèce dans l'arche ne s'avère donc compatible ni avec la biologie, ni avec la géographie contemporaine.

Réflexion sur les modalités de la création

Nous avons vu que plusieurs types de création avaient été envisagées dans les Écritures. La Genèse, par exemple, présente deux versions fort différentes de la création de l'homme. La seconde, qui est aussi la plus ancienne, correspond à une production, à une fabrication de type artisanale, dans la mesure où Adam est tiré de l'argile, comme un vase modelé par le potier. Industrielle, au sens où elle change de la matière brute en produit fini, cette « pro-duction » correspond aussi à une « in-formation », c'est-à-dire au fait de donner une forme, à organiser la matière selon un but, une fin. Il s'agit finalement d'un acte de « trans-formation », au sens strict du terme.

Cet acte créateur n'est pas sans rappeler divers mythes de l'Orient antique, qu'ils concernent une forme de génération spontanée dans l'argile, ou qu'il s'agisse des mythes de l'autochtonie, nombreux chez les anciens Grecs, d'où les peuples seraient sortis directement de la terre-mère, justifiant ainsi l'enracinement, au sens végétal du terme, des habitants dans leur patrie. Sous une autre forme, la production dans l'argile n'est pas incompatible avec un autre mythe de création par une forme spéciale d'« in-formation », qui est l'engendrement. Mardouk, par exemple chez les Sumériens, crée les premiers hommes en faisant tomber sa semence sur l'argile. Dans une autre version, il utilise le sang du dieu vaincu Kingu. Cette création ouvre aussi la porte à une possible transformation, dans la mesure où l'humanité hérite d'une partie de l'essence divine, affaiblie par le matériau ignoble (c'est-à-dire non noble) dans lequel tombe la semence initiale. Au fond, l'essence est donnée, mais la forme résulte des propriétés de la matière qui prend forme.

Dans les deux cas, modelage et ensemencement, l'acte créateur ne confère ici aucune essence, à la différence de l'autre récit créateur, le plus récent. Dans Genèse 1, l'acte créateur se révèle plus complexe, plus abstrait et moins objectif. Il s'agit d'une suscitation : en disant le nom, la chose apparaît. Cette création *ex nihilo*, la plus célèbre, la plus spectaculaire est aussi la plus surnaturelle, dans la mesure où elle semble d'autant plus incroyable qu'elle exige la plus grande foi du lecteur. Essence et forme sont tirées du néant, ensemble, et semblent donc ne faire qu'un, justifiant ainsi l'union du créationnisme et du fixisme dans la tradition savante.

La Genèse n'en est pas moins inspirée par d'autres traditions fort anciennes, que l'on retrouve en particulier dans la *Théogonie* d'Hésiode, et qui concerne la séparation. Ève est issue d'Adam, comme la Terre l'est du ciel, par un processus de discrimination, de division de ce qui restait jusqu'ici comme indistinct, indifférencié. À l'instar du Chaos des anciens Grecs, l'Univers prend forme à la manière d'une individualisation de ses éléments constitutifs. Ils étaient présents mais confondus, peut-être comme l'hydrogène et l'oxygène dans l'eau.

Ainsi, l'acte créateur renvoie-t-il à des conceptions plurielles, plus ou moins incompatibles avec les connaissances actuelles au sujet de l'évolution biologique :

- l'apparition miraculeuse, immédiate et directe, « sans parent », très difficile à faire correspondre à l'évolution biologique ;
- la séparation à partir de l'indistinct préexistant, mais qui possédait déjà implicitement les qualités des essences spécifiques ultérieures, à laquelle on peut raccrocher le Big Bang ;
- la transformation sur le modèle de l'artisan, qui correspond assez bien à l'évolution biologique sur un mode symbolique ;
- la génération à partir d'un germe initial, qui se trouve conforme aux idées actuelles, si l'on ignore la question du commencement de la vie.

Synthèse du rapport entre le Coran et les connaissances scientifiques

Plus un texte sacré offre de détails sur un phénomène scientifique, plus il a de chances de se trouver en contradiction avec les progrès de la science réalisés depuis sa rédaction. Dans la Torah, la Genèse qui est le texte donnant le plus de précisions sur la création du monde, se retrouve logiquement le plus en contradiction avec la science d'aujourd'hui.

Le Coran esquisse, en seulement quelques versets, la présentation de phénomènes naturels aussi complexes que la formation de l'Univers, du Système solaire et de la Terre, ainsi que celle de la vie. Comme ce livre n'entre jamais dans les détails, il peut paraître moins en contradiction avec la science moderne que les autres Écritures. Maurice Bucaille a considéré les contradictions possibles du Coran avec la science comme le résultat de mauvaises traductions de termes scientifiques par des exégètes essentiellement littéraires, voire de mauvais commentaires. Mais cela ne se révèle pas systématique. De plus, nous avons réfuté les arguments considérant que le Coran décrivait des phénomènes scientifiques dont on ignorait tout à l'époque de Mahomet. En fait, aucun des phénomènes évoqués par ce dernier n'était ignoré par les hommes cultivés du VIIe siècle.

Dans une comparaison impartiale, nous avons vu qu'il existe des contradictions entre le Coran et les données scientifiques modernes touchant l'astronomie, l'origine de la vie, des êtres vivants et de l'espèce humaine. Mais le Coran n'affirme nulle part qu'il « prédit la science future », celle d'aujourd'hui. Les affirmations de l'école du « contenu scientifique miraculeux du Coran[1] » se trouvent ainsi réfutées.

Comme nous l'avons vu pour la Bible, nous pouvons nous poser la même question, à savoir si le Coran était un livre à vocation scientifique inspiré par Dieu. S'il en était ainsi, on ne devrait pas trouver dans ses sourates les idées erronées qui prévalaient à l'époque de sa rédaction. Si l'on examine le Coran à la lumière des connaissances scientifiques modernes, comme nous venons de le faire, passe-t-il l'épreuve avec succès ? La réponse est franche : Non ! D'ailleurs *le Coran n'a jamais affiché cette prétention scientifique puisqu'il conseille l'usage de la raison pour découvrir ce qu'il renferme,* à savoir le *message de Dieu,* qui contient celui de *Sa Création.* Le Coran est essentiellement un livre religieux qui propose une « ligne de vie humaine exemplaire » et une « relation privilégiée » à Dieu.

Malgré cette évidence, nombre de croyants l'interprètent littéralement, au pied de la lettre, comme certains chrétiens le pratiquent pour la Bible ; ce sont, là aussi, les fondamentalistes qui défendent le créationnisme.

1. Consulter, à ce propos : Guessoum, N. 2009. *Réconcilier l'islam et la science moderne. L'esprit d'Averroès.* Presses de la renaissance, Paris.

Le créationnisme islamique récent : *L'Atlas de la Création*

Il ne faudrait pas croire que les fondamentalistes et créationnistes juifs, chrétiens catholiques et protestants, soient les seuls pourfendeurs de la théorie de l'évolution. Les *islamistes fondamentalistes,* ou mieux *littéralistes,* viennent de les rejoindre en reprenant à leur compte les arguments diffusés dans les livres américains, et même un certain nombre d'éléments du *dessein intelligent.*

Le plus virulent des créationnistes musulmans est le Turc Harun Yahya[1], de son vrai nom Adnan Oktar, un prédicateur qui a publié, avec le soutien des émirats pétroliers, plus de 250 livres sur la création et la religion. En 2006, il a publié un luxueux *Atlas de la création* de 750 pages, tiré à plusieurs milliers d'exemplaires envoyés gracieusement à de multiples institutions d'enseignement de France, Belgique, Suisse, et Espagne. Il s'agit là d'une entreprise visant à déstabiliser l'enseignement de la science en Europe occidentale, tout comme le dessein intelligent tente de le réaliser actuellement en Amérique du Nord.

L'auteur exècre le matérialisme, comme le montre cette citation :

> La théorie de l'évolution de Darwin reposait sur le matérialisme. Par conséquent, rapidement, la théorie fut adoptée par les matérialistes. Parce que les matérialistes nient le fait de la création, ils s'accrochent aveuglément à la théorie de l'évolution et l'érigèrent même comme base scientifique de leur vision du monde[2].

Il écrit aussi :

> L'évolution est une théorie dérivée du matérialisme[3].

et conclut page 712 :

> Nous en déduisons que l'évolution n'est pas une théorie basée sur la recherche scientifique. Au contraire, la force et la subsistance de cette théorie ont été dictées par les exigences de la philosophie matérialiste.

---

1. Ce pseudonyme serait constitué à partir des noms de « Harun » [Aaron] et de « Yahya » [Jean], à la mémoire des deux prophètes.
2. *Atlas de la Création, op. cit.,* p. 14.
3. *Idem,* p. 709.

Le terme « matérialisme » indique ici une confusion des registres entre le « comment ? » et le « pourquoi ? ». L'auteur mélange volontairement le matérialisme, qui relève d'une conception idéologique du monde, avec le naturalisme, qui consiste *à partir de la réalité pour constituer le savoir et la connaissance*, grâce à une *méthodologie rigoureuse et critique ne prenant en considération que les phénomènes naturels.* Cette méthodologie naturaliste doit être clairement distinguée du matérialisme philosophique, que les créationnistes nomment souvent « darwinisme idéologique », et que ne partagent pas tous les scientifiques, loin de là.

L'auteur n'hésite pas à écrire des affirmations d'autorité totalement fausses, qui reflètent un profond mépris pour la science et une méconnaissance totale de ses avancées, attitude susceptible d'abuser les lecteurs non initiés[1] :

> Toutes les branches de la science concernées par le sujet, telles que la microbiologie, les biomathématiques, la biologie cellulaire, la biochimie, la génétique, l'anatomie, la physiologie, l'anthropologie et la paléontologie, révèlent des éléments innombrables discréditant totalement la théorie de l'évolution !

Il revient à la charge à la page 694 :

> Ce livre explique que la théorie de l'évolution manque de preuves scientifiques et qu'au contraire, des preuves scientifiques des différentes branches de la science, telles que la paléontologie, la microbiologie et l'anatomie révèlent que cette théorie est fausse. Il faut souligner que l'évolution est incompatible avec les découvertes scientifiques, la raison et la logique.

Et quelques lignes plus loin, il ajoute :

> C'est pourquoi il est assez approprié de qualifier la théorie de l'évolution de sortilège le plus puissant de l'histoire.

Ce livre est une véritable *diffamation de la recherche* contre laquelle on peut s'attendre à une vigoureuses et salutaire réaction de tous ceux qui sont ainsi attaqués.

En effet, quelle est l'argumentation antiévolutionniste d'Haroun Yahya ? Bien que cet auteur accepte un âge de 4,5 milliards d'années pour la Terre, comme les tenants du *dessein intelligent*, il affirme que

1. *Idem*, p. 15.

« les espèces n'ont jamais changé ». Il présente, dans le désordre le plus complet, de magnifiques photos de spécimens fossiles de poissons, de fourmis, d'étoiles de mer ou encore de feuilles d'arbres, spécimens vieux de plusieurs dizaines de millions d'années, qu'il compare à des photos de représentants actuels d'espèces plus ou moins semblables, pour bien montrer qu'ils se ressemblent. Les formes sont considérées globalement, sans évoquer les variations de détail qui présentent un intérêt souvent considérable pour distinguer les espèces biologiques. Dans sa présentation falsifiée, Harun Yahya, compare une bactérie fossile et une bactérie actuelle de même « forme extérieure » et, pour cause, puisqu'il passe sous silence le fait qu'il existe actuellement environ un million d'espèces distinctes de bactéries. Or elles présentent toutes la « même forme cellulaire ronde », bien que chaque espèce diffère génétiquement et morphologiquement, dans les structures de détail.

De plus, Harun Yahya ne prend en compte que *les variations à l'intérieur* des *plans d'organisation* des divers groupes (types coléoptère, crabe, homard, poisson, lézard, fougère, etc.) qui conservent au cours de l'évolution la même forme globale ; ils ne varient morphologiquement que dans les détails au niveau des espèces, même si les différences génétiques peuvent s'avérer considérables. L'auteur évite de parler de l'origine des *plans d'organisation* qui constituent cependant l'élément essentiel du phénomène évolutif, la *macroévolution*. Les découvertes de la paléontologie et de la biologie ont montré qu'il existe *30 clades* ou *phylums, embranchements,* ou *plans d'organisation,* dont certains sont connus uniquement chez les fossiles. Ces structures se sont toutes formées, par dérivations les unes des autres, entre 1 000 et 700 Ma[1] avant notre ère. Mais comme les gisements fossilifères de ces périodes sont peu nombreux et que les conditions de fossilisation sont rares pour des organismes mous, les paléontologues ont souvent employé le terme « d'explosion cambrienne » pour qualifier l'apparition, rapide à l'échelle géologique, dans les archives paléontologiques, de

1. Ma = millions d'années.

ces nombreux plans d'organisation[1]. Le plan d'organisation le plus récent, celui des *Vertébrés* appartenant aux *Cordés*[2] est apparu avant la fin du Cambrien, entre 540 et 490 millions d'années avant notre ère. *Haikouella lanceolata* de Chengjiang (Chine) et *Pikaia*[3], sont vraisemblablement des cordés ancestraux des vertébrés, connus du Cambrien moyen, vers 510 Ma. Nous y reviendrons ultérieurement. Beaucoup de ces embranchements, encore actuels, ont survécu aux extinctions en masse, mais beaucoup d'autres ont disparu. Depuis la formation de ces plans d'organisation, voici plus de 700 millions d'années, l'évolution s'est caractérisée par des variations relativement peu importantes au moins pour la morphologie. C'est ce que l'on appelle la *microévolution,* qui débouche sur la formation des espèces et des populations. Nous savons aujourd'hui comment expliquer, au moins en partie, la diversification des plans d'organisation. Ces derniers se sont formés par le jeu des mutations de gènes architectes (voir la 3e partie).

Cette ignorance des sciences de l'évolution met en relief la *stratégie du mensonge organisé* par l'*Atlas de la création*. Signalons également une tromperie à la page 244, où une *mouche* de l'espèce *cadis,* soi-disant actuelle, est en fait un leurre de pêcheur en plastique utilisé pour attraper des poissons, collé sur un hameçon très visible. On voit, par cet exemple, le mépris dans lequel Harun Yahya tient ses lecteurs.

L'une des techniques favorites de cet auteur calque celle du créationnisme scientifique américain des années 1960. Elle consiste, pour biaiser la science, à utiliser des citations de paléontologues et de biologistes bien connus, en dehors de leur contexte et en les tronquant, afin de modifier l'idée de base exprimée. Cette *technique de désinformation* s'avère efficace lorsqu'elle s'adresse à des gens qui n'ont pas accès aux données originelles, et qui font *a priori* confiance à l'auteur.

1. Tels que les spongiaires (éponges), cnidaires (méduses, polypiers), mollusques (gastropodes, céphalopodes, bivalves), annélides, plathelminthes (vers), arthropodes (trilobites, crustacés, myriapodes, chélicérates, insectes, hexapodes), brachiopodes, bryozoaires, échinodermes (oursins), et les cordés (céphalocordés, urocordés et vertébrés).
2. Animaux qui possèdent une corde dorsale, ou une colonne vertébrale.
3. Dans le *Burgess shale.*

L'Atlas de la création est le fruit d'une organisation de type sectaire créée en 1991, à savoir, Bilim Arastirma Vakfi (*Fondation pour la recherche et pour la science* [*sic*]). Proche de l'extrême droite turque, elle affirme des soi-disant « vérités » qui n'ont aucun rapport ni avec l'islam, ni avec la science.

L'auteur dénonce, sans preuve (et pour cause !) l'imposture des évolutionnistes, leurs affirmations trompeuses et les liens occultes qui existeraient entre le darwinisme et les sanglantes idéologies, telles que le fascisme :

> Le darwinisme a nourri le racisme au XIXe siècle et a fourni par la suite la base à une idéologie qui allait se développer et noyer le monde dans un bain de sang au XXe siècle : le nazisme [1].

De manière contradictoire, l'auteur évoque ce qu'il croit être les liens du « darwinisme », un terme d'ailleurs fort ambigu, à la fois avec le nazisme et le communisme :

> Il existe une relation étroite entre la théorie de l'évolution et le communisme[2].

D'une manière scandaleuse, Harun Yahya affirme que le darwinisme est la seule cause du terrorisme[3] :

> C'est pour cette raison, que le terrorisme qui sévit sur notre planète n'émane d'aucune des trois religions divines, mais plutôt de l'athéisme, son expression de nos jours étant « le darwinisme » et « le matérialisme ».

On reconnaît ici clairement l'aspect politique qui n'a rien à voir avec la science. Au *terrorisme intellectuel* s'ajoute donc le *révisionnisme historique*, prouvant, s'il en était encore besoin, le fanatisme de son auteur. Ce dernier diabolise la biologie moderne, copiant une phrase d'un créationniste américain, Henry Morris :

> Satan lui-même est l'instigateur du concept d'évolution[4].

Ce livre révèle aussi les *connivences entre les créationnistes et les partisans du dessein intelligent, américains et turcs, pour étouffer la théorie de l'évolution*. Ces liens remontent à 1985 environ. À l'époque,

1. *Idem*, p. 586.
2. *Idem*, p. 588.
3. *Idem*, p. 589.
4. Morris, H. 1975. *The Troubled Waters of Evolution*. Creation-Life publishing, San Diego, p. 75.

le ministre turc de l'Éducation, Vehbi Dincerler, aurait pris contact avec *l'Institute for Creation Research* qui a effectué des fouilles au mont Ararat pour y retrouver l'Arche de Noé. Il souhaitait éliminer l'enseignement de l'évolution pour le remplacer dans les manuels par celui de la Création.

En 1998, les créationnistes américains et turcs donnaient ensemble une série de conférences à Istanbul sur le thème : « *La fin de la théorie de l'évolution : le fait de la Création* ». Le 12 mai 2005 s'y tenait le deuxième colloque international consacré au *Dessein intelligent.*

La France constitue la cible prioritaire de *l'Atlas de la Création.* En effet, si les idées créationnistes pouvaient conquérir cette terre de philosophie laïque des Lumières, alors le combat serait considéré comme gagné dans l'ensemble du monde. Dans ce but, l'éradication du darwinisme constitue une première étape, un verrou psychologique à faire sauter pour que la population redevienne croyante !

Ce livre est donc une insulte à la science et à la raison, une véritable diffamation de la recherche scientifique.

Le député Guy Lencagne, membre du Conseil de l'Europe, a réalisé un rapport dénonçant sans *a priori* la perversité des affirmations d'Harun Yahya.

Cependant, le mal est fait : 75 % des lycéens turcs ne croient pas que la théorie de l'évolution soit valable. D'après Nidhal Guessoum[1], professeur à l'Université américaine de Sharjah dans les Émirats arabes unis, 62 % des étudiants et des professeurs musulmans, contre seulement 10 % des professeurs non-musulmans, souscrivent à l'affirmation suivante :

> L'évolution est une théorie qui n'a pas encore fait ses preuves et je n'y crois pas.

28 % des étudiants musulmans, 22 % des professeurs musulmans et 16 % des enseignants non-musulmans, reconnaissent que :

> L'évolution est correcte, mais pas en ce qui concerne les êtres humains.

1. Guessoum, N. 2009. *Réconcilier l'islam et la science moderne. Op. cit.*

Inversement, seuls 11 % des étudiants musulmans et 14 % des professeurs musulmans souscrivent à l'affirmation selon laquelle : « L'évolution est solidement confirmée par des preuves », contre 74 % chez les professeurs non-musulmans.

Loin de l'esprit d'Averroès, la plupart des musulmans semblent actuellement beaucoup moins convaincus par les découvertes scientifiques que le monde judéo-chrétien. Comme en témoignent de trop nombreux élèves musulmans dans les collèges et les lycées français, qui rejettent l'enseignement de l'évolution, les musulmans tendent à réaliser un amalgame entre le naturalisme scientifique et une négation de leur propre identité. Cela relève bien sûr d'un grave malentendu, entretenu par des prédicateurs malhonnêtes et beaucoup de gens trompés en ce qui concerne les relations qu'entretiennent réellement la science et la foi.

Harun Yahya n'est pas le seul musulman créationniste et anti-évolutionniste. Nidhal Guessoum[1] y associe les commentateurs comme Mustapha Akyol, Zaghoul al-Naggar, Maurice Bucaille, le concordiste déjà cité, et Seyed Hossein Nasr, ainsi que son élève Osman Bakar, sans oublier Abd as-Sabour Chahine[2]. Ce dernier se promet d'éradiquer deux virus de l'islam : « les histoires israélites et l'approche littéraliste des textes religieux ». Cette dernière préoccupation pourrait laisser croire que Chahine est évolutionniste, mais il n'en est rien : c'est un créationniste convaincu qui admet seulement la microévolution. En outre son livre est truffé d'erreurs grossières. Il attribue par exemple à l'Antécambrien une durée de 71 125 milliards d'années, soit plus de cinq fois l'âge de l'Univers !

Le monde musulman est traversé par les mêmes oppositions que les Églises occidentales : les modérés, ouverts aux idées évolutionnistes, tentent de faire barrage aux extrémistes qui refusent la moindre concession à une lecture littérale des textes anciens. C'est le cas à l'université al-Azhar du Caire, où le modernisme se trouve confronté à une forte intolérance religieuse. En Iran, l'enseignement

1. Guessoum, N. 2009. *Réconcilier l'islam et la science moderne. op. cit.*
2. À ne pas confondre avec Youssef Chahine, le grand réalisateur du film *Le Destin* (Al-Masir) sur Averroès.

de l'évolutionnisme est interdit. *The Nation of islam*, un groupe américain musulman, rejette également l'évolution. Selon Tarik Oubrou, imam de la mosquée de Bordeaux, le passage d'une espèce à une autre ne pose pas de problème à l'islam, par contre, l'origine animale de l'homme choque les croyants musulmans[1].

Anas Ahmed Lala dans son livre : *L'homme descend-il du singe*[2] ?, fait bien la différence entre la preuve et la théorie scientifique. Il souligne justement :

> Une preuve scientifique tient dans l'observation d'un fait. Or, un fait d'observation vérifié ne peut se modifier. Tout au plus, pourra-t-on préciser et mieux définir ses caractéristiques, prenant comme exemple la rotation de la terre autour du soleil. [...] Une théorie scientifique, en revanche, est une hypothèse avancée par des hommes de science pour expliquer diverses observations et découvertes. La théorie est par nature changeante.

Mais, s'il reconnaît que « l'existence d'une évolution des espèces est largement partagée par les scientifiques », il nuance son discours à propos du « moteur de cette évolution » affirmant d'autorité que « les raisons qui ont entraîné cette évolution, n'a en revanche pas été démontrée scientifiquement, et que seules des théories ont été proposées à ce sujet ». L'auteur, s'appuyant sur les affirmations de Bucaille, ignore manifestement les avancées de la science dans le domaine de la biologie du développement que nous analyserons plus loin. Lala reconnaît que « l'idée d'une évolution des espèces animales n'est en soi pas incompatible avec les croyances islamiques ». Par contre, pour cet auteur « L'est en revanche celle qui fait du Hasard le moteur de cette évolution, puisque ce ne peut être que Dieu qui ait guidé l'évolution de l'Univers (et donc du vivant) à travers des mécanismes matériels tels que l'adjonction de gènes, les modifications de l'environnement, etc. ». De même, à propos de l'évolution humaine, il conclut : « L'idée d'une légère évolution à l'intérieur de la lignée humaine n'est en soi, elle non plus, pas incompatible avec les croyances musulmanes. Cependant, est irrecevable celle qui fait

1. *Idem*.
2. Lala, A.A. 2004. *L'homme descend-il du singe ? Un point de vue musulman sur la théorie de l'évolution*. Tawid, Lyon.

des humains une lignée issue d'une forme archaïque de primates ; en effet l'islam enseigne que la lignée humaine a débuté avec un couple d'humains, créés par Dieu de façon autonome par rapport aux espèces animales ». Il s'appuie, pour les données scientifiques, sur les travaux de Bucaille que nous avons largement évoqués. Lala conclut que « Si les découvertes scientifiques sont universellement valables, les théories que les hommes construisent sur leur base dépendent pour beaucoup de facteurs internes. Car l'esprit de l'homme n'est pas une simple feuille où viendraient s'inscrire ses observations et découvertes. C'est au contraire, une instance active, qui influence la perception que l'homme a de ses observations ». Nous verrons dans la troisième partie que les idées que Lala estime correspondre à des théories sont en réalité des faits d'observations en génétique et des nouvelles découvertes en paléontologie, désormais incontournables…

Nidhal Guessoum[1], qui souhaite réconcilier l'islam et la science moderne, s'est dressé contre un article de Harun Yahya paru dans la revue *Gulf News*[2], où ce dernier affirmait : « La théorie de l'évolution sera retirée des programmes des écoles publiques l'année prochaine ». La tâche des modernistes apparaît d'autant plus ardue qu'en Turquie, les intégristes tendent à occuper une position dominante dans la sphère sociale et politique.

Discussion générale

Au Moyen Âge, les pays d'islam furent une terre d'élection pour la science, ce dont témoignent les œuvres de grands penseurs, entre autres le philosophe, médecin et astronome Ibn Bajja ou Avempace (1085/1090-1139), le philosophe et médecin Ibn Tufayl (1110-1185), le géographe et botaniste Al Idrissi (1100-1165), le mystique du Soufisme Ibn Arabi (1165-1240), le grand philosophe, mathéma-

1. Guessoum, N. 2009. *op.cit.*
2. Ce quotidien, créé en 1978, est publié à Dubaï, Émirats arabes unis.

ticien et médecin Ibn Rushd ou Averroès (1126-1198), Abu Hamid al-Ghazzali (1058-1111) et, plus récemment Muhammad Iqbal (1877-1938).

Le président du Conseil français du culte musulman, Dalil Boubakeur, interrogé par *Le Monde*[1] suite à l'envoi massif aux établissements scolaires de l'*Atlas de la création*, a précisé dans une interview que la théorie de l'évolution « n'est pas contraire au Coran ». En outre, il juge l'initiative d'Harun Yahya « très pernicieuse » par le fait que ce dernier « essaie de démontrer que les espèces sont restées fixes, avec des photos à l'appui, mais qu'il n'explique pas les disparitions de certaines espèces ni l'apparition d'autres espèces ».

D. Boubakeur s'estime « convaincu que l'évolution est un fait scientifique ». Il ajoute encore que certains versets du Coran évoquent explicitement « une évolution cyclique » de l'homme. L'Association suisse des musulmans pour la laïcité, fondée par Ali Benouari[2], estime de son côté que « la religion n'a pas à contester la science ».

Fort heureusement, de nos jours, d'autres intellectuels musulmans s'élèvent contre le dessein intelligent, le créationnisme et le littéralisme. Parmi eux citons notamment Nidhal Guessoum, Ahmed K. Sultan Salem, Riwana Rahim, la théologienne Anna Case Winters ainsi que l'anthropologue et psychanalyste Malek Chebel, qui prônent tous un islam moderne. Selon Malek Chebel en effet :

> Pour l'islam, le darwinisme ne remet pas en cause l'essentiel de la foi (Dieu est Un, Mahomet est son prophète), à la différence de ce qui s'est passé pour le Christianisme, au sein duquel la science, mettant en cause l'historicité de la Bible, a sapé l'enseignement officiel du magistère et ébranlé les croyants. L'islam ne craint donc pas le récit des évolutions et mutations de l'espèce humaine[3].

Et il ajoute :

> L'islam n'a pas à avoir peur du Darwinisme.

Pourtant, aujourd'hui, comme le souligne Nidhal Guessoum[4] :

1. *Le Monde* et un communiqué de l'AFP du 2 février 2007.
2. *Le Courrier*, Genève, du 28 mars 2007.
3. Auteur de *L'islam expliqué* (Éd. Perrin, Paris) cité dans une interview au journal *Le Monde* du 09/02/07.
4. Guessoum, N. 2009. *Réconcilier l'islam et la science moderne. Op. cit.*

> L'idée de l'évolution biologique constitue un blocage culturel majeur dans le monde musulman.

En Allemagne, où vivent environ 3,2 millions de musulmans, la ministre de l'Éducation, Karin Wolff, spécialiste de théologie évangélique, avait suggéré en juillet 2007, que les questions théologiques puissent être débattues dans les cours de biologie des écoles, proposition qui fut critiquée par le théologien Hans Küng. Safter Cinar, membre de l'Alliance turque de Berlin, en réponse à la ministre et à une minorité de musulmans intégristes turcs qui approuvent le créationnisme, a estimé que cette question ne doit pas faire l'objet de débats puisque « *La Loi fondamentale (de la constitution) stipule que la religion et la science doivent être séparées* ».

Le Coran n'est manifestement pas un livre de science, comme le montrent les insuffisances, les amalgames et les erreurs que nous avons relevées dans les essais d'interprétations concordistes excessives et réfutées, en particulier celles de Bucaille. Cela n'enlève rien à son message religieux, car le Coran est un livre ouvert sur l'intelligence de l'homme, sur la *science pour ceux qui réfléchissent,* dont le devoir est de chercher à comprendre. Comme l'ont montré de nombreux mystiques musulmans, dont Ibn Arabi, le Coran est une incitation à la connaissance, exprimée par le symbole de la lumière.

Dans la Sourate XXIV, le verset 35 présente clairement la situation :

> Allah est la Lumière des cieux et de la terre. Sa lumière est semblable à une niche dans laquelle se trouve une lampe. Cette lampe est placée dans un globe de verre. Le globe ressemble à un astre de feu qui brille depuis l'intérieur d'un arbre béni, un olivier qui n'est ni du Levant ni du Couchant. Son huile semble s'illuminer sans qu'aucune flamme ne la touche. Lumière sur lumière, Allah oriente qui Il veut vers Sa lumière. Ce faisant, Allah donne des paraboles aux hommes pour qu'ils puissent comprendre. De toute chose, Allah en est le Savant.

L'islam fondamentaliste rejette donc les avancées de la science, *en contredisant* le Coran. Faut-il rappeler ce que dit la sourate XV, verset 86 ?

> Ton Seigneur est, à coup sûr, le Créateur, le plus savant.

Dans la sourate XXXV, le verset 1 précise :

> Louange à Allah, Créateur des cieux et de la terre… Celui qui rajoute à la création ce qu'il veut, Allah est puissant en toute chose.

Autrement dit, il est affirmé que *Dieu est le maître absolu de Sa création* et des processus qu'il a choisis. *Refuser la science, c'est refuser Ses choix ! C'est donc une atteinte à Son génie créateur…* Refuser les résultats de Sa science, *ne revient-il pas à commettre un blasphème contre le Créateur* si l'on admet la logique religieuse ? Un autre passage s'avère ainsi explicite : dans la sourate III, le verset 190 :

> Car il y a dans la création des cieux et de la terre, de même que dans l'alternance des nuits et des jours, des éléments d'appréciation pour ceux qui sont épris de sens.

Que les littéralistes méditent aussi ces deux versets 4 et 5 de la sourate VI :

> Il n'est aucun des signes qu'Allah leur envoie dont ils ne se détournent et qu'ils ne récusent.
>
> Et lorsque la Vérité s'est présentée à eux, ils l'ont traitée de mensonge. Mais, bientôt, des nouvelles dont ils se moquaient leur parviendront.

Et le verset 179 de la sourate VII :

> Nous avons destiné à la géhenne beaucoup de djinns et d'humains qui ont un cœur mais qui ne comprennent pas, qui ont des yeux mais qui ne voient pas, qui ont des oreilles mais qui n'entendent pas. Voilà bien des bêtes, et plus éperdus encore. Ce sont des égarés, des insouciants.

Au terme de cette analyse, nous reprendrons la conclusion de Ben Salem à propos de l'avenir de l'Univers :

> Le Coran, en tant que livre religieux dont le but est de guider les hommes, ne relate que les faits majeurs qui se produiront dans notre Univers et ce, afin d'amener le lecteur (pas nécessairement érudit) à réfléchir et à méditer. La découverte des détails précis des phénomènes est réservée aux hommes de science et aux spécialistes ; justement parce qu'un livre sacré n'est pas un livre de science[1].

Comme nous l'avons déjà souligné, nous ne portons aucun jugement, ni sur le Coran, ni sur les croyants ; chacun est libre de son choix. Le véritable choix n'est pas entre la religion ou la science, mais

---

1. Ben Salem, K. 2006. *The Future of Solar System and Earth from Religious Point of View*. *In* : Burdyuzha, V. (Éd.), *The Future of Life and the Future of our Civilization*, 437-453, Springer.

entre le *dogmatisme littéraliste* et la *vérité expérimentale* assortie de la *réflexion rationnelle* qui nous explique le monde ; c'était l'approche d'Averroès.

Après avoir analysé la création dans les religions du Livre, nous allons présenter, dans une troisième partie, une brève initiation aux avancées actuelles de la science dans tous les domaines concernés, celui de l'Univers, de la vie et de son évolution, avec le cas particulier de l'homme.

Les sciences de l'évolution aujourd'hui

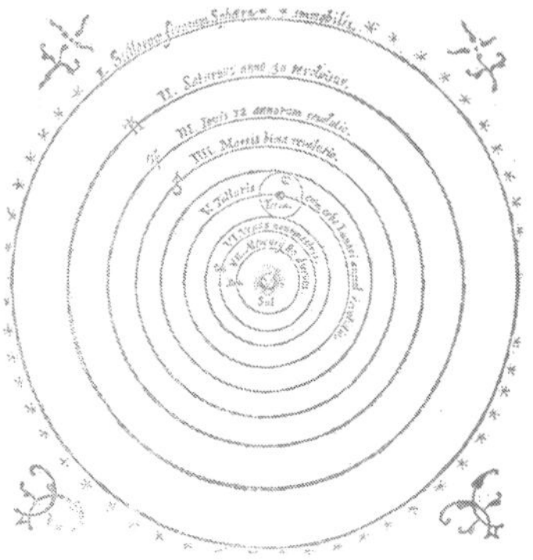

Chapitre 8

Les débuts de l'Univers et son évolution

Ce chapitre a été écrit avec la collaboration de Boris Dintrans.

La magie d'un ciel étoilé

Quoi de plus fascinant, un soir d'été, sans lune, dans une région sans lumières parasites de ville, que d'observer le ciel allongé dans une chaise longue ? Au bout d'une quinzaine de minutes, l'œil s'habitue et discerne un nombre croissant d'étoiles, jusqu'à environ 2 500 visibles à l'œil nu pour un hémisphère, ainsi que quelques planètes de notre Système solaire, Mercure, Vénus, Mars, Jupiter et Saturne, en mouvement orbital autour du Soleil, qui s'y superposent. La première chose que l'on peut identifier est la répartition des étoiles en motifs de formes variés, les constellations. Selon la décision de l'Union Astronomique Internationale, prise en 1930, il y a 88 constellations qui couvrent la totalité de la voûte céleste, dont la constellation de la Petite Ourse qui contient l'étoile Polaire, laquelle sert actuellement de point de repère

Illustration : Modèle héliocentrique de Copernic (Fac-similé du dessin de Copernic, 1543).

pour trouver le pôle nord céleste. On aperçoit ensuite, en diagonale du ciel, une large traînée lumineuse de plus grande concentration d'étoiles : c'est la Voie lactée, notre Galaxie vue par la tranche, de l'intérieur. Au fur et à mesure que la nuit s'écoule, nous constatons que l'ensemble de la voûte céleste pivote autour d'un point très proche de l'étoile Polaire, les astres se levant du côté est du ciel et se couchant du côté ouest du ciel, soit en sens inverse du sens de rotation de la Terre. L'étoile Polaire semble rester quasiment immobile, parce qu'elle est située dans le voisinage du prolongement de l'axe de rotation terrestre. La rotation apparente du ciel sur lui-même est donc une illusion d'optique, à laquelle se sont laissés prendre nos premiers ancêtres, qui ont imaginé que les étoiles étaient fixées sur une (ou plusieurs) sphère(s) céleste(s) en rotation autour de la Terre, qu'ils croyaient située immobile au centre du monde.

Illusions d'optique

Illusion, le mot est important, car l'observation du ciel nous fait observer des étoiles bien différentes, par leurs tailles qui peuvent varier de 1 à 1 000, par leurs âges fort variés, ou encore par leurs distances, de proches à si gigantesques, que l'on a du mal à en écrire les chiffres. L'étoile la plus proche du Soleil est Proxima Centauri, située à 4,22 années-lumière de la Terre. Sachant que la vitesse de la lumière dans le vide est de 299 792 458 mètres par seconde, cette distance correspond à 270 000 fois la distance Soleil-Terre, ce qui la situe à 39 734 000 000 000 km de nous[1]. Autrement dit, il faut plus de 4 ans pour que sa lumière nous parvienne, alors qu'il ne faut que 8 minutes et 23 secondes pour que celle du Soleil nous atteigne.

Autrement dit, nous voyons les objets du ciel dans un état d'autant plus ancien que ces astres sont plus éloignés. Nous voyons les objets tels ils étaient lorsque les rayons lumineux les ont quittés, mais certes pas comme ils sont actuellement. L'astronomie capte la lumière fossile d'étoiles ou de galaxies. C'est-à-dire que plus nous regardons loin, plus

1. Compte tenu des distances considérables, on les évalue en année-lumière, soit 9 460 000 000 000 km, c'est-à-dire 9 460 milliards de km. Mais en dehors du Système solaire, on évalue les distances soit en parsecs (environ 3,261 564 années-lumière), soit en mégaparsecs.

nous remontons dans le temps, un peu comme le paléontologue qui analyse les fossiles des couches de plus en plus profondes. On verra donc voisiner des étoiles de plusieurs générations, sans pouvoir les discerner d'emblée. Croire que ces étoiles sont plaquées sur une, ou plusieurs, sphère(s) comme l'imaginaient les anciens, constitue donc une première erreur. Croire que les étoiles seraient toutes identiques et situées à une même distance en est une autre.

Du ciel aux questions

L'*astronomie,* la science qui décrit l'Univers observable par les télescopes est enchanteresse. Depuis Camille Flammarion, et son ouvrage *Astronomie populaire* (1880), elle passionne le grand public par son ouverture sur l'immensité, sur un véritable « *infini pour nos yeux* », sur la beauté glaciale des astres et des espaces intersidéraux, côtoyant le feu des étoiles. C'est dire l'attirance de l'Univers qui nous fascine par son aspect grandiose et nous effraie à la fois, par les profondeurs incommensurables, vertigineuses, des espaces intersidéraux et du sentiment de petitesse qu'il nous communique. Nous sommes si peu, devant l'échelle colossale de l'Univers, l'ampleur considérable des températures, des densités, des masses et énergies des phénomènes en jeu, comme les collisions de galaxies ou les trous noirs ! Et cependant, grâce à notre pensée réfléchie, nous sommes capables de l'appréhender de mieux en mieux ; c'est bien ce qui surprenait Einstein.

Quant à la branche de la *cosmologie,* la science de l'Univers en tant que système physique, elle étudie les lois de l'Univers, de sa formation, de son fonctionnement et de son évolution. La branche de l'*astrophysique* s'intéresse, quant à elle, à la physique et aux propriétés des composantes de l'Univers. Les sciences physiques, notamment avec la *relativité générale* d'Einstein, la *physique quantique* et la *théorie des champs* permettent de décrire l'Univers à certaines échelles et de l'expliquer, encore très partiellement, dans ce que l'on appelle le *modèle standard de la cosmologie.*

Le terme de cosmologie ne doit surtout pas être confondu avec celui de *cosmogonie,* qui désigne un *récit mythique expliquant l'origine de l'Univers,* dans les diverses mythologies et religions.

Les mystères de l'Univers sont à l'origine de nombreuses questions philosophiques et religieuses, comme celle de Leibniz : « Pourquoi y a-t-il quelque chose plutôt que rien ? », « D'où vient cet Univers ? », « Où va-t-il ? », « Y a-t-il d'autres Univers ? », « D'où venons-nous ? », « Que faisons-nous dans cet Univers gigantesque ? », « Sommes nous les seuls êtres pensants ou seulement l'une des entités pensantes de l'Univers ? », et la question dépourvue de sens : « Qu'y avait-il avant l'Univers ? », puisqu'il n'existait peut-être ni temps, ni espace avant l'Univers actuel ! Certaines de ces questions relèvent de la science, comme les débuts et l'évolution de l'Univers avec la formation des astres. D'autres interrogations, comme celles du sens, relèvent du strict domaine de la religion et de la philosophie, comme nous l'avons déjà expliqué.

La science permet actuellement de répondre à quelques questions, mais en laisse encore beaucoup sans réponse, tant les phénomènes se révèlent complexes et difficiles à étudier, à cause aussi des instruments nécessaires pour y accéder, dont certains ne sont pas encore inventés et des théories encore non formulées. Nous limiterons donc notre propos à faire le point au sujet de ce que la science a déchiffré à ce jour, en soulignant ce qui est plus sûr et ce qui l'est moins.

Voyage dans l'Univers visible

L'Univers, comme nous le verrons plus loin, est âgé de 13,7 milliards d'années. Il est donc logique que l'on ne pourra observer que des objets dont la lumière a voyagé moins longtemps que cette longue durée ; au-delà de laquelle il est impossible de voir quoi que ce soit : c'est l'*Univers invisible* ou « *horizon cosmologique* ». Certains estiment que l'Univers visible ne représenterait que 5 % de l'Univers total, ce qui signifie que sa plus grande partie échapperait à nos observations.

L'Univers visible rassemblerait environ 350 milliards de grandes galaxies, 7 trillions[1] de galaxies naines et 30 milliards de trillions d'étoiles. D'après les estimations statistiques actuelles, il y aurait aussi environ mille milliards de planètes, une immensité si grande qu'elle apparaît difficilement imaginable pour l'esprit humain.

Le cosmos est d'une beauté glaciale dans les gigantesques espaces intersidéraux et celui d'une fournaise dans le cœur des étoiles, un cosmos effrayant par ses dimensions incommensurables, car dans cette profusion de mondes, nous autres, les hommes, sommes perdus sur une petite planète située dans un Système solaire se trouvant sur un bras d'une galaxie parmi des millions de milliards d'autres galaxies, qui peuplent le cosmos. Cette position devrait nous rendre plus modestes et plus attentifs à l'avenir de cette planète vraiment exceptionnelle.

La grande découverte du XXe siècle : l'Univers est en expansion

L'une des plus grandes découvertes du XXe siècle concerne l'expansion de l'Univers, découverte grâce aux travaux de Vesto Slipher en 1914 et surtout ceux d'Edwin Hubble en 1929. Cet astronome a observé que des nébuleuses, appelées maintenant des galaxies, étaient extragalactiques, c'est-à-dire qu'elles se situent en dehors de notre Voie lactée. Il a surtout constaté que les spectres de la lumière qu'elles émettent présentent un *décalage vers le rouge*[2], ce qui signifie que les galaxies s'éloignent les unes des autres et ce, d'autant plus vite,

1. Dans les pays utilisant l'échelle longue (Union européenne) définie par Chuquet à la fin du XVe siècle, un trillion équivaut à un *milliard de milliards* ($10^9 \times 10^9 = 10^{18}$). Mais, dans les pays utilisant l'échelle courte due aux savants français du xviie siècle (États-Unis, Brésil), un trillion représente 10^{12} soit un billion de l'échelle longue. L'échelle longue est maintenant adoptée dans la quasi-totalité du monde.
2. C'est l'effet Doppler-Fizeau. Une vitesse d'éloignement entraîne un décalage des raies vers le rouge des grandes longueurs d'onde, tandis qu'un rapprochement provoque un décalage vers le bleu. Dans la vie de tous les jours, quand une ambulance passe devant nous, sa sirène passe de l'aigu au grave, autrement dit, sa fréquence baisse.

qu'elles sont plus éloignées : c'est la *loi de Hubble*[1]. Ce décalage est la conséquence de l'expansion de l'Univers, prévu par la théorie de la relativité générale d'Einstein.

L'expansion de l'Univers constitue un phénomène qu'il faut essayer de comprendre, bien qu'il s'avère complexe. C'est l'espace-temps qui grandit, s'étend en entraînant avec lui tout ce qu'il contient. Ce ne sont pas les galaxies qui se déplacent aux vitesses calculées, car elles sont quasi-immobiles dans l'espace-temps, mais c'est l'espace-temps lui-même qui est en expansion ; de ce fait, les distances entre les galaxies augmentent. Un plus grand décalage vers le rouge indique une vitesse d'éloignement plus grande.

Pour comprendre ce phénomène difficile à visualiser, on peut utiliser une analogie : un ballon sur lequel seraient fixés les dessins des galaxies. Si l'on gonfle le ballon, on voit l'ensemble du globe se dilater et effectivement les galaxies semblent s'éloigner d'autant plus qu'elles sont plus loin.

Cette interprétation s'est trouvée confirmée jusqu'à nos jours, mais on pensait initialement que l'expansion de l'Univers ralentissait à cause de la gravitation qui la freinait pour arriver à un état d'équilibre, avant qu'elle ne subisse le chemin inverse d'une contraction aboutissant à un super crash, nommé le *Grand Écrasement,* ou *Big Crunch*. Mais, en 1998, on s'est aperçu, en utilisant des supernovae[2] comme références de luminosité standard constante pour évaluer les distances des galaxies les plus lointaines, qu'au contraire, l'expansion s'accélère. L'Univers semble en effet « *étiré* » par une force que l'on désigne sous le terme d'*énergie noire*.

Dans ces conditions, la quantité de matière présente dans l'Univers, resterait constante. Mais, en se retrouvant dans un espace toujours plus grand, elle se dilue et sa densité se réduit. Cette dilution entraîne *de facto* le refroidissement de l'Univers.

1. La vitesse V à laquelle les galaxies s'éloignent est proportionnelle à la distance D : $V=HD$, H étant la constante de Hubble.
2. De type Ia. Les supernovae sont expliquées à la fin de ce chapitre.

Une conséquence de l'expansion de l'Univers : le Big Bang

L'une des conséquences majeures impliquées par l'expansion de l'Univers est le fait qu'au cours de son histoire, et à plus forte raison à ses débuts, celui-ci devait, selon le *modèle standard,* être beaucoup plus concentré sur lui-même qu'il ne l'est aujourd'hui. Et, s'il était plus compacté, il a même dû exister un moment où tout l'Univers, toute sa masse étant rassemblée, devait atteindre une densité inimaginable. Le début de l'Univers correspond à un phénomène exceptionnel qui a été nommé : le *Big Bang.*

L'idée de Big Bang est due à trois chercheurs : Alexandre Friedmann (1888-1925), Georges Lemaître (1894-1966) et George Gamow (1904-1968). Les deux premiers avaient envisagé l'expansion de l'Univers avant que Hubble ne la découvre par observation. En 1931, Lemaître évoquait « *la théorie de l'Atome primordial* ». Le terme de Big Bang a été lancé en 1949 par l'astronome anglais Fred Hoyle, lors d'une émission sur la BBC, pour se moquer de ce modèle opposé au sien, le *modèle stationnaire,* selon lequel l'Univers n'aurait pas connu de période de très fortes densité et température. Ce modèle, assez voisin d'un modèle proposé en son temps par Einstein, d'un *Univers statique immuable,* éternel et n'évoluant pas dans le temps, a été définitivement rejeté depuis que le Big Bang a été prouvé scientifiquement. On a même ajouté parfois l'adjectif *Hot* (chaud) pour préciser que l'Univers était très chaud, quand sa densité était immensément élevée. Le Big Bang est une *singularité gravitationnelle de très hautes densité et température de l'Univers.* Cette singularité ne s'est pas produite en un endroit particulier, elle affecte l'ensemble de l'Univers, puisque les conditions physiques étaient toutes identiques partout. Selon le célèbre cosmologiste Stephen Hawking « *au moment du Big-Bang, l'Univers est censé avoir une dimension nulle, et avoir été infiniment chaud*[1] ».

L'Univers que nous connaissons aurait donc eu un début, mais cette conception n'est pas partagée par tous les spécialistes dont certains estiment possible une histoire plus ancienne de l'Univers ; nous y reviendrons plus loin.

1. Hawking, S. 1989. *Une brève histoire du temps. Du Big Bang aux trous noirs.* Flammarion, Paris.

Quoi qu'il en soit, il a ensuite évolué et il continue d'évoluer aujourd'hui. Mais le Big Bang n'est pas le commencement de l'Univers. En fait, la *physique quantique* ne permet de s'approcher du Big Bang qu'à un intervalle temporel de 10^{-43} seconde[1], appelé le *temps de Planck*. L'idée de Big Bang *exprime seulement le fait qu'à ses débuts, la densité et la température de l'Univers étaient fantastiques*, puisque, très rapidement, l'*expansion* qui en a résultée a fait baisser sa température et sa densité. Le Big Bang représente donc simplement une étape de son histoire.

L'Univers observable présente deux grandes caractéristiques. Nous avons vu qu'il était en *expansion*. Mais il est aussi *homogène*, c'est-à-dire qu'il présente globalement les mêmes températures et densités dans ses diverses régions. Il est aussi *isotrope* à une très grande échelle, ce qui signifie que sa structure est la même, quelle que soit la direction d'où l'on l'observe. C'est le *principe cosmologique* proposé par Einstein et qui a été vérifié. Il implique l'équivalence de tous les points de l'Univers et autrement dit, l'Univers n'a ni centre, ni bords.

Le Big Bang et le fond diffus cosmologique

La théorie du Big Bang a été confirmée brillamment par la découverte fortuite, en 1964, du *fond diffus cosmologique* (FDC) par Arno Allan Penzias et Robert Woodrow Wilson[2]. Travaillant pour les laboratoires Bell, sur une antenne de communication avec les satellites qu'ils voulaient transformer en radiotélescope pour mesurer l'activité radio de la Voie lactée, ces derniers découvrirent l'existence d'un rayonnement inconnu provenant de façon quasi-homogène de toutes les régions du ciel. Des chercheurs comme George Gamow (avec son modèle d'Univers radiatif chaud), Ralph Alpher et Robert Herman en avaient prévu l'existence dans les années 1940. Andrei G. Doroshkevich et Igor D. Novikov, quant à eux, avaient même prévu en 1964 que son spectre devait correspondre à celui d'un *corps noir*[3] parfait.

1. C'est le plus petit intervalle de temps irréductible déduit de la mécanique quantique.
2. Prix Nobel de physique en 1978.
3. Un *corps noir*, découvert par Gustav Kirchhoff en 1862.

Un *corps noir* n'a pas forcément un aspect noir, mais doit sa couleur au fait qu'il absorbe toute la lumière extérieure qui lui parvient, ce qui l'empêche d'en refléter ou transmettre la moindre portion.

Le FDC est un *rayonnement thermique électromagnétique* qui constitue la « trace fossile » de la phase dense et chaude résultant du Big Bang. Il se serait formé peu de temps après le Big Bang et son âge est estimé, actuellement, à 380 000 ans après la singularité initiale. Au cours du temps, le rayonnement s'est largement dilué dans l'espace et s'est refroidi à cause de l'expansion de l'Univers. Il se trouve actuellement à une température très basse qui est celle d'un corps noir dans une partie du ciel à 2,7251 ± 0,002 K et dans une autre partie du ciel à 2,7249 ± 0,002 K[1], avec une moyenne de 2, 745 K, ce qui correspond environ à – 270° Celsius.

Ce rayonnement[2], connu à présent sous le nom de *Cosmic Microwave Background* (CMB), est donc une espèce de « *bain de photons thermiques* » à 3 K. Il a été étudié par les satellites de la NASA : COBE (*Cosmic Background Explorer*), qui en a mesuré la température en 1992[3], et le satellite WMAP (*Wilkinson Microwave Anisotropy Probe*), en 2003 (Fig. 4), qui a permis de réaliser la carte cosmique de ses variations de température et donc de densité associées avec une résolution 40 fois supérieure à celle de COBE.

Les données de ce satellite ont permis aussi de montrer que l'Univers, contrairement à ce que l'on pensait, se comportait comme s'il n'était pas courbe, mais « *plat* », autrement dit selon la géométrie classique euclidienne enseignée dans nos écoles. Cette structure géométrique exclut le Big Crunch de l'avenir de l'Univers.

1. Le *Kelvin* défini par lord Kelvin et noté « K », est une mesure absolue de la température, une unité de température issue du 3° principe de la thermodynamique. Signalons aux puristes, qu'il correspond à la fraction 1/273,16 de la température thermodynamique du point triple de l'eau, où coexistent les trois états de l'eau (solide, liquide et gazeux), choisi comme point de référence. Rappelons que la température de 0 K correspond au zéro absolu qui est égal à -273,15 °C. Une variation de 1K est égale à une variation de 1° Celsius.
2. Analysé en termes de *longueurs d'onde* (2 mm), le FDC se situe dans le domaine des micro-ondes, situé entre l'infrarouge et les ondes radio avec une *fréquence* de 160 GHz (soit 109 Hertz par seconde).
3. Smoot, G. 1994. *Les rides du temps*. Flammarion, Paris.

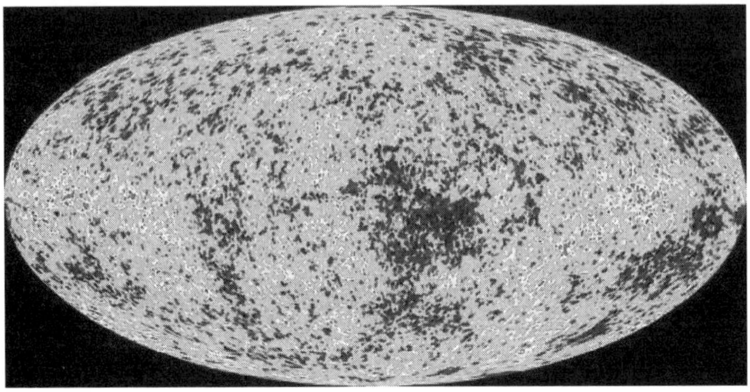

Fig. 4. Carte du « fond diffus cosmologique » à la température de 2,726 K, réalisée avec le satellite WMAP. Cette carte[1] montre les variations de température du rayonnement thermique cosmologique. Ces variations (anisotropies) reflètent des fluctuations de la densité de la distribution de la matière et ce sont elles qui sont à l'origine de la formation ultérieure des galaxies, lorsque l'Univers est devenu transparent, 380 000 ans après le Big Bang (crédit NASA/WMAP, Science team).

L'Agence spatiale européenne devrait encore compléter les informations sur cet écho lumineux très refroidi du Big Bang, grâce au satellite Planck, lancé en 2009. Le *fond diffus cosmologique* correspond à la plus grande forme d'énergie électromagnétique connue, puisqu'il renferme à lui seul 96 % de cette énergie de l'Univers sous la forme de photons provenant du rayonnement diffus. Les 4 % complémentaires proviennent des rayonnements des étoiles du domaine visible. L'existence du Big Bang implique que l'Univers a un âge fini calculable à partir de son taux d'expansion. Ce travail a permis de dater le début de l'Univers à 13,73 milliards[2] d'années ± 120 millions d'années.

L'étude du fond cosmologique a permis de montrer que la température était globalement la même dans toutes les directions. Mais en analysant plus en détail la répartition des températures du WMAP, on a mis en évidence des variations de l'ordre du cent-millième de

1. La figure du fond diffus cosmologique présentée ici est une ellipse, à cause de la projection adoptée. L'idée est qu'il faut représenter l'ensemble du ciel de -180° à +180° de longitude et – 90°/+90° sur une seule figure à 2D. Dans le cas de WMAP, une projection dite de Mollweide donne une forme elliptique à la figure (d'ailleurs on donne aussi parfois le nom de « projection elliptique » à la projection de Mollweide).
2. 13,73 billions d'années.

degré[1]. Ces fluctuations spatiales de la température, qui correspondent à des variations selon la direction et appelées *anisotropies*, sont extrêmement importantes, car elles reflètent des variations de la densité de la distribution de la matière : elles reflètent l'origine de la formation des galaxies. La matière se concentre en longs filaments où se trouvent les galaxies, tandis que d'autres portions de l'espace restent quasiment vides. Cette structure a été causée par l'instabilité gravitationnelle qui a sans doute joué un rôle majeur en renforçant l'hétérogénéité de la répartition de la matière des débuts (Fig. 5).

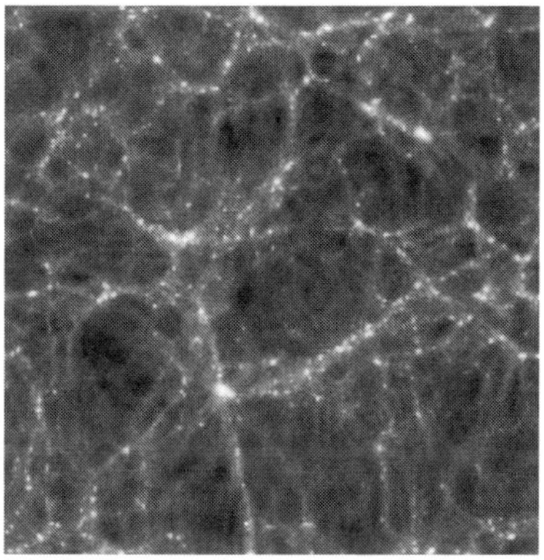

Fig. 5. Simulation numérique tri-dimensionnelle de la structure filamenteuse de l'Univers à grande échelle représentant la distribution de la « matière noire ». Celle-ci se concentre selon une immense toile qui relie des régions très denses où se forment les amas de galaxies. Les grandes tâches brillantes sont des amas de galaxies, tandis que les points plus petits représentent des galaxies individuelles et des groupes de galaxies. La zone représentée sur l'image fait 300 millions d'années-lumière de côté (Crédit image : Consortium Virgo).

Les galaxies sont rassemblées en groupes, puis en amas constituant des superamas formant un véritable réseau, selon une loi d'indépendance d'échelle, caractéristique d'une structure fractale[2] (Fig. 5).

1. À 0,00001 degré près.
2. Le terme fractal, créé par Benoît Mandelbrot en 1975, est fondé sur l'adjectif latin *fractus*, tiré du verbe *frangere* qui signifie *briser* ou présenter une irrégularité, fragmenter à toutes les échelles, fractionner à l'infini. On dit qu'un objet présente une *structure fractale* s'il révèle des structures, des irrégularités à toutes les échelles observées, depuis le niveau macroscopique jusqu'à l'échelon le plus microscopique. Si les structures se répètent identiques à toutes les échelles, on dit que la structure fractale est *auto-similaire*. Autrement dit, tout morceau, en dehors de sa taille, à la même forme que le tout (Dubois et Chaline, 2006. *Le monde des fractales*, Ellipses).

WMAP a aussi permis de montrer que la première génération d'étoiles[1] était apparue seulement 200 millions d'années après la singularité, et qu'un très grand nombre d'entre elles étaient déjà formées un milliard d'années après le Big Bang.

Une autre preuve incontournable du modèle du Big Bang est fournie par l'étude des *abondances relatives des éléments* comme l'hydrogène, l'hélium et le deutérium (isotope naturel de l'hydrogène) qui se sont formés pendant la *phase primordiale* de l'Univers ; c'est ce que l'on appelle la *nucléosynthèse primordiale*, que nous décrirons plus en détails ci-après. Les proportions existantes correspondent aux prévisions de la théorie (~75 % d'hydrogène, ~25 % d'hélium et ~0.01. de deutérium).

Une autre conséquence de l'expansion de l'Univers : l'image des mondes disparus

Compte tenu de l'expansion extraordinaire de l'Univers que l'on vient d'évoquer, on peut se poser la question de savoir ce qu'est devenu l'Univers observable depuis ses débuts, il y a 13,7 milliards d'années. La lumière d'un astre ne pouvant avoir traversé l'Univers pendant un temps plus grand que cette durée, ce nombre limite la taille de la partie observable de notre Univers (son *horizon cosmologique*).

Du fait de l'expansion de l'Univers, une nouvelle question se pose, celle d'évaluer à quelle *distance géométrique* se situent les objets dont nous recevons la lumière actuellement, soit 13,7 milliards d'années après qu'ils aient émis cette lumière. Afin de calculer cette distance, il faut connaître la vitesse d'expansion de l'espace-temps pour en déduire la distance dont s'est éloigné l'horizon cosmologique, depuis qu'il a émis les photons. Si l'on se place dans le cadre du modèle standard actuellement admis, cette distance est de l'ordre de 45 milliards d'années-lumière. Ce résultat s'avère assez déconcertant au premier

1. Ces étoiles, qui ne contiennent pas de métaux, sont dites de « population III » et seraient les premières étoiles formées après le Big Bang. La théorie prédit qu'elles doivent être super massives, mais elles n'ont pas été encore directement observées.

abord, par ce qu'on ne réalise pas facilement que depuis 13,7 milliards d'années-lumière, l'Univers a considérablement changé et s'est élargi jusqu'à un diamètre d'environ 45 milliards d'années-lumière.

De nombreux astres et galaxies, que nous observons actuellement, n'existent plus. Ils sont les images de mondes disparus. D'autres, qui se sont créés depuis, à de très grandes distances, nous restent encore invisibles et leur lumière parviendra jusqu'à la Terre seulement d'ici quelques millions ou milliards d'années. Étant donné que la lumière voyage à la vitesse de 300 000 km par seconde, à chaque seconde qui passe, une nouvelle portion de l'Univers d'une profondeur de 300 000 km, s'ouvre à l'observation. Il en résulte que chaque année, de nouvelles galaxies encore inconnues apparaissent, et cela durera tant que nous n'aurons pas atteint l'horizon des 13,7 milliards d'années-lumière.

Effectuons à présent un bref tour d'horizon de notre environnement stellaire, en partant du plus près jusqu'au plus lointain.

Notre proche Univers

Le Système solaire

Notre Terre appartient au Système solaire. Cette planète tourne autour du Soleil, une étoile de la 3e génération (dite de « *population I* », car le Soleil est une étoile riche en métaux), apparue il y a 4,5 milliards d'années. Notre Système solaire est situé à environ 25 000 années-lumière du centre de la Voie lactée, c'est-à-dire plutôt vers le bord de sa couronne externe, sur le bras spiral d'Orion. La Terre est l'une des quatre planètes telluriques[1], avec Mercure, Vénus et Mars. Kepler avait eu l'intuition d'une loi de structuration des distances planétaires, mais il n'avait pas découvert cette loi. Des lois empiriques, dites de Titius-Bode, ont été proposées mais, approximatives, elles n'étaient

1. Planètes non gazeuses, formées de couches concentriques dont l'externe est solide.

pas vraiment convaincantes. Dans les applications de sa théorie de la relativité d'échelle à l'Univers, Laurent Nottale a montré que le Système solaire est structuré en plusieurs sous-systèmes emboîtés[1].

La Voie lactée

Formée voici près de 13,6 Ga[2] ± 0,8 Ga, notre Voie lactée, la Galaxie où se trouve le Système solaire, renferme entre 150 et 200 milliards d'étoiles dans son disque (Fig. 6). Selon une étude récente[3] menée sur 166 étoiles situées à moins de 80 années-lumière, et observées durant cinq années à l'observatoire Keck d'Hawaï, environ 25 % des étoiles similaires à notre Soleil pourraient avoir des planètes de 0,5 à 2 masses terrestres et orbitant à des distances comparables à la nôtre de leur astre hôte[4]. Extrapolé à la totalité de notre galaxie, ce résultat impliquerait l'existence de milliards de planètes de type terrestre qui seraient potentiellement, ni trop chaudes, ni trop froides pour héberger de l'eau indispensable à la vie. Notre bonne vieille Terre serait donc loin d'être un objet unique dans l'Univers...

Fig. 6. Structure de notre galaxie et du ciel visible en infra-rouge proche. Au premier plan au milieu de la sphère, la trace de la Voie lactée et des poussières absorbantes qu'elle renferme. La galaxie est représentée par 200 milliards d'étoiles et les galaxies extérieures comportent environ 1,5 million d'étoiles [Consortium 2MASS, d'après Jarrett, T., 2004 (IPAC/Caltech)].

1. Nottale, L., Chaline, J. & Grou, P. 2009. *Des fleurs pour Schrödinger. La relativité d'échelle et ses applications*. Ellipses, Paris, p. 32-43.
2. Ga = giga années, ou milliard d'années.
3. Howard *et al.* 2010, *Science*, 300, 653-655.
4. Eu égard aux nombreux biais observationnels de ce genre d'étude.

De même, notre galaxie n'est pas un objet isolé dans l'Univers, car elle est accompagnée de plusieurs *galaxies satellites* qui tournent autour de la Voie lactée. Ce sont, par exemple, les *Nuages de Magellan*, visibles dans l'hémisphère Sud, dont le *Grand Nuage*, situé à environ 160 000 années-lumière et le *Petit Nuage* à environ 200 000 années-lumière. Les Nuages de Magellan sont des galaxies naines irrégulières renfermant de très nombreuses étoiles jeunes et où se forment de nouvelles étoiles. Mais la Voie lactée les attire, comme le montre l'existence d'un pont d'hydrogène, le *courant magellanique*, qui, attiré par la Voie lactée, relie les deux galaxies. Il existe encore d'autres galaxies satellites de la Voie lactée, en particulier les galaxies de la *Carène, du Sextant, Leo I* et *Leo II*, du *Dragon* et de la *Petite Ourse*, qui sont des naines sphéroïdales renfermant de très vieilles étoiles, dont la brillance est fortement atténuée.

Le diamètre du disque d'étoiles de la Voie lactée est approximativement de 100 000 années-lumière, alors que son épaisseur est seulement d'environ 1 000 années-lumière. Le centre de la Voie lactée est constitué d'une barre d'étoiles, allongée sur 27 000 années-lumière.

À l'heure où l'on écrit ce livre, on sait qu'au moins 316 étoiles de notre galaxie, situées à moins de 400 années-lumière, possèdent au moins une *exoplanète*[1]. Mais seules onze d'entre elles ont pu être photographiées. Il y aurait, selon Serge Brunier, quelque mille milliards de planètes dans notre galaxie. Dans un proche avenir, les satellites COROT et KEPLER devraient permettre d'en découvrir davantage le long du bras d'Orion, entre 600 et 1 800 années-lumière.

Du groupe local au Grand Attracteur

Pour concevoir l'immensité de l'Univers, il faut encore savoir que la Voie lactée et ses satellites font partie d'un amas appelé le Groupe local, distant d'environ 3 millions d'années-lumière, qui contient en outre la grande galaxie spirale d'Andromède (Messier 31), située entre 2,4 et 2,9 millions d'années-lumière, la Galaxie du Triangle

1. Ferris, T. 2010. De nouveaux mondes ? *National Geographic, France*, 22.1 : 84-97.

(M 33), ainsi que d'autres galaxies satellites naines et un petit groupe, lui-même satellite, renfermant les galaxies *Sextan A* et *B* et *Antlia*. Mais ce n'est pas tout.

Le groupe local est attiré par l'attraction gravitationnelle, à une vitesse de 3 200 km par seconde, vers un amas très riche en galaxies, l'*Amas de la Vierge*, situé à 50 millions d'années-lumière et composé de plus de 2 000 galaxies, dont les plus centrales sont elliptiques ou lenticulaires, lieux où se forment encore des galaxies. L'amas *Virgo* est composé de sous-systèmes qui sont attirés l'un vers l'autre à des vitesses de l'ordre de plus de 1 000 km/s.

Au-delà de l'amas de la Vierge, à 270 000 millions d'années-lumière, se trouve le grand *amas de Coma* qui contiendrait environ 2 500 galaxies elliptiques et lenticulaires, dont la masse dépasserait le million de milliards de masses solaires.

Ces amas de la Vierge et du Groupe local sont attirés à une vitesse de 300 km/s, par une forte condensation de matière située à 130 000 millions d'années-lumière, appelée le *Grand attracteur*, dont la masse serait supérieure de dix fois à celle de l'amas de Coma.

Cet amas de Coma fait lui-même partie d'une structure plus vaste groupant deux amas, appelé *superamas de Coma* et A1367. Elle-même fait partie d'un ensemble encore plus grand, nommé le *Grand Mur*, qui renferme en outre le superamas d'Hercule et sans doute aussi ceux de *Perseus/Pisces*. Comme on le voit l'Univers est structuré en des amas de plus en plus gigantesques. Vertigineux…

Et au-delà ?

Les nouveaux moyens d'observation[1] ont permis de détecter plus de 200 000 galaxies encore relativement proches, puisqu'elles sont situées à moins de 2 milliards d'années-lumière.

Et, à cette échelle, on commence à voir apparaître la structure globale de l'Univers qui, comme l'écrit Allesandro Boselli[2], est voisine du type de celle d'une éponge, *spongiforme*, avec des « cellules reliées par des

1. Le 2dFGRS (2df Galaxy Redshift-Survey) et le SDSS (Sloan Digital Sky Survey).
2. Boselli, A. 2007. *À la découverte des galaxies*. Ellipses, Paris.

filaments » constitués par des galaxies (Fig. 5), une structure fractale. Aujourd'hui, nos moyens d'investigation nous permettent d'accéder à des astres situés à environ 13 milliards d'années-lumière, c'est-à-dire qui ont été formées peu de temps après les débuts de l'Univers. Selon Lehnert *et al.* (2010), *l'objet le plus lointain dans l'Univers jamais observé jusqu'à présent, est la galaxie dénommée UDFy-38135539*, analysée comme elle était lorsque l'Univers avait moins de 600 millions d'années.

Le nombre de galaxies de l'Univers reste difficile à évaluer, car au bout d'une dizaine de jours de pause après avoir braqué le télescope Hubble dans n'importe quelle direction apparemment vide, on voit apparaître des myriades de galaxies, de l'ordre d'un million par degré carré[1]. L'Univers est vraiment difficile à concevoir et les chiffres sont plus vertigineux les uns que les autres. Toutes les structures de l'Univers résultent d'une très longue histoire fort complexe que le modèle standard nous permet de reconstituer « partiellement ». C'est ce que nous allons tenter de faire à présent.

Les étapes de l'histoire de l'Univers

L'espace-temps : y a-t-il eu un avant Big Bang ?

Avant de commencer la présentation de cette histoire de l'Univers, il faut bien comprendre la notion d'*espace et de temps* et celle d'*espace-temps*. La notion la plus importante est que l'*espace* et le *temps* ne sont pas des entités extérieures à l'Univers et qui l'engloberaient, le contiendraient. L'espace et le temps lui sont internes, et sont étroitement liés à la matière et à l'énergie. On imagine souvent l'Univers comme une structure qui apparaît sur un axe linéaire du temps, au temps zéro et qui se dilaterait jusqu'au temps actuel, en occupant de plus en plus de place au sein d'un espace préexistant[2]. Mais il n'en est rien ! Comme l'a bien relevé Étienne Klein[3], le temps zéro n'existe pas, c'est une extrapolation de la théorie de la relativité générale qui est incapable de décrire l'Univers

1. Un degré carré correspond à quatre fois la taille du Soleil.
2. Vigoureux, J.-M. 2005. *La quête d'Einstein. « Au prix d'une peine infinie… »*. Ellipses, Paris.
3. Klein, É. 2010. *Discours sur l'origine de l'Univers.* Flammarion, Paris.

dans cet état. D'après la représentation relativiste, il n'y avait ni temps, ni espace avant l'apparition de l'Univers. Le temps est apparu avec l'Univers et l'Univers que nous connaissons a toujours occupé tout l'espace. Dans la vue traditionnelle, le temps était présenté sur l'axe horizontal et l'espace sur un axe vertical qui lui est perpendiculaire, comme s'il y avait un espace et un temps extérieurs à l'Univers. Il n'en est rien. Dans la représentation relativiste où l'espace est inséparable du temps, il n'y a plus de temps et d'espace extérieurs à l'Univers ; l'espace-temps est intérieur. Il ne devrait donc pas y avoir d'histoire avant le Big Bang, puisque, ni le temps, ni l'espace tels que nous les concevons, n'existaient. Autrement dit, l'Univers ainsi décrit a existé de tout temps et a toujours occupé tout l'espace, bien qu'il ait un début et qu'il se révèle en expansion. On peut ici souligner la pertinence de la réflexion de saint Augustin dans ses *Confessions*, où il a écrit d'une façon prémonitoire : « *Dieu a créé le temps en créant le monde* ». Il avait envisagé l'une des propriétés de l'Univers les plus difficiles à concevoir, surtout à son époque.

Les premiers modèles du Big Bang, comme le souligne Klein[1], ne prenaient en compte que la *gravitation* exprimée par la *relativité générale,* mais n'intégraient pas les trois autres forces décrites essentiellement par le *formalisme de la mécanique quantique*. Ces trois forces sur lesquelles nous reviendrons plus loin, sont respectivement, *l'interaction électromagnétique* beaucoup plus forte que la gravitation et responsable des phénomènes de la lumière, d'électricité, du magnétisme et de la chimie, *l'interaction nucléaire forte* qui, comme son nom le suggère, permet la cohésion des noyaux atomiques et *l'interaction nucléaire faible* qui est cause de la radioactivité bêta. Il manque donc actuellement une *théorie quantique de la gravitation* pour pouvoir esquisser un modèle plus complet.

Les lois de la physique quantique permettent aujourd'hui de remonter l'histoire de l'Univers jusqu'à 10^{-43} seconde[2], mais une telle formulation prête à confusion car, comme le précise Klein, « cette façon

1. La *relativité générale* est une théorie spécifique de la gravitation et ne prend pas en compte les trois autres forces, comme le souligne Étienne Klein dans *Discours sur l'origine de l'Univers*. Flammarion, 2010.
2. Weinberg, S. 1978. *Les trois premières minutes de l'Univers*. Seuil, Sciences, Paris.

de parler admet implicitement l'existence d'un temps zéro alors que celui-ci est fictif ». On ne peut donc pas dire non plus, que l'Univers à ses débuts correspondait à un point immensément dense, puisqu'il occupait tout l'espace. Mais on peut dire qu'il possédait physiquement une gigantesque densité et pression (soit, de manière équivalente, un gigantesque contenu en masse-énergie) et qu'il était infiniment chaud[1]. C'est le *mur de Planck*, un domaine où les lois de la physique quantique et de la relativité générale ne sont plus indissociables et doivent être combinées[2]. Au-delà de ce mur, la physique ne peut plus rien dire et il n'y a même plus de concepts et de lois physiques pour cet au-delà.

Selon Armand Delsemme[3], le Big Bang pourrait être expliqué par l'inflation qui se développe ensuite. La théorie l'expliquerait par une *fluctuation quantique du vide originel*. Mais comme le dit fort justement Marc Lachièze-Rey[4] :

> On ne sait rien du tout, car on arrive à un instant où tout est tellement monstrueux dans les valeurs des densités, de la température, etc. que nos lois physiques ne s'appliquent plus. On appelle cela « l'ère de plomb », et on ne peut absolument rien dire sur ce qu'il y a eu auparavant. Est-ce que c'est le début de l'Univers, y a-t-il eu des phases antérieures qui ont aussi duré des millions ou des milliards d'années ? On n'en sait rien, et on n'a pas les moyens de le savoir. [...] et on ne saura jamais — du moins peut-on le penser — ce qu'il s'est passé au tout début, et même si il y a eu un tout début.

Que s'est-il donc passé avant ce que l'on appelle la recombinaison que nous allons étudier plus loin ? La seule chose que l'on sait, selon cet auteur,

> c'est que l'Univers était opaque et qu'on ne verra jamais l'Univers dans cet état antérieur. Il y a en effet des limites indépassables.

Mais les choses sont fort complexes et de nombreuses méprises ont lieu à propos du Big Bang auquel on associe un temps zéro fictif. Comme le fait remarquer justement Klein « pour qui confond Big Bang et création de l'Univers, la question de savoir ce qui a bien pu exister avant le Big Bang semble dépourvue de sens » et « l'on tombe

1. Hawking. *Op. cit.*
2. Sous la forme de la *théorie de la gravité quantique*. *In* : Luminet, J.-P. 1997. *L'invention du Big Bang*. Seuil, Points, Paris.
3. Delsemme, A. 1994. *Les origines cosmiques de la vie*. Flammarion, Champs, Paris.
4. Voir *Le Cosmos en devenir*. 2009. *In* : *L'Univers en devenir*. Études et Recherche d'Auteuil, p. 1-14.

immanquablement sur une autre question métaphysique, celle de savoir ce qui a bien pu le déclencher au milieu de nulle part, en plein cœur du néant ». Et, poursuit Klein, « Lorsque l'on aborde ces questions, Dieu ne tarde jamais à entrer en scène ».

Certains spécialistes ont proposé d'autres scénarios des origines, où le Big Bang ne correspondrait pas à sa formation à partir de rien (création *ex nihilo*), mais ne serait qu'un épisode particulier de son histoire... Certains scénarios de pré-Big Bang suggèrent l'existence d'un Univers qui aurait précédé le nôtre s'achevant par un Big Crunch, suivi du rebondissement correspondant au Big Bang de l'Univers actuel. Une autre théorie suggère qu'un *vide quantique*[1] contenant des particules virtuelles aurait pu précéder l'Univers actuel, d'autres supposent l'existence des Univers multiples (Multivers). Tous ces scénarios éliminent la singularité des origines.

Plusieurs théories ont été proposées pour fournir les outils de la description de l'Univers à ses débuts, de sa structure et ses lois. Il s'agit d'une part de la *théorie des cordes* de Gabrielle Veneziano *et al.* (1968) pour unifier la mécanique quantique et la relativité générale et, d'autre part, de *la théorie de la relativité d'échelle* de Laurent Nottale[2] en 1982. La première n'a pas encore apporté les solutions et les preuves formelles que l'on espérait, alors que certaines prédictions de la seconde ont été testées avec succès par plus de 400 observations astrophysiques indépendantes. La relativité d'échelle qui intègre également la relativité générale et la physique quantique semble pouvoir apporter une nouvelle voie de recherche fructueuse de ces problèmes.

Mais revenons au *modèle standard* actuel de l'Univers dont on peut évaluer certaines caractéristiques physiques aux premières étapes de son existence, postérieures à ce fameux Big Bang.

1. Gunzig, E. 2008 . *Que faisiez-vous avant le Big Bang ?* Odile Jacob, Paris.
2. Nottale. 1998. *La relativité dans tous ses états. Au-delà de l'espace-temps*. Hachette, Paris & Nottale, Chaline et Grou. 2009. *Des fleurs pour Schrödinger. La relativité d'échelle et ses applications*. Ellipses, Paris.

Le modèle standard

L'histoire de l'Univers observable est expliquée d'une part par la physique théorique, notamment la mécanique quantique sous son expression de « *cosmologie quantique* » et d'autre part grâce aux nouvelles observations astronomiques réalisées par les télescopes embarqués dans les satellites, comme Hubble, et les grands télescopes couplés comme ceux du Very large Telescope (VLT) qui regroupe quatre télescopes de 8,2 m de diamètre chacun au sommet du Cerro Paranal, dans le désert de l'Atacama au Chili.

Quatre scientifiques : Alexander Friedmann, Georges Lemaître, Howard Percy Robertson et Arthur Geoffrey Walker, ont établi un *modèle standard de la cosmologie*[1]. Ce modèle découpe l'histoire de l'Univers primordial en plusieurs étapes (Fig. 7 et tableau 4), et permet d'expliquer un certain nombre de choses, même s'il s'avère encore très incomplet.

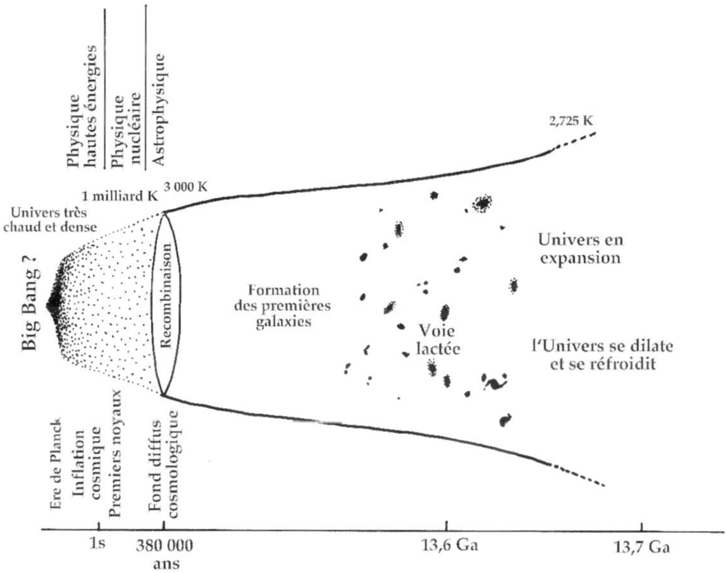

Fig. 7. Le modèle standard d'évolution de l'Univers. L'axe du temps est horizontal. Le temps le plus ancien où la physique peut accéder est situé à 10^{-43} seconde, quand la température atteignait 10^{32} K. 1 minute après son début, l'Univers atteint une température d'un milliard de K. Vers 380 000 ans, au moment du découplage de la matière et de la lumière et

1. D'où son abréviation en FLRW.

donc de la formation du fond diffus cosmologique, la température était de 3 000 K. Vient ensuite le moment de la formation de nombreuses galaxies, dont la Voie lactée en particulier. L'extrême droite du schéma correspond à l'âge actuel de l'Univers, avec une température de 2,725 K (d'après NASA/WMAP Science Team, simplifié).

L'ère de Planck. On appelle l'ère de Planck[1], un moment extrêmement court qui commence avec le *temps*, ou *le mur de Planck*, à 10^{-43} seconde. Au commencement décelable, l'Univers était rempli de matière et d'énergie, à cause de la relation entre la matière et l'énergie découverte par Einstein[2]. La température de ce premier moment est évaluée à 10^{32} degrés. Au cours de cette phase, les quatre grandes forces interactives étaient unifiées. Rappelons que ces quatre forces sont respectivement les *interactions électromagnétiques*[3], *l'interaction nucléaire forte*[4] *et l'interaction nucléaire faible* ainsi que *l'interaction gravitationnelle*[5], qui toutes contraignent l'Univers à diverses échelles. C'est la période dite de *Grande Unification*, qui se serait manifestée au-delà de températures de l'ordre de 10^{29} degrés. Il devait s'agir d'une espèce de *plasma* renfermant des *particules*[6] et leurs *antiparticules*.

Plus ou moins rapidement, étape par étape, ces forces se découplent et caractérisent les diverses phases de l'évolution de l'Univers. La première force à se découpler est *l'interaction gravitationnelle* qui correspond à une première brisure de symétrie qui se situerait entre 10^{-43} et 10^{-36} seconde, alors que la température chutait de 10^{32} à 10^{28} degrés.

L'inflation cosmique. C'est à ce moment-là, vers 10^{-35} seconde, que s'opère la deuxième brisure de symétrie, avec *la séparation de l'interaction forte* sous une température de l'ordre de 10^{27} K. Une

1. Le temps de Planck correspond au temps qu'un photon mettrait pour parcourir la longueur de Planck, c'est-à-dire la longueur minimale que l'on puisse mesurer.
2. C'est sa fameuse relation $E = mc^2$, sans aucun doute la formule la plus célèbre du monde !
3. Elle est environ 100 fois moins forte que l'interaction forte.
4. C'est la plus forte de toutes les forces. Elle est responsable de la cohésion des particules composées de quarks.
5. La gravitation qui nous retient sur le sol est la plus faible des interactions (10^{38} fois plus faible que l'interaction forte) et de rayon d'action illimité, elle est dominante pour les grandes structures de l'Univers.
6. Les travaux du CERN à Genève avec le nouveau LHC devraient permettre de mieux comprendre, en reconstituant pendant une fraction de seconde les conditions des premiers instants de l'Univers, ce qui pouvait se passer alors, en particulier, de peut-être découvrir la particule élémentaire prédite par la théorie, le fameux « *boson de Higgs* ». À suivre…

phase d'expansion cosmique ultra-courte[1] (environ 10^{-32} seconde), le *nouveau modèle inflationnaire*, se situerait entre 10^{-35} et 10^{-32} seconde après le Big Bang. Gunzig explique que cette inflation « est entièrement déterminée par la valeur de la pression ou de la densité d'énergie » qui génère de la matière, des particules et antiparticules, pour saturer l'espace. Selon Guth, le rayon de l'Univers a littéralement explosé d'un millier de milliards, de milliards, de milliards de fois (10^{30}), en une fraction de seconde. Cela expliquerait l'énorme masse de matière de l'Univers, s'élevant à cent millions de milliards, de milliards, de milliards, de milliards, de milliards, de milliards, de milliards, de milliards de particules (10^{80}). Si l'on se représentait l'Univers comme une bulle ovoïde, on pourrait dire que le rayon de cette bulle doublait toutes les 10^{-34} seconde, c'est-à-dire qu'en 100 doublements, le volume de la bulle aurait augmenté exponentiellement en fonction du temps d'un facteur de 10^{90}, ce qui est à proprement parler gigantesque. Quelle est la cause de cette expansion fulgurante ? Une transformation accentuée de matière en énergie ou l'inverse ? On ne le sait pas[2].

Ensuite l'inflation s'est ralentie pour s'établir à un niveau plus modéré, mais qui s'est de nouveau accélérée, voici environ 5 milliards d'années...

Une expérience de laboratoire réalisée en 1996 dans l'accélérateur de particules de Stanford en Californie nous donne une petite idée, d'ailleurs anticipée par Paul Dirac en 1930, de ce que pouvait être l'Univers à cette période. On a fait entrer en collision un faisceau très puissant d'électrons et de la lumière visible, produite par un laser, lui aussi très énergétique, ce qui a produit un *rayonnement électromagnétique gamma*. Ce rayonnement gamma s'est propagé dans le vide de l'appareil, et l'on a vu se « matérialiser » des paires d'*électrons*

1. Suggérée par Alan Guth, puis reprise par Linde, Steinhardt et Albrecht. Voir aussi : Gunzig, E. 2008. *Que faisiez-vous avant le Big Bang ?* O. Jacob, Paris, p. 193, 208-209.
2. Toujours est-il que Gunzig a proposé, à partir des caractéristiques de cette expansion fulgurante, une hypothèse d'un Univers qui pourrait surgir d'emblée du *vide quantique instable*, sans la phase préinflatoire, c'est-à-dire sans le Big Bang, qui résulte, selon lui « du caractère purement classique du modèle standard, qui entraîne son impossibilité à créer la matière dont il décrit l'expansion ». Gunzig suggère alors « un Univers qui se réplique sans cesse et dont l'Univers actuel ne serait que l'un des maillons de cette chaîne infinie ». À suivre...

et de *positrons*[1]. Cette expérience suggère qu'au commencement évaluable, l'Univers devait être constitué par une véritable *soupe de plasma* renfermant des *quarks* et des *gluons*[2] à 10^{32} K. Ce sont les constituants ultimes de la matière, qui impliquent des températures dépassant plusieurs *millions de milliards de degrés*, au minimum deux mille milliards de degrés (2×10^{12} K).

La baryogenèse. Comme la température diminue de moitié, lorsque l'Univers double de rayon, la densité était encore très forte, de l'ordre de 10^{86} et la température était encore de l'ordre de 10^{26} à 10^{28} K. C'est-à-dire qu'en une seconde, la température était tombée, selon Hawking, à dix mille millions de degrés, ce qui correspond à mille fois la température au centre du soleil.

Un millionième de seconde après l'inflation, comme l'énergie avait déjà décru, la *force forte* devenue supérieure à la mobilité des *quarks* les confine entre eux, grâce aux *bosons*[3] responsables de cette force forte, les gluons, une véritable colle à quarks. L'Univers était alors constitué d'un plasma de *particules* et d'*antiparticules*, de *quarks*[4] *et antiquarks*[5], d'*électrons*[6] et de *positrons*[7], liées entre elles par des forces incroyablement puissantes, d'une énergie considérable. Les particules de *matière* étaient

1. Le positron est l'antiparticule, l'antimatière de l'électron.
2. Les *gluons*, qui ont été découverts expérimentalement en 1979 dans l'accélérateur de particules de Hambourg, sont décrits sous 8 types auxquels on a donné des noms de couleur.
3. Les *bosons* sont une classe de particules qui possèdent des propriétés de symétrie lors de l'échange des particules, à l'opposé des *fermions* qui sont des particules à propriétés antisymétriques lors des échanges de particules. Ces particules obéissent à des lois distinctes. Les *bosons* sont responsables de deux phénomènes quantiques macroscopiques, la *superfluidité* et la *supraconductivité*. Les *photons* sont des *bosons de jauge*, c'est-à-dire qui se comportent comme porteurs d'une interaction élémentaire, ici médiatrice de l'interaction électromagnétique. Les *photons* constituent la lumière, les ondes électromagnétiques, les ondes radio et les rayons gamma. Les *mésons* sont aussi des *bosons*.
4. Nom tiré d'un roman de James Joyce (1939) intitulé F*innegans Wake*, p. 383 : « Three quarks for Muster Mark! ».
5. Les *quarks* sont des *fermions* décrits dans le modèle standard avec les *leptons* comme les constituants élémentaires de la matière. Leurs six saveurs ont été nommées *Down, Up, Strange, Charm, Bottom /Beauty* et *top/Truth* et trois couleurs correspondant à leur nombre quantique, respectivement, *rouge, vert* ou *bleu*. Murray Gell-Mann a obtenu le prix Nobel de physique en 1969 pour ses travaux sur ces particules qu'il a découvertes.
6. L'*électron* est une particule élémentaire de la famille des *leptons* (une sous-famille de particules élémentaires des *fermions*, de spin ½ insensible à l'interaction forte comme trois saveurs appelées *muons, tauons* et *neutrinos* sans charge) qui possèdent une charge élémentaire de signe négatif.
7. Les *positrons* ou *positons* sont les antiparticules (forme d'antimatière) des électrons qui possèdent une charge électrique positive, le même *spin* et la même *masse* que l'électron.

contrebalancées par des particules d'*antimatière*[1], en quantité égale, qui s'annihilaient lorsqu'elles se rencontraient en produisant de la lumière. *Toutes ces particules et leurs antiparticules s'annihilaient à qui mieux mieux* et se transformaient en énergie, selon l'équation d'Einstein déjà évoquée. Ce phénomène est réversible. Leur formation s'est effectuée dans des conditions étudiées par Andreï Sakharov, se situant vers 10^{-12} seconde, à une température estimée entre 10^{13} et 10^{29} kelvins.

C'est à cette époque que se situerait la séparation de la *force faible* de la *force électromagnétique*, à une température de 3×10^{15} K. C'est à la fin de la période où subsistait encore la grande unification, ou juste après cette phase, que se serait formée la *matière ordinaire* qui est constituée de particules, les *baryons*[2] de la famille des *hadrons*[3] constituant une catégorie de particules assez lourdes qui renferme aussi les *protons*[4] et les *neutrons*[5]. Signalons, en passant, que les *photons* sont leurs propres antiparticules.

Une asymétrie s'est donc produite entre la matière et l'antimatière qui a abouti à un *léger excès de matière*, de l'ordre d'une particule sur un milliard, expliquant ce supplément de matière qui constitue notre Univers visible, et aussi pourquoi il n'y a plus d'antimatière dans l'Univers visible (à moins qu'elle ne soit concentrée dans l'Univers invisible[6] ?). Selon Sakharov, les forces qui gèrent la matière et l'antimatière seraient un peu différentes et provoqueraient une violation de symétrie entre les particules et les antiparticules.

---

1. L'*antimatière* est constituée par les antiparticules composant la matière ordinaire, qui constitue notre Système solaire, ce qui signifie que ces antiparticules possèdent la charge électrique opposée à celle des particules.
2. D'où le nom de la *baryogenèse*.
3. Formés de trois quarks. Les *hadrons* sont des particules sensibles à l'interaction forte, composés de particules, les *partons*, c'est-à-dire les *gluons* et les *quarks*. Parmi eux se trouvent les *mésons* avec la famille particulière des *pions* et les *nucléons*, c'est-à-dire les constituants des noyaux atomiques, tels que les *protons* et les *neutrons*. C'est la raison pour laquelle cette période était appelée l'*ère hadronique*, *in* : Demaret, J. 1987. *Le principe cosmologique anthropique*. Dossiers Histoire et Archéologie, Dijon, 114 : 74-79.
4. Le *proton* est une particule fondamentale chargée positivement.
5. Le *neutron* est une particule fondamentale de charge électrique neutre.
6. Des expériences réalisées au FERMILAB de Chicago ont montré, en 2010, à la suite de plusieurs centaines de milliards de milliards de collisions entre des protons et des antiprotons, que la différence entre le nombre de particules et d'antiparticules était de l'ordre de 1 %, un écart considérable non expliqué par le modèle standard.

L'Univers était noir. Pourquoi ? À cette époque, les photons interagissaient avec les électrons libres qui circulaient dans l'Univers par le fait qu'ils n'étaient pas encore liés à des noyaux pour former des atomes. Ils étaient donc prisonniers des interactions[1] et ne pouvaient s'échapper.

Le découplage des neutrinos. Lorsque la température de l'Univers était supérieure à 10 milliards de degrés, les *électrons,* les *photons, les neutrons* et les *neutrinos* subissaient des interactions faibles qui produisaient des couples *protons-électrons.*

Les neutrinos électroniques sont des particules difficiles à détecter. On en a compté 19 lors de la supernova de 1987 dans le *Grand Nuage de Magellan.* Mais en dessous de 5 milliards de kelvins, si les *électrons* et les *photons* continuent d'interagir, les *neutrinos* ne le font plus. C'est alors qu'intervient un *découplage* entre les neutrinos et les autres particules. Ces particules libérées voyagent désormais dans l'Univers à des vitesses proches de celle de la lumière. S'il existait des neutrinos lourds, cela pourrait avoir des conséquences majeures en cosmologie de l'Univers primordial, car ce pourrait être une explication potentielle de la matière noire.

L'annihilation électrons-positrons. Lorsque la température de l'Univers dépassait encore 5 milliards de degrés, les interactions entre les électrons et les photons donnaient des paires d'*électrons-positrons* qui s'annihilaient spontanément, mais en dessous de cette température critique, la plupart des paires s'annihilent en produisant des *photons,* ce qui a laissé un excès d'électrons disponibles pour former des noyaux atomiques.

La nucléosynthèse primordiale. Pendant cette phase de nucléosynthèse qui a commencé une seconde après le Big Bang et a duré environ 3 minutes, l'Univers était un plasma à 10^{19} K, renfermant des électrons mélangés avec des protons et des neutrons. Environ cent secondes après le Big Bang, lorsque la température avait baissé à 1 milliard de degrés (10^9 K), c'est-à-dire à la température du cœur des étoiles les plus chaudes, les électrons ont commencé à se combiner avec les noyaux

1. Ce processus de diffusion des photons sur les électrons libres s'appelle la « diffusion Thomson ».

atomiques pour former les premiers atomes. Les noyaux atomiques simples, c'est-à-dire l'*hydrogène*, l'*hélium* et le métal le plus léger, le *lithium* ainsi que du *béryllium* se sont formés. Les *fusions nucléaires entre protons et neutrons* forment les noyaux de *deutérium* (^{2}H), un isotope de l'hydrogène constitué d'un proton et d'un neutron, le premier élément de la *matière ordinaire* de l'Univers. Plus tard, s'est formé l'*hélium 3*[1], puis l'*hélium 4*[2]. La même chose se passe encore dans le soleil à une température de l'ordre de 15 millions de kelvins.

Les atomes ne sont pas des corps denses et en y regardant de près, ils renferment plus de vide que de matière. À titre d'exemple, un atome d'hydrogène est constitué en son centre d'une particule solide, le proton, et d'une très petite particule, l'électron, qui parcourt une orbite autour du proton, des millions de fois par seconde. Les atomes sont trop petits pour être visibles, mais pour s'en faire une idée, on peut comparer la taille d'un proton d'hydrogène à celle d'un petit pois. L'électron graviterait alors à 400 mètres du proton, et l'espace considérable qui sépare le proton et l'électron est totalement vide. *La matière est donc majoritairement constituée de vide.*

Le modèle standard, qui prédit la production de 75 % d'hydrogène pour 25 % d'hélium rend exactement compte de la proportion observée dans les étoiles et le milieu interstellaire.

La recombinaison ou le découplage de la radiation. La force électromagnétique a brisé le plasma. La proportion de photons est alors fixée définitivement à *trois milliards de photons pour un seul électron* et les photons deviennent libres. Libérés de la matière, ils voyagent alors en ligne droite. 380 000 ans[3] après sa formation, l'Univers est devenu alors *transparent à la lumière* ; il n'est plus noir. C'est ce que les spécialistes appellent la *recombinaison*, ou encore le *découplage entre la matière et le rayonnement*. Les photons émis à cette époque constituent la *surface de la dernière diffusion*, c'est celle du *fond diffus cosmologique*, le rayonnement fossile micro-onde de l'Univers déjà évoqué.

1. Un isotope non radioactif de l'hélium, par fusion d'un noyau de *deutérium*, l'hydrogène lourd, avec un proton.
2. Formé de deux protons et de deux neutrons.
3. Entre 372 000 et 387 000 années.

Si l'on prend en compte l'expansion de l'Univers, la *surface de la dernière diffusion* est maintenant reportée à environ 43 milliards d'années-lumière, ce qui correspond environ à trois fois la distance que la lumière a parcouru entre l'émission du fond diffus cosmologique et l'heure actuelle. Le rapport entre ces deux distances permet d'estimer la valeur du décalage vers le rouge subi par le fond diffus cosmologique entre son émission et sa réception : il est d'environ 1 100, ce qui signifie que les distances à cette époque étaient 1 100 fois plus petites, autrement dit que l'Univers était à cette époque un milliard de fois plus dense qu'aujourd'hui. Et la température du fond diffus cosmologique à l'époque de son émission était 1 100 fois plus élevée qu'elle n'est perçue aujourd'hui, ce qui porte sa température à environ à 3 000 K.

Ère	Âge début	Âge fin	Température début	Température fin
Planck		Mur de Planck 10^{-43}s	∞	10^{32} K
inflation cosmique	10^{-36}s	10^{-32}s	10^{28} K	10^{28} K
hadronique ou baryogenèse	10^{-32}s	10^{-4}s	10^{28} K	10^{19} K
leptonique ou nucléosynthèse primordiale	10^{-4}s	3 minutes	10^{19} K	10^{9} K
radiative	3 minutes	380 000 ans	10^{9} K	3 000 K
fond diffus cosmologique recombinaison	380 000 ans			3 000 K
stellaire formation des galaxies	380 000 ans	Âge actuel 13,7 Ga	3 000 K	2,7 K

Tableau 4. Les étapes du modèle standard d'évolution de l'Univers avec leurs caractéristiques (âges, durées, températures).

L'ère stellaire : la formation des galaxies et des étoiles. Dès la *recombinaison,* la distribution de la matière dans l'Univers révélée par l'étude du fond diffus cosmologique n'était pas entièrement homogène et il existait des concentrations plus fortes de matière noire, qui ont permis la formation de galaxies. Deux théories actuelles tentent d'expliquer ce phénomène majeur. Dans le *modèle monolithique*, on estime que les régions de très haute densité de matière sont les lieux de formation des *protogalaxies*, des nuages de gaz primordiaux, sous l'action des forces gravitationnelles. Elles se seraient ainsi comme détachées de l'expansion générale de l'Univers, par l'effondrement du gaz primordial augmentant la densité. L'attraction de la matière aux alentours des nuages aurait pu, selon Hawking, les mettre en rotation et, en devenant plus petites, elles auraient augmenté leur vitesse de rotation jusqu'au moment où elles auraient acquis une vitesse suffisante pour contrebalancer l'attraction de la gravitation, formant ainsi les *galaxies spirales* tournantes. En l'absence de rotation, elles auraient formé les *galaxies elliptiques.* L'hydrogène atomique se serait transformé en gaz moléculaire et leurs collisions auraient entraîné la formation des premières étoiles en quelques centaines de millions d'années.

Selon l'autre modèle, celui de la *formation hiérarchique*, dans l'Univers dominé par de la *matière noire*, les premières structures qui auraient pu se former seraient les plus petites, là où les condensations de *matière noire* sont les plus grandes. Elles auraient ensuite fusionné en de plus grandes structures, selon une hiérarchie allant des plus petites et plus anciennes aux plus grandes et plus récentes. Les simulations réalisées par informatique montrent que cette théorie est actuellement la plus cohérente avec les observations, car elle rend compte de la fusion de nombreuses galaxies déjà observées et même en cours. Par contre, elle se trouve en contradiction avec le fait que les plus grandes galaxies sont aussi les plus vieilles, alors qu'elles devraient être les plus jeunes. Le modèle hiérarchique semble s'appliquer convenablement au passé, quand la grande densité permettait les rencontres et les fusions de nuages de matière noire, tandis que le modèle monolithique s'applique plus facilement à la formation des galaxies spirales. Une nouvelle avancée dans la compréhension de la formation des galaxies est expliquée par Romain Teyssier, responsable du projet Horizon, en cours de réalisation au CNRS :

> Dans cette nouvelle théorie, la plupart des galaxies croissent par accrétion continue de gaz venant de courants froids, plutôt que par des collisions entre galaxies satellites. Nous les avons donc baptisées « les Galaxies à Courants Froids ».

À suivre…

Les galaxies elliptiques résultant des fusions de galaxies spirales, et les amas de galaxies étaient déjà formés au moins deux milliards d'années après le Big Bang.

De nombreuses galaxies sont en phase de rapprochement comme NGC[1] 2207 et IT 2163 pour ensuite se percuter comme NGC 3314 et NGC 4676, appelée *Les Souris*, et enfin, Les *Antennes* (NGC 4038 et 4039) qui sont actuellement dans leur phase terminale de fusion ce qui engendre la formation de nouvelles étoiles dans le gaz des galaxies spirales. Dans notre proche Univers, la Galaxie d'Andromède se rapproche de la Voie lactée qu'elle devrait rencontrer dans quelques milliards d'années. D'après les simulations de Cox et Loeb[2], une première étape, dans 2 milliards d'années entraînerait les deux galaxies à tourner en orbite l'une autour de l'autre. 3 milliards d'années plus tard, elles devraient fusionner en formant une grande galaxie elliptique. Cela nous envoie 5 milliards d'années dans le futur, peu de temps après que le Soleil ait achevé son cycle et soit devenu une géante rouge, avant de se transformer en une naine blanche.

Les étoiles se forment dans les nuages moléculaires selon le scénario suivant. Il faut tout d'abord que le gaz diffus soit refroidi à l'extérieur par la composante moléculaire qui fait un écran de protection par émission de raies infrarouges (autrement, la pression ambiante trop forte empêcherait l'effondrement sur elle-même de la matière noire).

Dès la densité critique atteinte, les *forces gravitationnelles* dominent et l'effondrement commence. Ces forces reforment, au centre des étoiles, des *plasmas de fusion* où se constituent les éléments lourds de la matière. Et, lorsque le seuil de température enclenchant la fusion nucléaire est atteint, entre 10 et 100 millions de degrés, l'étoile se forme

1. Les catalogues des galaxies sont respectivement le catalogue *Messier* (M) et le catalogue NGC (*New General Catalogue*).
2. Du Harvard-Smithsonian Center for Astrophysics.

et commence à briller. Autour de l'étoile, la matière périphérique se concentre dans un *disque d'accrétion* épais, qui se transforme parfois en planètes par accrétion.

La formation de la matière lourde dans les étoiles et sa dispersion dans les espaces intergalactiques. Les *plasmas de fusion thermonucléaire* des cœurs des étoiles, lorsqu'ils atteignent la température de dix millions de degrés, engendrent la formation des éléments plus lourds de la matière.

L'hélium entre en fusion à partir de 10^8 kelvins, pour produire du *carbone* (C, 6)[1] qui résulte de la fusion de trois noyaux d'hélium, de l'*oxygène* (O, 8)[2] et de l'*azote* (N, 7)[3]. L'azote 15 (N, 15) ne pouvant être formé dans le cœur des étoiles ordinaires, trop froid, serait formé dans les étoiles aboutissant à des *novae*, qui apparaissent dans les systèmes d'étoiles doubles. Là, des étoiles naines blanches, qui généralement orbitent autour de géantes bleues, en absorbent la matière et l'énergie, et leur luminosité varie régulièrement de 1 à 100, et même parfois jusqu'à 10^6. Ces réactions gazeuses moléculaires dans une fournaise atteignant 10^8 K peuvent aboutir à l'explosion de la nova dispersant la couche externe de sa matière à une vitesse de l'ordre de 1 000 km/s.

La fusion du carbone, qui s'enclenche lorsque la température dépasse le milliard de degrés, peut aboutir au *sodium* (Na, 11), au *néon* (Ne, 10) au *magnésium* (Mg, 24)[4], et à l'*oxygène*. La fusion de l'oxygène, lorsque la température atteint 2 milliards de degrés, permet de former du *phosphore* (^{31}P) et deux isotopes du *silicium* (Si)[5].

1. Le *numéro atomique* d'un élément correspond à la charge électrique du noyau, c'est-à-dire au nombre de *protons*. Les *isotopes* correspondent à des atomes qui ont le même nombre de protons, mais un nombre différent de *neutrons*. Il existe trois isotopes du carbone, le C^{12} avec 6 neutrons, le C^{13} avec 7 neutrons et le C^{14} radioactif dont la période (temps nécessaire pour que la moitié des atomes se soient désintégrés) est de 5 730 ans. Cette caractéristique permet de l'utiliser pour dater des restes organiques de la préhistoire.
2. Il y a trois isotopes naturels de l'oxygène avec respectivement 8 (^{16}O), 9 (^{17}O) et 10 neutrons (^{18}O), utilisés comme indicateurs des paléotempératures.
3. L'azote de numéro atomique 7, possède 7 et 8 neutrons dans ses deux isotopes ^{14}N et ^{15}N. Il constitue avec le diazote N_2, 78 % de l'air atmosphérique.
4. Le magnésium est formé de 12 protons et électrons et de 12 neutrons.
5. Il n'existe pas à l'état libre, mais sous la forme de dioxyde (SiO_2). C'est l'un des éléments les plus abondants sur Terre après l'oxygène, avec 97 % de silicates. Le silicium renferme trois isotopes avec respectivement 14, 15 et 16 neutrons. Par son aspect tétravalent, on l'a considéré comme

Lors de cette phase, la nouvelle répartition des particules aboutit à la formation de *chlore* (Cl, 17), *potassium* (K, 19), *argon* (Ar, 18)[1], et *titane* (Ti, 22), Enfin lorsque le *silicium* fond, les éléments les plus lourds jusqu'au *fer* peuvent se former (Fe, 26)[2].

À ce moment-là, comme le *fer* stable absorbe l'énergie au lieu d'en donner (la *fusion* du fer demande en effet de l'énergie, et seule la *fission* des noyaux permet alors de libérer de l'énergie des atomes plus lourds que le fer), et que la gravitation se met à dominer toutes les autres forces, le résultat est l'effondrement des couches externes vers le cœur de l'étoile provoquant une onde choc colossale qui la renvoie vers l'extérieur et fait exploser l'étoile en une supernovae. À ce moment, le gaz atteint des températures et des densités qui rappellent ceux de la soupe à nucléons et électrons libres des débuts de l'Univers.

C'est juste avant l'explosion en supernova que cette énergie colossale de fusion et de fission, de plus de 5 000 milliards de degrés, selon la masse de l'étoile, entraîne la destruction des noyaux de fer et de nickel en hélium et en neutrons et, grâce à la capture des neutrons par ces noyaux, permet la formation des éléments les plus lourds, tels que le *plomb*, l'*or*, le *platine* et l'*uranium* (U, 92[3]). Les neutrinos peuvent s'y manifester en transférant une partie de l'énergie vers l'extérieur comme le prouve l'émission intense de neutrinos constatés juste avant l'apparition de la supernova de 1987. Les étoiles qui peuvent donner des supernovae ont des masses qui varient entre 1,4 et 3 fois celle du Soleil. L'hélium se désintègre en photons. L'énergie ainsi produite (10^{44} joules) et émise devient si considérable qu'elle correspond par exemple à l'énergie rayonnée par le Soleil en 10 milliards d'années, c'est-à-dire pendant toute la durée de son existence !

---

un possible support de la vie à la place du carbone. En fait, il ne participe pratiquement pas aux réactions biologiques, mais seulement aux enveloppes et squelettes du vivant.

1. L'argon peut dériver du potassium par désintégration.
2. Le fer est représenté sous la forme de trois isotopes avec respectivement 30, 31 et 32 neutrons.
3. L'*uranium*, le dernier élément du tableau de Mendeleïev, qui possède 92 protons et entre 125 et 150 neutrons, a trois isotopes naturels, U^{238} (d'une période de 4,5 milliards d'années), U^{235} (d'une période de 700 millions d'années) et U^{234} (période de 245 500 ans).

Il apparaît une supernova en moyenne tous les cinquante ans dans une galaxie comme la Voie lactée. De mémoire humaine, on en connaît une très puissante observée à l'œil nu en plein jour, pendant trois semaines, en 1054 de notre ère. Elle se situait dans la Nébuleuse du Crabe. Tycho Brahe, en 1572, puis Kepler et Galilée, en 1604, ont eu le privilège d'en observer une autre. Il y en aurait eu une autre au XVIIe siècle, *Cassiopeia A*. La dernière supernova observée à l'œil nu en plein jour par l'homme, est celle du 24 février 1987 d'où son nom SN 1987 A. Elle se situait dans le *Grand Nuage de Magellan* à environ 168 000 années-lumière de la Terre. Cette supernova a résulté de l'explosion d'une supergéante bleue, d'une masse d'environ 20 soleils, appelée *Sanduleak – 69° 202a*.

On reconnaît les traces des supernovae à l'aspect des gigantesques bulles en expansion rapide qui en résultent. Le résidu d'une supernova est une très petite *étoile à neutrons*, qui pèse un million de millions de fois plus lourd que le plomb, ou parfois un *trou noir*, selon sa masse initiale. L'éjection de la matière stellaire se fait à des vitesses considérables de l'ordre de 10 000 à 20 000 km/s.

Ainsi se trouve expliquée la formation de tous les éléments naturels que l'on peut trouver dans les espaces interstellaires de l'Univers et en particulier sur Terre. Parmi ces éléments, nombreux sont ceux qui constituent la base de la vie, c'est-à-dire plus de 130 molécules variées[1], dont les éléments constituants ont été assemblés dans le cœur très chaud des étoiles et qui ont pu parvenir sur les planètes, entraînées par les météorites et les vents stellaires. Les sondes *Giotto, Véga 1* et *Véga 2*, lancées récemment dans le Système solaire, ont montré qu'il existait effectivement environ 15 % de carbone dans les comètes de Halley, de Hale-Boop et de Hyakutake. On attend avec intérêt les analyses de la sonde *Rosetta* lancée en 2004 vers la comète 67P/Churyumov-Gerasimenko et qui doit l'atteindre en 2014. On trouva également des substances organiques dans la météorite d'Orgueil en France (des

1. Eau, méthane, monoxyde d'azote, monoxyde de carbone, formaldéhyde, cyanure, acide cyanidrique, acides aminés, sucres (glycolaldehyde ou sucre à 2 carbones pouvant former du ribose), purines et pyrimédines et des acides gras. Pour plus de détails voir : Nottale, Chaline & Grou, 2009. *Des Fleurs pour Schrödinger. La relativité d'échelle et ses applications*. Ellipses, p. 122.

hydrocarbures aliphatiques et aromatiques) et 70 acides aminés dont 8 acides aminés présents dans notre biosphère, ainsi que dans une météorite tombée en 1969 à Murchisson en Australie, sous leur forme racémique montrant autant de formes lévogyres que dextrogyres[1]. Ces molécules, dispersées par les supernovae au gré des courants interstellaires, peuvent servir à former d'autres étoiles et parfois même des planètes et leurs habitants potentiels. Sur Terre, nous sommes donc les enfants des étoiles. De plus, tous les atomes qui constituent nos corps seront recyclés. En effet, dans environ 5 milliards d'années, le Soleil aura brûlé tout son hydrogène présent autour de son cœur et la fusion de son hélium en éléments lourds prendra le relai. Le Soleil augmentera alors considérablement de volume, débordant l'orbite terrestre, en se transformant en une géante rouge pendant environ 1 milliard d'années. Cette géante rouge éjectera la matière solaire avec ses éléments lourds et les atomes de la Terre, dont les nôtres, dans les espaces interstellaires. Le Soleil se concentrera ensuite en une naine blanche de la taille de la Terre, mais très lourde.

Les espaces intersidéraux ne sont donc pas vides, même si la densité y est faible. Ces poussières sont capables d'absorber le rayonnement électromagnétique émis dans la lumière visible par les galaxies, en occultant l'observation de leurs centres, comme cela se passe pour nous terriens qui observons le centre de la Voie lactée (Fig. 6). Ces nuages sont condensés en amas diffus, avec une à mille particules par cm^3, ou en amas moléculaires constitués principalement d'hydrogène, avec 10^3 à 10^7 particules par cm^3 où se formeront les futures étoiles. C'est pourquoi nos atomes rendus au cosmos serviront à former d'autres étoiles, d'autres mondes, et qui sait, peut-être d'autres organismes vivants...

1. Glycine, alanine, valine, leucine, isoleucine, proline, les acides aspartique, glutamique, mais aussi adénine, guanine, xanthine, uracile, acétone, urée et éthanol et acides lactique, malique et fumarique.

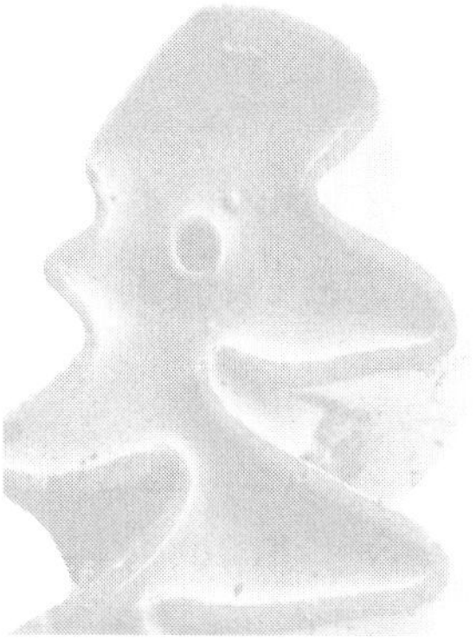

Chapitre 9

La théorie de l'évolution des espèces

Précisons tout de suite que la *théorie de l'évolution* est désormais reconnue et acceptée par les biologistes de tous horizons (biologie moléculaire, génétique, embryologie, écologie, éthologie, etc.), ainsi que par les divers spécialistes des sciences de la Terre (avec notamment les paléontologues, les stratigraphes, les sédimentologues, les tectoniciens et les géophysiciens). Les discussions et débats portent, au coup par coup, sur les implications des nouvelles découvertes et sur la part que chacun estime attribuer aux divers mécanismes mis en jeu, mais sans s'interdire de remettre en question la théorie globale de l'évolution ; celle-ci s'est vue au contraire confirmée par l'ensemble des découvertes réalisées dans ces domaines. La théorie de l'évolution s'est néanmoins beaucoup transformée depuis son émergence au XIXe siècle, au gré des multiples retouches rendues nécessaires par les découvertes successives qui l'ont considérablement enrichies.

Illustration : Dent d'un rongeur (campagnol) fossile de *Mimomys ostramosensis* datant d'1,7 million d'années.

Historique succinct de la théorie de l'évolution

Jusqu'au XVIIIe siècle, l'explication officielle de l'origine des êtres vivants, et de l'homme en particulier, résidait dans la Genèse biblique. Mais avec le développement de la science, le XVIIIe siècle voit l'émergence de nouvelles idées, dont celles relatives aux changements des formes de vie au cours du temps et sous l'influence de l'environnement. Buffon connut ainsi des ennuis avec la terrible censure de l'Église. Fort heureusement, de nombreux esprits par définition libertins[1], comme Astruc, Spallanzani, Scheuchzer, Benoît de Maillet, Montesquieu, Réaumur, Diderot, Daubenton, et surtout Maupertuis et Buffon[2], ont pu, peu à peu, diffuser des idées novatrices dans la communauté scientifique malgré le contrôle de l'Église.

Le lamarckisme

En 1809, Lamarck innove en formulant la première théorie globale de la transformation des espèces à partir de formes ancestrales. Il est suivi notamment par son contemporain Étienne Geoffroy Saint-Hilaire. Mais le contexte politique et religieux reste très hostile à ces idées considérées, à tort, comme associées à l'athéisme et au refus de l'autorité du chef de l'État. En France, le fixiste Cuvier, bien qu'inventeur génial de l'anatomie comparée, s'oppose aux recherches sur le transformisme. En Angleterre, la théologie naturelle domine dans l'enseignement, avec les livres de William Paley, aussi bien que dans la recherche, comme en témoignent les *Bridgewater Treatises*, qui défendent le théisme.

1. Esprit affranchi de la métaphysique et de la religion, libre penseur qui remet en cause les dogmes.
2. Pour plus de détails, voir : Chaline, J. 2006. *Quoi de neuf depuis Darwin ? La théorie de l'évolution dans tous ses états.* Ellipses, Paris.

Le darwinisme

En 1859, Darwin publie sa théorie révolutionnaire dans un livre intitulé : *De l'origine des espèces au moyen de la sélection naturelle, ou la lutte pour l'existence*[1]. Les fondements de sa réflexion relient les preuves de l'évolution avec la découverte d'un mécanisme inédit permettant d'expliquer les transformations des espèces. Sa pensée peut se résumer aux points suivants :

(1) Les populations des diverses espèces se révèlent très *variable*s et la nature fait constamment apparaître, *au hasard*, de nouvelles variations spontanées ;

(2) Ces variations sont *héritables* pour la plupart ;

(3) Les populations présentent une très grande fécondité, qui, si tous leurs membres subsistaient, entraînerait, selon l'économiste Thomas Malthus, une *progression géométrique* (en fait *exponentielle*) de leurs effectifs ;

(4) Or, en dehors de certaines fluctuations cycliques, les populations restent globalement *stables* ;

(5) Les *ressources alimentaires* dans un environnement stable s'avèrent *limitées* et demeurent à peu près *constantes*.

De ces observations, Darwin tire logiquement trois conséquences majeures :

(1) Puisque la reproduction produit plus d'individus que ne peuvent en supporter les ressources de l'environnement, et que la taille des populations reste globalement stable, cela signifie qu'il doit exister un *phénomène naturel de régulation*. Autrement dit, seule une partie des individus participe à la fondation de la génération suivante.

(2) Cette *participation* ne se fait pas au hasard, mais *dépend* de la *lutte pour l'existence*. Certains individus présentent des *caractères avantageux* qui assurent leur meilleure survie et leur participation à la

1. Darwin, C. 1859. *On the Origin of Species by Means of Natural Selection or the Preservation of Favoured Races in the Struggle for Life*. John Murray, London.

reproduction. De plus, ces derniers *transmettent* généralement ces caractéristiques *à leurs descendants*. La survie, et surtout la *reproduction* inégale, constitue un processus de *sélection naturelle*.

(3) Au fil des générations, la sélection naturelle, processus automatique et aveugle qui permet la reproduction plus importante de certains individus en fonction des conditions du milieu, conduit à un *changement graduel des populations*, c'est-à-dire à l'évolution et à la production de nouvelles espèces.

Mendel, De Vries et le mutationnisme

En 1866, Gregor Mendel, moine de Brno, dans l'actuelle République tchèque, découvre et démontre statistiquement, à partir de variétés de petits pois, les trois lois fondamentales de l'hérédité :

- La première, dite *loi de dominance*, explique que le croisement de deux individus issus de lignées pures différant par un caractère transmis par hérédité donne une première génération de descendants tous identiques d'apparence.
- La deuxième, dite *loi de ségrégation indépendante*, ou de *disjonction des caractères*, explique pourquoi à la seconde génération, les caractères se trouvent séparés et réapparaissent indépendamment.
- La troisième, dite *loi de libre association*, explique que si l'on croise deux variétés différant par plus d'un caractère, la disjonction des caractères se fait de manière entièrement indépendante.

Ces travaux, ignorés par la communauté scientifique, sont redécouverts seulement en 1900. En 1901, le botaniste Hugo De Vries insiste sur le rôle évolutif de changements morphologiques brusques auxquels il donne le nom de *mutations*.

Ce concept de mutations semble alors s'opposer à celui d'évolution graduelle, adopté par Darwin. Cela explique le divorce entre les darwinistes et les généticiens, depuis 1901 jusqu'aux années 1930. Pendant ce temps, Thomas Morgan, Hermann Muller, Wilhelm Johanssen, William Bateson, Alfred Sturtevant et Theodosius Dobzhansky, Otto Schindewolf et Richard Goldschmidt développent la *génétique typologique* qui se consacre aux individus. Ces chercheurs montrent notamment comment les gènes constituent des portions de chromosomes, ces bâtonnets résidant au cœur du noyau cellulaire. Muller montre que les gènes changent par des mutations ponctuelles qui se multiplient quand on expose l'organisme à certains facteurs physiques ou chimiques (dont la radioactivité). Ces mutations peuvent provoquer des transformations visibles, mais s'avèrent aléatoires, au sens où elles n'adaptent pas d'emblée l'organisme aux nouvelles conditions de l'environnement.

À la même époque, un autre courant se développe avec Karl Pearson, Wilhelm Weinberg, Barbara McClintock, Cyril Darlington et Dobzhansky : la *génétique des populations*. En partant de l'étude des bases génétiques des caractères quantitatifs (comme la taille), qui varient graduellement, ces chercheurs se focalisent sur le rôle des mutations au sein de la variation du pool génétique des populations. Ils comprennent ainsi précocement que les mutations seules ne peuvent transformer le patrimoine héréditaire de l'espèce. Il faut leur adjoindre d'autres facteurs évolutifs, dont l'un des plus importants n'est autre que la sélection naturelle. Les études statistiques de Ronald A. Fischer, John B. S. Haldane et Sewall Wright portent sur le poids relatif des mutations et de la sélection dans l'évolution, en prenant en compte la dimension démographique des populations, ainsi que son éventuel fractionnement, causant migrations et isolement.

La théorie synthétique ou néodarwinisme

De 1937 à 1950, se met en place la *théorie synthétique de l'évolution*, encore appelée « *néo-darwinisme* ». En s'appuyant sur les travaux mathématiques de la génétique des populations, le généticien Theodosius Dobzhansky, le biogéographe Ernst Mayr, les biologistes, Julian Huxley et Bernhard Rensch, ainsi que le paléontologue George Gaylord Simpson mettent au point un modèle cohérent pour expliquer la formation de nouvelles espèces.

Dans cette théorie, les populations présentent une certaine *variabilité génétique* due à l'existence des *mutations* et des *recombinaisons* qui apparaissent et se font au *hasard*. Ces populations évoluent *graduellement* par des changements dans la composition de leur patrimoine génétique, dus aux mutations conservées grâce à la sélection naturelle et divers processus statistiques.

La formation des nouvelles espèces se réalise par l'évolution divergente de populations séparées (dans le cas le plus fréquent) par des barrières géographiques. La *sélection naturelle* assure la persistance ou l'élimination des individus en fonction de leur compatibilité avec les paramètres du milieu : elle assure ainsi l'*adaptation* de l'espèce. Mais, surtout dans le cas des populations de faible effectif, divers facteurs d'échantillonnage contribuent aussi à la transformation de la composition génétique des populations, qui dérivent ainsi vers des espèces distinctes.

La hiérarchie des gènes et l'étude des comportements

Depuis les années 1960, de nouvelles études portant d'abord sur les fondements génétiques des comportements animaux ont mis en lumière la haute intégration du système génétique. Il en résulte notamment la prise en considération de l'intervention du hasard évolutif et de la sélection naturelle aux différents niveaux d'intégration des organismes, depuis le palier moléculaire jusqu'aux écosystèmes, en passant par les interactions cellulaires, le niveau individuel (où joue la sélection naturelle classique) et aussi les sélections sociales[1].

De la révolution moléculaire à l'ÉVO-DÉVO

À partir de 1953, la découverte de la molécule de l'hérédité, l'ADN, par James Watson et Francis Crick, Maurice Wilkins et Rosalind Franklin, bouleverse le cours de la recherche. La *molécule d'ADN* est formée

1. Pour plus de détails, consulter : Grimoult, C. 2009. *La preuve par neuf. Les révolutions de la pensée évolutionniste.* Ellipses, Paris.

de deux chaînes hélicoïdales en double hélice enroulées autour d'un axe imaginaire, à la façon d'un escalier en colimaçon. Les montants sont constitués de séquences de sucre – phosphate – sucre et les marches par des couples de bases, avec l'adénine (A) toujours reliée à la thymine (T) et avec la cytosine (C) associée à la guanine (G). La découverte de la régulation des gènes par Jacques Monod et François Jacob, ainsi que celle des *ARN messagers* par François Gros, permet d'expliquer le fonctionnement des gènes à l'échelle moléculaire en particulier leur duplication (où prennent place les mutations ponctuelles), ainsi que les phénomènes de la transcription de l'information génétique qui aboutit aux protéines dont les êtres vivants sont constitués.

La mise en évidence du *code génétique* par Marshall Nirenberg, Robert Holley, Har Khorana et Marianne Grunberg-Manago, constitue une nouvelle étape majeure dans la compréhension de l'information portée par l'ADN et de sa transmission.

Sans entrer dans les détails décrits par ailleurs[1], les très nombreuses découvertes ultérieures ont abouti à une révolution qui élargit la compréhension de l'évolution moléculaire et des composants génétiques, puis celle de l'utilisation pratique des génomes avec la *génomique*. L'ensemble de ces processus constitue la *mécanique de la microévolution.*

Parallèlement, en s'appuyant sur les travaux de Willi Hennig[2], la *systématique phylogénétique* ou *cladisme* a transformé la paléontologie et la biologie en remettant en cause la méthodologie des classifications, qui reposent désormais clairement sur les relations évolutives entre les espèces.

Grâce aux nouvelles méthodes statistiques, la paléontologie a permis de quantifier, par des exemples précis, les *modalités de l'évolution*. La formation de nouvelles espèces prend ainsi des formes souvent différentes (selon les conditions du milieu et les familles considérées) et complexes, tantôt graduelles, tantôt plus soudaines.

1. Chaline, J. 2006. *Quoi de neuf depuis Darwin ? La théorie de l'évolution dans tous ses états.* Ellipses, Paris.
2. Hennig, W. 1950. *Grundzüge einer Theorie der phylogenetischen Systematik.* Deutscher Zentralverlag, Berlin.

En portant une nouvelle attention aux travaux de chercheurs du XIXe siècle (Ernst Haeckel, Walter Garstang, Louis Bolk et Gavin de Beer), l'embryologie fait désormais le lien entre le *programme génétique* (le génotype) et l'*organisme achevé* (le phénotype). Depuis les années 1980, une autre révolution est permise par la découverte des *gènes de régulation* ou *architectes*, les gènes *Hox*, par Edward Lewis, Christiane Nüsslein-Volhard, Éric Wieschaus, Walter Gehring, William McGinnis, Michael Levine, Ernst Hafen, Nicole le Douarin, Pierre Chambon, Denis Duboule, Rudolf Raff, Thomas Kaufman et Brian Hall parmi d'autres. Ces *gènes architectes* impulsent la formation des organes et contrôlent le fonctionnement des gènes ouvriers qui construisent l'ensemble du phénotype. Cette *mécanique de la macroévolution* permet désormais de comprendre les relations entre les groupes de la classification.

On est arrivé actuellement à une *nouvelle approche synthétique de l'évolution*, qui correspond à son stade le plus récent, celui *de l'ÉVO-DÉVO (Évolution-Développement)*. Elle s'appuie sur la *biologie du développement*, qui implique la génétique des gènes architectes et leurs effets au cours du développement, ce que l'on appelle l'ontogenèse[1]. Les résultats du développement sont ensuite triés par la sélection multipolaire. Dans ce cadre, la paléontologie apporte la dimension temporelle et contrôle la cohérence des résultats avec l'histoire de la vie telle qu'elle est lue dans les archives du passé.

La mécanique évolutive : ÉVO-DÉVO

La *mécanique évolutive globale* est fondée sur les *mutations* des *gènes architectes* pour la *macroévolution* et sur celle des *gènes ouvriers* pour la *microévolution*, sans que l'on doive cependant séparer trop strictement ces deux niveaux de transformations morphologiques. Autrement dit, ce sont les actions *des réseaux de gènes* sur le *développement* qui correspondent aux objectifs de cette nouvelle discipline. Ces mutations

1. L'*ontogenèse* correspond au développement, la *phylogenèse* à l'histoire évolutive.

influencent plus ou moins fortement le développement embryologique, puis fœtal, avant la naissance. L'individu en formation doit survivre en fonction des caractéristiques globales de son phénotype, puis se soumettre aux pressions de son environnement, ce qui rend la *sélection multipolaire*[1] (dont les *sélections naturelle* et *sexuelle* classiques restent les modalités principales) responsable de la *reproduction différentielle* et de *l'adaptation*. Reprenons ces divers points.

Les mutations

Les mutations géniques correspondent, lorsque la cellule se divise et que la chaîne d'ADN se duplique, à des « erreurs » qui conduisent à des changements dans la séquence génomique[2]. Les *mutations ponctuelles* correspondent souvent à des remplacements d'une paire de base par une autre : un T remplaçant un A, ou un G à la place d'un C, par exemple. On parle de mutation directe lorsqu'elle rend inactive un gène donné, et de mutation inverse lorsqu'elle restaure, au contraire, un gène inactivé. Les mutations n'entraînent souvent aucune modification de l'expression du gène ; ce sont les *mutations silencieuses*, ou *neutres*. Le généticien Motoo Kimura[3] insiste sur leur haute fréquence, mais leur importance adaptative s'avère nulle. Ces changements peuvent cependant créer les matériaux qui permettront, par le hasard de mutations ultérieures, de créer de nouveaux gènes.

Il peut se produire aussi une mutation génique par *addition* d'une base supplémentaire (*insertion*), ou par l'*élimination* d'une base de la séquence (*délétion*), ce qui a comme conséquence immédiate de décaler le cadre de lecture de la séquence génétique, d'où il peut résulter la synthèse d'une protéine entièrement nouvelle, mais aussi l'absence de la protéine attendue par l'organisme.

1. Pour plus de détails, consulter : Buican, D. 1997. *L'évolution et les théories évolutionnistes*. Masson, Paris.
2. Pour les détails voir : Chaline, J. 2006. *Quoi de neuf depuis Darwin ?* Ellipses, Paris.
3. Kimura, M. 1990. *Théorie neutraliste de l'évolution*. Paris, Flammarion.

D'autres types de mutations jouent un rôle évolutif notable. Ce sont tout d'abord les mutations chromosomiques, qui concernent un grand nombre de gènes en même temps. Dans le cas d'une inversion, la disposition des gènes sur le chromosome est changée, ce qui peut avoir des conséquences visibles, en particulier pour les gènes architectes qui sont « lus » par la cellule dans un ordre précis. Une délétion peut provoquer de graves troubles en raison de la perte de plusieurs gènes. Une duplication, au contraire, offre plusieurs versions d'un même gène, ce qui constitue un *potentiel évolutif* considérable pour l'avenir. En effet, la version originale continue d'effectuer sa fonction, tandis que son clone peut être changé, par mutations ponctuelles, et produire de nouveaux caractères. Ces changements peuvent constituer des pré-adaptations, au sens où elles conditionnent des caractères au premier abord insignifiants, mais qui, dans de nouvelles conditions environnementales, peuvent se révéler clairement avantageuses.

Les translocations s'avèrent au contraire généralement nuisibles, dans la mesure où elles provoquent des transferts de matériel génétique d'un chromosome à un autre, ce qui occasionne divers changements dans l'organisation des gènes.

Il existe enfin des mutations portant sur une échelle encore beaucoup plus générale : ce sont les *mutations génomiques*. Celles-ci modifient le nombre de chromosomes, soit en en ajoutant un (comme dans le cas des trisomies) soit en en retranchant un, avec des conséquences souvent très visibles pour les organismes qui les portent. La polyploïdie correspond quant à elle à une multiplication de l'ensemble du patrimoine héréditaire, comme dans le cas des céréales cultivées, ainsi que chez de nombreux autres végétaux. Dans certaines limites, ces changements peuvent s'avérer bénéfiques, en offrant, là encore, de nouveaux gènes qui pourront être sculptés ultérieurement, au fil des générations, par des mutations ponctuelles et la sélection multipolaire.

Au total, les mutations engendrent des *variations individuelles* débouchant sur *la variabilité* des populations, avec des *innovations,* et aussi les *anomalies tératologiques.*

Le développement des organismes ou ontogenèse

Les recherches sur ce thème ont brutalement progressé au XVIIIe siècle avec l'abandon de la *théorie de la préformation.* Selon cette conception, le développement *pré-établi* des êtres vivants devait se répéter, inaltérable, de génération en génération. À l'origine, le terme « *évolution* » était d'ailleurs utilisé pour désigner une conception *préformiste.* Cette théorie a été combattue par les embryologistes partisans de l'*épigenèse.* Ses défenseurs ont compris que le nouvel individu ne fait pas que grandir au sein de l'œuf ou de la matrice, mais que ses parties se mettent en place progressivement, par changement de forme.

Dès le début du XIXe siècle[1], les mécanismes de transformation morphologique sont analysés, notamment par Étienne Geoffroy Saint-Hilaire qui provoque des *anomalies* en perturbant le développement des œufs de poule. Étienne Serres et Johann Meckel admettent la théorie de la *récapitulation,* selon laquelle, pendant son ontogenèse, l'individu passerait, en raccourci, par les formes de ses ancêtres. Un jeune poulet aurait ainsi d'abord l'apparence de la cellule primordiale, puis du ver, du poisson (ce dont témoignent des fentes branchiales), de l'amphibien et du reptile (avec des dents miniatures par exemple), avant d'aboutir à une morphologie spécifique.

Mais dès les années 1830, Karl Von Baer énonce quatre lois du développement, qui relativisent considérablement la récapitulation :

- Les caractères généraux d'un groupe animal apparaissent plus tôt dans l'embryon que les caractères spécialisés ;
- Les caractères les moins généraux sont formés à partir des plus généraux et ainsi de suite jusqu'à l'apparition des plus spécialisés ;
- Chaque embryon d'une espèce donnée, au lieu de passer par les stades d'autres animaux, s'en démarque de plus en plus ;

1. Chaline 2009. *Op. cit.*

– De là, il s'ensuit fondamentalement que l'embryon d'un animal supérieur n'est jamais identique à la forme adulte d'un animal supérieur.

Dans cet esprit, on peut considérer Serres, Von Baer et surtout Geoffroy Saint-Hilaire comme les fondateurs de ce que l'on appelle de nos jours la *biologie du développement,* bien qu'ils n'aient pas disposé à l'époque des connaissances apportées par la génétique.

En 1866, Ernst Haeckel adopte *la loi biogénétique fondamentale,* ainsi formulée : « L'ontogenèse récapitule la phylogenèse ». Il met aussi en évidence l'existence de *dislocations temporelles et spatiales* dans l'ordre des événements embryologiques hérités, avec des *décalages chronologiques,* qu'il nomme *hétérochronies.* Ces *altérations du développement* correspondent soit à des retardements, soit à des accélérations, qui jouent également un rôle important dans l'évolution[1]. En effet, selon ces vitesses, la morphologie peut changer considérablement entre l'ancêtre et le descendant. Mais la formulation de la récapitulation était erronée et elle fut rectifiée par Walter Garstang, en 1920, de la façon suivante : *« L'ontogenèse ne récapitule pas la phylogenèse, elle la crée ».* De plus, en intégrant les apports de Von Baer, les embryologistes ont appris à ne pas considérer la récapitulation au pied de la lettre.

En 1926, Louis Bolk élabore *la théorie de la fœtalisation,* qui est une application directe du *ralentissement du développement* à la lignée humaine, ce que l'on appelle la *néoténie.* En effet, l'homme adulte ressemble davantage au jeune chimpanzé qu'à son père, ce qui pourrait indiquer la conservation de certaines propriétés fœtales de primates ancestraux, correspondant à une retardation relative du développement.

Depuis lors, de très nombreux travaux embryologiques ont permis de reconstituer la formation des organes et des organismes en liaison avec la génétique. En effet, les chercheurs ont mis en évidence, par perte ou gain de fonctions, selon les mutations, des gènes contrôlant les hétérochronies.

1. Voir : Gould, S.J. 1977. *Ontogeny and Phylogeny.* Cambridge, Belknap Press, Harvard Univ. Press.

Les gènes *Hox* architectes

La découverte de *mutants* appelés aujourd'hui *homéotiques,* est due à Goethe en 1790. Mais c'est William Bateson, en 1894, qui en a décrit de nombreuses anomalies, comme par exemple une antenne remplacée par une patte chez les mouches. La découverte, en 1979, par Edward Lewis des gènes qui contrôlent la forme des organismes, les fameux *gènes homéotiques,* ou *gènes à homéoboîtes*[1], ou gènes *Hox,* représente l'une des plus grandes avancées récentes de la biologie. Cette découverte fut suivie d'un développement considérable de la discipline qui aboutit à une connaissance très approfondie des mécanismes du développement et de leur rôle dans l'évolution. Walter Gehring et son équipe de Bâle[2] ont ainsi expliqué l'une des grandes énigmes de l'évolution, souvent utilisée par les créationnistes pour contredire la théorie de l'évolution, celle de la formation d'un œil. Chez la drosophile, le gène *eyeless* rend aveugle. Chez l'homme, la mutation du gène *Aniridia* entraîne une forte réduction de la taille des yeux et l'absence d'iris, voire dans un cas extrême, l'absence des yeux en raison de la mutation *eye gone* (*eyg*). Ce gène est similaire à *Pax-6* de la souris et *Aniridia* de l'homme ; ce sont des *gènes homologues.* Il a même été montré qu'en transférant le gène *Pax-6* de la souris à la drosophile, ce gène architecte fait construire un œil de mouche normal, car les gènes ouvriers sont ceux de la drosophile. Bien que les yeux des calmars (*Loligo opalescens*) aient des structures très différentes de celles des yeux de vertébrés, ils sont eux aussi contrôlés par une version propre d'*eyeless.* Un tel exemple révèle l'unité du vivant, avec des gènes conservés depuis de lointains ancêtres communs, et qui exécutent des fonctions similaires chez des organismes différents.

1. *Hox* vient de l'anglais *Homeobox.* L'homéoboîte, composée de 180 nucléotides, identifie les gènes et régule leur fonctionnement. La séquence de l'homéoboîte code une séquence protéique identique, l'*homéodomaine,* long de 60 acides aminés, qui lui permet de se lier à des zones particulières de l'ADN pour le réguler.
2. Jang *et al.,* 2003. Two Pax genes, eye gone and eyeless, act in parallel in determining *Drosophila* eye development. *Development,* 130 : 2939-2951.

De plus, les mutations homéotiques prouvent que d'importants changements morphologiques peuvent résulter de changements génétiques infimes. En effet, il suffit d'une mutation de type *eye gone* (eyg) induisant une perte de fonction, pour faire disparaître les yeux. Les faunes cavernicoles qui ont enregistré cette mutation *eyg* sont nombreuses, et dans cet environnement particulier dépourvu de lumière où le manque d'yeux n'est pas un handicap, elle a été retenue par la sélection naturelle.

Selon Gehring, *Pax-6* est un *gène commutateur,* activant ou inhibant, régulant la transcription, et contrôlant le fonctionnement d'environ 2 500 gènes ouvriers qui fabriquent progressivement l'œil de l'espèce considérée, par exemple une mouche, un poulpe ou une souris. C'est-à-dire que le développement se révèle contrôlé par des *cascades de gènes* qui s'expriment de façon séquentielle au cours du temps. Depuis cette découverte, on a montré que ce sont des *réseaux de gènes à interférences variables* qui sont responsables de la formation d'un organe comme l'œil, et non pas un gène unique, comme on a pu le croire de façon simpliste au début des recherches.

Une autre énigme évolutive a été résolue par Denis Duboule et Marie Kmita de Genève, qui ont démontré que les membres des tétrapodes (les animaux présentant quatre membres) se forment en une séquence de trois phases.

- La phase I, contrôlée par les gènes *Hox d-9-10,* est celle de l'apparition de l'*humérus* pour le membre antérieur et du *fémur* au membre postérieur.
- La phase II, induite par les gènes *Hox d-11-12,* correspond à la mise en place du *radius* et du *cubitus* ou *ulna,* à l'avant et du *tibia* et du *péroné* ou *fibula* à l'arrière.
- Enfin, lors de la troisième et dernière phase, se développe l'ensemble *poignet-main-pied-doigt* sous le contrôle des gènes *Hox a-13* et *Hox d-12-13*.

Un défaut de fonctionnement des gènes *Hox a-d9-10-11-12* cause l'absence du bras et de l'avant-bras, entraînant l'implantation directe des mains et des pieds directement sur le tronc, une monstruosité connue depuis longtemps sous le nom de *phocomélie* (Fig. 8). Dans les années 1960, la thalidomide prescrite aux femmes enceintes comme analgésique s'est avérée provoquer des malformations du fœtus par l'inhibition du fonctionnement des gènes concernés[1].

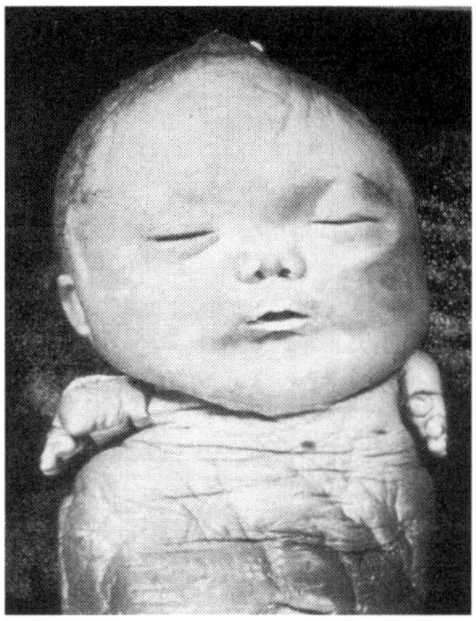

Fig. 8. Phocomélie. Un défaut de fonctionnement des gènes *Hox a-d9-10-11-12* cause la phocomélie (absence de bras et avant-bras et articulation des mains sur l'omoplate). Ce fut aussi l'effet de la thalidomide (cliché : Pierre Dusserre et Ferdinand Cabanne).

Plus étonnant encore, l'*inversion dorso-ventrale entre les invertébrés et les vertébrés* suggérée par Geoffroy Saint-Hilaire en 1796, se voit confirmée grâce aux gènes *Hox*. Aussi étrange que cela puisse paraître, la mouche est en effet construite à l'envers d'une souris. Ce changement de structure, qui correspond à un changement de plan d'organisation, est *une rupture de symétrie,* simplement contrôlée par un couple de gènes de régulation antagonistes (*ddp/sog* et *chordin/BMP2-4*), qui s'expriment par des protéines antagonistes[2]. Les théoriciens n'ont plus besoin d'imaginer des milliers de mutations, toujours triées dans le même sens par la sélection naturelle, pour former un nouveau plan d'organisation ou un organe complexe.

1. La molécule existe sous deux formes symétriques, que l'on appelle racémiques. On a constaté que la forme, censée être inactive, provoquait en fait des inhibitions du développement.
2. De Robertis & Sasai, 1996. A common plan for dorsal patterning in *Bilateria*. *Nature,* 380 : 37-40.

La mécanique de l'évolution s'avère donc économique, parce que les mêmes gènes *Hox* commandent les plans d'organisation chez de très nombreuses espèces animales. Ces gènes *Hox* éclairent la *macro-évolution* qui était restée jusqu'ici largement inexpliquée.

Ces gènes subissent eux-mêmes des mutations, mais leur structure évolue peu. Chez les formes qui ont conservé des structures très proches de celles des ancêtres communs, comme les mouches, ils forment une séquence de 13 gènes *Hox* qui interviennent de façon séquentielle le long du corps, un peu comme des oiseaux sur un fil, qui chanteraient les uns après les autres. C'est ce que l'on appelle la *colinéarité*. Chez les vertébrés supérieurs, la séquence en contient 52, car la séquence initiale s'est dupliquée deux fois de suite pour donner quatre séquences parallèles A, B, C, et D disposés sur quatre chromosomes distincts. La première duplication (séquences A et D), qui pourrait être responsable de l'apparition de la colonne vertébrale, serait intervenue voici environ 520 millions d'années, entre les Procordés (*Amphioxus*) et les premiers Vertébrés sans mâchoire (Agnathes). La seconde duplication (séquences B et C) se serait réalisée au moment de l'apparition des vertébrés à mâchoires (Gnathostomes), et daterait d'environ 425 millions d'années. Une troisième duplication, qualifiée de « poisson », se serait produite dans les premiers stades de l'évolution des poissons. Enfin, au cours de l'évolution, le nombre des gènes *Hox* actifs s'est modifié par des pertes de gènes *Hox*, ou par leur « inhibition » les transformant en *pseudogènes* qui ne s'expriment pas dans le phénotype.

Les sélections

Comme l'a vu Darwin, la *sélection naturelle* résulte en partie de la lutte pour l'existence, c'est-à-dire du fait que les individus entrent en concurrence pour des ressources et des territoires limités. Elle peut être interspécifique si elle fait s'affronter, plus ou moins directement, des individus d'espèces différentes, dans les cas de prédation ou de parasitisme, par exemple. La sélection intraspécifique, au contraire, met en concurrence plusieurs individus d'une même espèce. Ainsi, contrairement au mécanisme postulé par Lamarck[1] celui de Darwin explique la persistance des variations ayant permis l'allongement du cou de la girafe par l'avantage qu'elles confèrent à ces animaux qui disposent, grâce à elles, d'une réserve alimentaire de feuilles à la cime des arbres, réserve à laquelle les individus dotés d'un cou plus court n'ont pas accès.

La sélection s'explique aussi par la confrontation entre les individus et leur environnement abiotique. Comme elle consiste surtout en un mécanisme de fécondité différentielle, les individus les mieux adaptés aux conditions du milieu diffusent plus largement leurs caractéristiques génétiques au sein de la population. Ce processus explique notamment les radiations évolutives, lorsqu'une lignée donne naissance à de nombreuses espèces en colonisant une nouvelle niche écologique, par exemple. Darwin avait déjà perçu qu'une variation n'est nullement avantageuse dans l'absolu, mais seulement en fonction de conditions bien précises de l'environnement. Par exemple, les insectes aptères (nés sans ailes) devraient se trouver avantagés dans les milieux insulaires où le vent risque de jeter les insectes volants à la mer. Mais sur le continent, le vol confère un avantage indéniable aux espèces qui en sont naturellement dotées, en permettant notamment l'accès rapide à des sources de nourriture éloignées. Les expériences menées par les généticiens des populations, à partir des années 1930, confirment parfaitement cette hypothèse.

La *sélection sexuelle* permet d'expliquer de nombreux faits qui semblent, à première vue, contraires à la sélection naturelle. D'une part, le choix des femelles en faveur de certains mâles rend compte, notamment chez les oiseaux, de couleurs et d'ornements assez encombrants pour les individus qui les portent. D'autre part, le combat des mâles pour les femelles au moment de la reproduction peut expliquer la présence du dimorphisme accentué de certains caractères sexuels secondaires. C'est le cas, par exemple, des bois du cerf, organes qui se révèlent plutôt désavantageux pour l'individu à l'égard des autres

1. Lamarck, J.-B. de. 1809. *Philosophie zoologique.* Dentu, Paris. Pour plus de détails, voir Grimoult, C. *op.cit.*

composantes du milieu, étant donné notamment leur poids et l'encombrement qu'ils occasionnent pour ces animaux. Ils ont sans doute été sélectionnés parce que, comme l'écrit Darwin :

> Ordinairement, les mâles les plus vigoureux, c'est-à-dire ceux qui sont le plus aptes à occuper leur place dans la nature, laissent un plus grand nombre de descendants[1].

Plus récemment, l'attention des spécialistes a été attirée par une autre modalité de la sélection, qui favorise ou élimine les mutations en fonction de leur compatibilité avec ce que Jacques Monod appelle, en 1970, « l'appareil téléonomique », c'est-à-dire le fonctionnement de l'organisme. Dès les années 1830, Étienne Geoffroy Saint-Hilaire a préfiguré l'idée de cette *sélection génotypique*, lorsqu'il écrit que si les modifications éprouvées par les animaux lors de leur embryogenèse ont des effets nuisibles, alors la mort les fait disparaître. Cette sélection génotypique se distingue de la sélection naturelle classique, car elle se produit indépendamment des pressions de l'environnement, dans la relation entre le génotype et le phénotype. En montrant que la sélection intervient selon des modalités spécifiques à tous les niveaux d'intégration du vivant (gène, cellule, individu, population, écosystème, etc.), Denis Buican a forgé l'expression « *sélection multipolaire* » pour rendre compte de la diversité des mécanismes sélectifs qui interviennent conjointement dans l'évolution[2].

La mécanique de l'évolution

La mécanique de l'évolution, telle que nous la connaissons désormais, peut être résumée dans la figure 9.

1. Darwin, C. 1992 (1859). *L'Origine des espèces au moyen de la sélection naturelle*. Garnier-Flammarion, Paris, p. 137.
2. Buican, D. 1989. *La Révolution de l'évolution*. PUF, Paris.

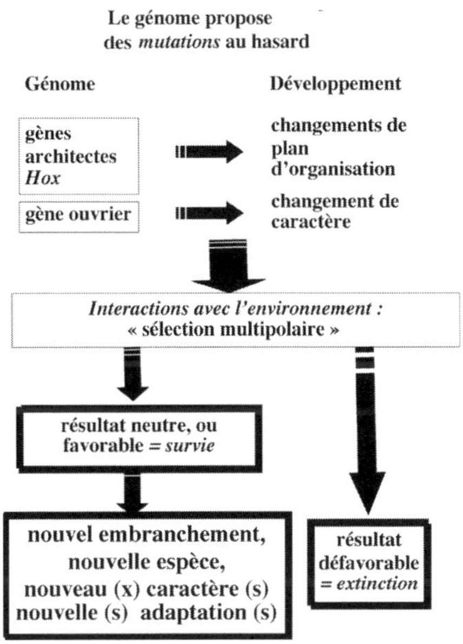

Fig. 9. La mécanique globale de l'évolution. Elle commence avec les *mutations du génome* ayant des influences précoces ou tardives sur le développement et s'achève avec la *sélection mutipolaire* résultant notamment des interactions avec l'environnement global, mais intervenant à tous les niveaux d'intégration du vivant.

Les enseignements de la paléontologie

La paléontologie permet de *reconstituer l'histoire de la vie* et apporte les *preuves indiscutables de l'évolution des espèces*. Dans la **figure 10**, l'arbre phylétique (où les espèces prennent la place qu'occupent les individus dans un arbre généalogique) fondé sur *la génétique* se trouve complété par les dates des fossiles identifiés dans les archives paléontologiques.

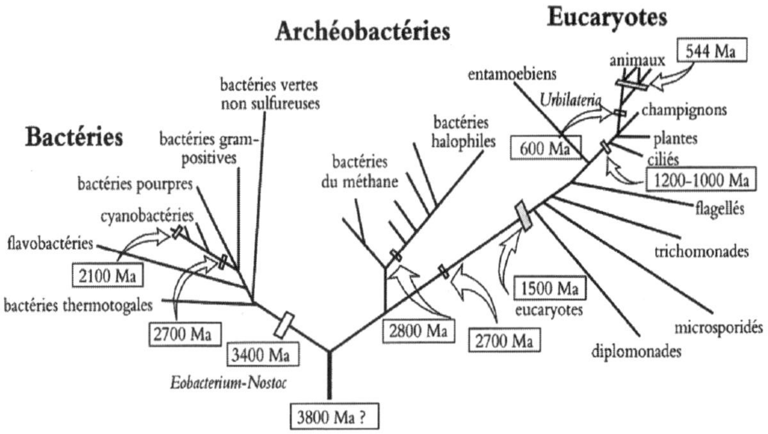

Fig. 10. Cladogramme du vivant à l'épreuve de la paléontologie. Ce schéma montre l'apparition datée des événements biologiques les plus importants dans l'histoire de la vie. Dans la branche des eucaryotes, nous pouvons constater que l'apparition d'*Urbilatéria* (– 600 Ma[1].) et celle des animaux (– 544 Ma) sont relativement tardives par rapport aux 3,8 milliards d'années de la durée totale de l'histoire de la vie[2].

Bref résumé de l'histoire de la vie : les innovations successives

L'histoire du vivant, au cours de la phylogenèse, montre l'existence de trois phases majeures :

- La première étape, qui s'étend de l'apparition de la vie à la réalisation des trois grands types d'organismes, les procaryotes (organismes sans noyau, comme les virus et les bactéries), les eucaryotes (cellules indépendantes avec noyau, dont de nombreuses algues) et les pluricellulaires (dont les plantes et les animaux).
- La deuxième étape correspond à la formation des grands plans d'organisation au sein du règne animal, vers – 600 millions d'années (fin du Précambrien). Elle se réalise par une série d'innovations

1. Ma = million d'années.
2. D'après Knoll. 1999. A New Molecular Window on Early Life. *Science*, 285 : 1025-1026, modifié.

morphologiques et de dérivations, qui font croître la diversité morphologique (la disparité) ainsi que la complexité avec la mécanique de la *macroévolution.*

– La troisième étape, depuis 490 Ma (fin du Cambrien), correspond à la diversification à l'intérieur de ces grands plans d'organisation, c'est-à-dire aux diverses spécialisations qui résultent de la mécanique de la *microévolution.*

La première étape de l'histoire de la vie

Parmi les *événements biologiques* les plus importants qui jalonnent l'histoire du vivant, le premier est l'apparition de la vie (voir le chapitre suivant). D'autres changements ont eu des conséquences globales sur l'évolution de notre planète, comme par exemple l'utilisation de la photosynthèse grâce à la chlorophylle, ce qui a entraîné une modification de la composition de l'atmosphère terrestre.

Parmi les autres événements qui ont marqué le vivant, et qui ont laissé des traces dans les archives paléontologiques, on peut discerner la succession suivante :

L'apparition de la cellule chez les procaryotes anaérobies. Le type cellulaire le plus simple est appelé *procaryote,* ce qui signifie avant l'apparition d'un noyau dans la cellule. L'organisation de la *cellule procaryote,* incluant les monères, c'est-à-dire les bactéries et algues bleues, représente une étape importante qui implique une séparation entre le milieu extérieur et un milieu interne vivant, où l'ADN se trouve à l'état libre dans le cytoplasme de la cellule non concentré dans un noyau. La *paroi* assure l'indépendance de l'organisme vis-à-vis de son environnement C'est l'invention de la *membrane* grâce à l'existence des corps gras, les lipides. Les structures fossiles baptisées *Eobacterium isolatum,* d'Afrique du Sud (Onvervacht, Swaziland) et des cyanobactéries de type *Nostoc* à Warrawoona (Australie), datant de – 3,4 milliards d'années[1] sont considérés comme les plus anciens procaryotes.

1. Datés par Schopf, J.W. & Packer, B.M. 1987. Early Archean (3.3-billion to 3.5-billion-year-old) microfossils from Warrawoona Group, Australia. *Science,* 237 (4810) : 70-73.

Les preuves d'autres traces de vie sont les *stromatolithes* de Warrawoona (Australie) et des biofilms concrétionnés, produits par des algues cyanophycées (algues bleues et vertes) dont l'âge se situerait entre – 3,5 et – 3,3 milliards d'années. Ils ont participé à la formation de roches carbonatées et ferrugineuses. Ce sont des *tapis de pierre*, des structures constituées par les restes de cellules cylindriques filamenteuses empilées sur de grandes épaisseurs. On retrouve de telles constructions moins épaisses, dans toute l'histoire géologique, y compris dans la nature actuelle[1]. Les premiers fossiles de *cyanobactéries* furent retrouvés dans des roches siliceuses du Gunflint sur les rives du lac Supérieur en Ontario datant de – 2,1 milliards d'années. On y trouve des filaments de cyanobactéries, des sphéroïdes bactériens à membrane épaisse, ainsi que des spores. Citons également les microorganismes de Bitter Springs, en Australie, datés de – 850 millions d'années.

Ces organismes vivaient aux dépens de composés chimiques souvent nocifs pour l'homme, comme le gaz carbonique, l'acide sulfhydrique, les sulfates, l'azote, le fer, dont les produits de dégradation sont le méthane, le gaz sulfhydrique et d'autres, qui devaient, à ces époques reculées, donner au ciel une couleur rose et aux mers, une teinte brune.

L'apparition de la cellule eucaryote, l'invention de la reproduction sexuée ainsi que de la symbiose des mitochondries et des chloroplastes. La formation de la *membrane du noyau* concrétise l'apparition des eucaryotes. C'est vers – 1,5/– 1,4 milliard d'années que se constitue cette nouvelle étape de complication du vivant qui voit en même temps apparaître la mise en place de *la reproduction sexuée*. Les procaryotes se reproduisent par simple division cellulaire, par duplication asexuée de leur matériel génétique. Les eucaryotes acquièrent la reproduction sexuée qui, grâce à la méiose et à la mitose, assure un brassage génétique considérable, nouvelle source prodigieuse de variabilité, d'innovations et d'évolution.

1. Lucas, G., Cros, P. & Lang, J. 1976. *Les roches sédimentaires. 2. Étude microscopique des roches meubles et consolidées.* Doin, Paris.

La vie nécessite aussi l'acquisition d'un système énergétique. L'apparition *du système Adénosine TriPhosphate-Adénosine DiPhosphate (ATP-ADP)*[1], a dû constituer un moment majeur dans l'histoire de la vie. L'ATP est un nucléotide qui sert à transporter de l'énergie stockée dans les liaisons des phosphates et la libère par hydrolyse en ADP et en phosphate inorganique. Cette hydrolyse dégage une énergie évaluée à 14 kilocalories par molécule-gramme, un véritable « quantum[2] bioénergétique ». Chaque molécule d'ATP porte ainsi en elle un *potentiel énergétique* libérable ; c'est en fait un simple transporteur d'électrons. La régénération de l'ATP par les cellules implique en contrepartie une énergie équivalente obtenue par l'énergie lumineuse (chloroplastes des végétaux[3]) ou chimique (mitochondries des animaux).

Une fois atteint ce niveau de complexité, les mitochondries et les chloroplastes ont pu apparaître. Les *mitochondries* sont des organites intracellulaires des formes animales, dont la taille approche le micromètre. Elles correspondent aux *usines à énergie des cellules animales* et leur nombre peut varier, selon les besoins énergétiques de la cellule, entre 5 et 10. Une mitochondrie peut transformer une molécule de glucose en 38 molécules d'ATP. C'est à ce moment que se sont mis en place les étapes du cycle de Krebs[4], ainsi que d'autres phénomènes biochimiques majeurs. Les mitochondries possèdent leur propre ADN spécifique. Comme les mitochondries des spermatozoïdes ne passent pas dans l'ovocyte au moment de la fécondation, ou très rarement, cela signifie que les mitochondries proviennent exclusivement de la mère, et non du père.

Parallèlement, les *chloroplastes* sont des organites des cellules végétales. Ils ont une forme de disques aplatis empilés, dont la taille varie de 2 à 10 micromètres. Ils renferment les pigments verts de la chlorophylle fixés sur des protéines appelées antennes, et les pigments rouges (caroténoïdes). La chlorophylle permet de capter la lumière

1. De Duve, C. 2005. *Singularités. Jalons sur les chemins de la vie.* O. Jacob, Paris.
2. Une quantité discontinue.
3. La synthèse d'ATP par l'ATP synthase du chloroplaste, une enzyme, est une photophosphorylation réalisée grâce aux transferts d'électrons photosynthétiques (issus de la photolyse de l'eau).
4. Le cycle de Krebs correspond à une série de réactions biochimiques qui produisent les intermédiaires énergétiques nécessaires à la production de l'ATP.

pour effectuer la photosynthèse[1], c'est-à-dire la transformation de l'eau et du gaz carbonique en matière organique carbonée et en sucre, avec une importante libération d'oxygène[2]. *Les chloroplastes correspondent aux usines à énergie des végétaux.* Ils dériveraient, selon Lynn Margulis et Olendzenski[3], de bactéries prochlorophycéees, voisines des cyanobactéries, coopérant sous la forme d'une symbiose, vie partagée, où chacun profite des avantages apportés par l'autre.

L'apparition de la photosynthèse produisant l'oxygène terrestre est une conséquence directe de l'apparition des chloroplastes. C'est l'un des grands événements de l'évolution des plantes. Certains organismes (bactéries photosynthétiques) possédant de la chlorophylle ont pu capter l'énergie solaire et extraire l'hydrogène de l'eau qui se lie spontanément au gaz carbonique pour former les hydrates de carbone, du glucose et de l'oxygène[4]. Or l'oxygène constitue un poison pour les bactéries anaérobies qui ne peuvent vivre en sa présence. C'est pourquoi ces dernières ont seulement survécu près des sources chaudes océaniques à plus de 50 °C (archéobactéries éocytes et eubactéries thermotogales), également dans les environnements d'eaux stagnantes à boues noires, ainsi que dans des milieux de putréfaction d'organismes morts. L'oxygène produit par la photosynthèse a d'abord été fixé par le fer ferreux dissous dans les océans avant de passer dans l'atmosphère. C'est-à-dire que l'oxygène a fait littéralement « rouiller » la Terre, comme en témoignent les 600 000 milliards de tonnes de minerai de fer rubané, accumulé sur de grandes surfaces océaniques, entre – 2,5 et – 1,8 milliards d'années. Dans ces couches, épaisses de plus d'un

1. La photosynthèse est le processus qui permet aux végétaux de synthétiser de la matière organique à partir de l'énergie solaire.
2. $6\,CO_2 + 12\,H_2O +$ lumière $\rightarrow C_6H_{12}O_6 + 6\,O_2 + 6\,H_2O$. La réaction photochimique qui correspond à une conversion de l'énergie électromagnétique en énergie chimique est une biochimie fort complexe. Elle se réalise par captage d'un photon qui excite un électron pigmentaire lui-même capté immédiatement par la phéophytine, puis repris par d'autres molécules réductrices (plastoquiniones). La molécule est dirigée vers les cytochromes qui recevront ses électrons et libéreront les protons, ce qui produit l'énergie indispensable à la production d'ATP, en passant par le biais de l'ATP synthase. L'énergie de l'ATP fixe le carbone du gaz carbonique à l'hydrogène de l'eau qui est ensuite réduit en glucide par adjonction d'électrons et de protons.
3. Margulis, L. & Olendzenski, L. (Eds.) 1992. *Environmental evolution : effects of the origin and evolution of life on planet earth.* Cambridge (Ma), London, MIT Press.
4. 6 molécules de gaz carbonique et 6 molécules d'eau donnent 6 molécules d'oxygène et 1 molécule de glucose.

kilomètre, et s'étendant sur des centaines de kilomètres, comme à Warrawoona en Australie, se trouvent aussi des traces des tapis bactériens, les *stromatolithes* déjà cités, datés de – 3,5 milliards d'années.

Cette innovation a eu une conséquence majeure ; à savoir une croissance du taux d'oxygène dans l'atmosphère, ce qui a permis la mise en place progressive de la couche d'ozone. Voici environ 2,5 milliards d'années, le dégagement d'oxygène a modifié progressivement l'atmosphère. Le ciel et la mer ont changé de couleur, passant pour le ciel du rose au bleu et pour la mer du brun au bleu. Cette accumulation d'oxygène pourrait constituer un point de rupture, interdisant alors toute nouvelle « génération spontanée » du vivant à partir de l'inorganique, à cause de l'oxydation produite par le milieu atmosphérique.

À quel moment se sont effectués ces événements ? Il semble probable qu'ils se sont réalisés dès la formation de la cellule eucaryote, pour la simple raison que ces cellules ont besoin de beaucoup plus d'énergie que les cellules procaryotes.

Par le fait que les archéobactéries, les eubactéries et les eucaryotes possèdent des caractères communs, sans nier leurs différences, les spécialistes en déduisent qu'ils doivent descendre d'un ancêtre commun appelé *progénote*.

L'apparition des organismes pluricellulaires. Cette apparition constitue le troisième événement majeur de la structuration du vivant. Elle est source de diversification et de spécialisation, puisque les fonctions vitales qui étaient assurées par une seule cellule, se répartissent désormais entre des types variés de cellules spécialisées. Les formes ayant une taille comprise entre 40 et 100 micromètres sont soumises aux contraintes de la *tension superficielle*, de la *viscosité* et du *mouvement brownien*, mais, à ces tailles, la *gravité* apparaît négligeable. Au contraire, les formes de dimension supérieure à 100 micromètres s'avèrent soumises à la *gravité* ainsi qu'aux contraintes d'*exploitation* des *sources d'énergie*, que ce soit la lumière ou les proies. Nous savons aussi que peu d'organismes pluricellulaires ont une taille comprise entre 100 et 1 000 micromètres (= 1 millimètre), car la plupart d'entre eux se situent entre 1 millimètre et quelques dizaines de mètres (chez la baleine). Soumis à la gravité, ils présentent une *polarité verticale* avec un dessus, un dessous, un haut, un bas, une face et un dos. La gravité nécessite une base d'autant plus solide que l'organisme est plus lourd. Le plus vieux représentant de ces organismes est connu par l'empreinte fossile décrite au Michigan, sous le nom de *Grypania,* et vivait voici environ – 2,1 milliards d'années.

La deuxième étape de l'histoire de la vie : l'apparition des plans d'organisation

C'est sans doute avant un milliard d'années qu'a dû se produire l'essor des Métazoaires, organismes pluricellulaires animaux, dans le contexte de l'accroissement de l'oxygène dans l'atmosphère. La séparation entre invertébrés et vertébrés d'une part, algues, champignons et plantes terrestres d'autre part, se situerait entre des âges compris entre – 0,88 et – 1,20 milliard d'années, comme le suggèrent les comparaisons établies sur plusieurs molécules[1]. On a débattu de la réalité des traces d'algues multicellulaires dans le Montana à – 1,3 milliard d'années, mais les activités biologiques n'ont pas laissé de traces attestées antérieures à – 1 milliard d'années. Les plus anciens êtres pluricellulaires animaux connus sont en effet des êtres mous, des méduses, des vers et des animaux énigmatiques, ainsi que des arthropodes à carapace, provenant d'Ediacara en Australie dans des sédiments datés seulement de – 580 millions d'années. C'est en effet à la période du Vendien (ou Ediacarien) entre – 600 à – 545 millions d'années, qu'apparaissent de nouvelles caractéristiques animales[2], susceptibles de permettre une approche de la hiérarchisation des diversifications au sein des métazoaires.

Une première séparation détermine la distinction entre les organismes sans tissu ni organe (*Parazoaires* ou *Placozoaires*) des *Eumétazoaires,* dont les cellules sont agencées en tissus et en organes.

---

1. ATPase, Cytochrome c, Cytochrome oxydase 1 et 2, ß hémoglobine, NADH, et le 18Sr NA.
2. Ou apomorphies.

Une nouvelle distinction se réalise, au niveau des groupements des cellules embryonnaires entre, d'une part, les organismes à deux couches tissulaires (*diploblastiques* ; ectoderme-endoderme) observées chez les Cnidaires et les Cténaires et d'autre part les organismes à trois couches tissulaires (*triploblastiques ;* ectoderme-mésoderme-endoderme) chez tous les autres animaux. En outre, les diploblastiques, ont une *symétrie radiale* et les triploblastiques une *symétrie bilatérale*. L'apparition d'une cavité dans le mésoderme des animaux triploblastiques (le cœlome[1]) est une nouvelle innovation qui les distingue des organismes possédant seulement un *pseudo-coelome*[2] (comme les Nématodes).

C'est à ce niveau de complexité que doit se placer *l'ancêtre commun aux Vertébrés* et à un ensemble d'embranchements que l'on rassemblait autrefois sous l'appellation d'*Invertébrés*. Cet « ancêtre théorique », *Urbilateria*[3], devait être, d'après les caractéristiques de ses descendants, un tout petit animal à symétrie bilatérale, à polarité dorso-ventrale, avec un développement par clivage radial, possédant un cœlome et des appendices tentaculaires antérieurs. Il devait vivre vers -600 millions d'années. À cette époque, les gènes de régulation *Hox* étaient déjà présents (*Pax, distalless, engrailed,* etc.).

La dichotomie suivante est la conséquence d'une innovation qui détermine l'emplacement de la bouche et de l'anus. Cette nouveauté entraîne une divergence majeure (Fig. 11) entre les *Protostomiens*[4] et les *Deutérostomiens*[5]. Elle a dû s'effectuer au moins 100 millions d'années avant l'apparition des organismes à symétrie bilatérale, les *Bilatériens,* lesquels vivaient au moins 600 millions d'années avant les faunes d'Ediacara (Australie), datées de -565 millions d'années.

1. Le *cœlome* est une cavité pleine de liquide, située entre le tube digestif et l'enveloppe du corps, qui joue un rôle protecteur antichoc.
2. Le *pseudocœlome* est une cavité qui n'est pas entièrement recouverte par le tissu du mésoderme.
3. De Robertis & Sasai, Y. 1996. A common plan for dorsal patterning in *Bilateria. Nature,* 380 : 37-40.
4. Le blastopore est l'orifice unique des embryons, qui devient la bouche chez les invertébrés, alors qu'il donne l'anus chez les vertébrés.
5. Le blastopore devient l'anus et la bouche est formée en second.

Chez les *Protostomiens,* la cavité du cœlome régresse. Le groupe des Protostomiens renferme des vers (Aschelminthes et Plathelminthes), les Arthropodes, les Annélides et les Mollusques qui disposent d'une coquille externe.

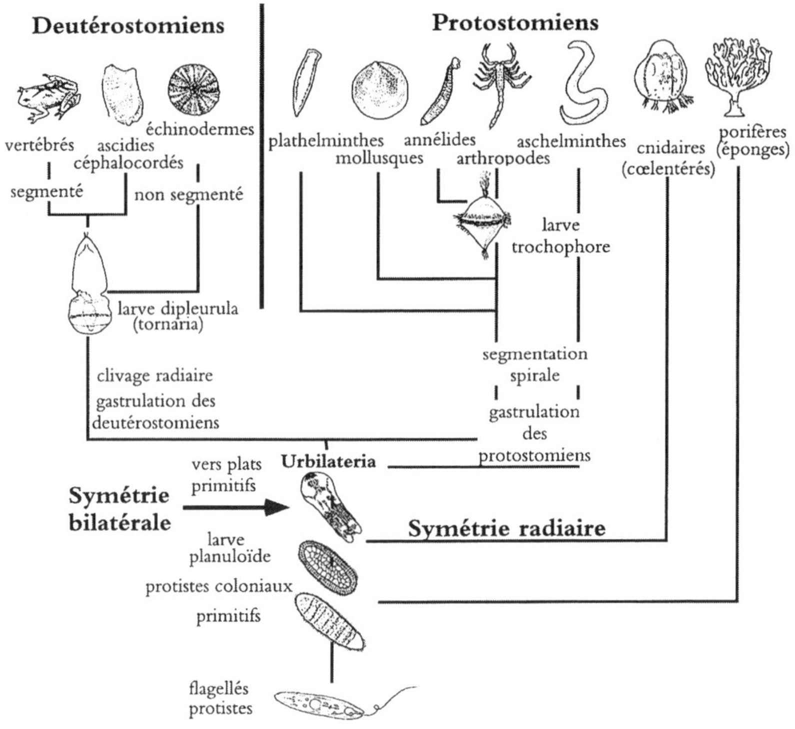

Fig. 11. Cladogramme des organismes à symétrie bilatérale, les Bilatériens. Parmi les Métazoaires, il faut distinguer les *Radiata* qui acquièrent une symétrie radiaire : méduses, coraux, hydres (Cnidaires) et Cténophores. Les autres Métazoaires ont une symétrie bilatérale, d'où leur nom de *Bilateria,* mais présentent deux types de développement qui introduisent des différences importantes. Dans le premier groupe (Mollusques, Arthropodes et Vers), la bouche se forme en premier, ce sont les *Protostomiens.* Dans l'autre groupe (Echinodermes et Cordés), c'est l'anus qui se forme en premier là où se formait la bouche chez les Protostomiens, et la bouche se constitue en second, d'où leur nom de *Deutérostomiens.* Chez les Deutérostomiens, la segmentation des blastomères se réalise selon un *schéma radiaire,* alors que chez les Protostomiens, elle *est spirale.* Ces différences précoces sont probablement à l'origine des grands plans d'organisation[1].

1. D'après Gilbert, S.F. 1994. *Developmental Biology.* Sunderland, MA. Sinauer Associates (4e ed.).

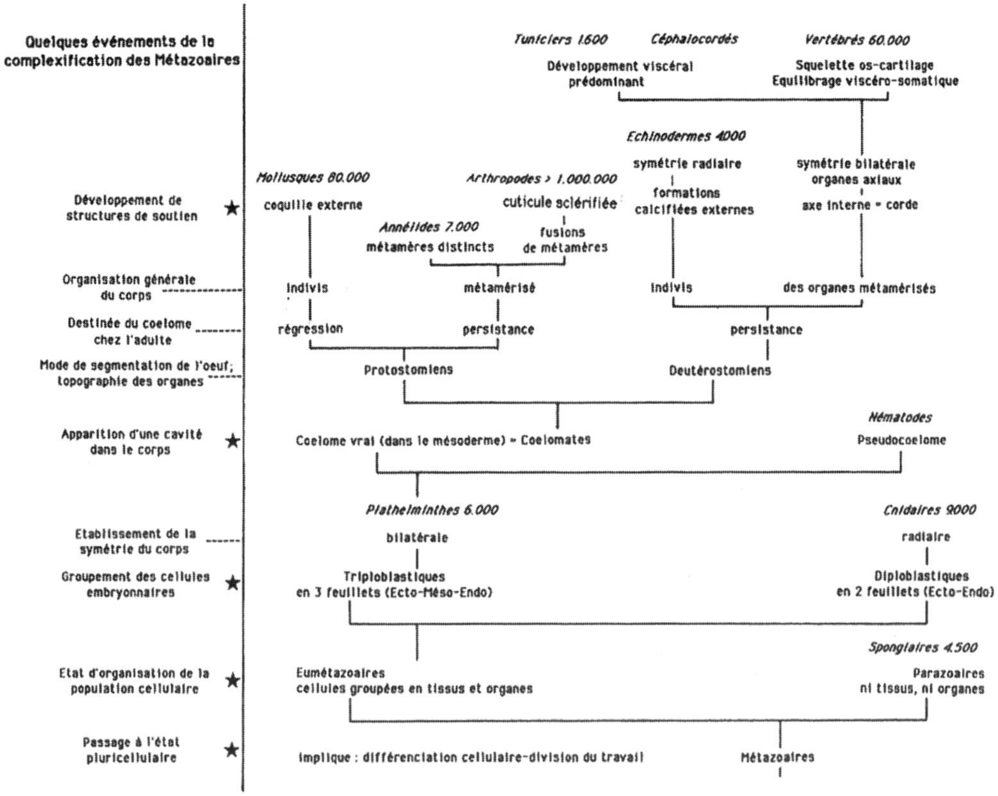

Fig. 12. Hiérarchie des innovations au cours de l'histoire des Métazoaires. Il ne s'agit pas d'une classification ni d'un arbre phylogénétique, mais d'une présentation des voies de complexification (symbolisées par des traits) dans les principaux embranchements des Métazoaires. La séquence d'apparition temporelle des embranchements n'est pas respectée. Les Cnidaires et pro-Arthropodes apparaissent vers -680 millions d'années, mais les Spongiaires, Mollusques et Arthropodes sont connus dès la base du Cambrien à – 580 millions d'années, le dernier embranchement des Vertébrés n'apparaissant qu'au sommet du Cambrien à – 500 Ma. Les chiffres indiquent le nombre d'espèces actuelles dans chaque groupe[1].

Cloudinia[2] est le premier animal connu de ce groupe, avec une coquille calcaire formée par un empilement de petits cônes de carbonate de calcium de quelques centimètres, l'ensemble formant un

1. D'après Devillers, C. & Chaline, J. 1989. *La théorie de l'Évolution. État de la question à la lumière des connaissances scientifiques actuelles.* Dunod, Paris.
2. Nom donné en l'honneur du paléontologue Preston Cloud.

tube dans lequel l'animal devait être un polype. Il est daté à Ediacara de – 570 millions d'années. Entre -550 et -540 millions d'années, d'autres organismes en cônes perforés, les *Archéocyates*, forment de véritables récifs. C'est l'époque où apparaissent également les premières éponges. La cavité du cœlome peut parfois se maintenir et aboutir ainsi à la formation d'anneaux (ou métamères) : c'est ce que l'on appelle une *métamérisation* du corps. Il arrive que ces métamères restent distincts comme chez Annélides, ou fusionnent en plusieurs groupements comme chez les Arthropodes, où apparaît une *cuticule sclérifiée* qui protège l'animal.

Chez les *Deutérostomiens*, la cavité du cœlome persiste. Le corps peut rester indivisé et être entouré d'un *squelette interne calcifié* à symétrie radiale ou bilatérale, mais non segmenté, comme chez les Echinodermes. Mais une autre tendance se développe, avec des formes à organes segmentés (métamérisés), chez lesquelles se forme un axe interne, *la corde dorsale*. Il existe alors deux types différents, selon que la prédominance est donnée au développement viscéral (Ascidies et Céphalocordés), ou au *squelette interne* osseux et cartilagineux (Vertébrés).

À la fin de cette période, au Cambrien, les principaux plans d'organisation du vivant sont mis en place. Désormais, l'évolution se déroule à l'intérieur de ces plans d'organisation, avec des diversifications de caractères moins essentiels.

La troisième étape de l'histoire de la vie : la diversification au sein des plans d'organisation

En vue d'évoquer ultérieurement la compréhension de l'évolution humaine, nous analyserons ici l'exemple de la diversification des Vertébrés, groupe auquel nous appartenons. Mais nous aurions pu nous focaliser sur d'autres groupes, qui ont acquis également des diversifications, comme c'est le cas, par exemple pour les Arthropodes, qui ne comptent pas moins d'un million d'espèces actuelles. Au sein de ces dernières, les insectes ont été les premiers animaux à acquérir des ailes, ce qui leur a permis de coloniser le milieu aérien, bien avant les reptiles volants, les oiseaux et les chauves-souris.

Un exemple : la diversification des Vertébrés. Celle-ci se réalise par l'apparition d'innovations qui sont hiérarchisées. Elle commence avec les premiers cordés[1] qui possèdent une corde dorsale, c'est-à-dire l'ancêtre de notre colonne vertébrale. Ces ancêtres cordés ont pour nom *Haikouella lanceolata* de la faune de Chengjiang (Yunnan, Chine) du début du Cambrien, daté de – 525/– 520 Ma, et *Pikaia gracilens* des schistes de Burgess (Canada) du Cambrien moyen (– 515 Ma).

Le genre *Myllokunmingia* de Chengjiang serait probablement l'un des premiers Poissons sans mâchoire (Agnathes ou Cyclostomes), animaux qui se développent considérablement à l'Ordovicien (– 488 – 443 Ma). Ils donnent ensuite naissance aux poissons à mâchoires (les Gnathostomes). Les poissons du groupe des Sarcoptérygiens[2] sont les ancêtres des animaux à quatre membres, les Tétrapodes, comme on les observe par exemple chez le genre *Eusthenopteron*[3] qui possédait déjà un humérus, cubitus et un radius à l'avant et un fémur, un tibia et un péroné à l'arrière (Fig. 13). Les premiers Tétrapodes ont été les Amphibiens, avec des nageoires transformées en pattes avec des doigts, selon le contrôle génétique évoqué précédemment. Ces pattes leur ont permis de commencer la conquête des continents, mais ils devaient retourner à l'eau pour se reproduire. Les premiers Amphibiens sont les *Ichthyostega* (Fig. 13, 1-4) du Groenland, datés du Dévonien supérieur (– 367 à – 362 Ma).

Après l'apparition des squelettes internes, *la régulation osmotique* est une étape qui, peu avant – 500 millions d'années, a permis une grande diversification dans le milieu aquatique chez les poissons sans mâchoires, les Agnathes, puis chez ceux possédant une mâchoire, les Gnathostomes.

1. Ou chordé.
2. Poissons à nageoires paires articulées sur un seul os, l'humérus ou le fémur.
3. Ce genre est un sarcoptérygien, daté du Dévonien supérieur de -385 Ma.

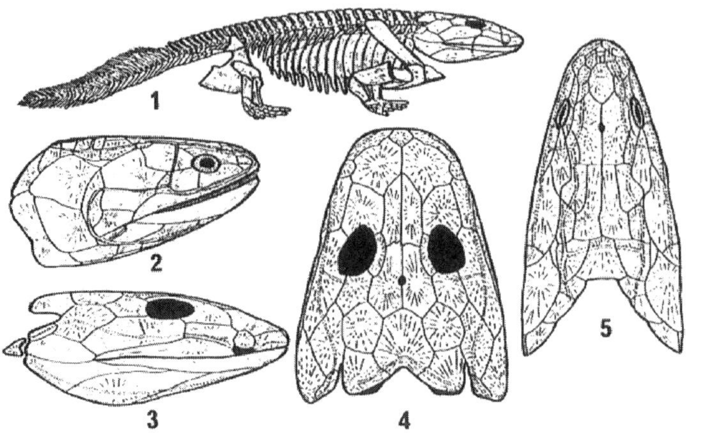

Fig. 13. *Eusthenopteron et Ichthyostega*. 1. Squelette d'*Ichthyostega* ; 2. Vue latérale du crâne d'*Eusthenopteron* ; 3. Vue latérale du crâne d'*Ichthyostega* ; 4. Vue dorsale du crâne d'*Ichthyostega* ; 5. Vue dorsale du crâne d'*Eusthenopteron* (d'après Jarvik, 1952, 1955, *in* : Chaline, 1987[1]).

Chez ces poissons existait une vessie gazeuse, qui fonctionnait, soit comme un organe hydrostatique, soit comme un poumon. Chez les Sarcoptérygiens, ce dernier joue un rôle rudimentaire, car ce sont toujours les branchies qui assurent le maximum de la respiration, mais chez les Tétrapodes, ils jouent le rôle principal dans l'oxygénation de l'animal. L'apparition du *poumon* chez les poissons offre la possibilité de respirer l'air en dehors du milieu aquatique : il s'agit d'une *aptation,* c'est-à-dire une fonction potentielle adaptative, utilisable si les conditions de l'environnement la favorisent.

L'apparition des *pattes* caractérise également les Tétrapodes et leur permet une première conquête partielle du milieu terrestre. Mais la reproduction par des œufs implique un retour obligatoire au milieu aquatique. Ces animaux, les Amphibiens, mènent donc une double vie, avec d'abord une phase larvaire aquatique, puis une phase adulte terrestre. Avec ses pattes encore utilisées comme des palettes pour nager, le plus ancien tétrapode, *Ichthyostega,* vit encore comme un poisson avec des branchies fonctionnelles à la fin du Dévonien (-380 millions d'années). Des traces suggèrent leur apparition dès la fin du Silurien (-410 millions d'années). Cela montre que les innovations apparaissent

1. Chaline, J. 1987. *Paléontologie des Vertébrés*. Géosciences, Dunod, Paris.

d'abord par mutation et qu'elles permettent ensuite, avec un certain décalage temporel, de nouvelles fonctions ; ici la marche sur le sol terrestre. On les appelle alors *exaptations*.

L'apparition de *l'œuf amniote,* enveloppé par une coquille, avec des *annexes embryonnaires* apporte aux tétrapodes une indépendance définitive vis-à-vis de l'eau et leur permet une conquête effective des continents. Le plus ancien reptile connu, *Hylonomus,* date du début du Carbonifère (– 350 millions d'années). Ces tétrapodes rassemblent quatre ensembles : les Tortues, les Lépidosaures (Lézards, Serpents), les Archosaures (Dinosaures et leurs descendants : Oiseaux, Ptérosaures, et Crocodiles) ainsi que les Thérapsides, au Permien supérieur (entre – 300 et – 200 Ma) et les Mammifères qui en dérivent. Les Thérapsides comprennent de très nombreux groupes, dont celui des Cynodontes, l'ancêtre direct des Mammifères.

L'apparition de l'*homéothermie* constitue une innovation majeure qui permet de réguler la température intérieure du corps. Elle nécessite un plus grand besoin d'énergie, mais place les animaux à l'abri des aléas liés aux variations de température de leur environnement. Elle apparaît chez les reptiles mammaliens (les Synapsides) de la fin du Carbonifère (– 290 millions d'années). Elle s'accompagne aussi du développement du *diaphragme* activant la respiration et le métabolisme. On note également à ce moment l'apparition des poils ou des plumes. À ces innovations sont associées des modifications de type mammalien dans la constitution du crâne, des mâchoires et des oreilles moyennes à la fin du Trias (– 210 millions d'années). On constate l'extraordinaire passage, très documenté au point de vue paléontologique, des os situés à l'arrière de la mâchoire des reptiles dans l'oreille moyenne des mammifères[1]. Les reptiles mammaliens donnent naissance aux premiers Mammifères connus entre – 225 et – 220 millions d'années, à la fin du Trias.

L'apparition de la *plume* est une innovation très particulière, qui assure le maintien de la température (homéothermie) chez les ancêtres des oiseaux. Plus tard, la réutilisation de cette innovation pour une

1. Voir : Chaline, J. et Marchand, D. 2002. *Les merveilles de l'évolution.* EUD, Sciences, Dijon.

autre fonction[1] a permis à ces derniers de voler. La colonisation du milieu aérien était déjà réalisée depuis longtemps par les insectes. Cet environnement a été conquis également par les reptiles volants puis, plus tard, par les chauves-souris, par le biais d'autres aptations.

L'apparition de la *viviparité* chez les Marsupiaux est une innovation qui implique une très forte liaison entre la mère et la progéniture et l'apparition de molécules de régulation inhibant le rejet du fœtus.

L'apparition des *mamelles* et du *placenta* caractérise les Placentaires vers – 120 millions d'années. Ce sont les Euthériens, avec de nouvelles complications de la reproduction.

Le *plan d'organisation mammifère,* apparu vers – 220 millions d'années, subit ensuite une très large diversification affectant de nombreux groupes, avec des variations touchant le crâne, le squelette post-crânien et presque toujours les dents.

Dans la lignée des Primates, à laquelle nous appartenons, qui s'est détachée, voici un peu plus de 65 millions d'années, d'un autre groupe de mammifères proche des Insectivores[2], l'innovation majeure concerne *l'accroissement considérable de la capacité crânienne.* Ces primates sont classés en singes possédant une « truffe » pour respirer[3] et en singes avec un nez[4]. Les « singes à truffe » renferment les Lémuriens de Madagascar et les Tarsiers[5]. Les « singes à nez » rassemblent les singes d'Amérique du Sud à narines écartées[6], et ceux de l'Ancien Monde, à narines rapprochées, dénommés Catarhiniens. De nombreuses étapes d'accroissement du crâne ont été identifiées, respectivement Prosimiens, Simiens, singes supérieurs, singes bipèdes et Hommes (voir le chapitre suivant). L'apparition de la *pensée réfléchie* et l'accroissement de la mémoire, chez l'homme, représentent une

1. Exaptation.
2. Les taupes, musaraignes et les hérissons.
3. Les Strepsirhiniens.
4. Les Haplorhiniens.
5. Petits singes d'Asie du Sud-Est qui ont des yeux énormes et des os de pied (os tarses) très longs d'où leur nom.
6. Les Platyrhiniens.

innovation majeure au niveau biologique, puisqu'elle nous permet d'appréhender l'Univers et ses constituants d'une façon unique au sein de la biosphère.

La contingence de l'évolution

De tout ce qui précède, nous pouvons retenir l'existence d'une complication globale de la vie depuis son apparition jusqu'au Cambrien, quand sont apparus les grands plans d'organisation actuels, le dernier étant celui des vertébrés. Ensuite il y a eu des diversifications intraplan, comme l'apparition de celui des Mammifères vers – 220 Ma. Mais seuls un certain nombre de ces plans d'organisation ont survécu aux extinctions massives causées par l'histoire propre de la Terre (Fig. 14). Sans ces décimations, la biosphère serait sans doute très différente de celle que nous observons aujourd'hui. L'histoire de la Terre est en effet affectée par des phénomènes géologiques et météorologiques comme la répartition des continents et des mers (tectonique des plaques), les activités volcaniques et sismiques, les variations du niveau de la mer, les circulations océaniques et les variations des climats. Mais elle l'est aussi par des facteurs extra-terrestres, comme l'impact de météorites et de comètes, les fluctuations solaires et la position du Système solaire dans la Galaxie, dont il fait le tour en 250 Ma environ. Tous ces facteurs influencent l'histoire de la vie d'une manière considérable et, par l'intermédiaire de la sélection multipolaire, *a priori* indépendamment des logiques propres au vivant. C'est la *contingence* de l'évolution.

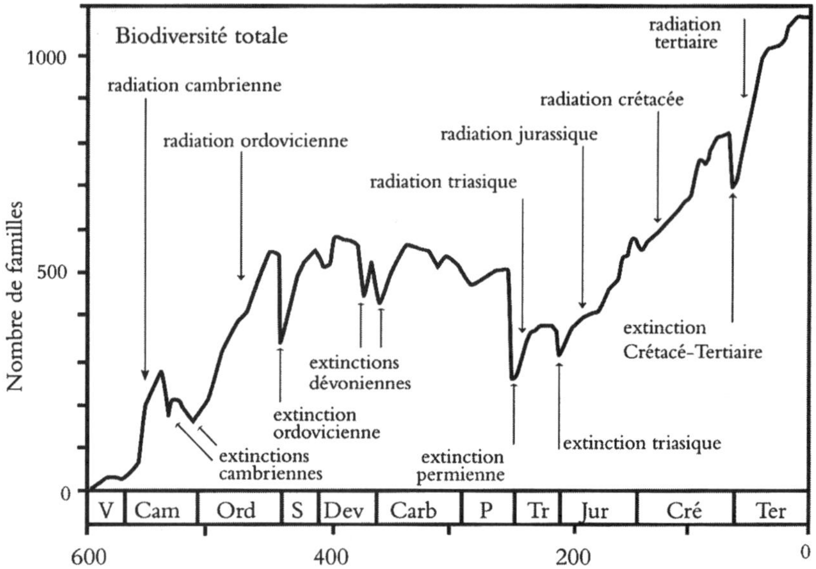

Fig. 14. Radiations et extinctions dans l'histoire géologique. Les variations de la biodiversité au cours des temps géologiques. Cette variation du nombre des espèces a été réalisée en milieu marin. Elle fait apparaître les phases de multiplication du nombre des espèces ou radiations et celles de disparition brutale ou extinction de masse. La plus importante en nombre a été celle de la fin du Permien, mais la plus célèbre est celle de la limite Crétacé – Tertiaire, à cause de la disparition médiatisée des dinosaures[1].

La paléontologie et les modalités de l'évolution

La paléontologie apporte des données précises sur la façon dont l'évolution morphologique se déroule au cours du temps, ce que l'on appelle les *modalités de l'évolution*. On sait à présent que ces dernières relèvent de trois processus différents (Fig. 15) : *l'évolution graduelle*, la *stase*[2] *évolutive* avec *un saut* aboutissant à une nouvelle espèce et *les variations écophénotypiques*, étroitement liées à l'environnement.

1. D'après d'après Jablonsky, D. 1999. The future of fossil record. *Science*, 284 : 2114-2116.
2. La stase correspond à une espèce qui ne change pas « morphologiquement » pendant un temps assez long, ce qui ne veut pas dire que son génome ne se modifie pas.

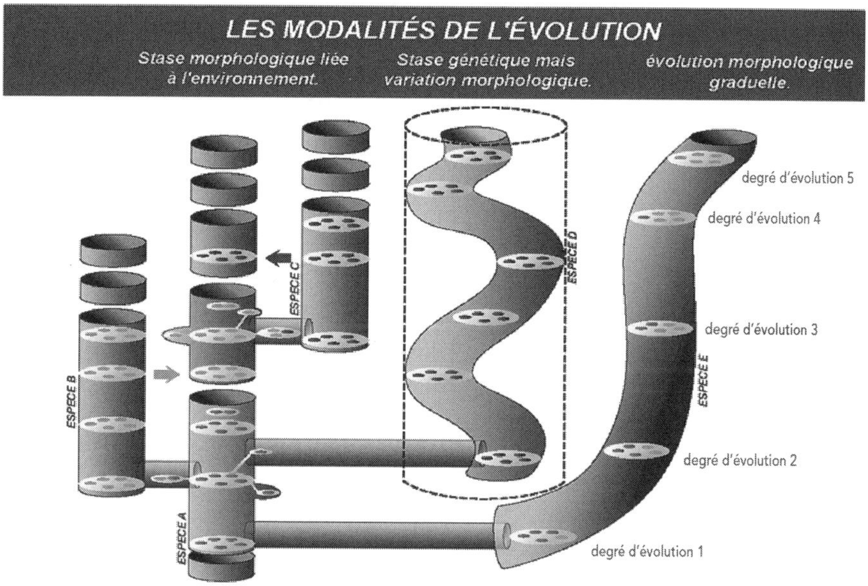

Fig. 15. Les trois modalités de l'évolution. À gauche, une *évolution discontinue* avec une *stase morphologique* qui peut durer un million d'années et qui s'achève par un saut discret, une *saltation*, qui introduit une rupture, un isolement reproductif créant une nouvelle espèce. Au centre, les *variations écophénotypiques*, qui traduisent une stase du génome, mais où la variabilité morphologique réversible par gradients géographiques, dépend directement des paramètres de l'environnement. À droite, l'*évolution graduelle* au sein d'une espèce, entre les éventuels sauts discrets qui aboutissent à une nouvelle espèce[1].

L'évolution graduelle irréversible

C'est la modalité envisagée par Darwin, qui considérait que les caractéristiques observées dans les populations se transmettent de génération en génération, en se modifiant progressivement pour aboutir à de nouvelles espèces. Ce type d'évolution correspond à ce que les spécialistes appellent le *gradualisme phylétique*, pour signifier que cette évolution accompagne le temps de la phylogenèse.

1. D'après Devillers & Chaline, 1989, *La théorie de l'Évolution. Op. cit.*

Ce type d'évolution n'est pas observé dans tous les groupes animaux, mais on en a décrit de très nombreux exemples, entre autres, chez les rongeurs et les ammonites. Certains caractères, notamment les *caractères dentaires*, évoluent *graduellement*, ce qui a été analysé par des méthodes mathématiques, notamment chez les rongeurs campagnols. Ces animaux constituent la dernière *radiation*[1] observée chez *les mammifères*, puisqu'en 6 millions d'années, une seule espèce a donné naissance à plus de 140 lignées distinctes de campagnols dans tout l'hémisphère Nord. Elles forment ce que l'on appelle les « chronomorphoclines », c'est-à-dire des *variations morphologiques graduelles irréversibles*, qui ressemblent aux variations géographiques continues observées chez nombre d'espèces actuelles (les variations écophénotypiques, décrites plus loin), mais *se déroulent dans le temps* au lieu d'être simplement géographiques. Un premier exemple (Fig. 16) est illustré par les rats musqués d'Amérique du Nord (genres *Pliopotamys-Ondatra*), se succédant pendant 3,75 Ma. Les paléontologues distinguent les stades évolutifs par des noms d'espèces fossiles.

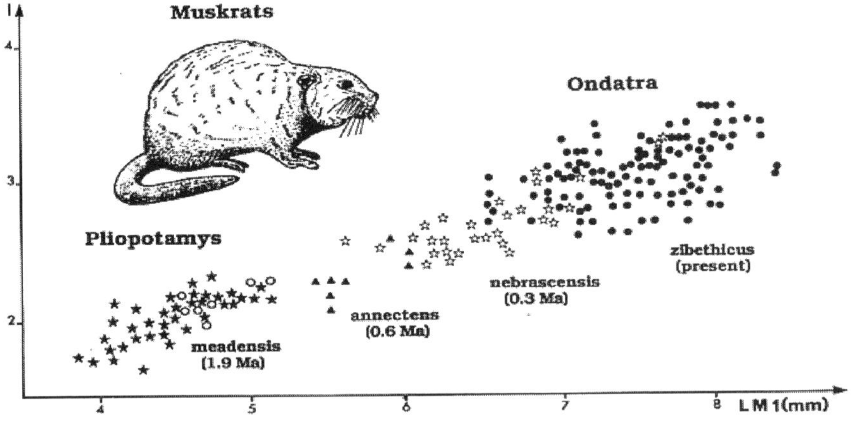

Fig. 16. Évolution graduelle des caractères dentaires des rats musqués (genre *Ondatra*) dans le Quaternaire d'Amérique du Nord. Cette évolution se caractérise par un accroissement régulier de la taille des dents et des changements de la morphologie distingués comme des espèces paléontologiques, des chronomorphoclines[2].

1. Une radiation correspond à une diversification très rapide d'un groupe.
2. D'après L. Martin, 1984. Phyletic trends and Evolutionary rates. *Carnegie Mus. Nat. Hist., Special Pub.*, 8 : 526-538.

Le second exemple d'évolution graduelle est celui des dents des campagnols fossiles du genre *Mimomys*, avec la succession des espèces aboutissant à *Mimomys savini* et enfin à l'espèce actuelle *Arvicola terrestris*. Les paléontologues peuvent suivre cette histoire sur plus de 4 millions d'années.

La stase morphologique avec saut évolutif

Certaines espèces restent *morphologiquement stables*, c'est-à-dire en « stase », pendant des milliers, voire des millions d'années, et changent brutalement, instantanément (à l'échelle des temps géologiques), par des « saltations », aboutissant soit à un changement de la variabilité, soit plus généralement à une nouvelle espèce : c'est le *modèle des équilibres ponctués* d'Eldredge et Gould[1] qui repose sur le modèle de *spéciation allopatrique*[2] de Mayr. Le modèle des équilibres ponctués a été fondé sur deux exemples étudiés par les auteurs, celui des trilobites de l'État de New York par Eldredge[3] et celui des mollusques des Bermudes par Gould[4].

Les variations écophénotypiques réversibles

Chez les populations animales, on connaît des variations morphologiques ou de taille, géographiques, parallèles à celles de la température ou de l'hydrométrie ; ce sont les *variations clinales (graduelles) réversibles*.

Chez certains groupes animaux, comme les mollusques ou les rongeurs, on observe des variations morphologiques très étroitement liées à des paramètres climatiques comme la température ou l'hydrométrie, mais ici, elles ne s'avèrent plus seulement géographiques, mais

1. Gould, S. J. & Eldredge, N. 1977. Punctuated Equilibria : the Tempo and Mode of Evolution Reconsidered. *Paleobiology*, 3(2) : 115-151.
2. Formation des espèces par isolement géographique de populations marginales. *In* : Mayr, E. 1942. *Systematics and the Origin of Species*. New York, Columbia Univ. Press.
3. Eldredge, N. 1971. The allopatric model and phylogeny in Paleozoic invertebrates. *Evolution*, 25 : 156-167.
4. Gould, S.J. 1969. An evolutionary microcosm : Pleistocene and recent history of the land snail *P. (Poecilozonites)* in Bermuda. *Bull. Mus. Comp. Zool.*, 138(7) : 407-532.

temporelles. C'est le cas des *Pupilla muscorum* étudiées dans les coupes de lœss quaternaire d'Achenheim (Alsace) par Denis-D. Rousseau[1]. Ces *fluctuations morphologiques, sans changement nécessaire du génome*, impliquent une *flexibilité du développement*. Comme ces fluctuations morphologiques suivent les variations graduelles des paramètres, cela implique une action directe de l'environnement sur le développement. À la différence de l'évolution graduelle, ces variations morphologiques sont réversibles en épousant les variations climatiques. Dans un sens strict, ces variations, du fait de leur réversibilité, ne peuvent pas être considérées comme relevant de l'évolution de l'espèce, car ce sont de simples *variations* à l'intérieur de l'espèce.

Les tendances évolutives

Les tendances évolutives, selon Eldredge et Gould, sont le résultat d'un succès différentiel entre des espèces en compétition. Steven M. Stanley admet la même explication des tendances comme étant la conséquence des concurrences biologiques qui ont éliminé les formes les moins compétitives. Mais d'autres interprétations sont possibles, dont celle, classique, de George G. Simpson, qui évoque le maintien de certaines pressions adaptatives sur le long terme. Dans ce cas, la sélection naturelle classique, intraspécifique, conserverait la prééminence. Quoi qu'il en soit, on trouve de nombreux exemples de *tendances évolutives* dans les archives paléontologiques.

Il arrive ainsi que l'évolution soit canalisée dans une voie morphologique relativement étroite. C'est le cas par exemple des cornes des *Titanotherium*, des mammifères tertiaires d'Amérique du Nord qui se sont développées de plus en plus fortement (Fig. 17). Les Titanothères, connus aussi sous le nom de *Brontotherium*, sont des animaux tertiaires cousins des chevaux et des rhinocéros, apparus à l'Éocène,

1. Rousseau, D. & Laurin, B. 1984. Variations de *Pupilla muscorum L. (Gastropoda)* dans le quaternaire d'Achenheim (Alsace) : Une analyse de l'interaction entre espèce et milieu. *Géobios*, 17(1) : 349-355.

peu de temps après l'extinction des dinosaures, et qui se sont éteints à l'Oligocène, lorsque les forêts ont été remplacées par des prairies. Certaines espèces ont atteint la taille d'un éléphant.

Cet accroissement de la longueur de la corne nasale des *Titanotherium* résulte de l'action conjuguée de plusieurs facteurs. C'est un phénomène lié à l'accroissement de la taille des animaux, et qui présente ce que l'on appelle une *allométrie de croissance*, évoquée par Darwin, c'est-à-dire une croissance accélérée d'un organe par rapport aux autres. Chaque caractère n'est pas forcément retenu par la sélection en raison de ses fonctions spécifiques, mais parce qu'il est relié, dans le processus du développement, à d'autres caractères sur lesquels porte plus directement la sélection (comme la taille globale de l'organisme, par exemple[1]). Il existe aussi vraisemblablement des mutations qui contribuent directement à la variabilité de la corne. Il faut y ajouter les *sélections sexuelle et naturelle* qui favorisent les individus mâles portant une corne plus grande et plus puissante que celles de leurs congénères ; ce qui représente un avantage considérable au moment de la reproduction. Il en résulte une *tendance*, une véritable *canalisation* qui n'a rien à voir avec une *finalité*, mais qui correspond tout à fait à la définition de la *téléonomie* de Monod, discutée ultérieurement à l'occasion du rôle du hasard (chapitre 12).

1. Pour plus de détails, consulter : Grimoult. C. Histoire d'un problème scientifique : tous les caractères des espèces biologiques sont-ils adaptatifs ? *Noesis. Travaux du Comité roumain d'Histoire et de Philosophie des Sciences*, Bucarest, 2001, XXVI : 207-224.

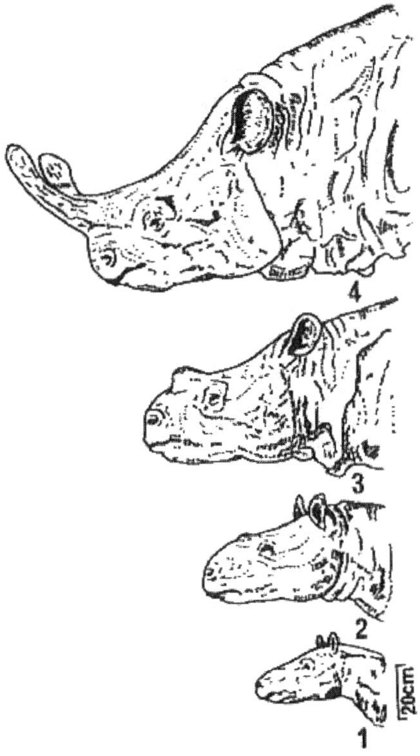

Fig. 17. Les tendances évolutives chez les Titanothères. 1. *Eotitanops borealis* (Eocène : – 56 Ma) 2. *Manteoceras manteoceras,* 3. *Protitanotherium emarginatum,* 4. *Brontotherium platyceras* (Oligocène : – 23 Ma). La corne nasale prend de plus en plus d'importance, un phénomène lié notamment à l'accroissement de la taille des animaux. Il n'y a *aucune finalité* dans les *tendances évolutives,* simplement l'action des *sélections naturelle et sexuelle* (d'après M.L. Mc Kinney et R.M. Schoch, 1985).

Parmi les tendances évolutives, citons un exemple qui nous intéresse plus directement dans le cadre de ce travail : celui du crâne des Primates, au sujet duquel nous reviendrons dans le chapitre 11.

Après avoir examiné l'histoire du vivant, la mécanique évolutive, les modalités de l'évolution et les tendances évolutives, intéressons-nous à présent au grand problème de l'origine du vivant.

Chapitre 10

Les théories de l'origine de la vie

L'apparition de la Terre

L'une des raisons rendant délicate l'approche de l'origine de la vie est que cette dernière est apparue sur la Terre, peu de temps après sa formation, voici plus de 4 milliards d'années. La Terre, comme les autres planètes dites telluriques[2] s'est constituée par condensation d'un énorme nuage de gaz et de poussières cosmiques silicatées, puis accrétion de matières, en particulier de météorites qui l'ont fait s'accroître par l'effet de la gravitation. La matière des planètes[3] provient des étoiles qui ont explosé en novae et supernovae et ont projeté dans l'Univers des nuages de matières. La Terre à ses débuts devait ressembler à la lune actuelle avec une constellation de cratères. Si cette dernière a conservé son aspect des premiers temps, c'est parce qu'en l'absence d'atmosphère, elle n'a pas subi les érosions qui se sont développées sur notre planète. À l'origine, celle-ci était une planète

Illustration : Coupe transversale d'un polype de corail du genre *Montastrea* (d'après Martin-Garin *et al.*, 2007).

2. Une planète tellurique est, comme la Terre, constituée d'enveloppes rocheuses concentriques à surface solide de densité 4 à 4,5 par opposition aux planètes gazeuses comme Jupiter, Saturne, Uranus et Neptune.
3. Les planètes gazeuses sont considérées comme ayant un noyau tellurique autour duquel le gaz s'est accrété.

très chaude avec des roches en fusion dues à l'accrétion des météorites et des comètes d'une part, et aux roches radioactives dégageant de la chaleur d'autre part.

On estime que la cristallisation du noyau de la Terre, commencée avec l'accrétion, s'est poursuivie pendant environ 150 millions d'années après sa formation. Les silicates plus légers sont remontés pour former le manteau et la croûte, tandis que les éléments les plus lourds, le fer et le nickel, s'enfonçaient pour former le noyau. Les mouvements de convexion engendrés par la chaleur ont complètement recyclé les dépôts de surface, effaçant ainsi les plus anciens. Des éruptions volcaniques fréquentes ont permis aux gaz et à la vapeur d'eau de s'échapper, en particulier l'azote et le gaz carbonique, mais, en raison de sa masse, la Terre a conservé une atmosphère, que la lune plus petite n'a pas pu préserver. Le vent solaire[1] a en effet tendance à éjecter l'atmosphère des lunes de petite taille à faible gravité. Des chondrites carbonées transportant de l'eau sont tombées sur la Terre à la fin de l'accrétion, mais la vapeur d'eau proviendrait vraisemblablement des comètes. En effet, provenant de la ceinture de Kuiper et du nuage d'Oort[2], ces dernières sont composées d'environ 80 % d'eau. Mais celle-ci pourrait également provenir du dégazage de notre globe lors des éruptions volcaniques. L'eau s'est alors condensée sous la forme de pluies torrentielles, souvent acides, pour former les premiers océans. Environ 300 millions d'années après sa formation, la Terre avait déjà une surface couverte de protocontinents et d'océans.

D'après les données les plus récentes, la vie serait apparue entre – 3,8 et – 3,5 milliards d'années. Des analyses très pointues sont nécessaires pour décider si les fossiles découverts dans les accidents siliceux (cherts) de Warawoona en Australie, correspondent aux restes d'organismes vivants. Les chercheurs y ont décelé une distribution

1. Le vent solaire est un flux d'électrons et d'ions éjectés par la haute atmosphère du Soleil.
2. Le nuage d'Oort, à la frontière du Système solaire, bien au-delà des planètes, pourrait contenir plusieurs millions de milliards de comètes, résidus du disque protoplanétaire.

d'hydrocarbures avec une prédominance de nombres impairs d'atomes de carbone par rapport aux nombres pairs[1], ce qui constituerait une preuve en faveur de leur origine biologique.

Les théories de l'origine de la vie

Aristote est le premier à avoir formulé une théorie rationnelle de l'origine de la vie. Pour lui, il s'agissait d'une *génération spontanée* qui se produirait encore de nos jours. Cette idée se basait sur l'observation commune, mais fausse, que les grenouilles sortent de la boue et les vers de la viande en putréfaction. Les scientifiques ont combattu cette idée, mais la génération spontanée a longtemps conservé de brillants partisans (comme l'abbé Needham au XVIIIe siècle, ou Félix Pouchet au milieu du siècle suivant), qui considéraient désormais que des êtres microscopiques pouvaient spontanément surgir de matières organiques en putréfaction. En 1864 cependant, Pasteur effectue des expériences qui convainquent la communauté scientifique du fait que, de nos jours, la vie provient toujours de la vie. En effet, il a montré que les germes n'apparaissaient pas spontanément dans les milieux de fermentation, mais qu'ils proviennent du milieu environnant et se multiplient lorsque les conditions leur sont favorables. Un milieu stérilisé ne peut pas fermenter s'il est conservé à l'abri des germes.

Mais le problème de l'origine historique des premiers êtres vivants restait entier. Trois types de théories ont alors été proposés : celle de l'*origine cosmique de la vie,* ou *panspermie,* qui relève désormais de l'*exobiologie,* celle exclusivement terrestre à partir d'une *soupe chimique originelle,* dite *abiogénétique chimique ;* enfin celle issue de la *géochimie des surfaces minérales.*

1. Derenne, S., Robert, F., Skrzypczak-Bonduelle, A., Gourier, D., Binet, L. & Rouzaud. J.-N. 2008. Molecular evidence for life in the 3.5 billion year old Warrawoona chert. *Earth and Planetary Science Letters,* 272 : 476–480.

La panspermie

La Terre a reçu de nombreux matériaux en provenance de l'espace. L'explosion de supernovae éjecte dans les espaces intersidéraux des quantités énormes de molécules, dont plus d'une centaine, plus ou moins complexes, sont intervenues dans la formation du vivant : l'eau, le carbone, le méthane, le monoxyde d'azote, le monoxyde de carbone, le formaldéhyde, le cyanure, l'acide cyanhydrique, les acides aminés, les sucres (glycolaldéhyde ou sucre à 2 carbones pouvant former du ribose[1]), les purines[2] et les pyrimidines[3] ainsi que des acides gras[4]. André Brack estime par exemple que la matière carbonée qui a été apportée par les micrométéorites (2,5 x 10^{16} tonnes) représente environ 25 000 fois celle qui est recyclée de nos jours au sein de la biomasse.

On admet donc aujourd'hui qu'une partie des briques du vivant proviendrait de l'espace. Cela signifie aussi que ces molécules du vivant étant universelles, pourraient avoir ensemencé de nombreuses autres planètes potentiellement favorables à l'éclosion de la vie.

Mais si l'origine de certaines molécules organiques est effectivement extraterrestre, cela ne donne pas pour autant la solution de l'origine du vivant sur Terre. Pour cela, il faut se tourner vers les théories abiogénétiques.

Les théories de la « soupe primitive[5] »

Ce groupe de théories se fonde sur l'idée que la vie pourrait provenir des matériaux terrestres, autrement dit, d'une *génération spontanée à partir de molécules chimiques adéquates,* mais *dans des conditions différentes du monde actuel.*

1. Sucre à 5 atomes de carbone entrant dans la composition des acides aminés.
2. Molécule azotée entrant dans la composition des bases adénine et guanine de l'ADN.
3. Molécule azotée, constituant des bases cytosine, thymine et uracile de l'ADN.
4. Voir : Delsemme, A. 1994. *Les origines cosmiques de la vie.* Flammarion, Champs, Paris.
5. Pour plus de détails de cette partie voir : Nottale, L., Chaline, J. & Grou, P. 2009. *Des fleurs pour Schrödinger. La relativité d'échelle et ses applications.* Ellipses, Paris.

Sa première version, très célèbre, est celle d'Alexandre Oparin, qui évoque une soupe primordiale traversée par des décharges électriques. On venait en effet de découvrir que l'atmosphère de Jupiter et des planètes géantes était constituée de méthane ; il en a déduit que l'atmosphère primitive de la Terre devait être très différente de sa composition actuelle. Elle devait être réductrice (dépourvue d'oxygène) et contenir à la fois du méthane, de l'ammoniac, de l'hydrogène et de la vapeur d'eau, le carbone venant principalement du méthane. Oparin suggère qu'à l'origine, des substances organiques se sont formées dans l'atmosphère de l'époque, en s'arrangeant en petites molécules comme le formaldéhyde (HCHO), ou l'acide cyanhydrique (HCN). Ultérieurement, ces molécules dissoutes dans le milieu aquatique se seraient combinées en formes plus complexes, dans lesquelles les relations spatiales des molécules feraient apparaître des propriétés nouvelles. Oparin et l'exobiologiste Sidney W. Fox ont étudié la formation des microgouttelettes colloïdales constituées d'agrégats de macromolécules, appelés *protéinoïdes.* Ceux-ci se compartimentent et sont limités par des polymères de phospholipides constituant des « membranes » rudimentaires. Ces structures ont été appelées *coacervats* par Oparin et *microsphères* par Fox. Pour Oparin, ces *coacervats* étaient les structures élémentaires d'où la vie aurait pu émerger dans l'océan primordial.

Ces idées furent expérimentées par Stanley Miller[1] en 1953. La *soupe primordiale* de Miller était dépourvue d'oxygène, mais contenait beaucoup de molécules élémentaires comme le gaz carbonique, le méthane, l'ammoniac et la vapeur d'eau qui, sous l'action des décharges électriques, donnent naissance à de nombreux acides aminés, constituants primaires, entre autres, des protéines. Que dire du résultat ? Si l'on arrive à produire une dizaine des vingt acides aminés constituant les protéines actuelles (dont l'alanine et la glycine en abondance), il en manque, en particulier trois acides aminés absolument indispensables : l'arginine, la lysine et l'histidine. On obtient en outre une centaine d'autres acides aminés n'existant pas dans la biosphère terrestre, dont

1. Miller, S.L. 1953. A Production of Amino Acids Under Possible Primitive Earth Conditions. *Science,* 117(3046) : 528-529.

certains se comporteraient même comme des poisons pour le vivant. Il manque également les acides gras ou lipides qui interviennent dans la formation des membranes ainsi que les co-enzymes[1] responsables du métabolisme grâce à leurs propriétés autocatalytiques[2]. En outre les glucides ne sont pas produits en quantité suffisante. Mais, surtout, les nucléotides qui renferment des bases indispensables pour former les acides nucléiques, n'ont jamais pu être synthétisés. L'expérience de Miller n'explique donc pas l'origine de la vie, mais seulement celle de certains de ses constituants. Elle doit donc être complétée par de nouvelles hypothèses.

En 1983, Sydney Altman et Thomas R. Cech découvrent les ribozymes (des ARN[3] autocatalytiques), ouvrant ainsi des possibilités pour élucider ce problème. En apparaissant les premiers, ces ARN auraient rempli une double fonction : celle de porter de l'information et de s'autorépliquer. À l'origine, les ARN auraient pu précéder l'ADN, car ils sont plus stables chimiquement que ces derniers.

La géochimie des surfaces minérales

D'autres approches cherchent à rendre compte de la formation de la matière organique à partir des propriétés autocatalytiques des surfaces minérales, notamment des argiles. Comme la plupart des minéraux cristallins, les argiles ont en effet la propriété de pouvoir se multiplier. C'est l'idée d'Alexander Cairns-Smith[4], selon laquelle les argiles qui se forment spontanément à partir de silicates en solution auraient pu jouer le rôle de catalyseur pour former les premières molécules organiques.

1. Les enzymes sont formés de deux parties, une *apoenzyme* protéique codée par les gènes et une petite molécule organique, la *coenzyme*, non protéique essentielle pour la catalyse, et souvent dérivée de vitamines.
2. Réaction chimique dont le catalyseur figure dans les produits de la réaction.
3. Acide ribonucléique nécessaire pour la transcription de l'ADN en protéines.
4. Cairns-Smith, G. 1982. *Genetic takeover and the mineral origin of life*. Cambridge University Press, Cambridge.

Une autre théorie, celle de Günter Wächtershäuser[1], complète la précédente, en attachant plus d'importance au métabolisme se réalisant à la surface des particules solides et à leurs propriétés autocatalytiques, indispensable à l'apparition de la vie si le milieu est réducteur. Selon cet auteur, les sulfures de fer (pyrite) pourraient constituer un milieu préférentiel d'origine de la vie au voisinage des sources hydrothermales ; le soufre sous forme d'hydrogène sulfuré, y jouerait un rôle majeur comme intermédiaire dans les réactions d'oxydoréduction entre l'oxyde de carbone et le sulfure de fer. Christian De Duve[2] a également retenu ce schéma, où le soufre joue un grand rôle dans les liaisons chimiques, notamment dans le *groupement thiol* et les *thioesters* formés d'une chaîne carbone – soufre – hydrogène. Un autre intermédiaire minéral a été proposé par Joseph Smith en 1998, celui des *zéolithes*[3].

La théorie de Wächtershäuser a été complétée en 2002 par le scénario de William Martin et Michael Russell qui considèrent que les « fumeurs noirs » des fonds océaniques, orifices où l'eau chaude, associée à de nombreux minéraux, sort des fissures volcaniques, pourraient être l'un des lieux privilégiés d'apparition de la vie. De fait, dans l'océan dépourvu d'oxygène, ces environnements où se rencontre une très grande variété chimique, représentent des endroits privilégiés d'origine potentielle.

À la lumière de ces diverses théories, la mécanique de l'origine de la vie n'a pas encore été éclaircie, soit parce que le problème a été mal posé, soit parce que les conditions initiales ont été mal évaluées. Il faut y ajouter un facteur qui a été complètement négligé, celui des *contraintes physiques* suggérées par Erwin Schrödinger (1887-1961), dans un livre intitulé *Qu'est-ce que la vie ?* où il explique pourquoi cette dernière ne pouvait exister que sous forme macroscopique et que, sans la mécanique quantique, il n'y aurait pas de vie. Sur ses traces, de récentes avancées de la recherche en physique pourraient peut-être

1. Wächtershäuser, G. 1988. Before enzymes and templates : theory of surface metabolism. *Microbiological Reviews* 52 : 452-480.
2. De Duve, C. 2005. *Singularités. Jalons sur les chemins de la vie.* O. Jacob, Paris.
3. Du grec « *zéo* », bouillir et « *lithos* », pierre : « les pierres qui fondent et bouent », des roches qui perdent de l'eau sous forme de vapeur quand on les chauffe.

contribuer à expliquer l'origine de la vie. Cette approche a notamment été développée par Laurent Nottale (1992, 1998)[1] dans la nouvelle *théorie de la relativité d'échelle*. Nous n'entrerons pas dans le détail de cette théorie fort complexe et nous renvoyons les lecteurs intéressés au livre de Nottale *et al.*[2]. Cette théorie explique en particulier comment « auraient pu » se différencier les trois grandes étapes de la diversification du vivant, les Procaryotes, Eucaryotes et Pluricellulaires.

La relativité d'échelle et l'origine de la vie

Dans sa *théorie de la relativité d'échelle,* Laurent Nottale introduit à côté de l'*espace-temps standard,* désormais classique depuis Einstein, un *espace des échelles* qui est celui *des résolutions,* c'est-à-dire *l'espace des zooms* et des transformations entre les diverses échelles.

Dans le cadre de la théorie de la relativité d'échelle, Nottale propose que la transition majeure qui permet le passage du non-vivant (inanimé) au vivant, soit d'une nature plus profonde du point de vue des lois fondamentales, que celles qui sont à l'origine des sauts évolutifs majeurs. Autrement dit, il faudrait distinguer la formation d'une structure qui n'existait pas avant son apparition et son évolution ultérieure, laquelle correspond aux transformations de cette structure préalablement existante. Nottale estime que la vie « trouverait son origine dans une transition majeure des lois de la nature elles-mêmes » qui, à partir d'un certain niveau de complexité des structures formées par la chimie prébiotique, passeraient des « lois classiques » à des « lois de type quantique macroscopique ».

Les sauts évolutifs ultérieurs, quant à eux, correspondraient, dans cette hypothèse, à des sauts quantiques ; ces sauts les amèneraient de l'état fondamental apparu à l'origine (la cellule procaryote) à des états excités, induits par des valeurs quantifiées des différentes quantités conservatives (énergie et/ou complexergie) qui définissent

1. Nottale, L. 1992. The Theory of Scale Relativity. *Int. J. Mod. Phys. A*, 7 : 4899-4936. & Nottale, L. 1998. *La Relativité dans tous ses états. Au-delà de l'espace-temps*. Hachette, Paris.
2. Nottale, L., Chaline, J. & Grou, P. 2009. *Des fleurs pour Schrödinger. La relativité d'échelle et ses applications.* Ellipses, *Paris.*

le système (cellule eucaryote, puis pluricellulaires). Des expériences seront nécessaires pour vérifier cette hypothèse révolutionnaire. L'une d'entre-elles pourrait porter sur le passage d'une structure procaryote à l'état eucaryote...

La *théorie de la relativité d'échelle* pourrait ainsi apporter une contribution des sciences physiques au problème de l'origine de la vie en partant de son *pouvoir d'auto-organisation ;* celle-ci entraînerait une *génération spontanée et hiérarchisée des formes standard du vivant* (Fig. 18) dans des conditions physico-chimiques réductrices du commencement du monde, fort différentes de celles évoquées dans l'actuel.

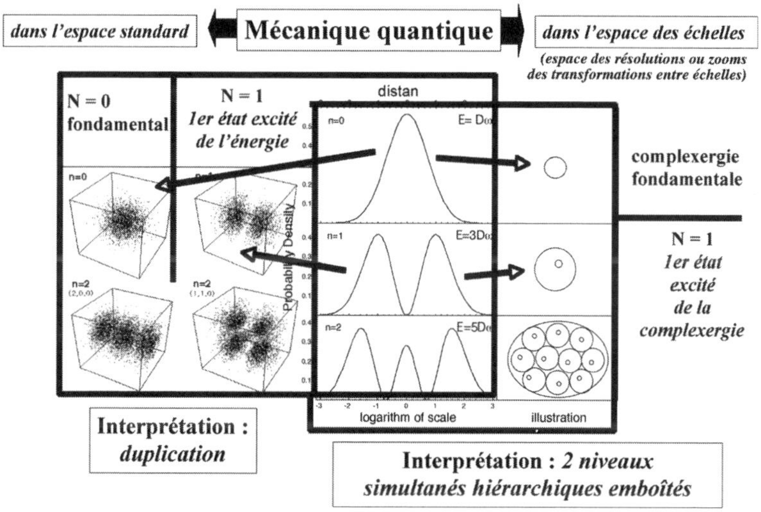

Fig. 18. Les effets de la relativité d'échelle dans l'espace standard et l'espace des échelles. Duplication (à gauche) et structures hiérarchisées (à droite) dans l'espace standard et des échelles. Représentation (en densité de points) des solutions de « *l'équation de Schrödinger* » pour le potentiel de l'oscillateur harmonique tridimensionnel isotrope agissant dans *l'espace standard.* Pour obtenir cette figure, on a jeté des particules au hasard dans la densité de probabilité donnée par le carré du module de *l'amplitude de probabilité psi.* On voit que les particules s'organisent naturellement en amas et en ensembles d'amas. Quand l'énergie augmente d'un facteur 5/3, le système fondamental unique n'augmente pas de taille, mais se divise en deux sous-systèmes et un système double apparaît ; c'est une *duplication spontanée.* L'augmentation d'énergie ne permettra pas l'apparition d'une nouvelle structure avant qu'elle n'ait atteint son niveau de quantification suivant (N = 0 est l'énergie fondamentale et N = 1 est le premier état excité

de l'énergie). À droite, l'approche quantique dans l'espace des échelles montre les solutions d'un nouveau type d'« *équation de Schrödinger* » qui agirait maintenant dans l'espace des échelles au lieu de l'espace ordinaire et où la complexergie passant de la *complexergie fondamentale* (N=0) à N=1, le premier état excité de cette dernière fait apparaître deux niveaux simultanés hiérarchiquement emboîtés (qui est l'analogue dans l'espace des échelles de la structure double de l'espace ordinaire) [1].

On pourrait alors considérer le scénario suivant pour l'origine de la vie :

Phase 1. L'apparition de la vie pourrait être le résultat d'une structuration physique quantique spontanée ; celle-ci se réaliserait à une période déterminée de l'histoire de la Terre, vers – 3,8 milliards d'années, lorsque les paramètres énergétiques du système inorganique seraient entrés dans les zones de probabilité permettant cette structuration spontanée du système. Au niveau *fondamental* de base[2], le système aurait fait apparaître *spontanément,* par l'expression d'une loi physique, celle de *l'équation de Schrödinger généralisée*[3], des cloisonnements, pas nécessairement liés au vivant. C'est au sein de la vaste variabilité de ces cloisonnements et essentiellement en fonction du contenu de leurs inclusions moléculaires, que la vie proprement dite aurait pu apparaître. Certaines molécules autoréplicatives et autocatalytiques (ARN et ADN) pourraient induire cette capacité des « effets macroquantiques de duplication » tels qu'ils ont été décrits par la relativité d'échelle dans *l'espace standard.*

Phase 2. L'état du *système vivant unicloisonné procaryote,* de type bactérien, a duré très longtemps, depuis environ – 3,8 milliards d'années jusqu'à *l'apparition des eucaryotes,* vers – 1,5 à – 1,4 milliard d'années, soit au moins 2,4 milliards d'années...

1. Nottale, L. 2001 b. Relativité d'échelle et morphogenèse. *Revue de synthèse,* 4(1), 93-116.
2. État du « vide », *vacuum* en anglais, à énergie la plus basse (N=0). Les divers niveaux d'énergie successifs constituent des *excitations* du vide, on dit *niveaux excités* (N=1 ; N=2). Voir Gunzig, E. 2008. *Que faisiez-vous avant le Big-Bang ?* O. Jacob, Paris.
3. *L'équation de Schrödinger généralisée.* Voir : Nottale, L., Chaline, J. & Grou, P. 2009. *Des fleurs pour Schrödinger. La relativité d'échelle et ses applications.* Ellipses, Paris.

Ce passage majeur aux eucaryotes se serait réalisé par un saut structurel[1] qui s'est traduit surtout par l'apparition d'une *membrane nucléaire* autour du noyau, désormais lui aussi cloisonné ; c'est un *cloisonnement emboîté*. Notons que c'est à ce moment-là qu'apparaissent aussi, à l'intérieur des cellules, les mitochondries et les chloroplastes, qui sont respectivement les usines à énergie des cellules animales et végétales, eux aussi cloisonnés. Ce nouvel apport d'énergie à la cellule aurait-il permis ce saut décisif et l'apparition des eucaryotes ? Notons que le passage des procaryotes aux eucaryotes se traduit également par une augmentation de taille des cellules d'un facteur 10, entre 1 μ et 10 μ (micromètres).

Phase 3. Encore plus tard, un peu avant – 1 milliard d'années, le système Vie est passé à un nouvel état qui aurait permis l'apparition d'une nouvelle structuration du vivant, celle des *organismes pluricellulaires*. La division du travail selon chaque type de cellules et la mise en commun de leurs énergies coordonnées aurait-elle facilité cette structuration ?

Avec ces trois niveaux de structuration, le vivant avait achevé, il y a environ 1 milliard d'années, sa configuration générale, emboîtée en procaryotes, eucaryotes et pluricellulaires. La suite de l'évolution s'est réalisée par une diversification au sein de chacun de ces types structuraux de base. Comme on l'a vu antérieurement, ces derniers correspondent aux trois grandes divisions reconnues du monde vivant (Fig. 19).

Cette nouvelle approche de l'origine de la vie est une théorie soulignant que le vivant est, comme le reste de l'Univers, soumis aux lois physiques universelles. Ces dernières auraient pu induire les trois états de structurations successifs observés, grâce à des sauts spontanés, déterminés par des paramètres physiques à identifier et aboutissant à une véritable auto-organisation. Cette théorie, qui demande à être validée par de nouvelles recherches, présente l'avantage d'introduire dans ce

1. Niveau excité supérieur.

domaine une *mécanique quantique structurante,* omniprésente dans l'Univers. C'est *le phénomène de structuration initiale* qui est ici en jeu et apporterait une explication scientifique crédible à l'origine de la vie.

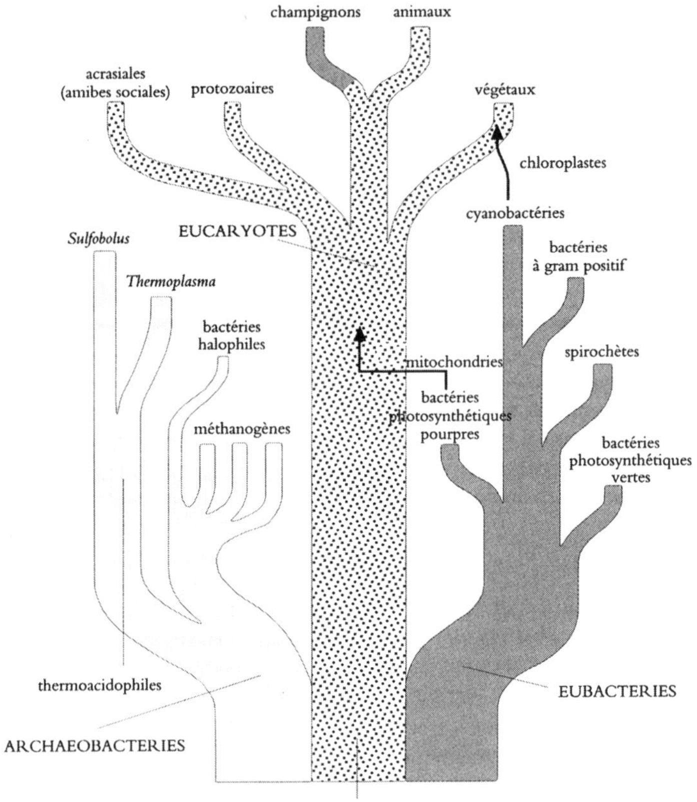

Fig. 19. L'arbre du vivant. La vie s'est diversifiée en trois grands groupes : les Archéobactéries, les Eubactéries et les Eucaryotes (d'après Woese, C.R. & Fox, G.E. 1977)[1].

Après avoir fait le point sur les recherches concernant la théorie de l'évolution des êtres vivants, dans le cadre de cette dernière, focalisons-nous, à présent, sur les origines de l'homme.

1. D'après Woese, C.R. & Fox, G.E. 1977. Phylogenetic Structure of the Prokaryotic Domain : The Primary Kingdoms. *Proc Natl Acad Sci USA*, 74 : 5088-5090.

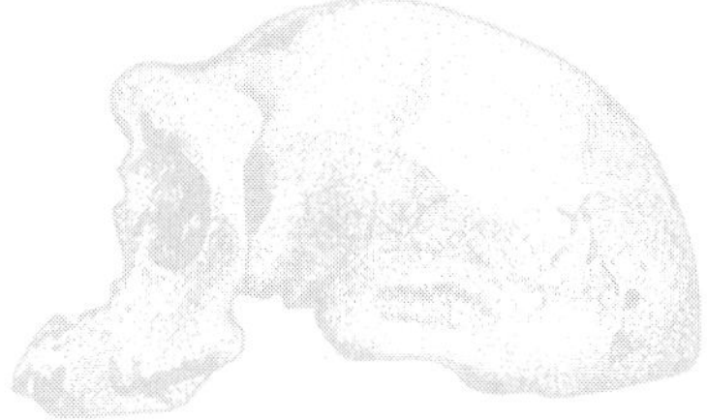

Chapitre 11

L'origine de l'homme et l'évolution de la lignée humaine

Nous avons décrit la mécanique évolutive avec les mutations aléatoires qui ont des effets plus ou moins marqués sur le développement et dont les résultats sont soumis à l'environnement par l'intermédiaire de la sélection multipolaire. Cette mécanique s'applique à tous les êtres vivants sans exception, en particulier à l'homme.

L'homme dans le monde vivant

Les sciences biologiques et paléontologiques concourent à expliquer la place de l'homme dans le monde vivant, son origine au sein du groupe des Mammifères et, plus précisément, des Primates[2].

Dès 1758, dans la dixième édition de son *Systema Naturæ*[3], Carl von Linné (1707-1778) élabore une classification binomiale, donnant un nom de genre et un nom d'espèce, pour chaque taxon.

Illustration : Crâne d'*Homo ergaster* de Buya (Danakil, Érythrée) daté d'1 million d'années.

2. Vient du latin *Primas* qui se traduit par « qui est au premier rang ».
3. Linnaeus, C. (1735; 10e édition définitive : 1758). *Systema Naturae per Naturae Regna Tria, Secundum Classes, Ordines, Genera, Species cum Character ibus, Synonymis, Locis* (Laurentii Sylvii, Stockholm).

Sa classification n'intègre pas les relations de parenté entre les générations successives d'espèces ; elle n'est que descriptive. Son classement de l'homme parmi les Primates a été confirmé ultérieurement par toutes les études anatomiques et génétiques. Nous avons évoqué, dans le chapitre précédent, un bref résumé de l'histoire des vertébrés aboutissant aux Primates, résumé que nous allons compléter.

L'histoire évolutive des Primates

Les Primates sont des mammifères, le plus souvent arboricoles, qui ont des mains et des pieds préhensiles et des doigts opposables. Ils se caractérisent surtout par un cerveau de plus en plus grand au fil des époques. Plusieurs étapes d'accroissement ont été identifiées, respectivement Prosimiens, Simiens, singes supérieurs, singes bipèdes et Hommes. L'apparition chez l'homme de la *pensée réfléchie* représente une innovation majeure au niveau biologique, puisqu'elle nous permet d'appréhender l'Univers et ses constituants d'une manière unique dans la biosphère.

La canalisation évolutive des Primates : l'accroissement du cerveau

Nous avons évoqué, dans un chapitre précédent, l'existence de *tendances évolutives* : pendant quelques millions d'années, des espèces se succèdent en présentant un ou deux caractères qui évoluent en s'accentuant.

Les Primates sont l'un des groupes où les tendances évolutives sont les plus manifestes, surtout l'accroissement de la capacité crânienne, la *télencéphalisation*. Cette dernière est un phénomène qui existe dans de nombreuses lignées de Mammifères depuis le début du Tertiaire (voici près de 60 Ma). Elle apparaît donc comme un phénomène assez banal, et son hypertrophie s'observe chez les Cétacés, les Proboscidiens, et les Primates. Dans ce contexte, c'est dans la lignée humaine que le cerveau est vraiment très hypertrophié.

Cinq types de structures morphologiques crâniennes successives, correspondant à des sous-plans d'organisation, sont visibles chez les primates fossiles et actuels (Fig. 20). Ces structures résultent de changements intervenus durant l'embryogenèse, modifications qui entraînent une contraction dite crânio-faciale. Celle-ci se réalise par une succession de flexions de la base du crâne, ce qui autorise un accroissement de la capacité crânienne.

Cette évolution morphologique discontinue se traduit dans le crâne par une « canalisation évolutive » provoquée par les contraintes du développement, c'est-à-dire que le crâne, se transforme selon certaines directions privilégiées. Il se plie, par le milieu de sa base, un peu plus à chaque étape, faisant s'enrouler sa partie arrière sur lui-même, ce qui entraîne le trou occipital. En parallèle, la face se réduit à l'avant. Cette contraction de l'arrière et de l'avant du crâne entraîne également un élargissement de sa partie supérieure dans toutes les directions, d'où il résulte un accroissement de la capacité crânienne. Cette contraction crânio-faciale, mise en évidence par Delattre et Fenart[1] dans les années 1950 à 1960, a été étudiée par Anne Dambricourt Malassé depuis 1988[2]. Elle a distingué cinq stades morphologiques[3] confirmés par une analyse mathématique réalisée à Dijon[4], laquelle s'avère indépendante des interprétations diverses auxquelles ils ont donné lieu :

- ***Les Prosimiens*** ont un crâne à faible contraction crânio-faciale avec une base de crâne pratiquement plane.
- ***Les Simiens***, du fossile oligocène *Aegyptopithecus* (– 33 Ma) aux gibbons, en passant par les singes d'Amérique du Sud, montrent un crâne déjà un peu plié et une mandibule élargie dans sa partie antérieure.

1. Delattre, A & Fenart, R. 1960. *L'hominisation du crâne étudiée par la méthode vestibulaire*. CNRS Éd., Paris.
2. Dambricourt-Malassé, A. 1988. Hominisation et fœtalisation. *Comptes Rendus de l'Académie des Sciences*, 307(II) : 199-204.
3. Pour les détails, voir : Chaline & Marchand, 2010. *Le singe, l'embryon et l'homme*. Ellipses, Paris.
4. Chaline, J., David, B. Magniez-Jannin, F., Dambricourt-Malassé, A., Marchand, D., Courant, F. & Millet, J.-J. 1998. Quantification de l'évolution morphologique du crâne des Hominidés et hétérochronies. *C. R. AC. Sc.*, série IIa, 326(4) : 291-298.

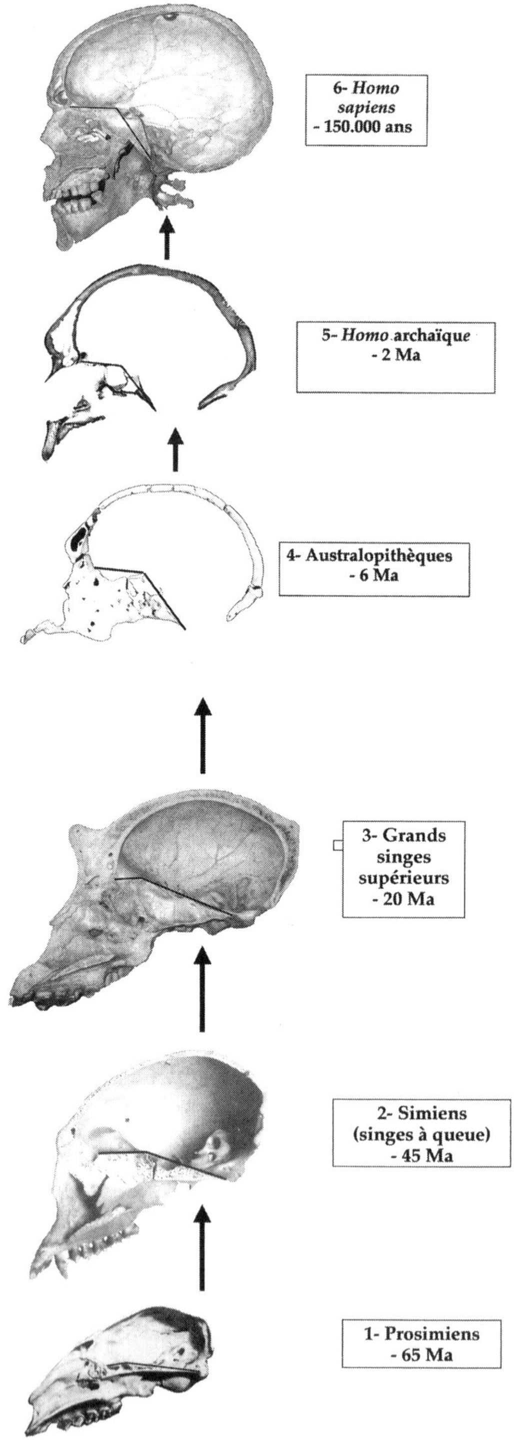
6- *Homo sapiens*
- 150.000 ans
5- *Homo* archaïque
- 2 Ma
4- Australopithèques
- 6 Ma
3- Grands singes supérieurs
- 20 Ma
2- Simiens (singes à queue)
- 45 Ma
1- Prosimiens
- 65 Ma

Fig. 20. Succession des grands plans d'organisation des Primates. 1. Prosimiens (–65 Ma) ; 2. Simiens (cercopithèques) (– 45 Ma) ; 3. Grands singes supérieurs (– 20 Ma) ; 4. Australopithèque (singes bipèdes) (– 6 Ma) ; 5. *Homo* archaïques (*ergaster-erectus-neanderthalensis*) (– 2 Ma) ; 6. *Homo sapiens* (– 150 000 ans). On y observe les coupes transversales des plans d'organisation des crânes de Primates. Ces derniers sont orientés vers la gauche et montrent les contractions crânio-faciales successives, visualisées à partir de l'angle formé, par le point antérieur de la lame criblée de l'ethmoïde, la projection des apophyses clinoïdes antérieures dans le plan sagittal et le bord avant du trou occipital (basion)[1].

– ***Les singes supérieurs*** (orang-outan, gorille et chimpanzé) à contraction crânio-faciale plus accentuée, ont la partie antérieure de la mandibule plus large.
– ***Les singes bipèdes : l'ardipithèque* et *les australopithèques*.** L'ardipithèque sera discuté plus loin. Les australopithèques présentent un raccourcissement accusé de la mandibule qui, en contrepartie, s'élargit. Leur contraction crânio-faciale est telle, que le trou occipital, qui est situé sous le crâne chez l'individu juvénile, reste, pour la première fois chez les Primates, au même endroit chez l'individu adulte. En toute logique, cette innovation favorise la pratique de la bipédie. En dehors de ce caractère, le crâne des australopithèques est inclus dans le groupe des singes supérieurs ; ce sont donc bien des singes, mais bipèdes.
– ***Le genre* Homo** présente enfin une augmentation considérable de la capacité crânienne moyenne qui passe de 600 cm^3 vers – 2 Ma à une moyenne de 1 400 cm^3 aujourd'hui. Une augmentation de volume dans de telles proportions est unique dans l'histoire des Mammifères et des Primates. Corrélativement, la mandibule n'a jamais été aussi courte et aussi large que dans notre espèce.

1. D'après des clichés d'A. Dambricourt.

La contraction crânio-faciale

On peut préciser la contraction crâniofaciale en mesurant les variations de l'angle de la base du crâne[1]. Cette contraction s'effectue par paliers, par sauts, car on passe de 166 degrés chez les Prosimiens, à 161 degrés chez les Simiens, puis à 157 degrés chez les Grands singes supérieurs, à 134 degrés chez les australopithèques, à 137 degrés chez les Hommes archaïques et enfin à 127 degrés chez les Hommes modernes. Le changement atteint seulement 5 degrés entre les Prosimiens et les Simiens et également entre les Simiens et les Grands singes supérieurs, tandis que le saut le plus important, de 23 degrés, est celui qui se réalise entre les Grands singes supérieurs et les australopithèques. Ce saut correspond peut-être à l'abandon de la quadrupédie.

La bipédie permanente ne fait ensuite que s'améliorer chez *Homo*, pour arriver, à une *bipédie optimisée* chez *Homo sapiens*. Les changements de forme entre les plans d'organisation du crâne de type « grand singe supérieur », de l'australopithèque et de l'*Homo* ont pu être comparés à partir des méthodes mathématiques Procrustes[2] (Fig. 21). Ces plans sont caractérisés par des *degrés distinctifs de contraction crânio-faciale*.

La transition entre les plans « Grands singes supérieurs » et « australopithèques » est caractérisée par un déplacement du trou occipital situé initialement en oblique vers l'arrière, à une position plus horizontale à la base du crâne, accompagnée d'une contraction de la face et d'une expansion de la voûte crânienne.

1. Angle formé par le point antérieur de la lame criblée de l'ethmoïde, la projection des apophyses clinoïdes antérieures dans le plan sagittal et le bord avant du trou occipital (basion).
2. Chaline, J., David, B. Magniez-Jannin, F., Dambricourt-Malassé, A., Marchand, D., Courant, F. & Millet, J.-J. 1998. Quantification de l'évolution morphologique du crâne des Hominidés et hétérochronies. *C. R. AC. Sc.*, série IIa, 326(4) : 291-298.

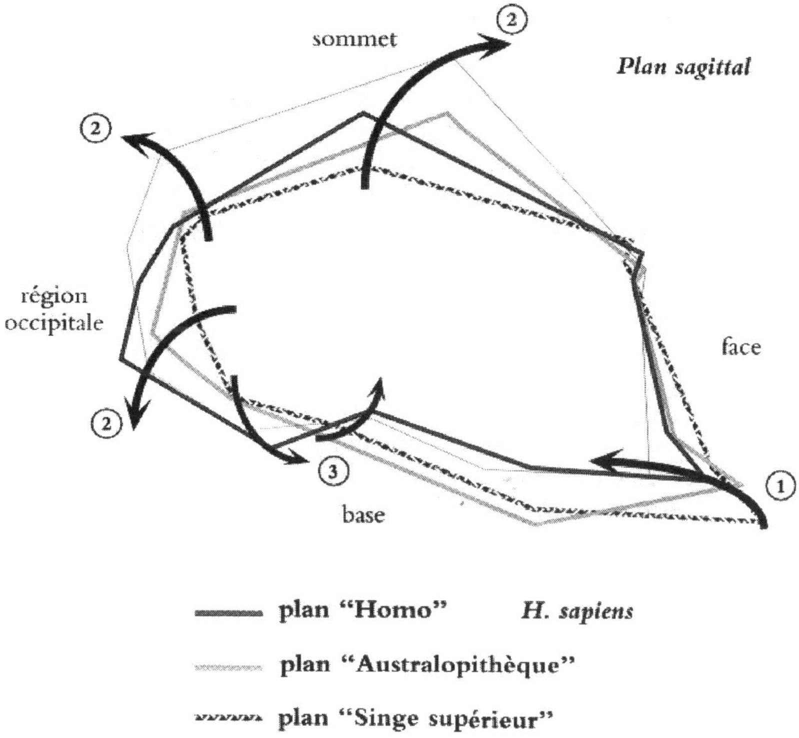

Fig. 21. Récapitulation des changements morphologiques observés entre les plans d'organisation des grands singes supérieurs, des australopithèques, des hommes archaïques (*Homo ergaster-erectus*) et des hommes modernes (*Homo sapiens*). Ces changements dans le plan sagittal concernent (1) le retrait et la verticalisation de la face (2) la contraction du crâne et la rotation de ce dernier vers l'arrière avec l'accroissement corrélatif de la capacité crânienne par une expansion de la voûte en haut et en arrière et (3) la bascule vers l'avant de l'os occipital portant le trou occipital qui devient horizontal.

Le passage du plan « australopithèque » au plan « *Homo* » se matérialise par un faible déplacement du trou occipital vers l'avant, une contraction faciale, ainsi que par un élargissement du frontal et de la voûte crânienne.

La comparaison morphologique entre un crâne juvénile de chimpanzé et un crâne adulte d'*Homo sapiens* (Fig. 22) montre que ce dernier a conservé une morphologie crânienne de singe juvénile, un héritage vraisemblable de l'ancêtre commun aux singes et à l'homme.

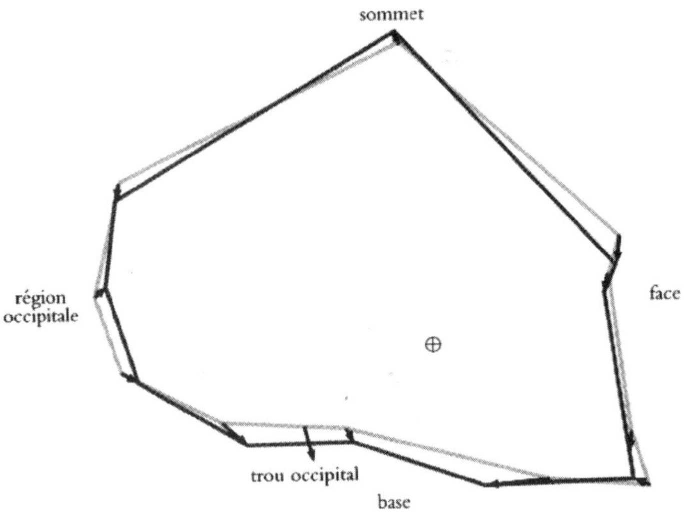

Fig. 22. Comparaison morphologique d'un crâne de chimpanzé juvénile et d'un crâne d'homme moderne adulte dans le plan sagittal en utilisant les méthodes Procrustes. Cette comparaison montre que ces deux contours sont superposables si l'on excepte, chez l'homme adulte (en noir), le léger abaissement du trou occipital lié à l'accroissement de la capacité crânienne. On peut dire que l'homme moderne adulte a globalement conservé la morphologie crânienne globale d'un singe ancestral juvénile[1].

Génomes et relations de parenté entre l'homme et les singes[2]

Les génomes comparés

Les découvertes de la génétique, notamment le séquençage des génomes de l'homme et du chimpanzé, confirment la proximité de l'homme avec les singes supérieurs, en particulier avec les chimpanzés. Les deux espèces diffèrent génétiquement par 35 millions de nucléotides (soit seulement 1,23 % de la séquence de l'ADN),

1. D'après Chaline, J., David, B. Magniez-Jannin, F., Dambricourt-Malassé, A., Marchand, D., Courant, F. & Millet, J.-J. 1998. Quantification de l'évolution morphologique du crâne des Hominidés et hétérochronies. *C. R. AC. Sc.*, série IIa, 326(4) : 291-298.
2. Chaline, J. & Marchand, D. 2010. *Le singe, l'embryon et l'homme*. Ellipses, Paris.

5 millions d'insertions (ajouts)/délétions (suppressions) et d'assez nombreux réarrangements chromosomiques. De plus, 29 % des gènes humains sont absolument identiques à ceux du chimpanzé ; seuls quelques-uns sont absents, ou partiellement inhibés (*pseudogènes*) chez ce dernier.

Bien que les deux génomes soient très voisins, les différences entre les deux espèces sont si importantes morphologiquement et psychiquement que l'on peut se demander où se situent génétiquement les différences correspondantes. On sait par exemple que 200 gènes sont exprimés dans le cerveau des primates. On a mis en évidence deux gènes *ASPM* et *MCPH1* dont les mutations causent la *microcéphalie*, un cortex cérébral réduit de 50 %. Mais il est de toute façon peu probable que seule la taille de l'encéphale ait joué un rôle dans la spécialisation de notre espèce.

Notre cerveau a globalement trois fois la taille de celui du chimpanzé et un peu plus du double de celui des premiers hommes (*Homo habilis-ergaster*). Il reste un très grand travail à réaliser pour comprendre cette évolution.

Les chimpanzés possèdent 48 chromosomes et les hommes seulement 46. La raison en est la fusion chez l'homme des chromosomes 2p et 2q, qui sont des chromosomes isolés chez le chimpanzé. On ignore l'impact morphologique de cette fusion, mais en général dans le monde animal, de telles fusions contribuent à l'isolement reproducteur des espèces. La date de cet événement majeur n'est pas connue parce que nous ne disposons pas des chromosomes des formes fossiles. Cet événement fusionnel s'est vraisemblablement réalisé lors de l'apparition d'un maillon de notre chaîne biologique ; soit chez les ardipithèques ou australopithèques, vers – 8 à – 6 Ma, soit au moment de la formation du premier homme archaïque, il y a – 2 Ma, voire seulement lors de l'avènement de l'homme moderne, voici environ 150 000 ans.

Les relations de parenté

Le cladogramme de la figure 23 montre l'origine africaine des hommes modernes, ainsi que la dérivation des autres groupes humains (dont la diversité a été considérablement simplifiée). Il montre aussi la proximité des chimpanzés, puis celle des gorilles et enfin celle des orangs-outans. Cette proximité génétique implique l'existence d'un ancêtre commun génétique entre – 11 et – 6 Ma. Mais ce schéma ne prend absolument pas en considération les formes fossiles, car nous ignorons tout de leur génome.

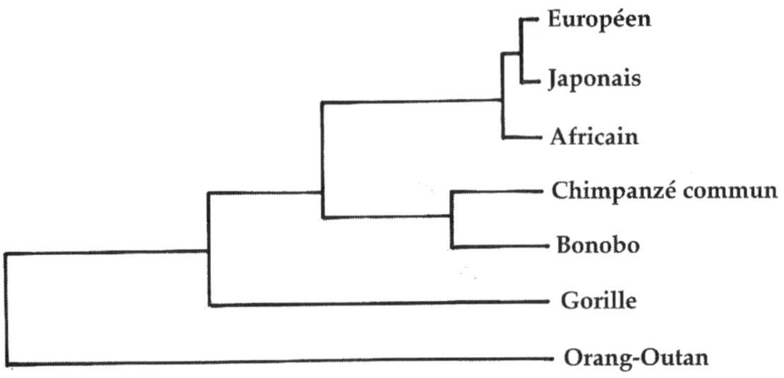

Fig. 23. Relations de parenté des singes supérieurs et des hommes. Ce cladogramme est l'un des premiers réalisés d'après les distances génétiques[1].

On note plusieurs autres innovations morphologiques, d'autant plus faciles à détecter qu'elles sont inconnues dans la classe des Mammifères : redressement du squelette (marche bipède), restructuration du crâne avec augmentation d'abord faible, puis forte, du volume crânien, modifications des longueurs des membres antérieurs et inférieurs, restructuration du bassin avec une forte diminution de la longueur de l'ilion, réduction du système masticateur (Fig. 24).

1. D'après Goodman, 1986. Molecular evidence on the Ape subfamily Homoninae. *In* : *Evolutionary Perspectives and the New Genetics* (Gershovitz, H., Rugknagel, D.R. & Tashian, R.E., Eds.), Liss, A.R., NewYork, pp. 121-132.

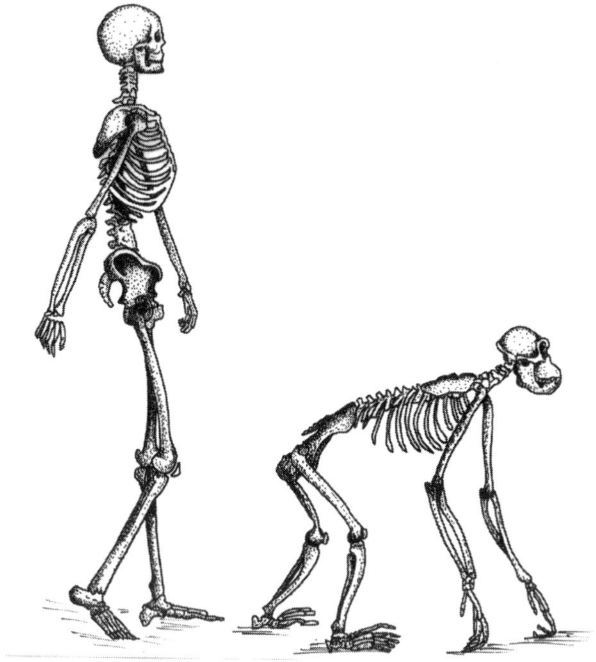

Fig. 24. Les innovations squelettiques de l'homme par rapport aux singes supérieurs. On remarquera la station droite de l'homme associée à un bassin raccourci, des jambes plus longues que les bras et la tête située au-dessus de la colonne vertébrale. Chez les singes quadrupèdes, le bassin dorsal est très allongé et les bras très longs, les mains s'appuyant sur les phalanges externes (*knuckle walk*).

En incluant les australopithèques, l'arbre des relations de parenté des singes supérieurs et de l'homme devient celui de la figure 25, réalisée en intégrant les données chromosomiques[1].

1. Chaline, J., Dutrillaux, B., Couturier, J., Durand, A. & Marchand, D. 1991. Un modèle chromosomique et paléobiogéographique d'évolution des Primates supérieurs. *Géobios*, 24(1) : 105-110.

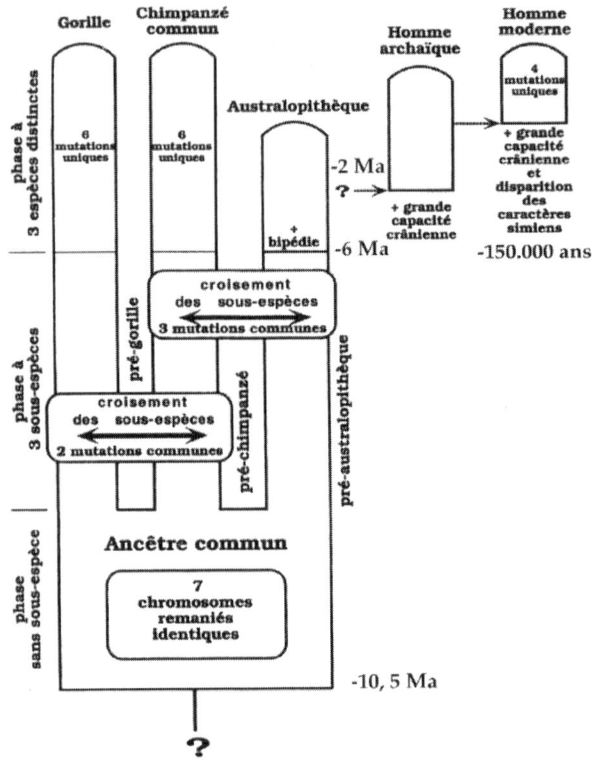

Fig. 25. Évolution chromosomique des Hominoïdés. À partir des formules chromosomiques des gorilles, des chimpanzés et de l'homme actuel, on peut avec une forte probabilité reconstituer l'évolution théorique des chromosomes et de leurs mutations. Issus de l'ancêtre commun, les ardipithèques manifestent une certaine bipédie sans doute non permanente, qui est définitivement acquise de façon permanente chez les australopithèques où s'observe aussi un léger accroissement de la capacité crânienne. Chez les premiers hommes, la bipédie s'améliore et la capacité crânienne s'accroît fortement. Enfin chez l'homme moderne, la capacité crânienne s'accroît encore et les derniers caractères simiens disparaissent (bourrelet sus-orbitaire).

Ce schéma qui résume nos relations de parenté, fondée sur les données de la génétique, ainsi que la comparaison des formules chromosomiques des espèces actuelles[1] et de la morphologie, montre, de façon désormais indiscutable, que l'homme descend d'un ancêtre, lui-même chaînon intermédiaire entre l'ancêtre commun et l'homme.

1. Gorille, chimpanzé et homme.

Considérations sur les ancêtres des hommes et des singes

Les paléontologues ont trouvé des fossiles potentiels de la lignée humaine. Mais comme les fossiles sont rares et souvent incomplets, les interpréter n'est pas très facile.

Parmi eux citons **Toumaï**[1] (Fig. 26) découvert au Tchad, qui serait daté entre – 7,2 et – 6,8 Ma.

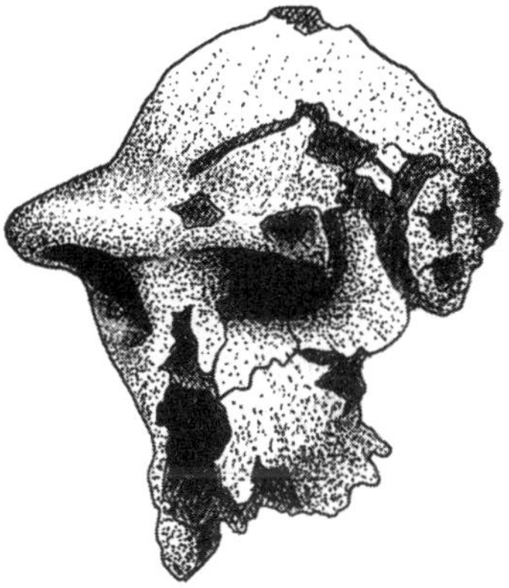

Fig. 26. Toumaï : *Sahelanthropus tchadensis*. En vue de trois quarts, observer le fort torus sus-orbitaire très massif (d'après Brunet et al., 2002).

Toumaï, présente une constriction crânio-faciale peu accusée, peu compatible avec celle que l'on connaît chez les australopithèques et les hommes. En outre, la très forte constriction en arrière du frontal (rétro-orbitaire), très décalée vers l'arrière (caractère ancestral) et sa faible capacité crânienne, sont d'autres arguments pour penser qu'une station bipède permanente est peu probable, car la bascule occipitale positive, innovation de la lignée *Australopithecus-Homo*, n'existait pas encore chez cette forme.

1. Brunet, M., Guy, F., Pilbeam, D, Mackaye, H.T., Likius, A., Ahounta, D, Beauvilain A, Blondel, C., Bocherens, H., Boisserie, J.R., de Bonis, L., Coppens, Y, Dejax, J, Denys, C., Duringer, P., Eisenmann, V., Fanone, G., Fronty, P., Geraads, D, Lehmann, T., Lihoreau, F., Louchart, A., Mahamat, A., Merceron, G., Mouchelin, G., Otero, O., Pelaez, Campomanes, P., Ponce de Leon, M., Rage, J-C., Sapanet, M., Schuster, M., Sudre, J., Tassy, P., Valentin, X., Vignaud, P., Viriot, L., Zazzo, A. & Zollikofer, C. 2002. A new hominid from the Upper Miocene of Chad, Central Africa, *Nature*, 418 : 145-151.

Un autre fossile, ***Orrorin tugenensis***[1], découvert au Kenya dans des dépôts datés entre – 6 et – 5,7 Ma, est connu par un fémur (Fig. 27) et des dents.

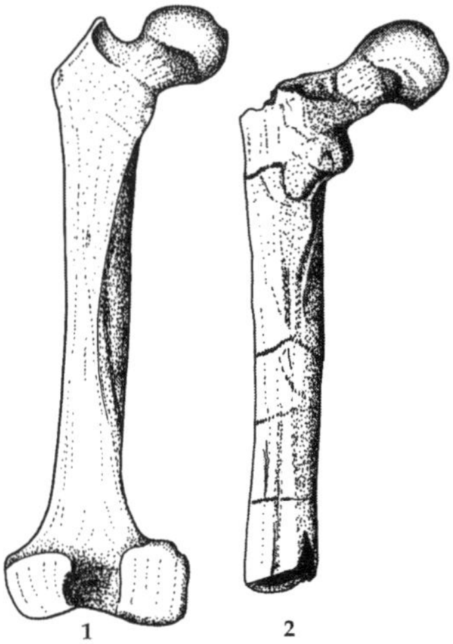

Fig. 27. Fémur d'*Orrorin tugenensis* (2) comparé à un fémur de chimpanzé (1). On remarque l'aspect plus humain du fémur d'*Orrorin*[2].

L'incisive centrale est plus proche de celle d'*Ardipithecus ramidus* que de celle des australopithèques. La tête du fémur est plus proche de celle des hommes que de celle des australopithèques. Il est possible qu'*Orrorin* ait été déjà adapté à la bipédie, mais d'une manière différente et plus humaine que celle des australopithèques. Selon les auteurs, *Orrorin* serait donc un Hominidé, au sens strict, qui doit avoir été un bipède à station droite. Cela impliquerait aussi l'idée que les australopithèques ne seraient pas les ancêtres de l'homme ! Il faut attendre la découverte du crâne, du bassin et des pieds pour conclure.

Un nouveau maillon de la lignée humaine, l'ardipithèque. Il s'agit de la découverte de l'ardipithèque (*Ardipithecus ramidus*), daté de – 4,4 Ma, tout d'abord rangé dans le genre *Australopithecus*[3], et

1. Pickford, M. & Senut, B. 2001. The geological and faunal context of Late Miocene hominid remains from Lukeino, Kenya, *C.R. Acad. Sci. Paris*, 332(IIa) : 145–152.
2. Pickford, M., Senut, B., Gommery, D. & Treil, J. 2002. Bipedalism in *Orrorin tugenensis* revealed by its femora. *C.R. Palevol.*, 1 : 191-203.
3. White, T.D., Suwa, G. & Asfaw, B. 1994. *Australopithecus ramidus* a new species of early hominid from Aramis, Ethiopia. *Nature*, 371 : 306-312.

mis dès l'année suivante dans un nouveau genre, *Ardipithecus,* dont les affinités avec les Panidés furent soulignées, en particulier avec le chimpanzé (genre *Pan*). En 2001, Haile-Selassie *et al.* décrivaient une autre espèce, un peu plus ancienne, puisque datée entre – 5,4 et – 5,8 Ma, nommée *Ardipithecus kadabba* (« Ardi ») et donc plus ancienne d'un million d'années que la célèbre Lucy (3,2 Ma). En octobre 2009, White *et al.*[1] changeaient l'image d'*Ardipithecus ramidus,* qui ne serait ni chimpanzé, ni australopithèque, ni humain. Cette forme ne devait pas dépasser 1,20 m et un poids de 50 kg. Son crâne est petit et sa capacité cérébrale ne dépasse pas 300 à 350 cm^3. Comparable à celle d'un bonobo, proche cousin actuel du chimpanzé, celle-ci reste nettement inférieure à celle d'*Australopithecus afarensis* (400 à 450 cm^3). L'appareil masticateur est plus prognathe que celui des premiers australopithèques. Le dimorphisme sexuel secondaire associé à la taille des canines supérieures est faible. Pour Suwa *et al.*[2] (2009), les dents post-canines n'étaient pas de type mégalodonte[3] comme chez certains australopithèques. Autre différence avec les australopithèques : leur émail dentaire était mince. L'ensemble de ces dents suggère un régime plus omnivore que celui des chimpanzés et des gorilles. *A. ramidus* ne pratiquait pas la « *knuckle walk* » (les mains ne reposent pas sur le sol par la face externe des phalanges comme chez les chimpanzés). Le gros orteil était très opposable aux autres doigts du pied (préhension des branches) et le bassin assez large, mais l'ilion était nettement plus allongé que celui d'*Australopithecus afarensis. A. ramidus* marchait-il en prenant appui sur le rebord externe du pied ? Cela suggère que l'*ardipithèque* était un bipède facultatif lorsqu'il se déplaçait sur le sol, mais restait quadrupède dans les arbres ; une brachiation moins spécialisée que chez *Pan* semble indiscutable. Cette espèce vivait dans un environnement semi-boisé. La marche devait se faire redressée. Les bras étaient très longs et les

1. White, T., Asfaw, B., Beyene, Y., Haile-Selassie, Y., Lovejoy, C., Suwa, G., & WoldeGabriel, G. 2009. *Ardipithecus ramidus* and the Paleobiology of Early Hominids. *Science,* 326(5949) : 64, 75-86.
2. Suwa, G., Kono, R.T., Simpson, S.W., Asfaw, B., Lovejoy, C. & White, T. 2009, Paleobiological Implications of the *Ardipithecus ramidus* Dentition. *Science,* 326(5949) : 94-99.
3. Dents de grande taille.

phalanges des mains à la fois courbes et longues. L'absence du trou occipital ne permet pas de tirer de conclusion définitive au sujet de la bipédie de cette forme. White *et al.* (2009) suggèrent l'hypothèse suivante : *A. ramidus* se situerait non pas à la base du rameau qui mène aux chimpanzés actuels, mais à l'origine du rameau qui conduit aux genres *Australopithecus*, puis *Homo*. Cela s'accorde avec l'idée que *les transformations squelettiques qui mènent à la bipédie seraient apparues avant celles qui concernent l'augmentation du volume cérébral.* Ce singe, qui est postérieur à l'ancêtre commun des singes d'Afrique et des hominidés, n'est donc pas entièrement représentatif de cet ancêtre commun, pas plus que le chimpanzé. De toute façon le chimpanzé qui est un singe actuel ne peut en aucun cas être considéré comme une forme ancestrale. Cela signifie qu'à partir de l'ancêtre commun, les chimpanzés auraient divergé en se spécialisant dans la forêt avec un pied pour agripper les branches, alors que *ramidus* était plus adapté à la marche, tout comme les australopithèques.

Du singe à l'homme

Au sein des singes supérieurs, la branche menant vers les orangs-outangs se sépare de l'ancêtre commun vers – 12 Ma. Vers – 10,5 Ma, vivait l'ancêtre commun aux trois lignées des gorilles, des chimpanzés et des hommes (Fig. 23). Cet ancêtre commun est prouvé par la présence chez les trois espèces actuelles de 7 chromosomes hérités, remaniés exactement au même endroit ou réarrangés de façon identique. Cette identité s'explique par l'existence d'une espèce ancestrale homogène, sans division en sous-espèces (Fig. 25).

La phase suivante est hétérogène. C'est-à-dire que l'espèce ancestrale s'est subdivisée en trois sous-espèces, correspondant aux pré-gorilles, pré-chimpanzés et préhumains. Ces trois sous-espèces qui étaient encore interfécondes[1], ont donc pu échanger des remaniements, ou mutations, apparus sur certains chromosomes[2].

Une troisième phase se situe vers – 6 Ma. Elle correspond à la séparation des trois sous-espèces en trois espèces distinctes : gorille, chimpanzé et pré-humains, qui ne peuvent plus se croiser. Cette diversification est contemporaine de l'apparition de la bipédie permanente chez les ancêtres de l'homme.

Les chimpanzés et les gorilles, quadrupèdes à l'état adulte, sont restés dans l'environnement forestier. Mais, les ancêtres de l'homme qui ont acquis la station droite bipède, ont pu coloniser la niche écologique ouverte des savanes plantées d'acacias. C'est la raison pour laquelle on trouve beaucoup de fossiles d'australopithèques dans cet environnement favorable à la fossilisation.

Le passage des australopithèques à l'homme archaïque (*Homo ergaster*) est documenté par de nombreux fossiles en Afrique, datant d'environ – 2 Ma, présentant une bipédie améliorée et un accroissement progressif de la capacité crânienne. C'est le cas d'*Australopithecus sebida,* dont deux squelettes assez complets ont été découverts dans un remplissage karstique (Malapa, au nord de Johannesburg), daté par le paléomagnétisme d'un âge situé entre 1,95 et 1,78 Ma[3]. Il s'agit de deux individus, un jeune mâle d'environ 11 ans et une femelle adulte avec un petit crâne (420-450 cm^3) qui ressemble à ceux des premiers *Homo*. Les restes post-céphaliques indiquent des bras longs, des mains puissantes, un pelvis court et de longues jambes, un ensemble de

1. L'interfécondité caractérise les sous-espèces, mais les espèces distinctes ne sont plus interfécondes, par définition.
2. 2 entre le pré-gorille et le pré-chimpanzé et 3 entre le pré-chimpanzé et le pré-humain.
3. Berger, L.R., de Ruiter, D.J., Churchill, S.E., Schmid, P., Carlson, K.J., Dirks, P.H.G.M. & Kibii, J.M. 2010. *Australopithecus sebida* : a new Species of *Homo*-Like Australopith from South Africa. *Science,* 328 : 195-204. Voir aussi : Dirks, P.H.G.M., Kibii, J.M., Kuhn, B.F., Steininger, C., Churchill, S.E., Kramers, J.D., Pickering, R., Farber, D.L., Mériaux, A.-S., Herries, A.I., R., King, G.C.P. & Berger, L.R. 2010. Geological Setting and Âge of *Australopithecus sebida* from Southern Africa, *Science,* 328 : 205-208.

type plutôt australopithèque. Pour les auteurs de cette découverte, ils représenteraient un intermédiaire plausible entre les australopithèques *s.st* et les premiers hommes (*Homo habilis-ergaster*).

Petite histoire des hommes

Assez rapidement, ces hommes archaïques se multiplient et migrent hors d'Afrique. Ils gagnent ensuite le Caucase, au site de Dmanisi en Géorgie (*Homo georgicus*), vers 1 750 000 ans. Puis ils colonisent les régions orientales vers les Indes et la Chine, jusqu'à Java, où ils donnent naissance aux « hommes érigés » (*Homo erectus*). Ces derniers envahissent progressivement tout l'hémisphère Nord.

En Europe, ils se différencient en hommes dits de Heidelberg (*Homo heidelbergensis*), puis en hommes de Néandertal (*Homo neandertalensis*).

Pendant ce temps en Afrique, vers – 150 000 ans, *Homo erectus* donne naissance aux hommes modernes (*Homo sapiens*), comme la paléontologie le confirme. Tim White, Clark Howell et Berhane Asfaw ont découvert en 2003, à *Herto Bouri* (Afar), trois crânes humains modernes[1], dont un adulte qui avait une capacité crânienne de 1 450 cm^3, entre deux couches volcaniques datées de – 154 000 et – 160 000 ans.

En Europe, les néandertaliens s'éteignent voici environ 30 000 ans, quelques millénaires après la migration des hommes modernes africains en Europe. Cette migration connaît plusieurs vagues, comme le montre l'analyse de marqueurs génétiques[2].

1. White, T.D., Asfaw, B., DaGusta, D., Gilbert, H., Richards, G.D., Suwa, G. & Howell, F.C. 2003. Pleistocene *Homo sapiens* from Middle Awash, Ethiopia. *Nature,* 423 : 742–747.
2. L'ADN mitochondrial transmis par les femmes et l'ADN du chromosome Y transmis par les hommes. Voir : Forster, P. 2004. Ice Ages and the mtDNA chronology of human dispersals : a review. *Phil. Trans. R. Soc. London, B.* 359 : 255-264 ; Shipman, P. 2003. We are all Africans. *American Scientist,* 91(6): 496 ; Cavalli-Sforza, L.L. 2000. *Genes, Peoples, and Languages.* North Point Press/Farrar, Straus & Giroux.

La première migration hors d'Afrique s'est produite voici environ – 100 000 ans, vers la zone orientale de la Méditerranée (Israël : – 92 000 ans) et la Grèce, et plus tard, vers les Indes, autour de – 80 000 ans. Les dernières données génétiques[1] montrent que ces premiers hommes modernes anciens se sont croisés, au Moyen-Orient, avec des Néandertaliens, comme les paléontologues l'avaient suspecté en raison des fossiles à caractères mixtes, comme le crâne de Tabun. Cette étude montre en effet que les Néandertaliens partagent plus de variants génétiques avec les hommes actuels d'Eurasie (Chinois, Papou et Français), qu'avec les hommes actuels d'Afrique sub-saharienne (San et Yoruba), comme le prouve le fait qu'entre 1 et 4 % du génome des Hommes modernes anciens non-Africains serait dérivé de celui des Néandertaliens. Cela implique aussi que le flux génique est intervenu avant la divergence des principaux groupes eurasiatiques, entre 90 000 et 60 000 ans. Cela veut dire aussi que de tels croisements impliquent que les Néandertaliens étaient encore à ce stade des sous-espèces, au moins partiellement interféconds.

La seconde migration hors d'Afrique, voici environ – 60 000 ans, s'est produite en direction de l'Asie du Sud-Est. Elle s'est traduite par la traversée de la Mer rouge (– 60 000 ans), le passage le long des bords de l'Océan Indien (– 60 000 ans), jusqu'à la Chine (– 60 000 ans), Bornéo (Niah cave, avant – 45 000 ans) et jusqu'en Australie (Lake Mungo 3, avant – 46 000/– 40 000 ans). D'Asie, les hommes ont gagné ensuite l'Amérique du Nord en deux vagues vers – 34 000/– 26 000 ans et vers – 15 000/– 12 000 ans. Une hypothèse vraisemblable suggère que des bateaux, construits dès – 60 000 ans, auraient permis aux hommes de suivre les côtes pacifiques et de gagner ainsi l'Amérique du Nord.

Il y aurait eu ensuite trois vagues de migrations préhistoriques venant d'Afrique vers l'Europe, voici – 40 000 et – 22 000 ans, et une autre provenant de Syrie il y a – 9 000 ans. Il faudrait ajouter les multiples migrations historiques.

1. Green *et al.*, 2010. Draft of the Neandertal Genome, *Science*, 328 : 710-722.

La conclusion est désormais claire : *nous sommes tous des Africains.* Ceux qui en douteraient doivent savoir que toute cette histoire est conservée, fossilisée, au niveau de chacune de nos cellules, dans leur génome emballé dans les chromosomes. Afin de le vérifier, ils peuvent se rendre dans des laboratoires spécialisés pour réaliser la carte de leurs chromosomes (caryotype). Pour en savoir davantage au sujet de leur parenté génétique, une analyse de leur ADN mitochondrial et de l'ADN du chromosome Y (pour les individus de sexe masculin), révélera leurs affinités avec les populations des hommes modernes auxquelles ils sont apparentés.

En conclusion

Les données biologiques et paléontologiques convergent pour prouver que tous les hommes descendent de primates ancestraux. Ils ont eu, en Afrique, un ancêtre commun avec les chimpanzés. Entre cet ancêtre commun et l'homme ont existé un, ou plusieurs, chaînon(s) intermédiaire(s), celui des singes bipèdes (ardipithèque ? et australopithèques). Puis, à partir des australopithèques (*A. sebida ?),* les hommes archaïques (*Homo ergaster*), apparus en Afrique voici environ 2 Ma, ont évolué en *Homo erectus* et en Europe, en homme de Néandertal. Ils se sont multipliés et ont colonisé une grande partie de l'Eurasie, en vagues successives. Voici environ 150 000 ans, en Afrique, des hommes archaïques ont donné naissance aux hommes modernes (*Homo sapiens*) qui ont, en plusieurs vagues, colonisé le reste du monde, de l'Afrique à l'Asie et à l'Australie, de l'Europe à l'Amérique du Nord.

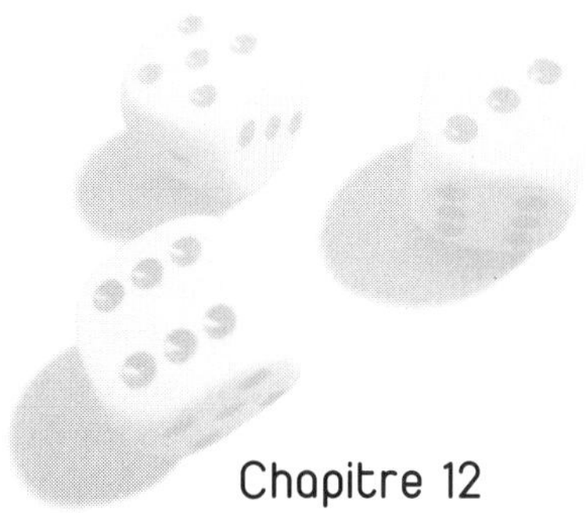

Chapitre 12

Le hasard et les probabilités dans l'évolution

La question du hasard et des probabilités est très complexe et beaucoup de personnes n'en ont qu'une vue très superficielle. Essayons d'y voir un peu plus clair, en précisant notamment les notions de déterminisme, hasard, chaos, téléonomie, indétermination, imprévisibilité, probabilités, contingence et finalité.

Déterminisme, finalité et téléonomie

Le déterminisme

Compte tenu du *principe de causalité,* le déterminisme implique la *prédictibilité.* L'une des plus belles démonstrations de ce déterminisme est la découverte suggérée par George Biddell Airy (1801-1892), de la planète Neptune en 1846 par les savants calculs, d'ailleurs imprécis, d'Urbain Jean Joseph Le Verrier (1811-1877) et de John Couch Adams (1819-1892) et ceux indépendants de Johan Gottfried Galle (1812-1910) sur les propositions de Le Verrier. Pierre-Simon de Laplace

Illustration : Le jeu de hasard (*az-zahr*).

(1749-1827) est considéré comme l'un des grands promoteurs du déterminisme. Dans son *Essai philosophique sur les probabilités*, publié en 1795, il écrit :

> Nous devons envisager l'état présent de l'Univers comme l'effet de son état antérieur, et comme la cause de celui qui va suivre. Une intelligence qui, pour un instant donné, connaîtrait toutes les forces dont la nature est animée, et la situation respective des êtres qui la composent, si d'ailleurs elle était assez vaste pour soumettre toutes ces données à l'analyse, embrasserait dans la même formule les mouvements des plus grands corps de l'Univers et ceux du plus léger atome : rien ne serait incertain pour elle, et l'avenir, comme le passé, serait présent à ses yeux. L'esprit humain offre, dans la perfection qu'il a su donner à l'astronomie, une faible esquisse de cette intelligence. Ses découvertes en mécanique et en géométrie, jointes à celles de la pesanteur universelle, l'ont mis à portée de comprendre dans les mêmes expressions analytiques les états passés et futurs du système du monde. En appliquant la même méthode à quelques autres objets de ses connaissances, il est parvenu à ramener à des lois générales les phénomènes observés, et à prévoir ceux que les circonstances données doivent faire éclore[1].

Autrement dit, dans un système, si les conditions initiales sont connues, étant donné que les mêmes causes produisent toujours les mêmes effets, les états successifs du système sont prédictibles. C'est le *déterminisme absolu laplacien* de la physique classique.

Claude Bernard l'a appliqué aux sciences de la vie de façon si absolue qu'il a refusé l'usage des statistiques :

> Dans les corps vivants comme dans les corps bruts, les lois sont immuables, et les phénomènes que ces lois régissent sont liés à leur condition d'existence par un déterminisme nécessaire et absolu[2].

Pour éviter toute confusion, il faut savoir que le *déterminisme* n'implique absolument pas *le finalisme*.

Le finalisme

Il s'agit d'une notion bien différente. Le *déterminisme est un concept scientifique de causalité* liée à une loi. Le *finalisme est un concept métaphysique* qui sous-tend l'idée d'un *dessein* établi à l'avance. C'est la

1. *Essai philosophique sur les probabilités*, 1795.
2. Bernard, C. 1865. *Introduction à l'étude de la médecine expérimentale*. Réédition Garnier-Flammarion, Paris, II, IV.

base même de l'*Intelligent Design*, lié au concept du *Grand Horloger* de Voltaire et des créationnistes, pour qui la complexité de l'Univers et du vivant implique un artisan intelligent œuvrant en vue d'un but et donc d'une fin, une finalité.

La téléonomie

Malgré les mutations novatrices, Monod reconnaît l'existence de *téléonomies*[1] dans le vivant, un terme introduit en 1958 par Colin S. Pittendrigh (1918-1996) et qui, repris par lui en 1970, correspond aux concepts scientifiques de *canalisation* ou de *tendance :*

> Qui implique l'idée d'une activité orientée, cohérente et constructive,

mais indépendante de toute intention.

Il ne faut surtout pas la confondre avec la *téléologie*[2]. En effet il s'agit d'une conception très différente de la *téléologie* qui correspond à la *finalité providentielle*, à une *finalité créatrice*. Les évolutionnistes considèrent ainsi que les êtres vivants présentent une certaine finalité, particulièrement visible dans la trajectoire ontogénique du développement de l'œuf en embryon, puis en adulte, mais que cette dernière s'est mise en place sans plan, sans projet. Elle résulte d'interactions complexes entre les protéines synthétisées à partir des instructions génétiques, et perfectionnées au fil des millions d'années par la sélection multipolaire. La téléonomie correspond donc à une finalité *a posteriori*, qui n'a rien à voir avec la téléologie.

1. Du Grec *telos* ou *teleos* signifiant *fin, but* et de *nomos* ou *loi*. Monod, J. 1970. *Le hasard et la nécessité*. Seuil, Paris, p. 26.
2. Tiré du grec *logos* / raison – *parole*.

Hasard, incertitude, probabilités et contingence

Les hasards classiques

Contrairement à ce que l'on pourrait croire, le hasard se révèle si multiforme qu'il en existe plusieurs définitions.

Étymologiquement le mot hasard vient de l'arabe maghrébin « *az-zahr* » ; ce terme signifie la chance que l'on peut avoir en jouant au jeu de dés, qui porte également ce nom. Averroès en a étendu métaphoriquement le sens aux domaines de recherche où il intervient, les *sciences de la chance*.

Dans le langage commun, on parle de hasard lorsque l'on ne peut pas expliquer l'apparition inattendue d'un événement qui était imprévisible, d'un accident *fortuit*. D'après le sens commun, la notion de hasard renvoie à celles de *chaos, désordre, imprévisibilité*. Le *hasard* s'oppose donc au concept de la physique classique du *déterminisme prédictible* et à la *finalité*.

Laplace a montré qu'à grande échelle, le *hasard crée de l'ordre*, une régularité qui n'est plus aléatoire, puisque dans son *Essai philosophique sur les probabilités* déjà cité, il affirmait :

> Dans une série d'événements indéfiniment prolongée, l'action des causes régulières et constantes doit l'emporter à la longue sur celle des causes irrégulières.

Laplace cite l'exemple du jet d'un dé, aléatoire (chaque face sort avec une fréquence proche de 1/6e), alors que sa répétition un très grand nombre de fois devient prédictible avec une très faible marge d'erreur. Andreï Nikolaevich Kolmogorov (1903-1987), l'un des plus grands mathématiciens du XXe siècle spécialisé dans le calcul des probabilités, est arrivé à la même conclusion :

> Les phénomènes aléatoires, considérés dans leur action collective à grande échelle créent une régularité non aléatoire.

La définition d'Antoine-Augustin Cournot (1801-1877) dans son *Essai sur les fondements de nos connaissances* de 1851, est la plus souvent retenue :

> Le hasard est la rencontre de deux séries causales indépendantes.

Le problème suivant demeure néanmoins : *existe-t-il des séries causales indépendantes dans l'Univers* ? Personne n'a pu le démontrer, mais il semble bien, du moins à notre échelle, n'exister aucun rapport entre le passant et la tuile qui lui tombe sur la tête, après avoir lentement glissé du toit. Ce hasard ne heurte pas le déterminisme, au sens où le passant comme la tuile passe au même endroit en raison de causes identifiables. C'est la rencontre qui nous paraît improbable, car il nous semble qu'il existait davantage de probabilités qu'elle ne se produise pas, probabilités imaginées bien entendu, que l'inverse. Mais, dans d'autres situations, ces probabilités peuvent être mises en évidence.

Les probabilités

Le hasard des statisticiens peut être calculé. *Les lois dites du hasard* correspondent à l'analyse statistique des résultats possibles dans des cas où l'on peut reproduire le phénomène, tout en obtenant un autre résultat, comme dans le jeu de pile ou face, ou de la roulette du casino. Les *lois de l'hérédité* suivent les *lois du hasard* et, par exemple, on ne peut définir au départ si un bébé sera un garçon ou une fille, du moins dans le cas d'une conception naturelle dans l'espèce humaine.

Le traitement scientifique du hasard implique le recours au calcul des probabilités ; on parle alors de *variables aléatoires* et de *distributions de probabilités*. Les probabilités mathématiques sont rigoureusement définies selon des protocoles établis pas la *théorie des probabilités*. Dans le cas d'objets naturels, comme la probabilité d'une mutation d'un gène par exemple, on peut se demander si elles s'appliquent à l'événement que l'on veut étudier ou au jugement que l'on porte sur lui. Cournot en a analysé les significations dans son ouvrage de 1843 intitulé *Exposition de la théorie des chances et des probabilités*. Il distingue deux approches très différentes. Dans le premier cas, on suppose, selon Thierry Martin[1], que l'événement est en lui-même probable, ou comporte une dimension aléatoire certaine, indépendamment de la connaissance que nous en avons ; c'est la *probabilité*

1. *La probabilité, un concept pluriel. In : Hasard et incertitudes. Les défis qu'ils posent.* Pour la Science, spécial, 385, nov. 2009.

physique objective. Dans l'autre cas, on envisage les probabilités comme la conséquence d'un défaut de nos connaissances, et la valeur de ces probabilités pourra être modifiée en fonction de nos connaissances sur l'événement analysé ; c'est la *probabilité épistémique*.

Hasard et lois de la nature

On peut alors se poser la question suivante : est-il légitime de parler de lois en sciences naturelles ? Il n'y aurait pas de lois strictement biologiques dans la nature, mais essentiellement des *lois physiques universelles* qui s'appliquent à l'évolution du vivant comme l'ont montré Nottale *et al.*[1], et Fleury[2].

Par définition, on peut construire une loi si, et seulement si, les mêmes causes produisent les mêmes effets. Chez les êtres vivants, tant de facteurs interviennent ensemble que la biologie peut seulement édicter des *lois statistiques*. Dans ces conditions, *tout est loi dans la nature*, puisque hasard et finalité ne construisent rien par eux-mêmes, mais seulement grâce à des lois.

Mais on tombe alors sur une aporie, c'est-à-dire une impasse logique. Si l'on dit avec précision ce qu'est le hasard, cela revient à nier sa nature même de désordre total, absolu. Le hasard des biologistes ne peut donc être que relatif, ou instrumental, sans préjuger du fait qu'à un niveau supérieur de la connaissance, métaphysique, l'Univers soit gouverné par le hasard pur ou un déterminisme strict.

En fait, les mathématiques n'ont jamais réussi à donner une définition précise du hasard. Le problème du hasard, ou plus exactement d'une *séquence aléatoire*, est le suivant : dès lors que l'on parvient à définir une telle séquence de façon exacte, comment être sûr qu'elle est bien aléatoire ?

1. Nottale, L., Chaline, J. & Grou, P. 2009. *Des fleurs pour Schrödinger. La relativité d'échelle et ses applications*. Ellipses, Paris.
2. Fleury, V. 2009. *La chose humaine ou la physique des origines. Le darwinisme en pleine forme*. Vuibert, Paris.

Pour Benoît Mandelbrot, l'inventeur du concept de *fractal*, pour lequel il a obtenu le prix Wolf en 1993, il existe deux types de hasards[1].

Le premier est le *hasard bénin*. C'est celui du *mouvement brownien* résultant des chocs des atomes et des molécules[2] contre les grains de pollens (variable aléatoire) qui produisent un mouvement continu (Fig. 28a) augmentant avec la température. La distance de leur saut est également soumise à une *loi probabiliste* éliminant les chances de mouvement de grande longueur dont la distribution peut être représentée par une courbe de Laplace-Gauss, « en cloche » (Fig. 28b). C'est par exemple le résultat du tirage au Loto, tirage d'apparence imprédictible, où l'aspect erratique résulte d'un grand nombre de chocs indépendants conduisant à un hasard statistique.

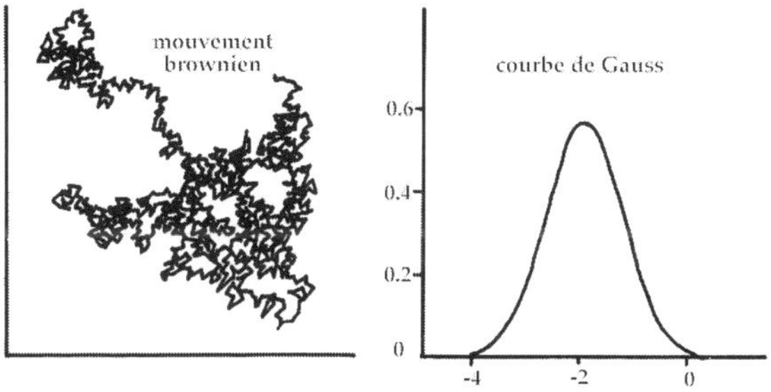

Fig. 28. Hasard brownien et courbe de Gauss. À gauche, hasard brownien. C'est le hasard bénin de Mandelbrot. Une particule se déplace de façon aléatoire dans toutes les directions par des sauts d'amplitude réduite ; à droite, courbe de Gauss. Répartition du mouvement brownien en courbe de Gauss selon les variations d'un paramètre.

Le second est le *hasard sauvage*, qui décrit des *fonctions discontinues* ainsi que des *fluctuations tout à fait extrêmes* des *processus aléatoires*, une variante du hasard bénin où les grands sauts sont possibles. Il est mathématiquement représenté par des distributions de Lévy[3]. Paul Lévy a montré, par exemple, qu'un cormoran reste sur un banc de poisson où il pêche en effectuant des petits sauts pendant un certain temps, avant de s'envoler brutalement très loin sur un autre banc et de recommencer à pêcher localement, c'est-à-dire en réalisant une

1. Mandelbrot, B. 1959. *Fractales, hasard et finance*, Flammarion, Paris.
2. Einstein, 1905.
3. Lévy, P. 1925. *Calcul des probabilités*. Éd. Jacques Gabay.

nouvelle série de vols à brève distance. Ce sont les « vols de Lévy ». On retrouve ce hasard des événements extrêmes sur les marchés financiers par exemple (Fig. 29).

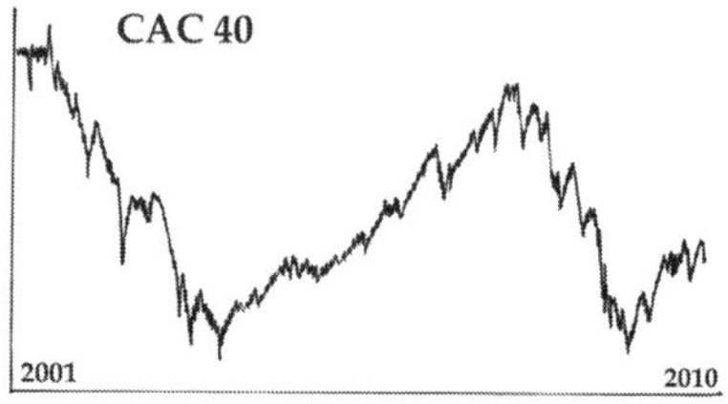

Fig. 29. Évolution du CAC 40 entre 2001 et 2010. Les fluctuations des distributions de Lévy peuvent atteindre de grandes amplitudes ; c'est le hasard sauvage de Mandelbrot, celui des krachs boursiers.

Ces phénomènes interviennent dans les figures de diffusion dans un liquide, dans la respiration, dans l'assimilation des aliments ainsi que dans l'élimination des toxines, dans les jets de dés, dans le bruit thermique. Les fluctuations du logarithme des cours des denrées et boursiers sont rapides, avec des *ruptures : les krachs boursiers* suivent des distributions de Lévy (Fig. 29).

Le hasard de la dynamique non linéaire

Dans les années 1960, on a redécouvert la dynamique chaotique non linéaire, pressentie par Henri Poincaré :

> Une cause très petite, qui nous échappe, détermine un effet considérable que nous ne pouvons pas ne pas voir et alors nous disons que cet effet est dû au hasard[1].

Pour lui, le hasard résulte de la complexité :

> Quand les causes sont multiples, d'imperceptibles perturbations engendrent de grands effets. La moindre imprécision prend rapidement des proportions énormes et rend illusoire une relation stricte de cause à effet.

C'était le début d'une nouvelle discipline : la *dynamique non linéaire*[2]. Parmi les caractéristiques de cette nouvelle approche, on constate que les phénomènes simples créent des structures complexes.

1. Samueli, J.-J. & Boudenot, J.-C. 2005. *H. Poincaré (1854-1912), physicien*. Ellipses, Paris.
2. Dubois et Chaline. 2006. *Le monde des fractales. La géométrie cachée de la nature*. Ellipses, Paris.

La *dynamique non linéaire* se fonde sur une *organisation hiérarchique* faisant intervenir la *notion d'échelle,* où les relations de cause à effet se révèlent *non linéaires.* On dit d'un système qu'il est linéaire lorsque la somme de ses composantes est égale au tout. C'est par exemple le poids d'une éponge qui s'accroît proportionnellement à la quantité d'eau absorbée. La relation entre le poids et l'eau absorbée est linéaire, c'est-à-dire que sur un graphique, si l'on porte le poids de l'éponge en ordonnée et la quantité d'eau en abscisse, on obtient une ligne droite. Un système *non linéaire,* au contraire, présente un graphique avec des cassures, des brisures, des boucles, etc. La *dynamique non linéaire* affirme aussi que ses systèmes sont soumis à des ruptures brusques, en passant d'un état stable à un état instable chaotique, bien que ce *chaos* (un terme dû à Jim York) puisse être *déterministe.*

L'évolution d'un système dynamique est irrégulière, on dit *chaotique,* c'est-à-dire *imprévisible,* à cause de la *complexité des phénomènes* qui interviennent dans ses causalités. Il s'agit en fait de *systèmes entièrement déterministes,* mais qui présentent une instabilité liée à une *sensibilité aux conditions initiales*[1]. Une légère modification des conditions initiales, qui nous échappe, peut entraîner à long terme des effets de divergences considérables, des différences de trajectoires qui deviennent exponentielles. C'est *l'effet papillon* d'Edward Lorenz, qui compromet les prédictions météorologiques. Ces *systèmes évolutifs* (l'Univers, les êtres vivants, les sociétés, la température) n'empêchent pas d'effectuer des *prédictions probabilistes,* c'est-à-dire qui ne sont pas obligatoires, mais possibles, autrement dites contingentes.

La contingence

La contingence est en effet la possibilité qu'un phénomène puisse ne pas se produire. L'interaction de l'histoire de la Terre avec l'histoire du vivant introduit la *contingence* dans le phénomène évolutif comme nous l'avons déjà évoqué plus haut (**Fig. 14**).

1. Ruelle D., 1991. *Hasard et chaos,* Odile Jacob, Paris.

Selon Aristote :

> Est contingent, tout ce qui est conçu comme pouvant être ou ne pas être à quelque égard et sous quelque réserve que ce soit... [Si bien qu'] un événement futur est contingent si, toutes choses étant ce qu'elles sont, ce futur peut se produire ou ne pas se produire[1].

On dit qu'un événement est contingent si, tout en étant soumis à des lois, il a la possibilité d'être ou de ne pas être. Le contingent n'est pas forcément imprédictible ; il semble seulement possible, sans être obligatoire, ni purement incompréhensible. La *contingence* est un terme qui s'oppose dans tous ses sens à la *nécessité*. Les événements contingents sont possibles et plus probables à certaines périodes. Ils expriment ce que l'on appelle « l'imprédictibilité ». Nombre de ces phénomènes fort complexes relèvent de l'*indétermination de la mécanique quantique*. Ils sortent alors du cadre de ce livre et nous renvoyons les personnes intéressées au livre de Nottale *et al.*[2], où ces problèmes sont analysés dans un contexte théorique plus complet.

Quelle est la part du hasard dans l'évolution des espèces ?

Hasard et mutations

En fait, le hasard des mutations n'est pas un hasard aussi absolu et aussi aveugle que le concevait Monod, d'autant que la définition de ce dernier reste métaphysique, et non scientifique. Il s'agit en effet d'un *hasard contraint, limité par certains paramètres*. Les mutations sont ainsi, en premier lieu, limitées par le matériel préexistant[3].

---

1. Aristote. *La Physique* ; voir aussi : Barthélemy Saint-Hilaire, 1862 (1998). *Physique d'Aristote*. Ousia, Bruxelles.
2. Nottale, L., Chaline, J. & Grou, P. 2009. *Des fleurs pour Schrödinger. La relativité d'échelle et ses applications*. Ellipses, Paris.
3. Buican, D. 1989. *La Révolution de l'évolution*. PUF, Paris, p. 310.

Les *mutations sont contraintes* par les rayonnements ionisants qui les provoquent. La Terre et le cosmos produisent des rayonnements ionisants provenant des éléments radioactifs présents partout dans les sédiments de la planète, ainsi que des explosions de galaxies, les supernovae. Ces particules à hautes énergies traversent les corps et les cellules des organismes. Dans les cellules, ils frappent les chaînes de l'ADN renfermant les 100 milliards de paires de bases réparties sur environ 28 000 gènes, qui constituent le génome de chaque individu. Ces rayonnements ionisants brisent les chaînes de l'ADN et les perturbent en détruisant certaines bases ou en modifiant leur agencement, ce qui introduit des mutations dans les gènes (voir chapitre 9). Celles-ci peuvent avoir des répercussions dans la production des protéines qui constituent l'organisme, dans le déroulement du développement des embryons et même provoquer des cancers. C'est le hasard (au sens de Cournot) de la rencontre d'une radiation ionisante avec la chaîne d'ADN qui introduit un changement énergétique brisant la chaîne des bases du génome. On retrouve finalement ici, ce que l'on appelle le *hasard des mutations*, l'*indétermination* de la mécanique quantique, s'appliquant aux constituants du vivant.

Le hasard est, comme nous l'avons déjà dit, aussi contraint par la nature même de la structure de l'ADN qui est limitée à quatre bases. Il aurait peut-être pu y avoir beaucoup plus de bases pour former l'ADN, ne serait-ce que l'uracile (U) qui entre en jeu dans l'ARN, mais ce n'est pas le cas. C'est-à-dire que tout n'est pas possible dans les mutations. Le hasard des mutations possède donc un certain nombre de *degrés de liberté*. Bien que peu nombreux, ces derniers s'avèrent amplement suffisants pour assurer la gigantesque diversité génétique des plus de trois millions d'espèces actuelles identifiées.

Le hasard et la reproduction

Le hasard n'intervient pas seulement au niveau des mutations génétiques, mais à tous les niveaux d'intégration du vivant. Ainsi, dans la formation des ovules et des spermatozoïdes, un grand *brassage génétique aléatoire* s'opère pendant la division cellulaire lors de la séparation des chromosomes en deux lots non identiques où peuvent intervenir des *remaniements chromosomiques importants* (*crossing over*, fusions de chromosomes, inversions de fragments de chromosomes, etc.).

Un autre niveau d'action du hasard se situe au moment stratégique de la reproduction, lors de la rencontre des partenaires sexuels. Chez de nombreuses espèces d'animaux, préalablement à la reproduction, il existe des confrontations entre plusieurs mâles prétendants qui se traduisent par une participation différentielle des individus (la *sélection sexuelle*). Mais chez la plupart des formes de vie, la reproduction sexuée intègre une forte composante de hasard, les mâles fécondant les femelles au gré des rencontres.

Une autre loterie de l'évolution intervient au moment de la fécondation de l'ovule par un seul spermatozoïde sur plusieurs milliards émis par le mâle. C'est l'un des points majeurs d'action du hasard, bien que cette fécondation implique aussi un certain nombre de qualités biochimiques des spermatozoïdes et de l'ovule qui *filtrent* ces derniers.

Le hasard et les développements ontogénique et épigénétique

Comme élément de la *nécessité*, Monod reconnaît la *morphogenèse autonome*, correspondant aux *contraintes embryologiques*. Le développement embryonnaire est dirigé par *les conditions initiales*, l'enchaînement des processus métaboliques et physiologiques qui se mettent en place à partir de la fécondation. En effet, l'une des contraintes majeures d'un organisme est celle de son génome qui détermine la chronologie et les étapes du développement du fœtus jusqu'à la naissance, en fonction des conditions du milieu. La sélection génotypique intervient précisément par l'élimination des individus dont le patrimoine génétique ne permet pas la réalisation d'un organisme viable et fécond, et aussi par l'avantage conféré à ceux qui présentent des développements ontogéniques plus efficaces, contenant moins de risques d'erreurs. Ses descendants, en effet, ont statistiquement de plus grandes chances de survivre et de se reproduire.

L'expression des gènes dans les cellules s'avère en partie aléatoire en raison de causes moléculaires[1]. L'expression des gènes se réalise en plusieurs phases pour aboutir à la fabrication d'une protéine. Elle commence par l'activation du *promoteur*, une séquence située à l'extrémité d'un gène. Une enzyme, l'ARN polymérase II, vient se fixer sur le promoteur et se déplace le long des brins de l'ADN pour transcrire la succession des nucléotides en une séquence d'ARN messager. Celle-ci sort alors du noyau et emporte le message codé jusqu'aux ribosomes qui le traduisent en protéine. Il s'agit d'un processus régulé par des facteurs *épigénétiques* qui ne dépendent pas de la séquence d'ADN initial[2]. De nombreuses molécules se fixent sur l'ADN ou les histones, des protéines autour desquelles s'enroule l'ADN dans les cellules des eucaryotes, et des micromolécules d'ARN, dites microARN, bloquent la traduction produite au moment de la transcription des gènes. Il existe un ballet aléatoire de certains facteurs de transcription autour des promoteurs qui se succèdent pendant des temps très courts dans les quelque 2 500 usines à transcription des cellules, perturbant ainsi l'expression des gènes, qui devient très hétérogène. Il en résulte que la transcription des gènes se réalise selon un mode instable, tant que les molécules de régulation sont présentes à proximité du promoteur, d'où le caractère aléatoire de la transcription des gènes en raison des interactions moléculaires sur les sites de transcription. La structure de la molécule d'ADN y contribue aussi, car les gènes situés au centre de la molécule pelotonnée sont beaucoup plus difficilement accessibles par les facteurs de transcription, ce qui suffit à créer des disharmonies et l'aléatoire. En effet, la molécule d'ADN est enroulée autour de protéines, les histones, en formant un long filament, la chromatine, replié sur lui-même en un glomérule compact[3]. Autrement dit, la structure propre de l'ADN détermine les probabilités d'expression des gènes au cours du développement embryonnaire.

1. Voir Thomas Heams. *Du hasard dans l'expression des gènes. In : Hasard et incertitudes. Les défis qu'ils posent.* Pour la Science, spécial, 385, nov. 2009.
2. Les phénomènes d'*épigenèse* les plus fréquents sont la méthylation (ajout d'un groupe méthyle) des gènes qui permettent de moduler ou d'empêcher son expression.
3. Les histones peuvent également être méthylées, ce qui a un impact important sur l'accès des facteurs de transcription à l'ADN, soit en activant soit en réprimant la transcription.

Il existe cependant un contrôle de l'expression des gènes, en fait une régulation (du type *opéron*, notamment, mais pas seulement) qui fait que lorsqu'une protéine est abondante, sa production se trouve limitée par inhibition du phénomène, qui ne reprend que lorsqu'elle devient moins abondante. L'expression aléatoire des gènes qui permet une plus forte variabilité semble favoriser une adaptation rapide aux conditions changeantes de son microenvironnement, constituant une véritable *sélection naturelle cellulaire*. Pour Jean-Jacques Kupiec[1], l'ADN agit non pas comme un programme génétique, mais comme un générateur aléatoire de protéines.

Le facteur le plus contraignant du développement est sans doute représenté *par le cadre limité du plan d'organisation d'une espèce donnée.*

En effet, le hasard est limité par des contraintes embryologiques d'un plan d'organisation qui autorisent certains possibles, mais en excluent d'autres. Prenons l'exemple d'une souris (*Mus musculus*) : la structure anatomique particulière de son espèce est déterminée par une séquence de gènes de régulation qui contraignent rigoureusement la chronologie et les étapes du développement qui, en plus des interactions avec l'environnement embryonnaire maternel local, aboutit à une souris viable et identifiable. Cela veut dire que les éventuelles mutations se manifestent dans un cadre déterminé dont elles peuvent modifier une, ou plusieurs caractéristiques[2]. Une mutation pourra changer la couleur, la longueur des poils, la forme ou le nombre des dents ou entraîner une malformation des pattes. Mais il apparaît extrêmement peu probable qu'une mutation puisse changer son plan d'organisation, car elle devrait s'insérer dans l'appareil téléonomique propre à l'espèce. Dans le cas contraire, l'individu ne pourra compléter son développement, avortera et mourra à un stade plus ou moins précoce de son ontogenèse, ce qui relève de la sélection génotypique[3].

1. Kupiec, J.-J. L'ADN entre hasard et contraintes. *In* : *Hasard et incertitudes. Les défis qu'ils posent. Pour la Science*, spécial, 385, nov. 2009.
2. voir : Chaline, 2006. *Quoi de neuf depuis Darwin ?* Ellipses, Paris.
3. Buican, D. 2010. *Biologie. Histoire et philosophie,* CNRS éd., Paris, p. 219.

La trentaine de plans d'organisation repérables chez les animaux actuels se sont formés avant la fin du Cambrien et depuis cette époque, les mutations interviennent à l'intérieur de ces plans d'organisation en en modifiant certains aspects. Il s'agit, comme l'a dit François Jacob, d'un immense bricolage génétique qui fait du nouveau à partir de l'ancien. Même avec le hasard, tout n'est donc pas possible en évolution, car le hasard apparaît limité par le génome ancestral transmis, encadré par les contraintes du développement, et les lois de la chimie qui lient les molécules entre elles. Elles n'autorisent pas n'importe quel changement.

Le hasard instrumentalisé par le vivant

Le hasard joue un rôle majeur dans le fonctionnement du monde animal. Par exemple, les systèmes sensoriels mettent en jeu des phénomènes aléatoires qui sont régulés. Claude Desplan[1] rapporte ainsi que le fonctionnement du système olfactif d'une souris est contrôlé par 1 400 gènes codant des récepteurs olfactifs de reconnaissance des molécules chimiques. Une cellule sensorielle ne produit qu'un seul récepteur et n'exprime donc qu'un seul gène sur les 1 400 dévolus à cette fonction. Or lorsque l'un des 1 400 gènes est exprimé au hasard, les autres se trouvent réprimés par la protéine codée par ce gène, c'est-à-dire par le récepteur situé dans la membrane cellulaire. Il en va de même dans la vision.

Le hasard et le chaos jouent aussi un rôle majeur dans le système nerveux, à l'échelle microscopique, qui se traduit par un ordre statistique des réseaux de neurones. En effet, les neurones émettent des impulsions électriques via des protéines incluses dans leur membrane externe, les *canaux ioniques ;* ces derniers peuvent être ouverts et laisser passer les ions ou fermés et les en empêcher. Selon Hugues Berry et Bruno Cessac[2], l'état de ces canaux fluctue temporellement de façon

1. C. Desplan. Les sens au gré du hasard. *In : Hasard et incertitudes. Les défis qu'ils posent.* Pour la Science, spécial, 385, nov. 2009.
2. H. Berry & B. Cessac. Du chaos dans les neurones. *In : Hasard et incertitudes. Les défis qu'ils posent.* Pour la Science, spécial, 385, nov. 2009.

aléatoire car les probabilités d'ouverture-fermeture dépendent du potentiel de la membrane. La transmission des impulsions électriques entre les neurones est réalisée par des neurotransmetteurs, dans les synapses, les zones de rencontre entre les neurones. Leurs quantités varient à chaque transmission, ce qui introduit de l'aléatoire dans la transmission des impulsions. En effet, les neurones ne réagissent pas de la même manière aux stimuli. Chaque neurone du cortex étant connecté à environ 10 000 autres neurones et reçoit quelque 70 000 impulsions électriques par seconde, un « bruit synaptique » irrégulier de type chaotique se superpose à la partie déterministe du signal. Mais à l'échelle supérieure des réseaux de neurones, il se dégage un ordre statistique compatible avec le fonctionnement avéré du cerveau.

Hasard et populations

Le hasard intervient aussi dans les populations, notamment en raison de la *dérive génétique* qui représente un changement dans la constitution génétique des espèces créée par le simple jeu du hasard. Il s'agit des *variations aléatoires des fréquences des allèles*[1] des gènes, surtout ceux des allèles neutres. Ses effets sont d'autant plus sensibles que l'effectif de la population se trouve réduit. Lors de la méiose, certains gènes sont transmis, mais d'autres ne le sont pas. Cela réduit la variabilité génotypique de la population. Dans ces conditions, un allèle rare peut parvenir à se fixer très rapidement, indépendamment des pressions sélectives. Ce phénomène se trouve sans doute à l'origine de la transformation des petites populations marginales d'une espèce donnée en une espèce nouvelle. Ces groupes d'individus ne possèdent pas toute la variabilité d'une espèce donnée, mais seulement une partie, éventuellement capable, en fonction des conditions du milieu et des autres facteurs évolutifs (nouvelles mutations et sélection notamment), de connaître une nouvelle évolution.

1. Les *allèles* correspondent aux variantes particulières d'un gène.

La dérive génétique présente un *effet fondateur* si elle aboutit à un *isolement reproductif* qui empêche les individus de cette population marginale de se recroiser avec les individus de l'espèce souche. Ce mécanisme peut aussi entraîner l'extinction de certaines espèces réduites à de petites populations résiduelles, car la réduction de la variabilité génotypique renforce leur sensibilité à l'égard de tout changement environnemental. La dérive génétique a vraisemblablement contribué aux spécificités des populations insulaires qui ont abouti à des formes miniaturisées, comme celles des éléphants pygmées des îles méditerranéennes au Quaternaire, ou, au contraire, à des types géants, comme les actuels varans de Komodo.

Les *migrations des populations* au sein d'une espèce permettent la transmission d'allèles d'une population à une autre. La géographie et ses transformations au fil du temps perturbent ainsi la dynamique autonome des équilibres génétiques au sein des populations.

Le hasard intervient aussi dans les phénomènes de *transferts latéraux de gènes* entre une espèce et des bactéries ou des rétrovirus qui leur transmettent, au hasard, des séquences de gènes.

Le hasard et la sélection naturelle

Le hasard intervient encore dans la *sélection naturelle* qui résulte des circonstances de la vie et de l'environnement. Ce hasard se manifeste au niveau de l'individu, qui fait qu'il arrive, ou non, à la maturité sexuelle et accède à la reproduction. C'est l'accident qui peut intervenir et éliminer un individu qui ne se reproduira donc pas. La *sélection naturelle apparaît de nature probabiliste,* comme l'indiquent clairement les équations statistiques de la génétique des populations.

Hasard et environnement

Il existe aussi une forte interaction du vivant avec des phénomènes physiques ou climatiques locaux, comme une éruption volcanique, une inondation, une sécheresse intense prolongée, un incendie allumé par la foudre ou un très fort tremblement de terre. Le hasard événementiel des interactions entre les populations et l'environnement joue un très grand rôle dans l'histoire des écosystèmes. C'est par exemple la rencontre imprévue de deux phénomènes, comme celle de poissons vivants dans un petit lac entouré de plantes et de nombreux insectes et animaux qui se trouvent recouverts brusquement par un apport de cendres d'un volcan proche. Ce phénomène d'émission de cendres volcaniques, non prévu, transportées par le vent, peut ainsi effacer une mare du paysage en fossilisant les poissons et les insectes. C'est ce qui s'est passé dans un certain nombre de sites fossilifères. C'est une disparition liée au hasard tel qu'il est défini par Cournot.

Le hasard et la biosphère

Le hasard peut même intervenir à une plus grande échelle, comme celle d'un continent ou d'un océan. C'est alors l'histoire de la Terre tout entière qui entre en interaction avec celle de la vie, comme à l'époque de la gigantesque glaciation de la fin de l'ère primaire. L'éclatement du continent géant de la Pangée, notamment à la fin du Permien, fut un phénomène graduel, mais dont les conséquences devaient s'avérer extrêmement importantes et nombreuses, dont une extinction en masse qui a failli faire disparaître toute la faune marine.

Il faut aussi prendre en compte les événements extraterrestres, comme les chutes de météorites qui peuvent avoir des actions locales ou globales. À la fin du Crétacé, la chute d'une météorite ou d'une comète a pu contribuer, selon les physiciens, à l'extinction des dinosaures, parmi plusieurs groupes animaux ; le dégagement d'une grande quantité de poussière aurait obscurci le Soleil en provoquant un hiver artificiel. Les paléontologues sont plus sceptiques à l'égard d'un tel scénario, qui ne rend pas compte de la survie des oiseaux, aux appareils respiratoires pourtant très fragiles dans une atmosphère devenue irrespirable. Toutes ces interventions potentielles du hasard en interaction avec le vivant sont à la base de la *contingence* du phénomène évolutif. On peut parler de *hasard événementiel*.

Un hasard omniprésent canalisé par ses contraintes

L'évolution du vivant fait intervenir tant de facteurs que *le hasard se révèle omniprésent dans l'évolution des espèces.* D'une certaine façon, on peut dire aussi que le hasard est une mesure du *degré de liberté* d'un système vivant. Sans aucune possibilité de variation, le système est purement *déterministe.* S'il existe un certain degré de liberté, le système peut devenir *non linéaire* et *aléatoire.*

Tous ces hasards se trouvent conjugués, aux différents *paliers d'intégration* du vivant, à de *multiples contraintes* (*a priori*) et pressions sélectives (*a posteriori*) qui le *canalisent.* Il faut évaluer la part du caractère aléatoire des mécanismes en cause. Des lois de la physique et de la chimie jusqu'au poids des héritages issus d'un long passé évolutif, les plans d'organisation ancestraux, sans négliger les forces de l'environnement, nombreux sont les facteurs qui délimitent l'occurrence du hasard et contribuent à restreindre la liberté dont le vivant peut faire preuve. Ce sont l'*indétermination au niveau des mutations de l'ADN* et dans le *fonctionnement des organes, tels que le cerveau, enfin le hasard de Cournot, notamment au niveau de la sélection naturelle.*

Nécessité et hasard sont ainsi les « deux composantes complémentaires » de l'évolution de la vie. Il ne faut donc pas minimiser, ni dévaluer le rôle du hasard, car il participe à la constitution de la *variabilité des espèces* et à leur *survie* et, à plus grande échelle, à la *constitution de l'arbre de la vie.* Il en résulte que la *théorie de l'évolution est de nature statistique.* Elle permet d'effectuer des *prédictions probabilistes* au sein des gènes ou des populations, mais elle ne permet pas de prédire les changements précis qui auront lieu.

Chapitre 13

Questions-réponses

Dans les conférences que nous donnons, de nombreuses questions nous sont posées à propos des relations entre la science et les religions. Nous essayons ici d'y apporter des réponses, classées par centres d'intérêt : géosciences, évolution des espèces, origine et évolution humaines.

Nous réfutons les « conceptions créationnistes » telles qu'elles sont présentées notamment par John Whitcomb dans ses livres *Origines, une introduction au créationnisme biblique*[2] et *Le monde qui a péri*[3], ainsi que par Jacques Nesbitt dans *Création et évolution. Problèmes d'origine*[4]. Ce chapitre prend la forme d'une série de citations-questions suivies des réponses scientifiques, épistémologiques et historiques qui s'imposent. Il s'agit de ne considérer ici que les arguments rationnels et qui prétendent se fonder sur des faits concrets. Les affirmations liées seulement aux textes religieux ne sont pas concernées.

Illustration : Le *Yin* (noir) et le *Yang* (blanc), les deux principes opposés et complémentaires de la philosophie chinoise.

2. Whitcomb, J.C., 1989. *Origines. Introduction au créationnisme biblique.* Éditions Comprendre Les Écritures, Lugny.
3. Whitcomb, J.C., 1992. *Le Monde qui a péri. Une introduction au catastrophisme biblique.* Centre Biblique Européen, Lausanne.
4. Nesbitt, J. 1993 [1975]. *Création et évolution. Problèmes d'origine.* Éd. Clé, Lyon.

Géosciences et physique : chronologie du monde

Pourquoi les créationnistes juifs s'opposent-ils à l'évolution biologique essentiellement à partir d'une question de datation ?

Le calendrier juif fait remonter la création à près de 5 760 ans BP (« *before present* », c'est-à-dire avant aujourd'hui). Toute chronologie longue dépassant 6 000 ans se trouve donc rejetée, car elle entre en contradiction avec la liste des longévités additionnées présentées dans la Bible pour les Patriarches depuis Adam jusqu'à aujourd'hui (cf. tableau 2, p. 69). Ce tableau s'avère incompatible avec les durées réelles de vie des êtres humains. L'organisme humain n'a pas les capacités de dépasser les alentours de 120 ans (Jeanne Calment détient, à ce jour, le record mondial de 122 ans, 5 mois et 14 jours). De plus, la paléontologie montre que la durée de vie des hommes préhistoriques et protohistoriques était bien inférieure à celle des hommes actuels. Enfin, si ce tableau était exact, il aurait eu une conséquence curieuse, à savoir qu'Adam, avec sa longévité de 930 ans, aurait été contemporain de tous ses descendants, jusqu'à Mathusalem inclus.

En additionnant les longévités, c'est-à-dire couvrant la période entre la création (âge zéro) et le déluge (1 656 ans après la création) d'une part, et depuis cet événement jusqu'à Jacob d'autre part, on compte une durée atteignant tout au plus 6 000 ans. En 1642, John Lightfoot (1602-1675), vice-chancelier de l'Université de Cambridge, estime que la création aurait eu lieu le 23 octobre 4 004 avant notre ère[1]. Mais en 1644, il révise ses conclusions et propose la date du dimanche 12 septembre 3 928.

L'évaluation restée la plus célèbre reste celle de James Ussher (1581-1656). En 1654, cet évêque anglican d'Armagh en Irlande calcule[2] que la création du monde remonterait à 5 654 ans BP, soit au soir du 22 octobre 4 004 av. J.-C., le déluge remontant à 2 348 ans[3]. Ces estimations sont confirmées par Scaliger (qui propose la création en 3 950 avant notre ère), Kepler (3 993) et Newton (4 000).

1. Lightfoot, J. 1642. *A few and new Observations upon the Book of Genesis*. London.
2. *Annales Veteris et Novi Testamenti*, Londres, 1650-54.
3. Barr, J. 1984-85. Why the World Was Created in 4004 BC : Archbishop Ussher and Biblical Chronology. *Bulletin of the John Rylands University Library of Manchester*, 67 : 575–608.

L'observation actuelle de phénomènes cosmiques situés à plusieurs milliards d'années-lumière (ce qui signifie que nous les observons tels qu'ils existaient voici plusieurs milliards d'années) suffit à réfuter ce genre de calculs.

Pourquoi certains créationnistes rejettent-ils les datations physiques des scientifiques ?

La conception dite *jeune Terre* (qui admet que notre planète a environ 6 000 ans) entraîne logiquement le rejet des méthodes de datations physiques prouvant que notre planète est bien plus âgée. Ces datations sont fondées sur la désintégration des éléments radioactifs[1], dont la méthode du potassium /argon. Cette dernière propose 4,5 milliards d'années pour la Terre comme pour le reste du Système solaire. L'analyse des roches lunaires rapportées par la mission Apollo 11 en juillet 1969, confirme cet âge.

Les méthodes de datations radiométriques apportent des informations très sûres concernant l'âge des couches géologiques et des fossiles. La méthode du carbone 14 est utile pour des périodes allant de quelques centaines à quelques dizaines de milliers d'années. Mais elle est rejetée par les créationnistes puisqu'elle permet de dater les civilisations préhistoriques au-delà de 6 000 ans BP. Le comptage des cernes des séquoias géants, plusieurs fois centenaires, confirme la fiabilité des datations au carbone 14 avec une marge d'erreur réduite à 10 % au maximum. La méthode uranium/thorium est valable jusqu'à une barrière d'environ 300 000 ans. Au-delà, celle du potassium/argon permet de dater des phénomènes vieux de plus d'un million d'années. C'est cette méthode qui permet de dater les débuts de l'histoire de la Terre et de la vie, voici près de 4,5 milliards d'années.

Dieu aurait-il pu donner à la Terre un âge apparent de 4,5 milliards d'années, alors que sa création est plus récente ?

Cet argument fut utilisé notamment par le zoologiste britannique Philip Henry Gosse (1810-1888). Mais pourquoi Dieu aurait-il voulu systématiquement tromper les hommes ? On peut même aller plus

1. Les périodes radioactives correspondent à la durée nécessaire pour que la moitié des atomes d'un minéral se soient désintégrées. Pour le carbone 14, c'est 5,7 milliers d'années, pour l'uranium, 4,5 milliards d'années et pour le thorium, 14 milliards d'années.

loin, car pour qu'une telle mystification fonctionne, il faudrait que toutes les apparences soient trompeuses. Autrement, les scientifiques pourraient mettre en évidence certaines incohérences entre les faits observés, ce qui n'est manifestement pas le cas. De plus, si l'on ne pouvait aucunement se fier aux observations, la science ne devrait pas permettre de connaître le monde, ni de le transformer par l'intermédiaire des techniques.

Les créationnistes réfutent la longue histoire géologique du globe en évoquant un déluge ayant noyé le monde entier et censé pouvoir expliquer l'apparente ancienneté des formes actuelles du relief.

Tout d'abord, les géologues ont montré qu'une transgression[1] marine en Basse-Mésopotamie, sur quelques centaines de kilomètres, a inondé la ville d'Ur, la capitale des Sumériens, environ 5 000 ans avant notre ère[2]. Lié à la tectonique locale, cet événement est néanmoins resté d'ampleur limitée. Ce déluge local est passé sous silence par les créationnistes, bien qu'il soit la source probable des mythes évoquant un déluge universel. Un tel événement a dû, en effet, laisser un souvenir impérissable dans la mémoire des hommes de la région et s'est vraisemblablement transmis par la mémoire orale.

Les déluges évoqués dans d'autres mythologies pourraient transmettre le souvenir des effets dévastateurs de la fonte rapide des glaces de la dernière glaciation. En effet, cette dernière[3] a causé, un peu partout dans le monde, des inondations géantes de rivières, de fleuves et de lacs, enregistrées par les archives géologiques à proximité des glaciers, dont l'épaisseur pouvait dépasser 2 000 mètres. Mais il ne s'agissait pas d'un déluge universel. Si un tel déluge avait existé, les preuves géologiques en seraient multiples. Or, il n'en est rien.

De plus, le scénario biblique présente de très nombreuses incohérences, parmi lesquelles le sauvetage des animaux par couples (ou seulement quelques individus). On peut ainsi se demander ce

1. Élévation du niveau de la mer.
2. Purser, B.H., Al Aawin, M., Al Hassani, N.H., Baltzer, F., Hassan, K.M., Orszag-Sperber, F., Plaziat, J.-C., Yacoub, S.Y. & Younis, W.R. 1982. Caractères et évolution du complexe deltaïque Tigre-Euphrate. *Mém. Soc. Géologique de France*, N.S., 144 : 207-216.
3. Van Vliet-Lanoë, B. 2005. *La planète des glaces. Histoire et environnement de notre ère glaciaire.* Vuibert, Paris.

qu'auraient mangé les carnivores quand les herbivores sont restés peu nombreux. De même qu'auraient pu consommer les herbivores en attendant la repousse de la végétation ? Et comment les espèces auraient-elles ensuite regagné leurs continents respectifs à la sortie de l'arche ?

Par ailleurs, entre la fin du XVIIIe et le début du XIXe siècle, la géologie a réfuté l'hypothèse du déluge universel. Dès 1789, le célèbre chimiste Lavoisier a observé que de nombreux fossiles ont été déposés délicatement, et non par une vague gigantesque ayant brisé les paysages antédiluviens. Les sédiments calcaires renferment les restes d'innombrables êtres marins de taille variable, qui se sont accumulés pendant des millions d'années.

De plus, dans les années 1820, le géologue britannique Charles Lyell a présenté certains bancs sédimentaires enserrés dans des coulées volcaniques de l'Etna, en Sicile. Cela prouve que la mer a recouvert cette région du monde à plusieurs reprises et que les éruptions se sont succédé pendant de nombreux millénaires. Depuis lors, l'ensemble des connaissances géologiques confirme la plus ou moins grande ancienneté des formes du relief, qui n'ont pu se former simultanément.

Whitcomb préfère donc biaiser la géologie pour justifier le texte de la Genèse :

> De nombreux experts de la Bible croient qu'il n'y avait, avant le Déluge, qu'un seul grand bloc de terre entouré par les mers, étant donné qu'un couple de chaque espèce se rendit jusqu'à l'Arche de Noë.
>
> Genèse 6.20 ; 7.8.

En fait un tel continent unique, *la Pangée*, a bien existé, mais c'était au Permien, il y a 250 millions d'années ! Whitcomb conteste la *dérive des continents*, parce qu'elle contredit l'existence d'un seul continent unique antérieur au déluge. L'auteur contourne cette objection par l'invention de ponts entre les continents grâce à la glaciation que le déluge aurait engendrée, ce qui s'avère hautement spéculatif. Rien de tout cela n'est confirmé par les études géologiques et climatologiques contemporaines. Les chercheurs doivent pouvoir fonder leurs théories sur des preuves et ils ne doivent pas accumuler des hypothèses incontrôlées. Les données apportées par la géologie contemporaine (depuis 1830) sont formelles : il n'a pas existé de déluge mondial et l'histoire de la vie a évolué sur des milliards d'années, sans discontinuité complète. Certes, des crises ponctuelles et locales se sont produites de manière récurrente, mais sans jamais annihiler simultanément l'ensemble des espèces.

L'hypothèse d'un déluge universel implique une autre interprétation révisionniste, celle de la superposition des couches géologiques qui ne correspondrait pas à des événements successifs étalés dans le temps, mais à une sédimentation rapide entièrement contemporaine du déluge.

Guy Berthault, ingénieur polytechnicien, a-t-il prouvé que les couches sédimentaires ont toutes été formées par le Déluge ?

Dans les *Comptes rendus de l'Académie des sciences de Paris* de 1986 et 1988[1], Berthault publie une observation ancienne selon laquelle, en laboratoire, on peut obtenir un empilement de couches sédimentaires dont les grains ont des tailles différentes, en faisant varier la vitesse d'un courant d'eau dans lequel les particules se trouvent en suspension. Cette étude expérimentale concerne des petites quantités d'eau et de sédiments limités à deux granulométries, l'une fine et l'autre grossière. Dans un commentaire interprétatif, qui n'est pas dans le texte publié par l'Académie des sciences[2], Guy Berthault en déduit de façon extra-scientifique, que les couches géologiques ne correspondent pas forcément à des périodes différentes, mais ont toutes pu se former en même temps, à l'époque du déluge. Ainsi les dépôts épais de 1 600 mètres du Grand Canyon du Colorado se seraient-ils formés globalement pendant le seul épisode du déluge.

En réalité, ces couches s'étagent entre les dépôts métamorphiques du Précambrien (– 1,7 milliard d'années) et les sédiments du Permien (– 250 millions d'années). C'est l'une des plus grandes séquences

1. Pour plus de détails, consulter : Grimoult, C. 2000. *Histoire de l'évolutionnisme contemporain en France 1945-1995*. Droz, Genève-Paris.
2. Berthault, G. 1986. Experiments on lamination of sediments, resulting from a periodic graded-bedding subsequent to deposition—a contribution to the explanation of lamination of various sediments and sedimentary rocks. *Compte Rendus de l'Académie des Sciences, Paris,* 303 (II, 17) : 1569–1574. & Berthault, G., 1988. Sedimentation of a heterogranular mixture : experimental lamination in still and running water. *Compte Rendus de l'Académie Des Sciences,* Paris, 306 (II) : 717–724.

géologiques du monde, mise en évidence par l'érosion du fleuve Colorado, mais causée par la montée tectonique des couches, entre – 17 et – 12 millions d'années.

Les géologues contemporains sont consternés par ce discours non professionnel qui ignore les phénomènes complexes et très lents de sédimentation, de diagenèse et de métamorphisme très lents, d'autant qu'un tel discours rejette les méthodes de datation physique. Guy Berthault va même plus loin, en considérant que son étude suffit à invalider la théorie de l'évolution, alors qu'il n'admet pas le principe méthodologique de l'actualisme, selon lequel, les phénomènes du passé s'expliquent par les mêmes processus que les phénomènes actuels. Les arguments infondés de Berthault sont donc battus en brèche par toutes les données géologiques et paléontologiques.

Les créationnistes ont-ils raison d'affirmer que les chaînes de montagnes sont d'origine récente ?

Selon Withcomb, l'existence de montagnes avant le déluge est incompatible avec un déluge universel qui aurait tout noyé. Seul le mont Ararat où se serait échouée l'arche de Noé est accepté par nécessité. Les créationnistes y ont d'ailleurs fait des recherches, restées infructueuses, pour retrouver la trace de ce navire fabuleux. En réalité, une telle exception prouve que les créationnistes, même lorsqu'ils se déclarent à tort « scientifiques », ne respectent pas la méthode rationnelle qui impose à tout concepteur de théorie de rendre compte des faits : l'exception du mont Ararat ruine l'ensemble de leur présentation. La tectonique des plaques explique, au contraire, la formation des chaînes de montagnes de manière graduelle, au fil des temps géologiques.

Le Coran dit que les montagnes ont été « jetées » ou « posées » sur la Terre pour l'équilibrer (sourate XVI, le verset 15). Qu'en dit la science ?

Ce sont les travaux de géologie et de géophysique qui ont démontré l'existence de la tectonique des plaques et fourni l'explication de la formation des montagnes, des volcans, des vallées de rift et des tremblements de terre...

La Terre est probablement composée d'un *noyau* très chaud, où la température avoisine 5 000 °C dans sa partie interne, métallique et cristallisée (fer et nickel) (Fig. 30).

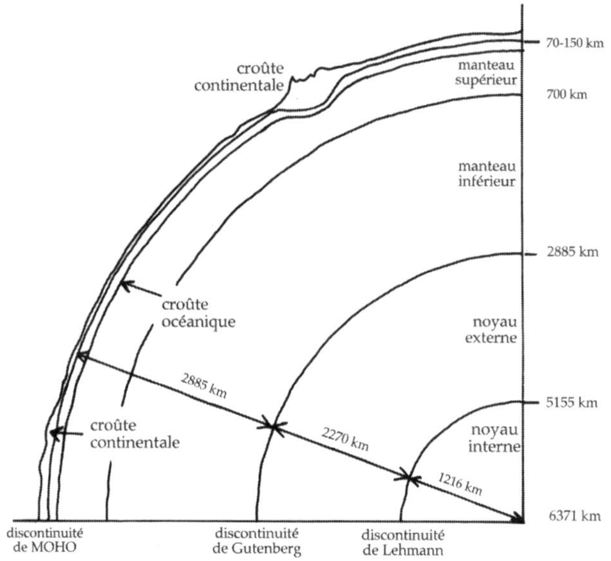

Fig. 30. Structure du globe terrestre. Remarquer les couches concentriques superposées, les discontinuités majeures entre les grandes couches sur lesquelles se réfléchissent les ondes sismiques avec leurs longueurs respectives.

Cette chaleur est produite par la radioactivité des roches, qui se réduit à 4 000° et 3 500 °C dans sa partie externe, « liquide » en fusion. Le noyau est surmonté par le *manteau* (84 % du volume de la Terre) dont la partie inférieure (2 250 km) est visqueuse et où la température approche encore 2 000 °C. Le manteau est plus plastique dans sa partie supérieure, le *magma* (1 100 °C dans l'asthénosphère, située entre 100 et 700 km de profondeur). Il est recouvert par la lithosphère, au sein de laquelle on distingue une croûte de deux types. La *croûte océanique,* épaisse de 5 km, est constituée de roches denses comme le basalte. La *croûte continentale,* épaisse de 30 à 100 km, est formée de roches de faible densité (andésite et granite), parfois surmontées de roches sédimentaires. La lithosphère est découpée en sept grandes *plaques tectoniques* et vingt plus petites[1]. Ces plaques rigides « flottent » et se déplacent sur l'asthénosphère plus ductile.

La *dérive des continents* est une conséquence de la *tectonique des plaques* et de *l'expansion des fonds océaniques.* Elle résulte de *mouvements de convection,* qui s'organisent dans l'asthénosphère sous l'action de la chaleur. Ces mouvements provoquent des remontées de matériaux depuis la base du manteau. Ils se refroidissent progressivement et, en devenant plus denses, replongent dans le manteau. Les courants de convection ascendants sous les croûtes continentales provoquent la cassure des continents, engendrant fossés et failles (rifts). Sous les plaques océaniques, ils provoquent la formation d'une nouvelle ride médio-océanique et d'un rift. C'est ce qui est arrivé avec la fragmentation de la Pangée, voici 180 Ma, ou encore avec l'ouverture de l'Océan Atlantique Nord, il y a 100 Ma, et celle de l'Atlantique Sud, voici environ 70 Ma.

Les mouvements des plaques se font selon deux processus. La *divergence* correspond à l'éloignement de deux plaques sous l'action de la montée du magma, qui fabrique en surface une nouvelle croûte océanique au niveau des *rides médio-océaniques* ou *dorsales océaniques* (Fig. 31) sur les flancs desquels le magma s'écoule latéralement. Il se solidifie sous la forme de basaltes qui augmentent (expansion) la surface du plancher océanique. Au moment du refroidissement, les particules magnétiques du basalte enregistrent le champ magnétique contemporain. Ce phénomène a été mis en évidence par les répartitions en bandes symétriques des anomalies magnétiques océaniques[2] (Fig. 31), alternances qui donnent au fond océanique une image de peau de zèbre plus ou moins symétrique. Ces zones de divergences sont le siège d'activités volcaniques intenses comme celle de l'Islande.

1. Plaques tectoniques les plus importantes : Africaine, Nord-Américaine, Sud-Américaine, Antarctique, Arabique, Australienne, Caraïbes (Mer des Antilles), Cocos (à l'Ouest des Antilles), Eurasienne, Inde, Juan de Fuca, Nazca, Pacifique et Philippines.
2. Les variations du champ magnétique terrestre sont fossilisées par la croûte océanique qui se refroidit après sa formation. On observe une alternance de zones de polarité positives et négatives, lesquelles permettent de dater la formation des planchers des océans (échelle magnéto-stratigraphique).

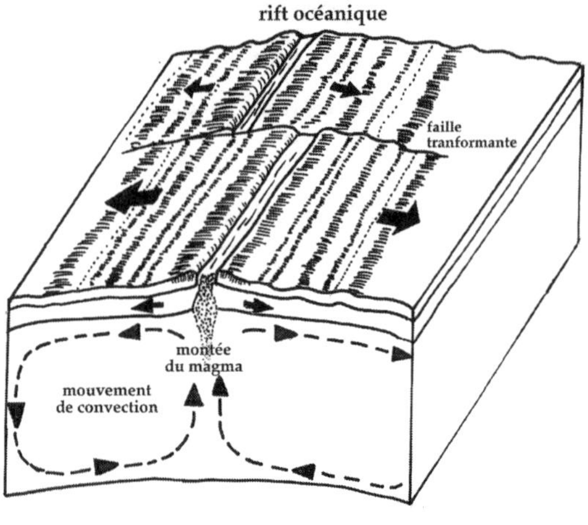

Fig. 31. Formation d'un rift océanique par divergence de deux plaques océaniques. Le magna en se refroidissant produit du basalte qui enregistre le champ magnétique contemporain. Il en résulte une répartition symétrique de bandes possédant les mêmes anomalies magnétiques de part et d'autre de la ride océanique au fur et à mesure de l'expansion du plancher océanique.

La divergence au sein d'une plaque continentale entraîne la formation d'un rift continental (Fig. 32).

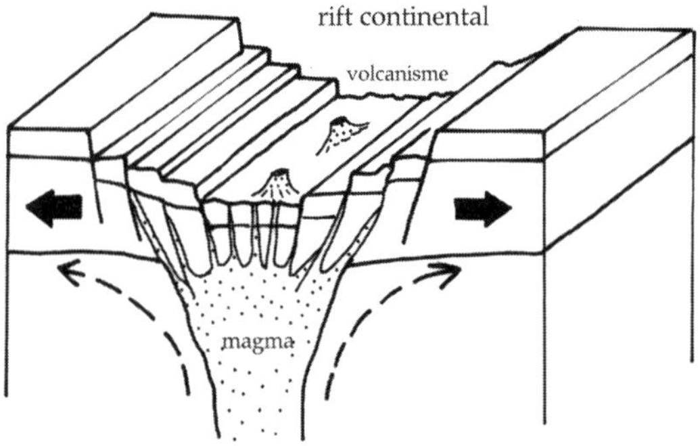

Fig. 32. Formation d'un rift continental. La montée du magma écarte les bords du rift (divergence) qui est le siège de fortes manifestations volcaniques comme on en observe dans le rift d'Afrique orientale.

À l'opposé, la *convergence* entre deux plaques engendre des séismes, du volcanisme ainsi que la genèse des chaînes de montagnes. Trois cas peuvent se présenter.

Dans la *convergence entre deux plaques océaniques,* la plus dense, car la plus ancienne et chargée en sédiments, plonge sous la plus légère. On parle de *subduction* (Fig. 33) favorisant la formation d'une fosse océanique et d'arcs volcaniques, comme ceux des Antilles provoqués par l'enfoncement de la plaque Amérique sous celle des Caraïbes.

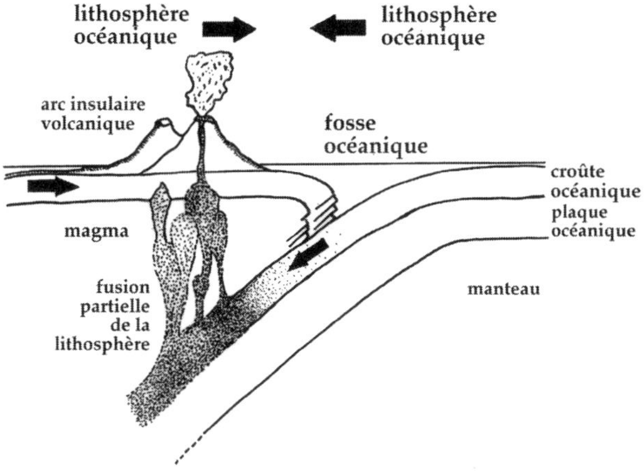

Fig. 33. Convergence de deux plaques océaniques. La plaque la plus lourde, chargée en sédiments, plonge sous la plus légère (subduction).

Lors de la *convergence entre une plaque océanique et une plaque continentale,* comme la croûte océanique est plus dense que la croûte continentale, elle plonge en dessous (*subduction*). Il en résulte la formation d'une fosse océanique et sur le continent, d'une chaîne de montagne très volcanique (Fig. 34) ; c'est le cas de la cordillère des Andes.

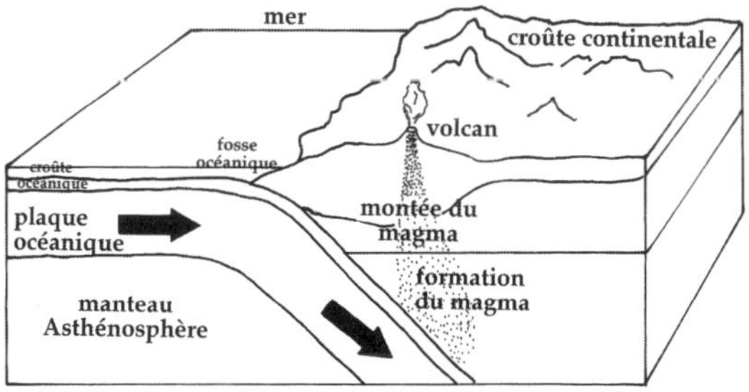

Fig. 34. Subduction d'une plaque océanique sous une plaque continentale.

Dans le cas de la *convergence entre deux plaques continentales,* il ne peut y avoir de subduction, mais une *collision* qui se traduit par la formation d'une chaîne de montagne (Fig. 35).

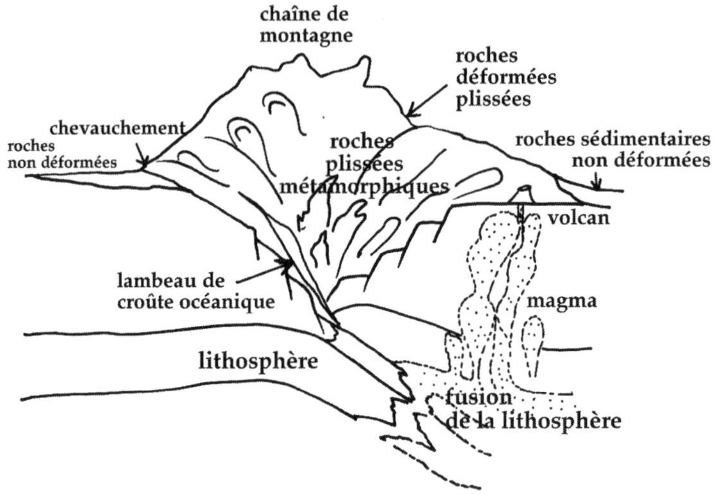

Fig. 35. Convergence entre deux plaques continentales. La collision entraîne la formation (*obduction*) de chaînes de montagne comme l'Himalaya résultant de la collision de la plaque indienne avec la plaque eurasiatique. Les lambeaux de croûte océanique constituée d'ophiolites se trouvent intriqués dans les plissements.

La plaque la plus fragile, qui se plisse, entraîne la formation de chaînes de montagnes et de grands réseaux de failles accompagnés de nombreux séismes. On parle d'*obduction*[1]. C'est le cas lors de la rencontre de la plaque indienne avec la plaque eurasiatique, ce qui a provoqué la formation de l'Himalaya. De même, en percutant la plaque eurasiatique, la plaque africaine a entraîné la surrection des Alpes, phénomène accompagné d'un fort volcanisme et de violents séismes le long de la zone de collision (Italie, Turquie, Iran).

Il existe enfin, en accompagnement des convergences et des divergences, des phénomènes de glissement de deux plaques entre elles, les *coulissages* des *plaques transformantes*, comme celui qui se produit entre la plaque océanique du Pacifique avec la plaque continentale Nord-Américaine, au niveau de la faille de San Andréas, laquelle détermine les violents séismes de Californie.

1. Phénomène inverse de la subduction, montée d'une plaque.

Les déplacements, variables d'une plaque à l'autre, se réalisent à raison de 1 cm par an en moyenne, ce qui fait 1 m en 100 ans, 10 m en 1 000 ans et 10 km en 1 million d'années. Les mouvements actuellement les plus rapides sont connus dans les îles Tonga, à raison de 15 à 20 cm par an. Ces mouvements entraînent des contraintes le long des fractures. Lorsqu'elles se relâchent, ces contraintes créent de violents séismes avec des déplacements de fragments de failles. Par exemple les failles transformantes qui sont perpendiculaires aux rides sont liées au déroulement du tapis roulant océanique qui se déchire (Fig. 31).

Ainsi s'expliquent les formations des fonds océaniques, des chaînes de montagnes, des volcans et des tremblements de terre.

La croûte terrestre se déplace à la vitesse de quelques centimètres par an. Est-ce suffisant pour expliquer les tremblements de terre catastrophiques ?

La géophysique nous apprend qu'en raison de la déformation élastique des roches, le long des failles de décrochement, l'énergie s'accumule au fil du temps (15 % de l'énergie sismique), notamment aux limites des plaques et essentiellement dans les zones de subduction (75 % de l'énergie sismique terrestre). Lorsque cette énergie se relâche, elle crée des séismes. Les créationnistes oublient de dire que ces processus évoluent avec une vitesse moyenne, et que la géologie d'aujourd'hui intègre les événements violents : séismes, éruptions volcaniques, chutes météoriques, etc. Il ne faut pas confondre le principe des causes actuelles (actualisme), qui nie tout miracle dans l'évolution des formes du relief, et l'uniformitarisme, selon lequel tout se passerait toujours avec la même vitesse à la surface de la Terre. Ce principe est depuis longtemps abandonné par la communauté scientifique.

L'apparition de la vie

L'ordre d'apparition des groupes végétaux et animaux révélé par les archives paléontologiques est-il compatible avec le récit de la Création tel qu'il est rapporté dans la Genèse ?

La présentation faite dans la Genèse entre en contradiction flagrante avec les enseignements biologiques et paléontologiques. Par exemple dans Genèse 1, il reste écrit que les herbes, les arbres fruitiers et la végétation seraient apparus le troisième jour, c'est-à-dire avant le Soleil. Une telle affirmation est incompatible avec plusieurs enseignements scientifiques fondamentaux, puisque les plantes ne peuvent se développer sans la lumière qui leur procure de l'énergie, via les chloroplastes, dans le cadre de la photosynthèse. De plus, la paléontologie démontre que les premières créatures marines, des unicellulaires, sont apparues voici environ 3,8/3,5 milliards d'années, soit bien longtemps après le Soleil.

La Genèse place la création des insectes le sixième jour, soit trois jours après celle des plantes à fleurs. Or, les insectes sans ailes (aptérygotes) sont apparus au Dévonien inférieur (– 460 Ma), et ceux qui ont des ailes abondent au Carbonifère supérieur, voici 320 millions d'années. On y trouvait des scorpions de 75 cm à 2,5 m de long et des libellules de 60 cm d'envergure. Quant aux plantes à fleurs[1], elles n'apparaissent qu'au Crétacé inférieur, seulement vers – 120 millions d'années, c'est-à-dire longtemps après les insectes, dont elles ont besoin pour la pollinisation.

Whitcomb écrit :

> La Genèse déclare que la gent ailée fut créée le cinquième jour avec les poissons. En revanche dans le tableau évolutionniste, les oiseaux sont placés après les reptiles (dont la création remonte au sixième jour).

La génétique et la paléontologie prouvent, encore une fois, que l'ordre d'apparition présenté dans la Genèse ne correspond pas à l'histoire de la vie telle qu'elle s'est déroulée. Les oiseaux descendent des reptiles, ce dont témoignent à la fois la chronologie des événements,

1. 300 000 Angiospermes.

leur morphologie, la comparaison des séquences génétiques ainsi que certaines ressemblances embryonnaires, comme le fait que le futur bec du poussin présente des sortes de dents.

De manière tout aussi erronée, Whitcomb écrit :

> Les baleines, ainsi que toutes les créatures marines, apparurent le cinquième jour de la création et précédèrent donc les mammifères terrestres, contrairement à ce qu'allèguent les évolutionnistes...

Les baleines, qui allaitent leurs petits, sont des mammifères et non des poissons. La paléontologie confirme qu'elles descendent de formes terrestres au cours du Tertiaire[1]. Elles ne peuvent donc en aucun cas être apparues antérieurement aux autres mammifères.

Les dinosaures ont-ils été les contemporains des hommes ?

Les créationnistes essaient de prouver par tous les moyens possibles la contemporanéité des hommes et des dinosaures avant le déluge. En effet, selon Whitcomb :

> Les dinosaures n'ont pas pu disparaître avant l'entrée en scène d'Adam, puisque Dieu lui donna d'exercer sa domination sur toutes les espèces d'animaux.
>
> Genèse 1.28.

Pour démontrer la contemporanéité des dinosaures et de l'homme, des créationnistes ont falsifié des données paléontologiques en présentant des traces de dinosaures déformées par des glissements de boue dans le lit de la rivière Paluxy (Texas), comme étant des traces d'hommes[2].

C'est ainsi que Sarah Palin, la colistière de John McCain, le candidat républicain aux élections présidentielles américaines en 2008, admet que les dinosaures ont été créés voici 6 000 ans BP, en même temps que les hommes. Pour soutenir leur interprétation, les créationnistes ont mis en place un *Muséum de la Création*, ouvert en

1. Marchand, D. 1999. Restructuration crânienne chez les vertébrés retournés à la vie marine. *Revue Paléobiol. Genève*, 18(1) : 197-220.
2. Hastings, R.J.1987. New Observations on Paluxy Tracks Confirm Their Dinosaurian Origin. *Journal of Geological* Education, 35(1) : 4-15. Hastings, R.J. 1988. *The rise and fall of the Paluxy Mantracks*. Perspectives. The American Scientific Affiliation.

mai 2007 à Petersburg, près de Cincinnati (Kentucky). Ce musée est basé exclusivement sur l'interprétation littérale de la Bible, où Adam et Ève sont présentés comme vivant au milieu des dinosaures !

La paléontologie prouve pourtant de façon indiscutable que les dinosaures se sont éteints voici 65 millions d'années et que les premiers hommes sont apparus voici seulement 2 millions d'années environ, soit près de 63 millions d'années plus tard !

Les mammouths ont été découverts congelés dans un état de conservation étonnant. N'est-ce pas la preuve d'une mort rapide et violente, à l'opposé de la lente transformation des climats évoquée par les évolutionnistes ?

La mort des mammouths peut souvent être reliée à la fonte superficielle, en été, du *pergélisol*, sol gelé en surface sur une trentaine de mètres en Sibérie. Leur corps s'enfonce alors dans la boue, d'où ils ne peuvent s'extraire en raison de leur poids. Après leur mort, le retour du froid les a congelés et a empêché leurs corps de se décomposer. Il n'est nul besoin de catastrophe climatique accompagnant le déluge, comme le proposent les créationnistes, pour expliquer la conservation de ces pachydermes.

L'évolution des espèces

Pour les créationnistes, les espèces ont été créées individuellement à l'état de perfection, ce qui exclut leur dérivation à partir d'ancêtres préexistants. Existe-t-il des formes intermédiaires entre les espèces, ou s'agit-il de « chaînons manquants » ?

Les créationnistes nient l'existence de formes fossiles intermédiaires entre les espèces actuelles. Ces dernières se succèdent et chacune constitue un chaînon intermédiaire entre une espèce ancestrale et une espèce qui en est issue. Il est « manquant » uniquement lorsqu'on ne l'a pas encore trouvé à l'état fossile, et non parce qu'il n'existe pas. Par exemple, les singes bipèdes australopithèques sont un chaînon intermédiaire (découvert en 1925, donc désormais non manquant), entre l'ancêtre commun et l'homme proprement dit.

Certains fossiles intermédiaires sont très célèbres, comme l'*Archaeoptéryx*, découvert au milieu du XIXe siècle, un oiseau archaïque possédant des ailes et des plumes, ainsi que des dents et un squelette qui l'apparentent étroitement à certains dinosaures. On a trouvé récemment en Chine de nombreux dinosaures terrestres pourvus de plumes, ce qui renforce la vraisemblance de la parenté entre ces groupes.

Dans des couches géologiques plus récentes, certains proches parents des baleines ont été mis au jour, pourvus de membres postérieurs. Et ceci ne représente que quelques exemples très significatifs.

En effet, depuis les années 1960, l'école paléontologique de Dijon rassemble des travaux, où l'on dispose non seulement de tous les intermédiaires morphologiques entre plusieurs genres de rongeurs, mais aussi de nombreux individus de chaque espèce. Cela permet d'analyser en détail les fluctuations de la sélection naturelle autour d'une moyenne elle-même fluctuante en fonction des changements environnementaux.

Un autre exemple spectaculaire de forme transitionnelle concerne la « sortie des eaux ». Amphibiens, reptiles, mammifères et oiseaux descendent d'un groupe de poissons qui, voici plusieurs centaines de millions d'années, ont quitté leur élément aquatique pour vivre sur la terre ferme. Cela s'est fait très graduellement et un nombre conséquent de fossiles permet aujourd'hui de préciser les modalités de cette conquête de nouveaux milieux.

Les gobies, petits poissons des littoraux tropicaux, que l'on peut encore observer de nos yeux dans la nature, représentent les analogues actuels de ce genre d'intermédiaires niés par les créationnistes. En effet, ils sont capables, tout en vivant dans l'eau, de se déplacer sur la plage, et même de grimper sur les troncs des arbres, en respirant l'oxygène de l'air et en se servant de leurs nageoires ventrales unies pour former une ventouse. Les intermédiaires sont nombreux : il suffit de vouloir les observer.

Les créationnistes répètent souvent qu'il n'existe pas de preuve de la macroévolution, c'est-à-dire des liens généalogiques entre les grands plans d'organisation. Les formes intermédiaires — les « chaînons évolutifs » — existent-elles entre les grandes catégories de la classification ?

Les créationnistes demandent aux chercheurs de leur apporter des preuves directes de cette évolution, alors que la séparation des plans d'organisation a eu lieu à des époques très anciennes, un peu avant – 600 millions d'années, pour lesquelles les fossiles sont rares.

« L'explosion cambrienne » est une expression qui désigne l'apparition rapide, à l'échelle des temps géologiques, d'anatomies entièrement nouvelles (faunes d'Ediacara, de Chengjiang et de Burgess), qui préfigurent les trente grands plans d'animaux actuels (notamment les phylums des Arthropodes et des Cordés). Or, c'est bien de macroévolution qu'il s'agit. Cet événement est attesté par de nombreuses données paléontologiques et moléculaires comme nous l'avons évoqué au chapitre 9. C'est un tournant décisif dans l'évolution de la vie : la structure globale du monde vivant actuel était en place et les mutations-sélections dans les plans d'organisations ont abouti à la biosphère actuelle avec au moins trois millions d'espèces.

Les créationnistes ne cessent de répéter qu'à l'échelle de temps de l'observation humaine, on ne peut observer que des différences d'individus au sein de l'espèce, voire entre espèces d'un même genre, ce qui correspond à la microévolution. Mais ils ignorent l'existence des gènes architectes qui contrôlent la formation des plans d'organisation. Même si l'évolution est parfois graduelle à l'intérieur d'une espèce, des mécanismes connus permettent d'expliquer certains changements morphologiques rapides et, surtout, coordonnés avec le reste de l'organisme, grâce à des mutations touchant des gènes architectes dits *Hox*. Ces derniers guident l'évolution morphologique en gouvernant l'activité d'autres réseaux de gènes. Par exemple, l'*inversion dorso-ventrale entre les invertébrés et les vertébrés* (qui correspond à un véritable changement de plan d'organisation), est simplement contrôlée par un couple de gènes de régulation (*ddp/sog* et *chordin/BMP2-4*), qui s'expriment par des protéines antagonistes(voir chapitre 9). Citons également les altérations du développement entre ancêtre et descendant (hétérochronies). Ces transformations apportent une explication simple à des modifications complexes en faisant varier les différentes périodes du développement ontogénique, c'est-à-dire de la formation de l'individu. Si le développement se prolonge dans le temps, la taille pourra être augmentée de façon significative. Dans notre famille biologique, la forte ressemblance des adultes humains avec les jeunes chimpanzés pourrait s'expliquer par une prolongation de la période juvénile chez les ancêtres de notre espèce. Les relations de parenté entre les groupes sont donc de mieux en mieux établies par les spécialistes.

Les créationnistes considèrent que les organismes agissent pour le bien de l'espèce et sa perpétuation. Les grands équilibres écologiques, notamment entre prédateurs et proies, tendraient-ils à prouver que Dieu a établi un monde bien réglé, et donc fixe ?

Les paléontologues ont depuis longtemps prouvé que de nombreuses espèces biologiques se sont éteintes dans le passé. Les archives paléontologiques sont jonchées de cadavres d'espèces disparues. Si les écosystèmes semblent en équilibre, celui-ci doit être compris de manière dynamique ; il est régulièrement bouleversé par l'introduction de nouveaux concurrents ou même par des phénomènes climatiques et tectoniques, parfois violents. Il suffit de regarder l'évolution climatique actuelle de la planète pour constater que le moindre changement de la qualité de l'air provoque des modifications rapides et souvent considérables des environnements. Elles sont susceptibles d'entraîner la disparition définitive de nombreuses espèces. Les variations climatiques modifient constamment la biosphère au cours des temps géologiques.

Pourquoi la plupart des espèces connues de la paléontologie ont-elles disparu si leur adaptation avait été parfaite, comme le croient les créationnistes ? Les parasites mènent parfois l'espèce hôte jusqu'à l'extinction, ce qui met ensuite leur propre espèce en danger. La compétition interindividuelle et entre espèces conduit à un gaspillage des ressources. Loin de témoigner d'une harmonie figée, la nature présente des preuves multiples de ses fluctuations.

Le créationniste Jacques Nesbitt a écrit : « Chaque espèce possède un code génétique fixe et invariable[1] ». Qu'en est-il ?

Cette assertion s'avère particulièrement ambiguë parce qu'elle repose sur la confusion du *code génétique* avec le *génome*. Il existe un seul *code génétique* universel pour l'ensemble du vivant : cela implique que les espèces bactériennes, végétales et animales présentent des mécanismes moléculaires identiques, basés sur l'ADN et sur sa transcription en protéines, via l'ARN. Mais chaque espèce possède une information génétique spécifique, son *génome*, d'autant plus ressemblante avec les autres êtres vivants que ceux-ci sont proches au sein des parentés. En jouant sur les mots, les créationnistes peuvent tenter de faire naître le doute chez des gens peu informés, mais leurs tentatives de détournement ne sont pas crédibles auprès des spécialistes.

La sélection naturelle ne ferait, selon certains, qu'éliminer les mutants, forcément néfastes. Le hasard engendre-t-il seulement le désordre ?

Les expériences sur les drosophiles et les souris ont prouvé que beaucoup de mutations sont neutres, que d'autres sont néfastes, voire parfois tératologiques, et qu'une troisième catégorie de mutations peut s'avérer avantageuse selon les conditions du milieu. Ces dernières sont toujours fluctuantes et changeantes, et non infiniment stables comme le croient les créationnistes. Les transformations néfastes sont éliminées par la sélection multipolaire, les autres sont conservées. C'est la *canalisation sélective* qui permet au vivant, grâce au hasard des mutations, de construire des organes et des mécanismes physiologiques complexes novateurs adaptés.

Les « fossiles vivants » prouveraient que l'évolution n'est pas générale. Ces espèces, qui ne se sont pas transformées depuis plusieurs millions d'années, invalident-elles l'évolution ?

Cet argument méconnaît la théorie de l'évolution, au moins pour deux raisons. La première concerne le fait que les changements enregistrés par le vivant ne se limitent pas à la seule morphologie, liée au squelette et à l'apparence extérieure. De plus, la théorie ne postule

1. Nesbitt, J. 1993 [1975]. *Création et évolution. Problèmes d'origine*. Éd. Clé, Lyon. p. 18.

pas que les espèces devraient se transformer constamment. Les changements les plus évidents sont généralement de type adaptatif. Mais si l'environnement dans lequel vit l'espèce se maintient inchangé pendant longtemps, comme le fond de la mer par exemple, la sélection naturelle pourra favoriser une forme proche de l'optimum adaptatif, et garantira une certaine stabilité de la morphologie de l'espèce. De fait, les espèces réellement « morphologiquement stables » sont excessivement rares.

Le créationniste Jacques Nesbitt réfute-t-il l'évolution en écrivant : « Un cochon ne pourrait jamais devenir une baleine[1] » ?

Cette citation correspond à une vision tout à fait périmée de l'évolution. Certains naturalistes du XIXe siècle croyaient en effet que la transformation des espèces suivait les mêmes étapes, mais décalées dans le temps, depuis des stades primitifs jusqu'à devenir des êtres plus évolués, dont l'homme serait l'archétype. Au contraire, tous les êtres vivants d'aujourd'hui correspondent à des formes dérivées et évoluées, au sens où ils se sont tous séparés de l'ancêtre commun LUCA (*last universal common ancestor*) depuis quelque 3 milliards d'années. En ce qui concerne les mammifères, ce n'est donc pas à partir des cochons actuels qu'il faut chercher les ancêtres des baleines, mais à partir de certains ongulés archaïques comme le prouvent les registres fossiles[2]. Les représentants du genre *Pakicetus* (Eocène, – 50 Ma) ont encore des pattes bien développées qui en font une forme marcheuse. C'est avec le genre *Ambulocetus* (– 48 Ma) que les modifications commencent. Les membres postérieurs présentent des pieds allongés, mais le bassin indique que ces animaux pouvaient aisément revenir à terre. Comme la propulsion était assurée par les membres postérieurs et la partie postérieure du corps, la façon de nager était probablement plutôt semblable à celle de l'otarie que de la loutre. De proche en

1. Nesbitt, J. 1993 [1975]. *Création et évolution. Problèmes d'origine*. Éd. Clé, Lyon. p. 18.
2. Marchand, D. 1999. Restructuration crânienne chez les vertébrés retournés à la vie marine. *Revue Paléobiol. Genève*, 18(1) : 197-220 & Chaline, J. & Marchand, D. 2002. *Les merveilles de l'évolution*. EUD.

proche, leurs descendants sont devenus les baleines actuelles, qui présentent encore des héritages de leurs ancêtres terrestres, dont des os d'un bassin devenu inutile.

Si les ongulés archaïques ont donné naissance aux baleines, ils sont également les ancêtres des artiodactyles, groupe auquel appartient le cochon ; ce sont donc des cousins très lointains, séparés par plus de 50 millions d'années d'évolution divergente.

C'est aussi une faute de méthode de considérer une espèce actuelle comme pouvant être l'ancêtre d'une autre forme actuelle. Ainsi, aucune espèce actuelle de singe, comme le chimpanzé, ne représente la population ancestrale de l'homme. Mais les nombreuses espèces de singes et notre espèce ont conservé, de leur ancêtre commun, différents traits qu'ils partagent à l'exclusion des autres espèces animales.

L'apparition des espèces est-elle prévisible ?

La thèse du dessein intelligent refuse le caractère contingent de l'évolution, mais postule que l'histoire de la vie correspond à un plan. Dans ces conditions, les transformations menant à l'homme et à la biosphère actuelle, auraient été prévisibles dans tous leurs détails, car nécessaires, et surtout indépendantes des conditions de l'environnement. Pourtant, cette conception ne répond pas à la question suivante : comment se fait-il que tous les descendants de l'ancêtre commun n'ont pas été affectés par la même tendance hominisante ? On peut aller plus loin : puisque l'homme descend d'un mammifère primitif, lequel est issu d'un reptile mammalien, lui-même provenant d'une créature amphibie provenant d'un poisson, pourquoi tous nos cousins du règne animal dotés de vertèbres ne nous ressemblent-ils pas ? Comment expliquer que, malgré la nécessité de la transformation de certaines espèces vers l'homme, seuls quelques individus eussent changé dans le sens initialement prévu par Dieu ?

L'évolution ne mène pas toujours vers une complexité croissante, comme le montrent les cas de pertes de fonction, bien étudiées chez les microorganismes par exemple, ou encore les simplifications enregistrées par l'anatomie des parasites. L'accroissement du psychisme est surtout apparent chez les vertébrés. Mais pourquoi, sinon par anthropocentrisme, faudrait-il reconnaître que ces derniers forment le couronnement de la biosphère ? En termes de biomasse, il semble que les insectes dominent de loin les autres classes d'espèces animales. Quant aux plantes et aux différents phylums de bactéries, certains forment aussi des sommets évolutifs relatifs en termes de complexité, de résistance ou de persistance. L'homme s'est adapté à de très nombreux milieux. Mais que dire des bactéries dont certaines sont capables de survivre à un séjour prolongé dans l'espace intersidéral, comme il est apparu par l'analyse des satellites envoyés dans l'espace ?

Il existe une question encore plus fondamentale : si cette conception déterministe était vraie, pourquoi les autres espèces animales ou végétales ont-elles poursuivi leur évolution ? Sans doute, répondront les partisans du dessein intelligent, qu'il s'agissait pour elles de s'adapter au milieu. Les néodarwinistes admettent cette réponse, dont il faut cependant tirer toutes les conséquences. Pourquoi l'adaptation au milieu, qui est capable de façonner, sans intervention divine, des morphologies aussi spécialisées que celles du cheval, de l'éléphant ou du caméléon, ne serait-elle pas suffisante pour expliquer l'émergence de l'homme ? On mesure ici tout l'anthropocentrisme de la doctrine du dessein soi-disant intelligent.

Le philosophe André Comte-Sponville présente enfin un argument méthodologique à l'encontre du dessein intelligent :

> Quand bien même l'évolution des espèces aurait une direction, cette direction n'est pas une signification ni un but. Elle ne fait pas sens. Par exemple, le Rhône coule dans la direction nord-sud. Cela ne veut pas dire qu'il ait du sens ! Le Rhône ne veut rien dire ; il ne va nulle part ; il se contente de suivre la pente. Que certains voient dans les lois de l'évolution des convergences, cela pourrait signifier qu'il y a une direction, non pas une signification ni, encore moins, un but ou une finalité[1].

Un organe aussi complexe que l'œil a-t-il pu être mis en place sans un créateur artisan ?

Pour Darwin, qui ne disposait pas des données génétiques, la constitution de l'œil constituait un véritable défi. On sait aujourd'hui que la formation de l'œil est déterminée par le gène Hox *Pax 6* et que

1. « Une révolution philosophique ? Un débat entre André Comte-Sponville et Jean Staune », *Le Monde des religions*, janvier-février 2010, p. 41.

des mutants de ce gène ainsi que du réseau de gènes qu'il contrôle ont formé les quarante types d'yeux connus dans le monde vivant[1]. Ceux-ci vont des cellules photoréceptrices simples jusqu'aux yeux composés des insectes et à ceux, très différents, des mammifères. La preuve de ce mécanisme génétique est fournie notamment par les mutants *aniridia* du gène *Pax 6* qui, chez l'homme, donnent naissance à des individus dépourvus d'yeux.

Mais il y a plus car, comme l'écrit le philosophe américain Daniel C. Dennett :

> Aussi admirable que soit l'organisation de l'œil [humain], un détail malheureux trahit ses origines : la rétine est tournée à l'envers. Les fibres nerveuses qui conduisent les signaux émis par les cônes et les bâtonnets de l'œil — sensibles à la couleur et à la luminosité — se dirigent du mauvais côté et doivent traverser une large couche de la rétine pour atteindre le cerveau, créant la tache aveugle. Aucun ingénieur (designer) intelligent n'aurait imaginé un montage aussi malcommode pour un caméscope… et ce n'est là qu'un des milliers d'accidents qui émaillent l'histoire évolutive confirmant que le déroulement historique n'a pas été préconçu[2].

Comme l'avait pensé Darwin, tous les arguments s'opposent à la doctrine créationniste et confirment la théorie évolutionniste, même au sujet de cette difficulté reconnue de l'apparition des organes complexes.

Le cas du scarabée bombardier pose la question de la complexité évolutive : cet insecte utilise, contre ses prédateurs, un mélange explosif de deux substances conservées ensemble dans son abdomen, grâce à la présence d'un inhibiteur chimique. Au moment adéquat, l'animal ajoute un anti-inhibiteur afin d'éjecter le gaz sur son prédateur. Le scénario présenté par les créationnistes imagine les ancêtres du scarabée jouant les apprentis-sorciers au fil des générations, des milliers d'entre eux mourant par explosion au mauvais moment. Sa mise au point constitue-t-elle donc une merveille, un petit miracle ?

1. Salvini-Plawen, L.V. & Mayr, E. 1977. Evolution of photoreceptors and eyes. *Evol. Biol*, 10 : 207-263.
2. « Montrez-moi la science ! », *Le nouvel observateur* hors série, décembre 2005-janvier 2006, p. 33.

C'est en 1961 que Schildknecht et Holoubek[1], des chimistes allemands, découvrent que le scarabée bombardier possède deux glandes qui secrètent, dans deux chambres communicantes de son organisme, d'une part de l'hydroquinone et d'autre part du peroxyde d'hydrogène. Chez le scarabée, ces produits sont envoyés dans une chambre-réservoir s'ouvrant à l'extérieur par des valves contrôlées par des muscles, véritables canons arrière des bombardiers, dont il existe environ 500 espèces. La chambre de combustion apparaît bordée de cellules produisant des catalases et des peroxydases. Le peroxyde d'hydrogène est alors découpé et catalyse l'oxydation des hydroquinones en p-quinones. Ces réactions libèrent de l'oxygène et suffisamment de chaleur pour porter le mélange à son point d'ébullition et en vaporiser une partie, qui est projetée par les valves de l'arrière de l'abdomen en explosant[2]. Lorsqu'un prédateur s'approche du scarabée, il lui envoie donc la vapeur explosive pour l'effrayer[3].

Cet exemple a été utilisé par Duane Tolbert Gish et de nombreux autres créationnistes (Hitching, Huse) pour justifier le créationnisme et le dessein intelligent, en affirmant que cet exemple déboulonnait le « mythe de l'évolution ». Gish s'est basé sur un faux scénario de Schildknecht, en affirmant que le mélange d'hydroquinone et de peroxyde d'hydrogène exploserait s'il n'y avait pas d'inhibiteur. Il invente ainsi l'existence d'un anti-inhibiteur pour faire exploser le mélange lors de son utilisation ! En fait, ces produits n'explosent pas lorsqu'ils sont mélangés, comme l'a montré Dawkins[4].

Voici donc le scénario évolutif probable ayant conduit aux scarabées bombardiers. Des quinones sont produites très fréquemment par des cellules épidermiques chez les arthropodes, où elles sont utilisées pour

1. Schildknecht, H. & Holoubek, K., 1961. Die Bombardierkafer und ihre Explosionschemie. *Angewandte Chemie* 73(1) : 1-7.
2. Aneshansley, D.J., T.H. Jones, D. Alsop, J. Meinwald, & T. Eisner, 1983. Thermal concomitants and biochemistry of the explosive discharge mechanism of some little known bombardier beetles. *Experientia* 39 : 366-368.
3. Eisner, Thom, George E. Ball, Braden Roach, Daniel J. Aneshansley, Maria Eisner, Curtis L. Blankespoor, & Jerrold Meinwald, 1989. Chemical defense of an Ozaenine bombardier beetle from New Guinea. *Psyche* 96 : 153-160.
4. Dawkins, R. 1987. *The Blind Watchmaker*, Norton, NY. p. 86-87.

tanner la cuticule, et aussi comme sécrétions défensives[1]. Comme il se produit plus de quinone que nécessaire, celle-ci s'accumule dans des replis épidermiques profonds et les muscles qui se développent autour permettent de les expulser. Grâce à des mutations retenues par la sélection naturelle, certaines invaginations deviennent des réservoirs et de nouvelles molécules chimiques apparaissent à côté des quinones, notamment des hydroquinones, qui servent alors de défense contre les prédateurs. Chez de nombreux coléoptères, les cellules produisant des hydroquinones se développent en de multiples couches formant de véritables glandes sécrétrices produisant plus de substance conduite vers le réservoir par un canal. Comme le peroxyde d'hydrogène est un produit dérivé banal du métabolisme cellulaire, il se mélange aux hydroquinones constituant le mélange défensif utilisé par les coléoptères contre les prédateurs par l'ouverture des muscles du réservoir. Des cellules sécrétant des catalases et des peroxydases apparaissent le long du canal externe du réservoir, en dehors de la valve de fermeture. La décharge devient ainsi plus chaude et se trouve expulsée plus rapidement grâce à l'oxygène produit par la réaction au sein d'une chambre de réaction qui s'est constituée[2].

Au fil de générations, le bout de l'abdomen s'est allongé, permettant ainsi d'orienter le jet de la décharge dans des directions variées, du moins dans le groupe des Bombardiers Brachinines. Ce cas n'est pas isolé, car il existe de nombreux autres coléoptères ayant acquis ce mode de défense. Les Carabidés Paussines, par exemple, qui sont des mangeurs de fourmis, présentent des ouvertures plus latérales, tirant seulement du côté exposé, et, en courbant leur abdomen, ils peuvent dégager vers l'avant. Ces glandes, de la région postérieure du corps sont utilisées non seulement chez les Bombardiers, mais aussi chez tous les coléoptères du sous-ordre des insectes *Adephaga*[3] qui rassemble les dytiques, les carabes et les gyrins. D'autres formes

---

1. Eisner, T. 1970. Chemical defense against predation in arthropods. *In* : *Chemical Ecology* (Sondheimer, E. & J. B. Simeone), Academic Press, NY, pp. 157-217.
2. Aneshansley, D. J. & Eisner, T. 1969. Biochemistry at 100C : explosive secretory discharge of bombardier beetles (*Brachinus*). *Science* 165 : 61-63.
3. Eisner, T., Jones, T.H., Aneshansley, D.J., Tschinkel, W.R., Silberglied, R.E. & Meinwald, J. 1977. Chemistry of defensive secretions of bombardier beetles (Brachinini, Metriini, Ozaenini, Paussini). *J. Insect Physiol.*, 23 : 1382-1386.

aquatiques, comme le genre *Stenus*, utilisent cette fonction pour annuler la tension de surface de l'eau et se propulser d'un seul coup à plusieurs mètres.

Les créationnistes ignorent sans doute que l'évolution procède souvent par duplication de gènes et détournement des fonctions déjà présentes dans l'organisme ancestral pour jouer d'autres rôles ou d'autres fonctions ; c'est ce qu'on appelle les *exaptations*. De plus, comme dans le cas de l'œil évoqué dans le paragraphe précédent, on connaît dans la nature actuelle de nombreux intermédiaires entre les scarabées bombardiers et d'autres formes utilisant des protections chimiques, allant du mauvais goût de l'insecte jusqu'à l'émission d'urine pour dégoûter le prédateur.

Les biologistes connaissent aujourd'hui la mise en place de certaines coordinations biochimiques ou physiologiques complexes grâce à des cascades métaboliques dirigées par des réseaux de gènes « architectes ». Ces derniers gouvernent l'activité d'autres gènes, et ainsi de suite, ce qui permet des réglages très fins, notamment au moment de l'ontogenèse, c'est-à-dire de la fabrication du corps de chaque individu. Bien que l'on ne connaisse pas encore la génétique du scarabée bombardier, il ne serait pas étonnant que sa physiologie, qui n'est pas plus complexe que celle d'autres espèces mieux connues, soit explicable par des mécanismes de ce genre : il n'y a aucun mystère dans cet insecte et les autres de son groupe. Les créationnistes parlent de la « merveille » que constitue cette espèce, alors que des mutations peuvent aussi l'affecter, la détraquer, et que le « bombardement » en question manque parfois d'efficacité !

Enfin, cet argument de la complexité ne cadre pas avec une méthode rationnelle rigoureuse. En effet, ce n'est pas parce que l'on ne comprend pas un phénomène qu'il est forcément incompréhensible et qu'il relève donc du domaine du surnaturel. L'histoire des sciences enseigne que ceux qui ont invoqué une transcendance en guise d'explication ont systématiquement stérilisé la recherche au lieu de la faire progresser. Les seules découvertes fécondes sont venues des scientifiques, et non des créationnistes ou des partisans du dessein intelligent. L'histoire montre qu'il a fallu des siècles pour comprendre des phénomènes que les scientifiques jugent aujourd'hui élémentaires, comme la rotation de la Terre, l'électricité ou certaines réactions chimiques. La science d'aujourd'hui tente d'expliquer des mécanismes autrement plus complexes.

Admettre l'évolution au moyen des mutations génétiques aléatoires ne revient-il pas à demander à un singe de dactylographier, à l'aveugle, une tragédie de Shakespeare ?

Cette comparaison, reprise dans de trop nombreuses publications, constitue tout simplement un non-sens. En effet l'évolution procède par des changements, appelés mutations, des structures génétiques existant chez les ancêtres. De dérivations en dérivations, l'évolution est un *phénomène à mémoire*, un véritable bricolage mutationnel qui fait du neuf avec du vieux, comme l'a noté François Jacob[1]. Il faudrait ainsi comparer l'élaboration de chaque pièce de Shakespeare avec des milliards de brouillons successifs (génomes ancestraux successifs), où l'auteur aurait modifié, ajouté, transformé ici et là, puis observé ce qu'en pensait la critique (la sélection naturelle), avant de reprendre le travail d'écriture à plusieurs millions de reprises. Alors oui, la nature pourrait produire, à l'aveugle, des textes bien plus complexes même que les pièces de Shakespeare.

L'apparition de l'homme

Pourquoi le cas humain représente-t-il le point suprême du conflit des créationnistes contre la science ?

Ayant été fait, selon eux, à l'image de Dieu, l'homme ne saurait en aucun cas dériver d'un primate ; ce serait une image trop dégradante. Whitcomb met ainsi en doute l'existence des hommes préhistoriques :

> Les premiers êtres humains ne descendent pas d'ancêtres simiesques, pas plus qu'ils ne sont parvenus à l'état adulte à partir d'enfants ou d'œufs fécondés.

1. Jacob, F. 1977. Evolution and tinkering. *Science*, 196 : 1161-1166.

> Ils furent créés parachevés (sans nombril), tout à fait capables d'obéir aux commandements de Dieu : « Soyez féconds, multipliez, remplissez la terre »
>
> Genèse 1.28.

De même, cet auteur écrit :

> Le concept de « l'homme-singe » est donc tout aussi absurde, bibliquement et scientifiquement parlant que celui de « l'homme-girafe » ou de « l'homme-rhinocéros ». Mais il serait dangereux de ne voir dans cette niaiserie ou cette affabulation qu'un produit de la science-fiction. Il s'agit bien d'une perversion mortelle dans la mesure où elle s'attaque à l'image même et à la ressemblance de Dieu dans l'homme. « L'homme-singe » n'a jamais existé. En revanche, « l'homme des cavernes » a existé de tout temps. Voilà quatre mille ans, Job fit une description de ceux qui habitaient les régions du Nord de l'Arabie...

Les scientifiques réfutent aujourd'hui l'appellation d'homme-singe, mais il a existé des intermédiaires biologiques, révélés par la paléontologie, entre les ancêtres simiesques de notre espèce et les hommes actuels. Mais ils n'existent plus à l'heure actuelle. Les créationnistes passent sous silence les caractères communs partagés par l'homme et les primates supérieurs, en particulier les 98 % d'identité biochimique, les chromosomes et les groupements sanguins identiques.

Whitcom ajoute de manière mensongère :

> Les fameuses preuves d'hommes-singes, tels que l'homme de Piltdown (un faux notoire), l'homme du Nébraska (un autre faux notoire), l'homme de Néandertal, le *Pithecanthropus erectus*, l'homme de Pékin, l'*Homo habilis* et le Zinjanthrope, ont déjà été discréditées par des experts objectifs et circonspects. Ces « hommes » sont soit des restes d'animaux, soit de véritables êtres humains, mais ils ne marquent pas de transition entre les deux.

Une telle narration montre simplement comment ce créationniste rejette les milliers de données paléontologiques qui démontrent la réalité de l'origine animale de l'homme. Il reste néanmoins que l'homme de Piltdown[1] constitue effectivement un faux conçu par un charlatan, comme cela se produit quelquefois, dans la mesure où les savants, pas plus que les autres individus, ne sont à l'abri des passions humaines.

1. Pour plus de détails, consulter : Thomas, H. 2002. *Le mystère de l'homme de Piltdow. Une extraordinaire imposture scientifique*. Belin-*Pour la Science*, Paris.

Si tous les humains sont nés d'Adam, puisque même sa femme Ève est issue de sa côte, quelle épouse leur fils Caïn choisit-il ? Qui sont les hommes du pays de Nod, parmi lesquels il s'installa d'après la Bible ?

Il existe deux réponses possibles à cette question : ou bien tous les hommes descendent d'un couple originel, et alors leurs enfants, dont nous serions tous les descendants, sont coupables d'inceste, ou bien il existait déjà d'autres hommes du temps d'Adam, lequel ne serait donc pas le père de tous les humains... Dans les deux cas, l'interprétation littérale de la Genèse pose problème.

Le crâne de Toumaï, un hominoïde récemment découvert au Tchad, est issu d'une couche de grès érodé par le vent jusqu'à 3 centimètres de profondeur par an. Comment un crâne en os, matière organique, a-t-il pu résister à 7 millions d'années de conditions climatiques aussi rigoureuses et être retrouvé dans un « excellent » état de conservation ?

D'abord, le crâne fossile n'est plus fait d'os, mais il est consolidé en une roche carbonatée solide, en raison du mécanisme de fossilisation. Ensuite, ce crâne est resté enfermé dans sa couche de grès pendant 7 millions d'années, avant que toute l'épaisseur qui se trouvait au-dessus d'elle ait été emportée récemment par l'érosion, mettant au jour le fossile.

La perfection supposée des êtres vivants, notamment de l'homme, constitue-t-elle la preuve de leur création par un être supérieur ?

Tout d'abord, les êtres vivants présentent une très forte variabilité morphologique. Dire que les êtres vivants sont parfaits mérite vérification. De nombreuses malformations et monstruosités sont connues dans la plupart des espèces à cause des mutations. Chez l'homme, un défaut de fonctionnement des gènes *Hoxa3-Hoxd3* cause la phocomélie (absence de bras et articulation directe des mains sur l'omoplate). L'anencéphalie entraîne un crâne aplati, un trou occipital qui s'ouvre vers l'arrière et une mâchoire très forte. Cette dernière provient du fait que la partie supérieure du tube neural (future mœlle épinière) donnant naissance au cerveau ne s'est pas fermée entre le 17e et le 30e jour du développement. Un tel changement anatomique est lié à un dysfonctionnement des gènes *Clock* et *Otx1-2*. Comme Darwin l'avait observé, ces imperfections témoignent de l'apparition des espèces par des mécanismes naturels. Sinon, comment un être supérieur et bon aurait-il pu programmer de telles abominations ?

Le révisionnisme en physique et en astronomie

Le deuxième principe de la thermodynamique s'oppose-t-il à l'émergence de la vie ?

Les créationnistes n'hésitent pas à revisiter la physique contemporaine. Whitcomb présente le *second principe de la thermodynamique* d'une façon erronée, afin de démontrer l'impossibilité théorique de l'apparition de la vie à partir d'éléments chimiques :

> Pour tout système, l'entropie (le désordre) ne peut que croître.

Au contraire, ce principe réel est le suivant :

> Pour un système thermodynamique fermé, l'entropie (le désordre) ne peut que croître.

Le seul système répondant à cette définition est l'Univers dans son ensemble. La Terre et les êtres vivants qui échangent de l'énergie avec un environnement n'entrent pas dans les systèmes fermés et le second principe ne s'applique pas.

Dans leur livre *Le visage de Dieu*, les frères Bogdanov présentent certains résultats des sciences de l'Univers comme la preuve de l'existence de Dieu. Que faut-il en penser ?

En 2010, I. et G. Bogdanov ont publié un livre intitulé *Le visage de Dieu* où ils utilisent l'expression de George Smoot lorsqu'il a vu les informations transmises par le satellite COBE du « fond diffus cosmologique » : « C'était comme voir le visage de Dieu », lequel conteste d'ailleurs le bien-fondé de son utilisation par ces auteurs. Ces derniers présentent les résultats des satellites COBE, WMAP et PLANCK et certaines avancées actuelles des sciences de l'Univers, d'une façon très ambiguë, faisant constamment l'amalgame entre des données scientifiques et des affirmations religieuses de chercheurs ayant reçu le prix Nobel. Détachées de leur contexte, elles soutiennent que les observations actuelles sont soit la preuve de l'existence de Dieu, soit de celle d'un « programme pré-existant de développement » de l'Univers, autrement dit d'un « dessein intelligent », en déclarant, d'une façon créationniste classique, qu'une telle complexité ne peut pas être due au hasard des lois de l'évolution. Ils présentent aussi les constantes de l'Univers comme étant des coïncidences « mystérieuses et miraculeuses », affirmant que « tout semble ajusté comme si le cosmos entier, de l'atome à l'étoile, avait exactement les propriétés requises pour que l'homme puisse y faire son apparition » (p. 164). On retrouve ici, sans le citer, le *principe anthropique* dont nous avons montré qu'il n'était pas scientifique. Les auteurs y ajoutent leurs propres interprétations des débuts de l'Univers, lesquelles ne reposent pourtant sur aucune donnée scientifique sérieuse. Les spécialistes compétents déclarent qu'il est actuellement impossible de savoir ce qui s'est passé avant les 10^{-43} secondes après le big-bang.

Selon les créationnistes, une galaxie comme celle d'Andromède ne peut pas être située à deux millions d'années-lumière de nous, puisque l'âge de l'Univers ne peut pas dépasser 6 000 ans !

Selon cette conception de temps (dite « jeune Terre »), nous ne devrions pas voir les étoiles, ou les galaxies, situées au-delà de 6 000 années-lumière. Autrement dit, le ciel devrait être très noir avec très peu d'étoiles. Comme ce n'est pas le cas, Whitcomb invente une solution toute faite :

> « Il [Dieu] fit aussi les étoiles » (Genèse 1.16). La gigantesque galaxie spirale d'Andromède est à deux millions d'années-lumière de la Terre. Pourtant ses rayons lumineux furent créés par Dieu et parvinrent immédiatement jusqu'à la Terre (Genèse 1.15) de manière à remplir la fonction que le créateur lui avait impartie. Dieu n'a pas eu besoin de créer cette galaxie deux millions d'années à l'avance pour que sa lumière ait suffisamment de temps pour être vue de nos premiers parents humains !

Par là, cet auteur propose tout simplement de violer le *principe de constance des lois de la physique* et la *vitesse de la lumière*. Or non seulement rien ne nous y oblige, mais cela conduit à remettre en cause les méthodes scientifiques qui ont largement fait leurs preuves.

Méthodes scientifiques

Les preuves apportées par Darwin apparaissent uniquement indirectes. Nul n'a-t-il jamais « vu » l'évolution ?

Le naturaliste britannique n'a pas pu montrer l'évolution en action, parce qu'il faut de nombreuses générations pour façonner de nouvelles espèces. Mais les arguments de Darwin s'avèrent concordants pour reconstituer les événements passés, à la manière dont un détective reconstitue un crime à partir des indices laissés par son auteur, ou encore à la façon dont un historien assemble les informations obtenues à partir de documents de nature différente.

Darwin utilise déjà une somme impressionnante d'observations concordantes, issues notamment de la domestication des plantes et des animaux, de la classification, de l'embryologie et de la paléontologie, ainsi que de la répartition des formes de vie à la surface de la Terre.

De multiples découvertes ultérieures ont confirmé ses hypothèses avec éclat et ont apporté de nouvelles preuves décisives en faveur de l'évolution. Parmi ces dernières, on peut signaler la découverte de *l'universalité du code génétique*. Depuis les virus jusqu'à l'homme, en passant par l'ensemble du règne animal et végétal, les mécanismes de l'hérédité reposent sur les mêmes lois biochimiques. Cela constitue une preuve supplémentaire de l'origine commune de tous les êtres vivant actuellement sur la Terre à partir d'un ancêtre commun, appelé LUCA déjà évoqué[1]. Non seulement le langage biochimique fondamental est ainsi le même à travers l'ensemble du monde vivant, mais de nombreux gènes s'avèrent identiques ou homologues, y compris entre des espèces ayant divergé depuis fort longtemps, ce qui reste une preuve de leur lointain apparentement.

Enfin, les généticiens du XXe siècle sont parvenus à « produire » de nouvelles espèces vivantes. Alors que les mutants observés depuis l'époque des Lumières constituaient seulement des variétés, c'est-à-dire des individus différents mais capables de se reproduire avec les

1. LUCA : *last universal common ancestor* (dernier ancêtre commun universel) : voir Nottale, Chaline & Grou. 2009. *Des fleurs pour Schrödinger*. Paris, Ellipses.

autres représentants de leur espèce, les généticiens des populations sont parvenus à former des populations séparées en matière de reproduction. Or telle est précisément la définition biologique de l'espèce : en font partie les individus qui peuvent produire ensemble des descendants viables, et eux-mêmes féconds. À partir du moment où les généticiens ont obtenu, chez les mouches drosophiles par exemple, des mutants capables de former en laboratoire une population prospère, mais différente de ses ancêtres et stérile dans ses croisements avec les descendants non modifiés de l'ancêtre commun, alors ils ont obtenu, en pratique, une *preuve directe de la réalité de l'évolution*. Depuis les années 1970, l'ingénierie génétique permet de créer artificiellement des organismes génétiquement modifiés (OGM) qui diffèrent très fortement de leurs ancêtres, prouvant une fois de plus la plasticité des espèces.

La théorie de l'évolution est-elle vérifiable, puisque l'on ne dispose pas de machines à remonter dans le temps pour observer le phénomène de la transformation des espèces ?

La paléontologie permet, en quelque sorte, de remonter le temps, car elle reconstitue les successions de fossiles. De plus, la biologie fournit de multiples preuves indirectes et concordantes en faveur de l'évolution des espèces.

Le choix entre évolution et création relève-t-il d'un acte de foi ?

Selon les créationnistes, le choix entre évolution et création serait arbitraire. Mais il n'en est rien. Selon le philosophe Karl Popper, à qui l'on doit une définition de la science[1] assez généralement acceptée, *une théorie peut être considérée comme scientifique, si elle prédit des résultats qui peuvent êtres invalidés par l'observation ou l'expérience*. La théorie devra être abandonnée si l'on découvre un seul phénomène qui la contredit. Or, Popper a montré que l'évolution souscrit aux conditions élémentaires d'une théorie scientifique. En effet, en laboratoire, on peut produire aujourd'hui des mutants et les conserver par sélection artificielle, au point de former de nouvelles espèces. C'est

1. Popper, K. 1973. *La Logique de la découverte scientifique*. Paris, Payot.

le cas chez les drosophiles, par exemple, ces mouches du vinaigre qu'étudient volontiers les généticiens du fait de leur reproduction rapide. De nouvelles souches bactériennes ont également été obtenues par sélection artificielle. *L'évolution est devenue un fait de laboratoire.* Dans la nature aussi, on a observé l'émergence de nouvelles espèces végétales et animales ainsi que des microorganismes, auxquels correspondent par exemple des maladies, telles que le sida. Ensuite, toutes les connaissances en histoire naturelle indiquent l'existence dans le passé d'un ancêtre commun dont dérivent les organismes actuels, ce qui représente un soutien indirect à la théorie de l'évolution.

Notons enfin que cet argument de l'incertitude des connaissances historiques a été exploité dans les années 1980 par les auteurs révisionnistes, qui niaient ou relativisaient le génocide juif commis par les nazis pendant la Seconde Guerre mondiale en rejetant les nombreuses preuves et les témoignages d'origines très diverses rassemblés par les historiens et en les accusant de motivations idéologiques[1].

Que penser de ce jugement du philosophe Karl Popper :

> **J'en suis arrivé à la conclusion que le darwinisme n'est pas une théorie scientifique testable, mais un programme métaphysique de recherche[2] ?**

Cette position doit être nuancée, à deux niveaux. Tout d'abord Popper ne parle pas ici du fait de l'évolution, comme l'ont cru certains créationnistes, mais de ses mécanismes, ce qui est très différent. Ensuite, le célèbre philosophe a reconnu quelques années plus tard qu'il avait sous-estimé le rôle joué par les découvertes de nouveaux fossiles, par exemple, dans les procédures de validation des hypothèses de la théorie synthétique, inspirées par la pensée de Darwin. L'évolutionnisme relève donc bien du domaine scientifique, comme l'écrit Popper dès 1980 :

> On peut très souvent tester la description d'événements uniques en en dérivant des prédictions, ou des rétrodictions.

1. Pour plus de détails, consulter : Grimoult, C. 2008. *Mon père n'est pas un singe ? Histoire du créationnisme*. Ellipses, Paris.
2. Popper, K. 1976. *Unended Quest. An intellectual autobiography*. Fontana-Collins. p. 168.

De même, l'épistémologue Jean Gayon précise en 1992 :

> Loin d'être une vérité certaine *a priori* [...], l'hypothèse précise construite par Darwin était assujettie à des conditions qui l'exposaient à réfutation[1].

L'existence des canalisations ou tendances évolutives, que nous avons présentées, en constitue une démonstration. À partir de l'examen de la nature actuelle, la biologie peut montrer comment les espèces se transforment et la paléontologie peut tester les scénarios développés à partir d'études en laboratoire ou dans les conditions naturelles. Il s'agit donc bien d'une théorie de nature scientifique.

L'*Intelligent Design* prétend s'appuyer sur les travaux philosophiques très renommés du sociologue Thomas Kuhn[2]. Selon cet auteur, dans les périodes de controverse intense entre plusieurs théories scientifiques, le choix effectué par la communauté des chercheurs ne relève pas uniquement de critères objectifs. En effet, lorsqu'une théorie est attaquée, ses partisans élaborent des parades et imaginent des hypothèses supplémentaires souvent alambiquées pour conserver la théorie malgré son peu d'adéquation aux faits. La théorie des mécanismes de l'évolution se trouve-t-elle actuellement dans cette situation ?

La communauté scientifique s'avère beaucoup plus conservatrice qu'on ne l'a souvent dit. En effet, si elle accepte les remises en cause, celles-ci ne peuvent pas se faire à la légère, mais à l'aide de preuves convaincantes. Pour cette raison, les idées nouvelles doivent s'imposer par des travaux nombreux et bien étayés, ce qui peut prendre un temps que les novateurs trouvent toujours trop long. Ce fut le cas de la théorie de l'évolution, qui devint dominante au bout d'une trentaine d'années après la publication de *L'Origine des espèces*[3]. Bien que défendu aussi dès 1859, le mécanisme sélectif de la transformation des espèces fut admis par une majorité de naturalistes seulement à partir des années 1930. Le caractère décentralisé de la communauté

1. Gayon, J. 1992. *Darwin et l'après-Darwin : une histoire de l'hypothèse de sélection naturelle*. Paris, Kimé, p. 13.
2. Kuhn, T.S. 1972. *La structure des révolutions scientifiques*. Paris, Flammarion.
3. Pour plus de détails, consulter : Grimoult, C. 2001. *L'évolution scientifique en France. Une révolution scientifique, politique et culturelle*. Droz, Genève-Paris.

scientifique empêche que l'argument d'autorité ne domine définitivement dans tous les domaines. Tôt ou tard, si une idée est étayée par les faits, et se trouve plus rationnelle que ses concurrentes, alors ses défenseurs peuvent la faire valider par leurs « pairs », même si elle leur paraissait initialement étonnante, fantaisiste ou erronée. Toute nouveauté est déstabilisante par nature.

Ce n'est pas le cas du « dessein intelligent », car cette doctrine se place en dehors de la démarche scientifique, en admettant le rôle d'un agent surnaturel, dont les capacités échapperaient à l'analyse rationnelle. De plus, ce n'est pas une doctrine nouvelle, car l'idée d'une évolution biologique guidée par un plan divin fut soutenue par de nombreux auteurs du XIXe siècle[1].

Le néodarwinisme présente-t-il aujourd'hui des hypothèses trop compliquées pour expliquer l'apparente finalité du vivant, alors que la doctrine du plan divin s'avère beaucoup plus simple ?

Entre deux explications expliquant les mêmes faits, les scientifiques doivent privilégier la plus simple. C'est ce que l'on nomme le « principe d'économie d'hypothèse » ou « rasoir d'Occam[2] ». Mais il est valable seulement si les deux théories ont un statut équivalent. Or le dessein intelligent se place délibérément hors du domaine scientifique. Le plan divin expliquerait tout, sauf lui-même. Quelle serait sa nature ? Comment s'exprimerait-il concrètement ? Miraculeusement ? Telles sont quelques-unes des questions auxquels ses partisans n'avancent aucun élément de réponse.

De plus, le principe d'économie d'hypothèses doit être appliqué pour départager des théories qui rendent compte de l'ensemble des faits, ou d'une proportion équivalente. Or la théorie actuelle des

1. Grimoult, C. 2008. *Sciences et politique en France de Descartes à la révolte des chercheurs*. Ellipses, Paris. Pour plus de détails : Grimoult, C. 2004. Créationnisme continuiste et transformisme limité : les naturalistes français face à l'évolution biologique au XIXe siècle. *Archives internationales d'histoire des sciences*. 54(153) : 73-96.
2. Le rasoir d'Ockham (ou Occam) est l'un des principes fondamentaux de la science édicté par Guillaume d'Ockham en 1319, qui considère que les théories les plus simples sont les meilleures : « Les multiples ne doivent pas être utilisés sans nécessité ».

mécanismes de l'évolution explique le caractère buissonnant des lignées évolutives, tandis que selon les partisans du dessein intelligent, l'évolution devrait être beaucoup plus linéaire.

Le darwinisme est basé sur la compétition. Or la biologie prouve aussi de nombreux cas de coopération et même de symbiose. Comment concilier ces deux aspects apparemment contradictoires ?

Il est nécessaire de distinguer les phénomènes qui se placent à des échelles différentes, dans ce que les spécialistes nomment les niveaux d'intégration du vivant (du palier moléculaire, chromosomique, cellulaire, individuel, populationnel à celui des écosystèmes et de la biosphère). La sélection naturelle repose sur la compétition entre les organismes individuels, qui ne peuvent tous survivre, ni se reproduire indéfiniment, en raison de ressources limitées (nourriture, espace disponible, etc.). Mais, en s'associant, différents individus peuvent augmenter leur aptitude à laisser des descendants, au détriment de ceux qui persistent à vivre isolés. À l'échelon social, la sélection tend ainsi à favoriser des comportements qui peuvent apparaître contre-productifs au seul niveau individuel. La biologie contemporaine met aujourd'hui en lumière de nombreux cas de conflits sélectifs, qui s'éclairent grâce à la prise en considération des paliers d'intégration[1].

De nombreuses espèces vivent ainsi en associations plus ou moins étroites, comme les grands mammifères de la savane, les lichens (qui associent algues et champignons) et jusqu'à nos intestins (qui abritent des bactéries indispensables à notre digestion) et nos cellules. Ces dernières abritent en effet certains organites (comme les mitochondries) possédant leur propre ADN, de même que les plantes chlorophylliennes présentent des chloroplastes. Selon la théorie endosymbiotique de Lynn Margulis[2], nos très lointains ancêtres unicellulaires auraient hébergé ces hôtes également unicellulaires et auraient gagné la

1. Grimoult, C. 2009. *La preuve par neuf. Les révolutions de la pensée évolutionniste.* Paris, Ellipses, p. 139-147. Voir aussi Buican, D. 1989. *La Révolution de l'évolution.* PUF, Paris.
2. Margulis, L. & Sagan, D. 1989. *L'Univers bactériel.* A. Michel, Paris.

compétition face à leurs concurrents, dans la mesure où l'énergie que ces organites leur apportaient ont rendu ces organismes complexes beaucoup plus performants que leurs concurrents.

Il existe aussi de multiples formes de socialité dans la nature, en particulier chez les animaux. Cette fois, ce sont les individus d'une même population qui s'associent, souvent de manière temporaire, afin de constituer des troupes plus puissantes. C'est le cas des poissons clown avec les anémones de mer. Les insectes sociaux, comme les abeilles ou les fourmis, prouvent la supériorité de cette association dans la lutte pour la survie par le poids dominant qu'elles représentent dans la biomasse des forêts tropicales, par exemple.

Le biochimiste Michael Denton, favorable au dessein intelligent, écrit : « L'arbre de la vie figurant sur Terre est probablement le seul déploiement évolutif possible[1] ». Est-ce vrai ?

Cette assertion ne concorde pas avec les connaissances scientifiques actuelles. En effet, de nombreux phénomènes *a priori* indépendants les uns des autres ont interféré pour donner naissance à la biosphère que nous connaissons. L'histoire propre du vivant apparaît en interaction constante avec l'histoire de la Terre et, plus largement, avec celle du Système solaire, comme le montre notamment l'impact de la météorite de Chicxulub (Mexique) qui, voici près de 65 Ma, aurait éliminé les dinosaures, les ammonites et d'autres groupes. C'est la *contingence* de l'évolution.

Pourtant, malgré une apparence de hasard dominant et de fortes présomptions allant dans ce sens, les naturalistes ne peuvent pas démontrer que l'homme aurait pu ne pas apparaître. Seule une démarche probabiliste, reconnaissant à la fois un rôle important au hasard (au niveau des mutations génétiques notamment, mais pas seulement) et à sa canalisation par les lois physiques et les modalités sélectives, s'avère adéquate pour des scientifiques.

1. *Sciences et avenir*, septembre 1997, p. 37.

Le cardinal Poupard aurait dit : « La nature est rationnelle, donc Dieu existe[1] ». Einstein a écrit :

> **Reconnaissons à la base de tout travail scientifique d'une certaine envergure une conviction bien comparable au sentiment religieux, puisqu'elle accepte un monde fondé sur la raison, un monde intelligible. Cette conviction, liée à un sentiment profond d'une raison supérieure se dévoilant dans le monde de l'expérience, traduit pour moi l'idée de Dieu[2].**

Que peut-on en penser ?

Seuls, le scientisme ou le finalisme imposent que l'Univers soit ultimement compréhensible par l'homme. La plupart des scientifiques se positionnent au contraire de manière probabiliste et reconnaissent humblement ne pas pouvoir accéder à la vérité ultime sur le monde qui nous entoure. De nombreux philosophes reconnaissent ainsi que ce dernier est transcendant à la pensée, c'est-à-dire qu'il lui reste hors d'atteinte.

Comment dépasser cette contradiction ? De fait, nous savons certaines choses ; les techniques témoignent de ce que notre espèce possède une certaine connaissance pratique et efficace sur le réel. Pourtant, il existe aussi quantité de questions qui tombent dans des impasses logiques, des *apories*. Si l'on demande par exemple quelle est l'origine de l'Univers, les croyants répondront : « Dieu », et les athées : « il est éternel ». Mais ces deux solutions semblent tout aussi incompréhensibles, inaccessibles à la raison humaine.

En admettant, avec les évolutionnistes, que l'esprit humain et ses facultés de raisonnement sont issus du processus naturel de l'évolution, nous observons, comme l'a bien vu Popper, que la connaissance humaine objective constitue un prolongement de la connaissance animale instinctive, façonnée en partie par les mutations et la sélection naturelle. Sans réduire la complexité de la pensée humaine à la sensibilité végétale ou à certains comportements animaux déjà plus

---

1. Poupard, P. 1994. *Après Galilée. Science et foi : nouveau dialogue*, Paris, Desclée de Brouwer, cité par Lecointre, G. « Les facteurs de la négation de la théorie de l'évolution », dans le livre de Coquidé, M. et Tirard, S. (coord.). 2008. *L'évolution du vivant. Un enseignement à risque ?* Paris, Vuibert et Adapt-SNES, p. 193. On retrouve la même idée chez Pokinghorne, J. 1991. *Reason and Reality, The Relations between Science and Theology*, London, SPCK, p. 11.
2. Einstein, A. 1979 [1934]. *Comment je vois le monde*. Paris, Flammarion, p. 231.

élaborés, on peut observer une certaine adéquation entre l'action, et même l'anticipation d'un prédateur, par exemple, par rapport aux mouvements de la proie. De la même façon, chez nos ancêtres préhumains et humains, les comportements adaptés au monde qui nous entoure ainsi que les représentations mentales qui y sont associées ont été conservés par la sélection, tandis que les autres ont été éliminés. D'où il résulte une certaine forme de connaissance, par essais et éliminations des erreurs, dont s'inspire d'ailleurs directement la méthode scientifique expérimentale. Mais il en découle aussi de sérieuses limites pour la connaissance humaine.

En effet, comme Denis Buican l'a montré dans sa *Biognoséologie*[1], un titre qui met en lumière les héritages biologiques de nos connaissances, les phénomènes avec lesquels l'homme et ses ancêtres ne sont pas entrés en contact pendant leur évolution, heurtent très clairement le sens commun, et buttent souvent sur de graves difficultés d'appréhension conceptuelle. Ainsi, notre compréhension des phénomènes cosmiques, comme d'ailleurs celle des événements microscopiques, pose problème, car l'expérience de l'appareil cognitif de notre espèce ne retrouve plus les repères qui lui sont familiers à son échelle habituelle. La lumière, par exemple, apparaît pour les physiciens contemporains se comporter, selon les expériences, parfois comme une onde et parfois comme une particule, étant entendu que ces deux définitions sont contradictoires. Les théories actuelles ne représentent donc pas forcément la vérité, mais une approximation et une simplification permettant d'agir sur le réel et de le comprendre partiellement.

Le problème est encore plus frappant si l'on considère les origines de notre Univers. « *Pourquoi existe-t-il quelque chose plutôt que rien ?* », demandait Leibniz. Toute réponse à cette question débouche sur une aporie, déjà observée par les anciens Grecs, dont rien ne nous indique que l'homme pourra sortir un jour. Le réel ne nous apparaît donc que partiellement connaissable, dans les limites de notre esprit conçu par une évolution probabiliste et limitée à l'échelle de l'environnement biologique immédiat de nos ancêtres.

1. Buican, D. 1993. *Biognoséologie. Évolution et révolution de la connaissance.* Kimé, Paris.

Autrement dit, et contrairement à ce qu'affirment les créationnistes, les succès de la science ne prouvent pas que le monde est rationnel, même si la méthode rationnelle et scientifique constitue, jusqu'à preuve du contraire, le seul moyen connu pour obtenir des connaissances efficaces et permettant d'agir sur le réel. Inversement, ne pas prouver la rationalité du monde, ce n'est pas démontrer son irrationalité, mais seulement constater qu'il faut laisser une place pour l'existence de nombreuses inconnues, dont on se gardera bien, comme l'écrivait jadis Jean Rostand, de faire des « inconnaissables[1] ».

Politique et société

La théorie de l'évolution justifie-t-elle le darwinisme social et l'eugénisme ?

N'hésitant pas à pratiquer l'amalgame entre ces différents thèmes, les créationnistes considèrent que le racisme, comme le nazisme, trouveraient une partie de leur justification dans l'évolutionnisme. Ils négligent cependant de dire que ce genre de récupération frappe aussi les Écritures, comme la justification de l'esclavage à partir de la malédiction de Cham, le fils de Noé, qui a vu son père dénudé, ou bien encore le messianisme de la race aryenne. Les excès des croisades, ou de toutes les guerres prêchées au nom de Dieu, depuis l'époque médiévale jusqu'à la nôtre, trouvent aussi leur origine dans le fanatisme religieux.

L'idéologie se glisse donc potentiellement derrière tout type de discours. Mais la théorie actuelle des mécanismes de l'évolution se trouve indépendante du « darwinisme social » forgé en réalité à partir de la philosophie d'Herbert Spencer[2] et appliqué politiquement aux États-Unis et ensuite en Europe[3]. Darwin l'a d'ailleurs fermement condamné. À la fin du XIXe siècle, nombreux étaient les évolutionnistes

1. Rostand, J. 1951. Le problème de l'évolution. *In* : *Les grands courants de la biologie*. Gallimard, Paris.
2. Spencer, H. 1876-1896. *Principes de sociologie*. F. Alcan, Paris, 3 vol.
3. Voir : Chaline, J. 2006. *Quoi de neuf depuis Darwin ?* Paris, Ellipses.

ou les hommes politiques qui pensaient pouvoir déduire des principes moraux et des règles de conduite scientifiquement prouvés à partir des lois de la nature ; c'est un scientisme que nous avons dénoncé. De ce point de vue, les créationnistes ont raison d'attirer l'attention sur certaines dérives possibles de savants qui oublient le caractère relatif et réfutable de leurs assertions. Mais il doit être clair que la réfutation de toute conception scientiste de l'évolution n'entraîne nullement l'affaiblissement de la théorie transformiste.

Comme les espèces biologiques semblent ne pas changer au fil des générations, la théologie protestante s'inspirant du sens commun postule qu'elles devraient rester fixes. Les preuves scientifiques peuvent-elles donc s'opposer aux apparences ?

Oui, la science n'en reste pas aux simples apparences. Celles-ci se sont souvent révélées trompeuses : la Terre n'est pas plate, c'est elle qui tourne autour du Soleil, la matière est essentiellement composée de vide, etc. La vérité scientifique paraît ainsi moins évidente, et surtout moins convaincante auprès d'une opinion publique dont le niveau scientifique peut rester faible, en moyenne, alors que c'est elle qui arbitre, au moins en théorie, les grandes décisions politiques dans les pays démocratiques. Il faut souligner ici l'importance du « phénomène panurgien » où la « masse », rarement initiée au problème traité (qu'il soit scientifique, politique, religieux, ou autre), suit des « leaders médiatiques », d'autant plus influents qu'ils bénéficient de l'accès à des médias divers et des technologies nouvelles de communication. C'est un processus qui favorise dangereusement les extrémismes sachant utiliser ces techniques. Parmi ces derniers, les *créationnistes,* les leaders des sectes, les dictateurs politiques.

La théorie de l'évolution serait en voie de recul parmi les spécialistes ?

Cette affirmation est inexacte, car la presque totalité des scientifiques contemporains admet l'évolution, même les tenants du dessein intelligent ! Les quelques exceptions s'expliquent par une confusion entre les domaines du « pourquoi ? » et du « comment ? ». Alors que les créationnistes sont toujours des croyants fondamentalistes conservateurs, les évolutionnistes recrutent dans tous les milieux : athées, agnostiques, et croyants des diverses religions. Cette répartition prouve bien que l'évolution ne s'oppose pas à la religion.

Un autre leitmotiv de la littérature créationniste apparaît dans l'inlassable répétition de l'existence d'un débat universitaire autour de leurs positions : existe-t-il vraiment ?

Il n'existe aucune confrontation scientifique au sujet du créationnisme. Cela ne signifie pas que l'évolution soit un dogme, mais simplement que les créationnistes n'apportent pas d'argument rationnel, ni de preuve cohérente. Les débats actuels au sein de la communauté des chercheurs traitent de sujets complexes et de détails de la théorie, et non de sa réalité globale.

Cet argument relève de la *désinformation* à destination du grand public, afin de légitimer leur action. Pour faire croire à l'existence d'un débat, un créationniste peut prendre à parti un scientifique ou l'un de ses travaux et le détourner à sa guise, sans aucun respect déontologique. Le chercheur qui exige un droit de réponse et veut corriger les erreurs de son contradicteur, se voit alors entraîné, malgré lui, dans un faux débat. Peu importe, car cela suffit pour que les créationnistes affirment qu'il y a bien controverse, puisque les auteurs ne sont pas tous d'accord !

Le polémiste bénéficie d'un avantage devant le jugement du grand public. De nombreuses personnes croient en effet défendre le pluralisme démocratique en donnant la parole à tous les points de vue, même si l'on fait alors peu de cas de la méthodologie qui fonde les connaissances acquises. La vérité passe ainsi après la pluralité[1].

Les évolutionnistes étouffent-ils la liberté de pensée ?

Les créationnistes ne sont pas les victimes des évolutionnistes. D'abord, il n'existe pas d'institution scientifique dominante qui délivrerait une vérité toute faite, mais un dialogue permanent entre les équipes de chercheurs qui acceptent de respecter les critères de l'argumentation expérimentale et rationnelle. Ce sont donc bien les polémistes créationnistes qui refusent de soumettre leurs dogmes à la

1. *Harper's Magazine*, décembre 2005, p. 71-72.

critique. De plus, l'histoire enseigne que ce sont les institutions religieuses, et notamment catholiques avec l'Inquisition et protestantes, qui ont tout fait pour bloquer l'émergence du discours scientifique sur l'évolution pendant des décennies.

La victoire de l'esprit des Lumières s'est traduite dans les sociétés occidentales par un confort issu de ses progrès technologiques et économiques.

Le rejet du créationnisme par la communauté scientifique constitue donc un mouvement de libération par rapport à des idées archaïques et inadaptées au monde moderne, idées qui constituent en outre une interprétation littérale des Écritures rejetée par la majorité des croyants.

Une clé utile pour distinguer un discours religieux, ou idéologique, d'une hypothèse véritablement scientifique se trouve donc être la suivante : tandis que les partisans croient qu'ils savent, qu'ils connaissent la vérité ultime réduite en un seul mot (Dieu, pour les croyants ou un hasard absolu pour les athées), les chercheurs savent que leurs connaissances sont relatives, réfutables et fondées sur le postulat d'objectivité. En reposant sur les fondements solides de l'investigation rationnelle et expérimentale, la biologie évolutionniste n'a rien à craindre, au plan scientifique, d'un débat contradictoire avec des créationnistes. C'est pourquoi ces derniers tentent d'ouvrir une polémique sur un autre terrain, où ils apparaissent beaucoup plus à l'aise : celui de la politique.

Quatrième partie

Conclusions générales

Chapitre 14

Le XXIe siècle : siècle des Lumières ou de l'Obscurantisme ?

Nous ne portons aucun jugement, ni sur la science, ni sur les religions, sachant que dans les pays démocratiques et laïques qui ont signé la charte des droits de l'homme, chacun est libre de ses opinions personnelles philosophiques et religieuses.

Après avoir fait le tour des diverses religions monothéistes et de leurs rapports avec les sciences de l'évolution, des propositions concrètes visant à améliorer les relations entre les sciences de l'évolution et les religions peuvent être suggérées afin de susciter la réflexion.

Un bilan

Science et foi, des approches différentes

Nous avons insisté sur le fait qu'il fallait bien séparer l'approche scientifique du « comment » qui se limite à décrire et à expliquer les mécanismes des faits concrets, de la démarche philosophique ou religieuse qui en recherche le « sens », le « pourquoi ». Ces deux types d'approches s'appuient sur des méthodologies entièrement distinctes, mais elles peuvent être complémentaires. C'est le mélange des deux genres qui est le plus souvent responsable des incompréhensions, des malentendus et des querelles de toutes natures entre les deux domaines.

Si l'Église catholique a constamment affirmé la supériorité de la Révélation, cette dernière vise seulement, en principe, le *sens ultime du monde*, de l'homme et de l'histoire. Cette position reste sa vocation actuelle ; il ne lui appartient pas de contrôler la science et ses résultats, contrairement à ce qu'elle a souvent fait par le passé, en particulier jusqu'à Pie XII.

Par réaction, les « scientistes » ont estimé pouvoir approcher le « pourquoi » des choses, ce qu'ils ne peuvent pas faire méthodologiquement.

Les religions ont adopté des conceptions bien différentes selon les multiples interprétations des Livres sacrés, mais *seule la science est universelle.* Quelles que soient leurs croyances, les chercheurs abordent les mêmes thèmes, parlent le même langage et utilisent des méthodologies apparentées pour discuter les résultats et les interprétations d'une façon rigoureuse, critique et argumentée. Ce n'est pas le cas pour les religions, dont les approches différentes offrent des interprétations divergentes.

Les inconvénients du littéralisme

Notre analyse montre que s'en tenir à une compréhension littérale et dogmatique de quelque source écrite que ce soit, révélée ou issue d'une tradition, pose des problèmes insolubles aux croyants, car une telle attitude introduit des incohérences internes, en plus des contradictions avec les avancées actuelles de la science. Les Écritures et les sciences d'aujourd'hui sont séparées par plus de 2 000 ans pour la Bible et près de 1 400 ans dans le cas du Coran. Il en résulte des décalages considérables dans la façon dont les religions et la science d'aujourd'hui comprennent la nature. Nous avons montré que cette dernière n'est pas rivale des croyances, mais seulement de certaines *interprétations littérales des Écritures* qui ne tiennent pas compte des faits nouveaux mis en évidence par la recherche scientifique. Les voies empruntées par la science et la foi pour appréhender le fond des thèmes abordés impliquent des méthodologies différentes.

Les Écritures sont des enseignements religieux

Nous pensons avoir prouvé que ces *Écritures sont des livres strictement religieux* et non des textes scientifiques. Si tel était le cas, ce ne seraient pas les 17 livres majeurs constituant la Tôrah ou les 114 sourates du Coran qu'il aurait fallu révéler aux hommes, mais une « *Méga-encyclopédie de la Création* », de son fonctionnement et de son évolution. De plus, si la Bible et le Coran étaient des ouvrages à vocation scientifique, leurs textes ne devraient pas évoquer les idées erronées qui prévalaient à l'époque de leurs rédactions ; ils devraient fournir des précisions complémentaires scientifiquement rigoureuses et devraient même évoquer, à leurs époques respectives, des « données » objectives qui étaient alors inconnues des hommes (par exemple, l'immense durée de l'histoire de l'Univers ainsi que l'ampleur de sa structure, du Système solaire, de notre Terre ou encore l'évolution de la vie et de l'homme en particulier). Toutes les affirmations que l'on y trouve se limitent aux connaissances de l'époque. Examinés à la lumière des connaissances actuelles, la Bible et le Coran ne passent donc pas l'épreuve avec succès. Les considérations, plus ou moins récentes, publiées à ce propos par des groupes fondamentalistes nient les données objectives de la science, tout en essayant de conférer aux Écritures une résonance scientifique non argumentée, voire mensongère.

Cette confusion des genres a d'ailleurs été entretenue par des approches concordistes qui ne rendent pas service aux croyants, en les faisant se méprendre sur le sens des écrits. On peut toujours arriver, par des artifices de sélection des textes et par des interprétations *ad hoc*[1], à des concordances plus ou moins vraisemblables, mais jamais

1. Cette expression signifie « qui va vers ce vers quoi il doit aller ».

à des concordances réelles. L'affirmation de l'existence d'un Dieu, Unique et Créateur, n'est pas du ressort du scientifique, mais de celui des théologiens et des exégètes.

Les systèmes Univers et vie évoluent, y compris l'homme

L'une des conclusions majeures de la science est que ***tous les systèmes, l'Univers et la vie, évoluent, c'est-à-dire qu'ils changent au cours du temps.***

De plus, une autre caractéristique de l'évolution des systèmes tient dans *l'indétermination,* qui résulte de la structure de l'espace-temps, structure sans doute variable à chaque échelle. Pour chacune d'elles, ***il existe, pour chaque système, une large gamme de possibles,*** pas toujours réalisés. Les caractéristiques locales des systèmes et de leurs environnements constituent des contraintes limitatives, qui font que certains possibles se concrétisent alors que d'autres ne peuvent jamais se réaliser. La vie telle que nous la connaissons n'est sans doute pas possible sur Vénus, Jupiter ou Saturne ; mais elle l'est sur la Terre à cause de caractéristiques physiques favorables la rendant possible. Peut-être cela fut-il aussi le cas sur Mars dans le passé ?

En résumé, les enseignements globaux de la science permettent de décrire l'évolution générale de l'Univers depuis 10^{-43} seconde après le Big Bang. Pour l'instant qui précède ce Big Bang, la science ne peut encore rien dire, ce qui laisse le champ libre aux conceptions religieuses de la Création, ainsi qu'à des hypothèses philosophiques, poétiques ou autres.

Après le découplage de la matière et de la lumière, 380 000 ans après le Big Bang, l'analyse du *fond diffus cosmologique* met en évidence des hétérogénéités dans la répartition de la matière, ce qui signifie que les galaxies font désormais partie des « possibles », grâce à l'action de forces gravitationnelles. Dans ces galaxies, les systèmes solaires font partie des « possibles ». Dans le cœur des étoiles, la formation de molécules complexes, comme le carbone, fait partie des « possibles ».

Dans les systèmes solaires, les planètes font partie des « possibles ». Et sur les planètes, la vie à partir de macromolécules élaborées dans les soleils, fait partie des « possibles ».

La vie sur Terre date de 3,8 milliards d'années environ, mais elle n'a pas été mise en évidence sur les autres planètes de notre Système solaire. Au sein de cette vie terrestre, après l'épisode unicellulaire, qui a duré 4 milliards d'années et s'est diversifiée en plus d'un million d'espèces, sont apparus les pluricellulaires, autres « possibles ». La structure cordée faisait partie de ces « possibles », comme cela a été également le cas pour les cnidaires et les arthropodes, ainsi que pour la trentaine d'autres grands embranchements du monde vivant, qui n'ont pas tous laissé de descendants jusqu'à nos jours. Parmi les vertébrés, les tétrapodes faisaient partie des « possibles », de même que les poissons. Parmi les tétrapodes, les primates faisaient partie des « possibles », ainsi que les dinosaures, les félins ou les musaraignes. Parmi les primates, les singes supérieurs faisaient partie des « possibles », comme les lémuriens, les singes d'Amérique du Sud[1] et les gibbons. Parmi ces singes supérieurs, les orangs-outans, les chimpanzés, les gorilles et les australopithèques faisaient partie des « possibles », et il faut également y adjoindre les hommes comme nous l'avons montré au chapitre 11.

À chaque étape de ces sous-ensembles emboîtés, les degrés de liberté des systèmes se réduisent. Jusqu'où les hommes pourront-ils évoluer ?

La méprise des créationnistes au sujet de la science

L'examen approfondi des thèses créationnistes, de quelque religion que ce soit, conduit aussi bien le croyant que le non-croyant à se poser la question suivante : comment réagit la science par rapport à ses objets de recherche ?

1. Les platyrhiniens.

La science décrit et explique, avec des méthodes rigoureuses, testables et réfutables, l'origine, la structure et l'évolution des systèmes relatifs à l'Univers et à la vie. D'un point de vue religieux, ces derniers, incluant naturellement l'homme, sont les supports essentiels de la Création[1]. *La Science décrit donc ces supports de la Création,* ce qui d'un point de vue religieux ne peut être nié ou rejeté. Ainsi...

Les croyants peuvent considérer que la science décrit la mécanique choisie par Le Créateur pour réaliser Sa Création !

Les meilleurs spécialistes de l'Univers ont proposé l'hypothèse d'un *modèle cosmologique standard* exposé au chapitre 8. Ce dernier explique les premiers instants de l'Univers et son évolution jusqu'à nos jours avec même la possibilité de faire des prédictions sur son futur. L'astrophysique a fait de nombreuses expériences et observations qui ont validé une grande part de ce modèle.

Pour le vivant, les chercheurs ont développé, collectivement, *la théorie de l'évolution* dont nous avons résumé les diverses étapes au chapitre 9. Grâce aux progrès de la génétique, de la biologie du développement et de la paléontologie, ils ont élaboré une *mécanique globale de l'évolution des espèces.* Nous la rappelons dans ses éléments les plus fondamentaux : sur un fond de contraintes physiques, des mutations, se faisant au hasard, ont des effets sur le développement des individus, qui doit se révéler compatible avec la vie (sélection génotypique) et dont le résultat, surtout après la naissance, est soumis aux interactions avec leur environnement ; il s'ensuit des effets de sélection, tout d'abord naturelle, puis sexuelle à l'âge de la reproduction. Cette mécanique, en réalité beaucoup plus complexe, est maintenant prouvée par de très nombreux exemples. Les refuser reviendrait à nier que l'alternance du jour et de la nuit résulte de la rotation de la Terre sur elle-même.

Si la mécanique de l'évolution est celle de la Création, comment un croyant, de quelque religion qu'il soit, pourrait-il nier la mécanique choisie par Le Créateur pour réaliser Sa Création ?

1. La Création inclut aussi les *anges* ainsi que d'autres entités, comme les *djinns* dans la religion musulmane.

Cette position reviendrait à refuser la manière dont le Créateur a fait Sa Création, sous le prétexte qu'elle ne serait pas décrite ainsi dans les Écritures.

Refuser la mécanique de la Création, c'est faire peu de cas de *Sa liberté de Créateur*. Pourquoi, par exemple, n'aurait-Il pas eu le droit de créer en introduisant du « hasard » et de « l'indétermination » dans l'évolution, en voulant donner aux hommes un degré de liberté, ce qui se révélerait impossible si tout relevait d'un déterminisme absolu ? En effet, il est bien précisé dans les Écritures que *Dieu est le Maître absolu de Sa Création* et donc des mécanismes qu'il a choisis. ***Refuser La mécanique de Sa Création serait contester Ses choix.***

En refusant les avancées de la science, les religions se discréditent aux yeux des croyants. Comment croire aux dogmes et aux affirmations d'autorité d'une religion, si elle nie les évidences démontrées du monde où nous vivons ?

Cela étant, personne n'est obligé d'adhérer à une religion pour admettre les mécanismes de l'évolution et les autres résultats de la science. Nous avons essayé de montrer que les deux types d'approche ne sont pas forcément incompatibles.

Réflexions sur la Raison à la lumière des trois religions du Livre

La présentation de l'histoire de l'Univers, de la vie et de celle de l'homme en particulier, permet de faire un certain nombre de constats. Nous sommes les habitants de la Terre, une toute petite planète bleue perdue au milieu d'un bras de la Galaxie de la Voie lactée, elle-même une toute petite composante de structures de plus en plus gigantesques d'un Univers sans limites et en très grande partie invisible. Cette analyse a montré combien notre position était insignifiante à l'échelle de l'Univers. L'homme devrait en tirer une plus grande modestie ; dans cet esprit, il ne devrait pas s'attribuer trop rapidement la conviction de détenir la Vérité absolue et surtout ne pas avoir la volonté de l'imposer aux autres par tous les moyens, y compris par des arguments d'autorité, voire par la force.

L'humanité est une et fragile ; toute fracture de sa structure représente un danger qui peut compromettre sa survie. Par son universalité, la science constitue la meilleure voie pour mieux la connaître, dans toute sa diversité, et ainsi la protéger.

Les religions devraient, également, y concourir.

Le retour des littéralismes et le triomphe de la pensée unique

Notre analyse a montré que le littéralisme gagnait actuellement du terrain, aussi bien dans le monde chrétien que musulman. Alors d'où vient cette recrudescence du créationnisme ? Malraux avait eu l'intuition de ces changements en disant que « le XXIe siècle serait religieux ou ne serait pas ». Ces transformations peuvent être dues à une réaction angoissée face au développement exponentiel de la science, dont les non initiés ne peuvent plus du tout suivre les avancées. Cela se traduit par un repli sur les traditions qui cherchent à résister à la mondialisation et à s'afficher par tous les moyens. Les ouvrages relatifs au *dessein intelligent* et *l'Atlas de la création* se veulent ainsi rassurants, même s'ils sont trompeurs et parfois tirés d'interprétations tendancieuses des Écritures ou de la science. Ils dénoncent la *théorie de l'évolution*, présentée de façon fallacieuse, comme une expression d'un « matérialisme » à bannir absolument, ce qui est un mauvais procès.

Il faut insister sur le fait que la science n'est ni bonne, ni mauvaise. Ce sont ses applications par des gens dénués de scrupules qui sont condamnables : les dérives du darwinisme social, de l'eugénisme et d'autres déviations coupables. Il en va de même des religions souvent utilisées par des gens voulant imposer un système par la force. Derrière ces derniers, on trouve souvent, dans tous les pays concernés, une volonté manifeste de prise de pouvoir politique par des partis extrémistes.

Le rejet global de la science du monde occidental constitue ainsi l'un des signaux de reconnaissance, un étendard pour tous ceux qui rejettent en bloc les *valeurs des Lumières :* liberté de pensée, égalité citoyenne, pluralisme démocratique, droits de l'individu. Comme le suggère l'astrophysicien Bruno Abdelhak Guiderdoni[1], certains courants de l'islam rejettent aussi la science en raison de la colonisation culturelle imposée par le monde occidental depuis plusieurs siècles, ainsi que les effets uniformisateurs de la mondialisation, au lieu de reconnaître la richesse complémentaire de la diversité et du dialogue des cultures.

Encore ne faut-il pas idéaliser le système démocratique du monde occidental. Outre certaines faiblesses plus anciennes, on constate en effet, depuis une vingtaine d'années, la montée d'un nouveau phénomène, visible dans la plupart des domaines de la vie courante : le développement de la *pensée unique.* Ce système, qui repose sur des effets de mode et sur le confort de celui qui appartient à une mouvance, s'acharne à imposer, par divers moyens de pression, les idées dominantes, qui doivent être suivies scrupuleusement par la population concernée. Lorsque ce phénomène touche la science, il empêche toute innovation, puisque la pensée unique privilégie une certaine vision des choses et rejette toutes les autres approches qui pourraient la déstabiliser. En physique, par exemple, c'est l'impérialisme de la *théorie des cordes* qui n'a pourtant pas apporté les explications attendues[2], mais a écarté les nouvelles théories concurrentes comme celle de *la relativité d'échelle* de Nottale[3].

Pour les religions, le fondamentalisme exacerbé entraîne un retour en arrière, intellectuel et culturel, d'au moins un millénaire pour les cultures chrétienne et islamique. Origène, saint Augustin, Averroès sont souvent oubliés. On assiste à un véritable *retour à l'Obscurantisme.*

1. Astrophysicien, directeur de l'Observatoire de Lyon et de l'Institut des Hautes études islamiques. Il a présenté l'émission « Connaître l'islam ». Il supervise également le dialogue entre science et foi pour la communauté religieuse islamique italienne.
2. Smolin, L. 2007. *Rien ne va plus en physique ! L'échec de la théorie des cordes.* Dunod, Paris.
3. Nottale, Chaline & Grou. 2009. *Des fleurs pour Schrödinger. Les applications de la relativité d'échelle.* Ellipses, Paris.

Il est cependant rassurant de constater, à la lumière de l'histoire, que les dictatures et les obscurantismes, quelles que soient leurs durées, finissent généralement par disparaître. Cela a, par exemple, été le cas de la terrible Inquisition, qui a été éradiquée grâce au triomphe de la science, plus largement diffusée par l'invention de l'imprimerie, hors du contrôle de l'Église. La science n'abdique jamais, grâce à des chercheurs et à des esprits curieux qui s'acharnent à défendre leur liberté de pensée, parfois au risque de leur vie. Le Coran et la Bible, Bouddha et Confucius, parmi quelques autres, font constamment référence à la sagesse de l'homme que les scientifiques ont nommé, initialement, *Homo sapiens*.

Que faire ?

Que faire devant les attaques malveillantes contre la science ? Continuer les recherches, quoi qu'il arrive. En faire connaître les résultats dans des nombreux articles spécialisés ou de vulgarisation de grande diffusion, en les accompagnant de films documentaires et de conférences. Utiliser les nouvelles technologies de communication, comme Internet entre autres. Maintenir et développer l'enseignement souvent compromis des données de la science et de ses méthodes spécifiques. Cela doit être tout particulièrement le cas des mécanismes de l'évolution. En effet, l'ignorance est l'alliée des littéralistes et des révisionnistes.

En guise de conclusion : respect des droits de l'homme et tolérance

Les tendances littéralistes qui cherchent à s'imposer par tous les moyens, y compris financiers, ne reconnaissent généralement pas la *Déclaration universelle des droits de l'homme* (Résolution 217

A-III) votée le 10 décembre 1948 au palais de Chaillot à Paris par les 58 membres de l'Assemblée générale des Nations Unies. Reprenons les points directement liés à notre sujet :

> **Article premier**
>
> Tous les êtres humains naissent libres et égaux en dignité et en droits. Ils sont doués de raison et de conscience et doivent agir les uns envers les autres dans un esprit de fraternité.
>
> **Article 18**
>
> Toute personne a droit à la liberté de pensée, de conscience et de religion ; ce droit implique la liberté de changer de religion ou de conviction ainsi que la liberté de manifester sa religion ou sa conviction seule ou en commun, tant en public qu'en privé, par l'enseignement, les pratiques, le culte et l'accomplissement des rites.
>
> **Article 19**
>
> Tout individu a droit à la liberté d'opinion et d'expression, ce qui implique le droit de ne pas être inquiété pour ses opinions et celui de chercher, de recevoir et de répandre, sans considérations de frontières, les informations et les idées par quelque moyen d'expression que ce soit.

Ces textes prônent la tolérance et le respect du choix d'opinions des autres. Les deux domaines du « comment ? » et du « pourquoi ? » sont objectivement complémentaires, même si souvent leurs défenseurs l'ignorent. Le dialogue des cultures et des religions devrait permettre de progresser en direction d'une compréhension élargie et ouverte sur le monde où nous vivons.

Références

Allali, S. 2009. *Les trompettes d'argent. La responsabilité de l'homme dans le judaïsme*. Lichma, Paris.

Alili, R. 2000. *Qu'est-ce que l'islam ?* La Découverte et Syros, Paris.

Aneshansley, D.J., T.H. Jones, D. Alsop, J. Meinwald, et T. Eisner, 1983. Thermal concomitants and biochemistry of the explosive discharge mechanism of some little known bombardier beetles. *Experientia* 39 : 366-368.

Arnould, J. 2009. *Dieu* versus *Darwin ? Les créationnistes vont-ils triompher de la science ?* Albin Michel, Paris.

Asmann, J. 2008. *Ce que la Bible doit à l'Égypte*. Bayard, Paris.

Astruc, J. et Gibert, P. 1999. *Conjonctures sur la Genèse*. Noêsis, Classiques de l'histoire des religions, Paris.

Barr, J. 1984-85. Why the World Was Created in 4004 BC : Archbishop Ussher and Biblical Chronology. *Bulletin of the John Rylands University Library of Manchester,* 67 : 575-608.

Barrow, J. et Tipler, F. 1986. *The Anthropic Cosmological Principle*. Oxford University Press, Oxford.

Barthélemy Saint-Hilaire, J. 1862. *Physique d'Aristote,* Librairie philosophique de Ladrange, Paris.

Ben Salem, K. 2006. The Future of Solar System and Earth from Religious Point of View. *In* : V. Burdyuzha (ed.) *The Future of Life and the Future of our Civilization*. Springer, 437-453.

Benkirane, R. 2002. *La Complexité, vertiges et promesses. 18 histoires de sciences*. Le Pommier, Paris.

Berger, L.R., de Ruiter, D.J., Churchill, S.E., Schmid, P., Carlson, K.J., Dirks, P.H.G.M. et Kibii, J.M. 2010. *Australopithecus sebida :* a new Species of *Homo*-Like Australopith from South Africa. *Science,* 328 : 195-204.

Bernard, C. 1865. *Introduction à l'étude de la médecine expérimentale.* Baillière, Paris.

Berthault, G. 1986. Experiments on lamination of sediments, resulting from a periodic graded-bedding subsequent to deposition – a contribution to the explanation of lamination of various sediments and sedimentary rocks. *Compte Rendus de l'Académie des Sciences, Paris,* 303 (II, 17) : 1569-1574.

Berthault, G., 1988. Sedimentation of a heterogranular mixture : experimental lamination in still and running water. *Compte Rendus de l'Académie des Sciences,* Paris, 306 (II) : 717-724.

Bogdanov, I. & G. 2010. *Le visage de Dieu,* Grasset, Paris.

Bonnet, C. 1769. *La palingénésie philosophique.* C. Philibert et B. Chirol, Genève, 2 vol.

Bordreuil, P. et Briquel-Chatonnet, F. 2007. *La rédaction de la Bible à l'époque perse. In : Aux origines de la Bible.* Bayard, Paris, 82-88.

Boselli, A. 2007. *À la découverte des galaxies.* Ellipses, Paris.

Briend, J. 2007. *D'incessants remaniements aux origines du texte biblique. In : Aux origines de la Bible.* Bayard, Paris, 17-24.

Briend, J. 2007. *Le récit biblique du Déluge et les mythes mésopotamiens. In : Aux origines de la Bible.* Bayard, Paris, 57-64.

Bright, J. 1942. Has Archaeology found Évidence of the Flood ? *TheBiblical archaeologist,* 5(4) : 55-72.

Brunet, M., Guy, F., Pilbeam, D, Mackaye, H.T., Likius, A., Ahounta, D, Beauvilain A, Blondel, C., Bocherens, H, Boisserie, J.R., de Bonis, L., Coppens, Y, Dejax, J, Denys, C., Duringer, P., Eisenmann, V., Fanone, G., Fronty, P., Geraads, D, Lehmann, T., Lihoreau, F., Louchart, A., Mahamat, A., Merceron, G., Mouchelin, G., Otero, O., Pelaez, Campomanes, P., Ponce de Leon, M., Rage, J-C., Sapanet,

M., Schuster, M., Sudre, J., Tassy, P., Valentin, X., Vignaud, P., Viriot, L., Zazzo, A. et Zollikofer, C. 2002. A new hominid from the Upper Miocene of Chad, Central Africa, *Nature*, 418 : 145-151.

Bucaille, M. 1976. *La Bible, le Coran et la science. Les Écritures saintes examinées à la lumière des connaissances modernes*. Seghers, Agora, Paris.

Buican, D. 1989. *La Révolution de l'évolution*. Presses Universitaires de France, Paris.

Buican, D. 1993. *Biognoséologie. Évolution et révolution de la connaissance*. Kimé, Paris.

Buican, D. 1997. *L'évolution et les théories évolutionnistes*. Masson, Paris.

Buican, D. 2008. *L'Odyssée de l'évolution*. Ellipses, Paris.

Buican, D. 2010. *Biologie. Histoire et philosophie*, CNRS éd., Paris.

Cavalli-Sforza, L.L. 2000. *Genes, Peoples, and Languages*. North Point Press. Farrar, Straus et Giroux.

Chaline, J. 1987. *Paléontologie des Vertébrés*. Géosciences, Dunod, Paris.

Chaline, J., Dutrillaux, B., Couturier, J., Durand, A. et Marchand, D. 1991. Un modèle chromosomique et paléobiogéographique d'évolution des Primates supérieurs. *Géobios*, 24(1) : 105-110.

Chaline, J. 1997. *Opération Adam*. Cerf, Paris (publié sous le pseudonyme d'Ivan Petrovitch C.).

Chaline, J. 2006. *Quoi de neuf depuis Darwin ? La théorie de l'évolution dans tous ses états*. Paris, Ellipses, Paris.

Chaline, J., David, B. Magniez-Jannin, F., Dambricourt-Malassé, A., Marchand, D., Courant, F. et Millet, J.-J. 1998. Quantification de l'évolution morphologique du crâne des Hominidés et hétérochronies. *C. R. AC. Sc.*, série IIa, 326(4) : 291-298.

Chaline, J. et Marchand, D. 2002. *Les merveilles de l'évolution*. EUD, Sciences, Dijon.

Chaline, J. et Marchand, D. 2010. *Le singe, l'embryon et l'homme. Une nouvelle clé de lecture de l'histoire de l'homme*. Ellipses, Paris.

Chebel, M. 2004. *Manifeste pour un islam des Lumières. 27 propositions pour réformer l'islam*. Hachette Littératures, Paris.

Chebel, M. 2009. *L'islam expliqué*. Perrin, Tempus, Paris.

Chebel, M. 2009. *Le Coran*. Fayard, Paris.

Comte-Sponville, A. et Ferry, L. 1998. *La sagesse des modernes. Dix questions pour notre temps. Comment peut-on être matérialiste ? Comment peut-on être humaniste ?* Robert Laffont, Paris.

Couloubaritsis, L. 1998. *La Physique d'Aristote*. Ousia, Bruxelles.

Dambricourt-Malassé, A. 1988. Hominisation et fœtalisation. *Comptes Rendus de l'Académie des Sciences*, 307(II) : 199-204.

Darwin, C. 1859. *De l'origine des espèces au moyen de la sélection naturelle ou la lutte pour l'existence*. Réédition : 1992. Garnier-Flammarion, Paris.

Darwin, C. 1871. *De la descendance de l'homme en liaison avec la sélection sexuelle*. Traduction de la 3e édition anglaise. Réédition : 1981. Complexe, Bruxelles, 2 vol.

Dawkins, R. 1987. *The Blind Watchmaker*. Norton, New York, 86-87.

De Duve, C. 2005. *Singularités. Jalons sur les chemins de la vie*. Odile Jacob, Paris.

Delattre, A et Fenart, R. 1960. *L'hominisation du crâne étudiée par la méthode vestibulaire*. Éditions du CNRS, Paris.

Demaret, J. 1987. *Le principe cosmologique anthropique*. Dossiers Histoire et Archéologie, Dijon, 114 : 74-79.

Derenne, S., Robert, F., Skrzypczak-Bonduelle, A., Gourier, D., Binet, L. et Rouzaud. J.-N. 2008. Molecular evidence for life in the 3.5 billion year old Warrawoona chert. *Earth and Planetary Science Letters*, 272 : 476–480.

De Robertis et Sasai, Y. 1996. A common plan for dorsal patterning in *Bilateria*. *Nature*, 380 : 37-40.

Dobzhansky, T.B. 1937. *Genetics and the Origin of Species*. New York, Columbia Univ. Press (3e ed., 1951).

Dobzhansky, T.B. 1973. Nothing in Biology Makes Sense Except in the Light of Evolution. *American Biology Teacher,* 35 : 125-129.

Dhorme, M.E. 1945. *Les religions de Babylone et d'Assyrie.* Collection Mana, Paris.

Dhorme, M.E. 1951. *Études bibliques et orientales.* Imprimerie Nationale, Paris.

Dicke, R.H. 1961. Dirac's Cosmology and Mach's Principle. *Nature,* 192 : 440-441.

Dirks, P.H.G.M., Kibii, J.M., Kuhn, B.F., Steininger, C., Churchill, S.E., Kramers, J.D., Pickering, R., Farber, D.L., Mériaux, A.-S., Herries, A.I., R., King, G.C.P. et Berger, L.R. 2010. Geological Setting and Âge of *Australopithecus sebida* from Southern Africa, *Science,* 328 : 205-208.

Dubois, J. et Chaline, J. 2006. *Le monde des fractales. La géométrie cachée de la nature.* Ellipses, Paris.

Einstein, A. 1934. *Comment je vois le monde.* Réédition 1971 : Flammarion, Paris.

Eisner, T. 1970. Chemical defense against predation in arthropods. *In : Chemical Ecology* (Sondheimer, E. et Simeone, J. B. Eds.), Academic Press, New York, 157-217.

Eisner, T., Jones, T.H., Aneshansley, D.J., Tschinkel, W.R., Silberglied, R.E. et Meinwald, J. 1977. Chemistry of defensive secretions of bombardier beetles (*Brachinini, Metriini, Ozaenini, Paussini*). *J. Insect Physiol.,* 23 : 1382-1386.

Eisner, T., Ball, G.E., Roach, B., Aneshansley, D.J., Eisner, M. Blankespoor, C.L. et Meinwald, J. 1989. Chemical defense of an Ozaenine bombardier beetle from New Guinea. *Psyche,* 96 : 153-160.

Eldredge, N. 1971. The Allopatric Model et Phylogeny in Paleozoic Invertebrates. *Évolution,* 25 : 156-167.

Eldredge, N. Et Gould, S.J. 1972. Punctuated Equilibria : an Alternative to Phyletic Gradualism. *In : Model in Paleobiology* (Schopf, T.E., Éd.) : 82-115, San Francisco, Freeman, Cooper.

Facchini, F. 2008. *Les défis de l'évolution. Harmonie entre science et foi.* Communio, Parole et Silence, Paris.

Ferris. T. 2010. De nouveaux mondes ? *National Geographic, France,* 22.1 : 84-97

Finkelstein, I. et Silberman, N.A. 2002. *La Bible dévoilée. Les nouvelles révélations de l'archéologie.* Bayard, Paris.

Flammarion, C. 1885. *Astronomie populaire.* Marpon et Flammarion, Paris.

Forster, P. 2004. Ice Ages and the mtDNA chronology of human dispersals : a review. *Phil. Trans. R. Soc. London, B.* 359 : 255-264.

Galileo Galilei. 1615. *Lettres à Christine de Lorraine.*

Gayon, J. 1992. *Darwin et l'après-Darwin : une histoire de l'hypothèse de sélection naturelle.* Kimé, Paris.

Gibbons, A. 2009. Habitat for Humanity. *Science,* 326 : 40.

Gilbert, S.F. 1994. *Developmental Biology.* Sunderland, MA. Sinauer Associates (4e ed.).

Golding, G. 1982. *Le Procès du singe.* Complexe, Bruxelles.

Goodman, 1986. Molecular evidence on the Ape subfamily Homoninae/ *In : Evolutionary Perspectives and the New Genetics* (Gershovitz, H., Rugknagel, D.R. et Tashian, R.E., Eds.), Liss, A.R., New York, pp. 121-132.

Goudot, A. 1952. *Les quanta et la vie.* Presses Universitaires de France, « Que sais-je ? », Paris.

Gould, S.J. 1969. An Evolutionary Microcosm : Pleistocene and Recent History of the Land Snail P. *(Poecilozonites)* in Bermuda. *Bull. Mus. Comp. Zool.,* 138(7) : 407-532.

Gould, S.J. 1977. *Ontogeny and Phylogeny.* Cambridge, Belknap Press of Harvard Univ. Press.

Gould, S.J. & Eldredge, N. 1977. Punctuated Equilibria : the Tempo and Mode of Evolution Reconsidered. *Paleobiology,* 3(2) : 115-151.

Gould, S.J. 1991. *La Vie est belle.* Paris, Seuil.

Gould, S.J. 2000. *Et Dieu dit « Que Darwin soit ! »,* Seuil, Paris.

Green, R.E., Krause, J., Briggs, A.W., Maricic, T., Stenzel, U., Kircher, M., Patterson, N., Li, H., Zhai, W., Hsi, M., YangFritz, M., Hansen, N.F., Durand, E.Y., Malaspinas, A.-S., Jensen, J.D., Marques-Bonet, T., Alkan, C., Prüfer, K., Meyer, M., Burbano, H.A., Good, J.M., Schultz, R., Aximu-Petri, A., Butthof, A., Höber, B., Höffner, B., Siegemund, M., Weihmann, A., Nusbaum, C., Lander, E.S., Russ, C., Novod, N., Affourtit, J., Egholm, M., Verna, C., Rudan, P., Brajkovic, D., Kucan, Ž. Gusic, I., Doronichev, V.B., Golovanova, L.V., Lalueza-Fox, C., Rasilla, M., Fortea, J., Rosas, A.,Schmitz, R.W., Johnson, P.F., Eichler, E.E., Falush, D., Birney, E., Mullikin, J.C., Slatkin, M., Nielsen, R., Kelso, J., Lachmann, M., Reich, D. et Pääbo, S. 2010. A Draft Sequence of the Neandertal Genome. *Science*, 328 : 710-722.

Grelot, P. 1973. Homme qui es-tu ? Les onze premiers chapitres de la Genèse. *Cahiers Évangile*, 4 : 1-59.

Grimoult, C. 2001. *L'évolution biologique en France. Une révolution scientifique, politique et culturelle*. Droz, Genève-Paris.

Grimoult, C. 2004. Créationnisme continuiste et transformisme limité : les naturalistes français face à l'évolution biologique au XIXe siècle. *Archives internationales d'histoire des sciences*. 54(153) : 73-96.

Grimoult, C. 2008. *Mon père n'est pas un singe ? Histoire du créationnisme*. Ellipses, Paris.

Grimoult, C. 2008. *Sciences et politique en France de Descartes à la révolte des chercheurs*. Ellipses, Paris.

Grimoult, C. 2009. *La preuve par neuf. Les révolutions de la pensée évolutionniste*. Ellipses, Paris.

Guessoum, N. 2009. *Réconcilier l'islam et la science moderne. L'esprit d'Averroès*. Presses de la Renaissance, Paris.

Guillo, D. 2009. *Ni Dieu, ni Darwin. Les Français et la théorie de l'évolution*. Ellipses, Paris.

Gunkel, H. 1885. *Schöpfung und Chaos in Urzeit und Endzeit*. Vandenhoeck & Ruprecht, Gottingen.

Gunzig, E. 2008. *Que faisiez-vous avant le Big-Bang ?* O. Jacob, Paris.

Hawking, S. 1989. *Une brève histoire du temps*. Flammarion, Paris.

Hennig, W. 1950. *Grundzüge einer Theorie der phylogenetischen Systematik.* Deutscher Zentralverlag, Berlin.

Hurth, E., Montuire S., Schmittbuhl, M., Le Miror, J.-M., Schaaf, A., Viriot, L. et Chaline, J. 2003. Examination of the tooth morphospace of three *Mimomys* lineages (Arvicolinae, Rodentia) by elliptical Fourier methods, *In* : « *Coloquios de Paleontologia* » honoring Dr. Remmert Daams, 1 : 325-334.

Jablonsky, D. 1999. The future of fossil record. *Science,* 284 : 2114-2116.

Jacob, F. 1977. Evolution and tinkering. *Science,* 196 : 1161-1166.

Jang, C.C., Chao, J.L., Jones, N., Yao, L.C., Bessarab, D.A., Kuo, Y.M., Jun, S., Desplan, C., Beckendorf, S.K., et Sunn Y. H. 2003. Two *Pax* genes, *eye gone* and *eyeless,* act in parallel in determining *Drosophila* eye development. *Development,* 130 : 2939-2951.

Jullien, F. 2009. *Les transformations silencieuses.* Grasset et Fasquelle, Paris.

Kaplan, F. 2009, *Entre Dieu et Darwin. Le concept manquant,* Le Félin, Paris.

Karppe, S. 1904. Étude sur les origines et la nature du Zohar, précédée d'une étude sur l'histoire de la Kabbale. *Revue néo-scolastique,* 11(43) : 369-373.

Kasimirski, A. de B. 1979. *Le Coran,* Garnier-Flammarion, Paris.

Kimura, M. 1990, *Théorie neutraliste de l'évolution,* Flammarion, Paris.

Klein, E. 2010, *Discours sur l'origine de l'Univers,* Flammarion, Paris.

Knoll, A.H. et Carroll, S.B. 1999. Early Animal Evolution : Emerging Views from Comparative Biology and Geology. *Science,* 284 : 2129-2136.

Kramer, S.N. 1967. Reflections on the Mesopotamian Flood. The Cuneiform Data New and Old. *Expedition,* 9(4) : 12-18.

Kuhn, T.S. 1972. *La structure des révolutions scientifiques.* Flammarion, Paris.

Lala, A.A. 2004, *L'homme descend-il du singe ? Un point de vue musulman sur la théorie de l'évolution,* Ed. Tawid, Lyon.

Lamarck, J.-B. de. 1809. *Philosophie zoologique.* Dentu, Paris.

Lambert, G. 1955. Il n'y aura plus de déluge. *Nouvelle revue théologique,* 77 : 581-724.

Laugel, M. 2006. *Mythes et légendes du monde entier.* EDL.

Lecointre, G. 2008. Les facteurs de la négation de la théorie de l'évolution. *In* : Coquidé, M. et Tirard, S., Eds. *L'évolution du vivant. Un enseignement à risque ?* Vuibert et Adapt-SNES, Paris.

Lécuyer, V. 2001. Le créationnisme sous la coupole. Autopsie d'une imposture. *In* : *Intrusions spiritualistes et impostures intellectuelles en sciences* (Dubessy, J. et Lecointre, G., éd. Syllepse, Paris).

Lehnert, M.D., Nesvadba, N.P.H., Cuby, J.-G., Swinbank, A.M., Morris, S., Clément, B., Evans, C.J., Bremer, M.N. et Basa. S. 2010. Spectroscopic confirmation of a galaxy at redshift z58.6. *Nature,* 467, 21: 940-942

Leibniz, G.W. 1714. *Principes de la Nature et de la Grâce fondés en raison : « pourquoi il y a plutôt quelque chose que rien ? »*

Lepeltier, T. 2009. *Vive le créationnisme ! Point de vue d'un évolutionniste.* Seuil, Paris.

Lévy, P. 1925. *Calcul des probabilités.* Edition Jacques Gabay.

Lightfoot, J. 1642. *A few and new Observations upon the Book of Genesis.* London.

Linnaeus, C. (1735 ; 10e édition définitive : 1758). *Systema Naturae per Naturae Regna Tria, Secundum Classes, Ordines, Genera, Species cum Character ibus, Synonymis, Locis.* Laurentii Sylvii, Stockholm.

Liverani, M. 2008. *La Bible et l'invention de l'histoire. Histoire ancienne d'Israël.* Bayard, Paris.

Lucas, G., Cros, P. et Lang, J. 1976. *Les roches sédimentaires. 2. Étude microscopique des roches meubles et consolidées.* Doin, Paris

Luminet, J.P. et Brune, E. 2009. *Bonnes nouvelles des étoiles.* Odile Jacob, Paris.

Maldammé, J.-M. 2003. *Science et foi en quête d'unité*. Cerf, « Théologiques », Paris.

Maldammé, J.-M. 2009. *Relations entre science et foi dans notre société*. Conférence des évêques de France. Service national famille et société. Fiche verte 133.

Mandelbrot, B. 1959. *Fractales, hasard et finance*. Flammarion, Paris.

Mandelbrot, B. 1975. *Les Objets Fractals*. Flammarion, « Champs », Paris.

Mandelbrot, B.B. 1982. *The Fractal Geometry of Nature*. Freeman, San Francisco.

Marchand, D. 1999. Restructuration crânienne chez les vertébrés retournés à la vie marine. *Revue Paléobiol. Genève*, 18(1) : 197-220.

Margulis, L. et Sagan, D. 1989. *L'Univers bactériel*. Albin Michel, Paris.

Margulis, L. et Olendzenski, L. (Eds.) 1992. *Environmental evolution : effects of the origin and evolution of life on planet earth*. MIT Press, Cambridge (Ma) & London.

Martin, L.D. 1984. Phyletic trends and Evolutionary rates. *Carnegie Mus. Nat. Hist., Special Pub.*, 8 : 526-538.

Mayr, E. 1942. *Systematics and the Origin of Species*. New York, Columbia Univ. Press.

Miller, S.L. 1953. A Production of Amino Acids Under Possible Primitive Earth Conditions. *Science*, 117(3046) : 528-529.

Minois, G. 1990. *L'Église et la science. Histoire d'un malentendu*. Fayard, Paris, 2 vol.

Monod, J. 1970. *Le hasard et la nécessité*. Seuil, Paris.

Nesbitt, J. 1975. *Création et évolution. Problèmes d'origine*. Réédition : 1993. Éd. Clé, Lyon.

Nottale, L. 1998. *La Relativité dans tous ses états. Au-delà de l'espace-temps*. Hachette, Paris.

Nottale, L. 2001 a. Relativité d'échelle : structure de la théorie. *Revue de Synthèse,* 122 (4), N.1 : 11-25.

Nottale, L. 2001 b. Relativité d'échelle et morphogenèse. *Revue de synthèse,* 4(1), 93-116.

Nottale, L. 2002. *Relativité, être et ne pas être. Penser les limites, Écrits en l'honneur d'André Green.* Delachaux et Niestlé, Paris.

Nottale, L. 2007. Un nouveau paradigme pour la physique ? Nouvelles perspectives. *In* : *Les grands défis technologiques et scientifiques du XXI*[e] *siècle* (P. Bourgeois et P. Grou, éds.), Ellipses, Paris.

Nottale, L., Chaline, J. et Grou, P. 2000. *Les arbres de l'évolution.* Paris, Hachette Littératures.

Nottale, L., Chaline, J. et Grou, P. 2009. *Des fleurs pour Schrödinger. La relativité d'échelle et ses applications.* Ellipses, Paris.

Paley, W. 1802. *Natural Theology, or Evidences of the Existence and Attributes of the Deity collected from the Appearances of Nature.* Réédition : 1859 ; Gould et Lincoln, Boston et John W. Parker and Son, West Strand, London.

Perrier, E. 1884. *La Philosophie zoologique avant Darwin.* Paris.

Pickford, M. et Senut, B. 2001. The geological and faunal context of Late Miocene hominid remains from Lukeino, Kenya, *C.R. Acad. Sci. Paris,* 332(IIa) : 145-152.

Pickford, M., Senut, B., Gommery, D. et Treil, J. 2002. Bipedalism in *Orrorin tugenensis* revealed by its femora. *C.R. Palevol.,* 1 : 191-203.

Pokinghorne, J. 1991. *Reason and Reality, The Relations between Science and Theology.* SPCK, London.

Popper, K. 1973. *La Logique de la découverte scientifique.* Payot, Paris.

Popper, K. 1976. *Unended Quest. An intellectual autobiography.* Fontana-Collins.

Poulton, E.B. 1990. *Charles Darwin and the Origin of Species.* Longmans et Green, London.

Poupard, P. 1994. *Après Galilée. Science et foi : nouveau dialogue.* Desclée de Brouwer, Paris.

Purser, B.H., Al Aawin, M., Al Hassani, N.H., Baltzer, F., Hassan, K.M., Orszag-Sperber, F., Plaziat, J.-C., Yacoub, S.Y. et Younis, W.R. 1982. Caractères et évolution du complexe deltaïque Tigre-Euphrate. *Mém. Soc. Géologique de France,* N.S., 144 : 207-216.

Schönborn, C. 2007. *Hasard ou plan de Dieu ?* Cerf, Paris.

Rodinson, M. 1984. *Mahomet.* Seuil, « Essais », Paris.

Rostand, J. 1951. Le problème de l'évolution. *In* : *Les grands courants de la biologie.* Gallimard, Paris.

Rousseau, D. et Laurin, B. 1984. Variations de *Pupilla muscorum L. (Gastropoda)* dans le quaternaire d'achenheim (Alsace) : Une analyse de l'interaction entre espèce et milieu. *Géobios,* 17(1) : 349-355.

Ruelle, D. 1991. *Hasard et chaos.* Odile Jacob, Paris.

Ruse, M. 1999. *The Darwinian Paradigm : Essays on its History, Philosophy and Religious Implications.* Routledge, London, New York.

Samueli, J.J. et Boudenot, J.-C. 2005. *H. Poincaré (1854-1912), physicien.* Ellipses, Paris.

Salvini-Plawen, L.V. & Mayr, E. 1977. Evolution of photoreceptors and eyes. *Evol. Biol,* 10 : 207-263.

Schildknecht, H. et Holoubek, K., 1961. Die Bombardierkafer und ihre Explosionschemie. *Angewandte Chemie,* 73(1) : 1-7.

Schopf, J.W. & Packer, B.M. 1987. Early Archean (3.3-billion to 3.5-billion-year-old) microfossils from Warrawoona Group, Australia. *Science,* 237 (4810) : 70-73.

Scott, E.C. 1997. Antievolution and Creationism in the United States. *Annual Review of Anthropology,* 26(1) : 263–289.

Scott, E.C. 1999. *Science, Religion, and Evolution.*

Scott, E.C. 2004. *Evolution vs. Creationism : An Introduction.* Greenwood Press, Westport, CT.

Sen, N. 1981. *La mystique cosmologique juive.* École des Hautes Études en Sciences Sociales, Mouton, Paris.

Shipman, P. 2003. We are all Africans. *American Scientist,* 91(6) : 496

Smolin, L. 2007. *Rien ne va plus en physique ! L'échec de la théorie des cordes.* Dunod, Paris.

Smoot, G. 1994, *Les rides du temps,* Flammarion, Paris.

Spencer, H. 1876-1896. *Principes de sociologie.* F. Alcan, Paris, 3 vol.

Staune, J. 2009. *Au-delà de Darwin. Pour une autre vision de la vie.* Éd. Jacqueline Chambon, Actes Sud, Arles.

Suwa, G., Kono, R.T., Simpson, S.W., Asfaw, B., Lovejoy, C. et White, T. 2009, Paleobiological Implications of the *Ardipithecus ramidus* Dentition. *Science,* 326(5949) : 94-99.

Yahya, H. *L'Atlas de la création.* Global Pub. E.D. Timothy Mossman, Istambul, Turquie.

Van Vliet-Lanoë, B. 2005. *La planète des glaces. Histoire et environnement de notre ère glaciaire.* Vuibert, Paris.

Vauclair, S. 2009. *La Terre, l'espace et au-delà.* Albin Michel, « Bibliothèque Sciences », Paris.

Vigoureux, J.-M. 2005, *La quête d'Einstein. « Au prix d'une peine infinie… ».* Ellipses, Paris.

Wakeman, M.K. 1973, *God's Battle with the Monster. A Study of Biblical Imagery.* E.J. Brill, Leyden.

Weinberg, S. 1978. *Les trois premières minutes de l'Univers.* Seuil, « Sciences », Paris.

Whitcomb, J.C., 1989. *Origines. Introduction au créationnisme biblique.* Éd. Comprendre Les Écritures, Lugny.

Whitcomb, J.C., 1992. *Le Monde qui a péri. Une introduction au catastrophisme biblique.* Centre Biblique Européen, Lausanne.

White, T.D., Suwa, G. et Asfaw, B. 1994. *Australopithecus ramidus* a new species of early hominid from Aramis, Ethiopia. *Nature,* 371 : 306-312.

White, T.D., Suwa, G. et Asfaw, B. 1995. *Corrigendum : Australopithecus ramidus* new species of early hominid from Aramis, Ethiopia. *Nature,* 375 : 88.

White, T.D., Asfaw, B., Beyene, Y., Haile-Selassie, Y., Lovejoy, C.O., Suwa, G., et WoldeGabriel, G. 2009. *Ardipithecus ramidus* and the Paleobiology of Early Hominids. *Science,* 326 (5949) : 75–86.

White, T.D. 2010. C'est un nouveau chapitre de l'évolution humaine qui s'ouvre. *Philosophie magazine,* 35 : 48.

Willis, R. 2006. *Mythologies du monde.* Taschen, Evergreen, Paris.

Woese, C.R. et Fox, G.E. 1977. Phylogenetic Structure of the Prokaryotic Domain : The Primary Kingdoms. *Proc Natl Acad Sci USA,* 74 : 5088-5090.

Nétographie

Islam et science

Ben Salem K. 2005. The Evolution of the Universe : A New Vision : http://www.akamaiuniversity.us/PJST6_1_37.pdf

The Pacific Journal of Science and Technology, 6(1) : 37-55.

Conseil de l'Europe

La résolution 1580 sur les dangers du créationnisme dans l'éducation :

http://assembly.coe.int/Main.asp ?link=/Documents/AdoptedText/ta07/FRES1580.htm

Riveline, C. 2009. Conférence sur « *Dieu de la nature et Dieu de l'histoire* ». Akadem.org.

Histoire des sciences et de l'évolution

www.cnrs.fr/cw/dossiers/dosevol/decouv/chap/chap.html

www.buffon.cnrs.fr

www.galilean-library.org/christina.html

www.lamarck.cnrs.fr

http://darwin-online.org.uk

Dénonciations du créationnisme

www.ncseweb.org/resources/articles/695_problem_concepts_in_evolution_10_1_1999.asp

www.talkorigins.org/faqs/wic.html#continuum

http://richarddawkins.net/articles/706

Liste des figures et des tableaux

Table des matières

Chapitre 11
L'origine de l'homme et l'évolution de la lignée humaine...... 305

Chapitre 12
Le hasard et les probabilités dans l'évolution 325

Achevé d'imprimer en février 2011 par Normandie Roto Impression s.a.s., 61250 Lonrai
N° d'impression : 110413 — Dépôt légal : février 2011 — *Imprimé en France*